社 科 学 术 文 库
LIBRARY OF
ACADEMIC WORKS OF
SOCIAL SCIENCES

三至十四世纪
中国的权衡度量

郭正忠 ◉ 著

中国社会科学出版社

图书在版编目(CIP)数据

三至十四世纪中国的权衡度量/郭正忠著.—北京:中国社会科学出版社,1993.8(2008.4重印)
ISBN 978-7-5004-1145-1

Ⅰ.三… Ⅱ.郭… Ⅲ.计量学—历史—中国—古代
Ⅳ.TB9-092

中国版本图书馆 CIP 数据核字(2008)第 012892 号

责任编辑　郭　媛
责任校对　李小冰
封面设计　毛国宣
版式设计　木　子

出版发行	中国社会科学出版社
社　　址	北京鼓楼西大街甲 158 号　邮　编　100720
电　　话	010—84029450(邮购)
网　　址	http://www.csspw.cn
经　　销	新华书店
印刷装订	北京一二零一印刷厂
版　　次	1993 年 8 月第 1 版　印　次　2008 年 4 月第 2 次印刷
开　　本	710×980　1/16
印　　张	26　　　　　　　　　插　页　10
字　　数	421 千字
定　　价	52.00 元

凡购买中国社会科学出版社图书,如有质量问题请与本社发行部联系调换
版权所有　侵权必究

三至十四世纪中国的权衡度量

图版一 氐宿执秤图

图版二 莫高窟称鸽画
（临摹本）

图版三　解池称盐图

图版四　垣曲盐秤权

图版五　元人壁画中的卖鱼图

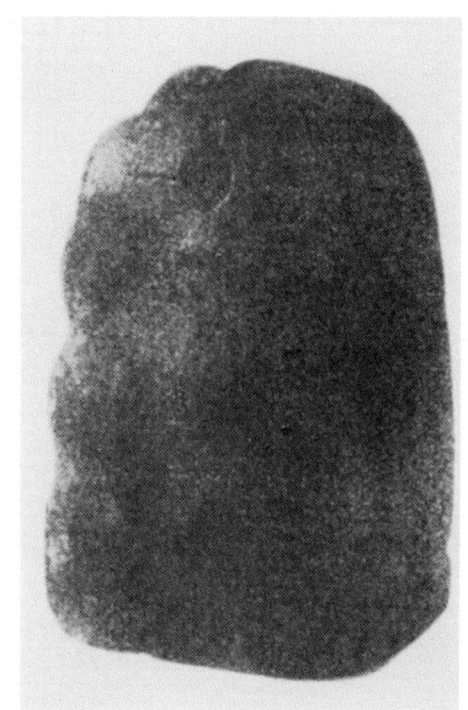

图版六　湘潭出土嘉祐铜则

图版七　瑞安出土熙宁铜砣

图版八　元代铜秤砣

图版九　瑞安出土熙宁铜砣铭文

图版十　元代三十五斤秤所用铜砣铭文

图版十一　金代百两铜砝码

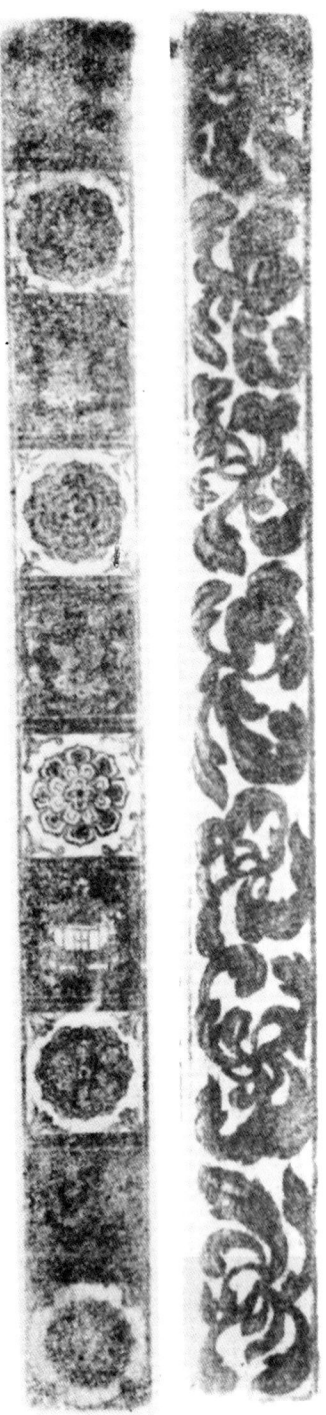

图版十二　唐镂牙尺

图版十三　龙纹铜尺

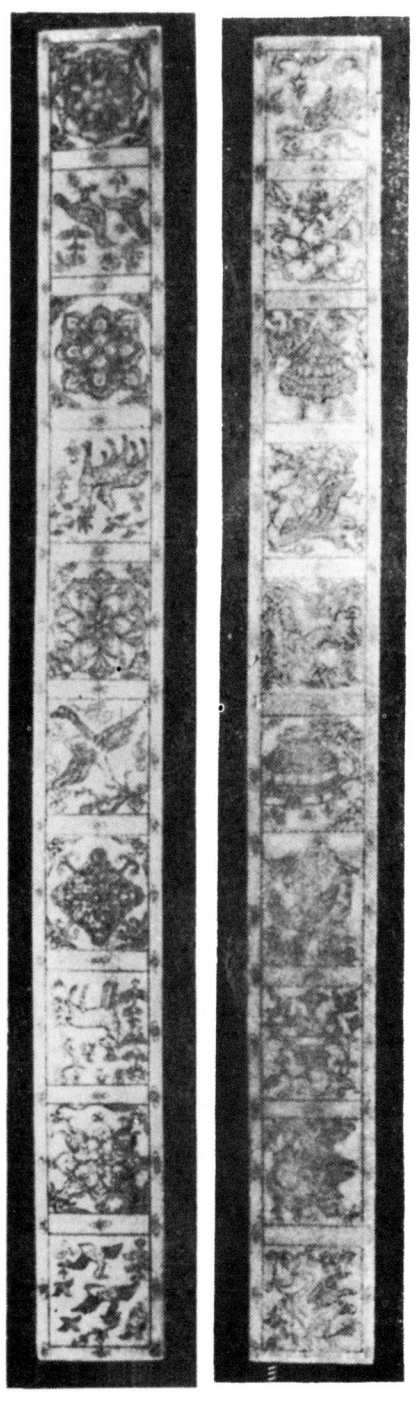

图版十四　唐代牙尺

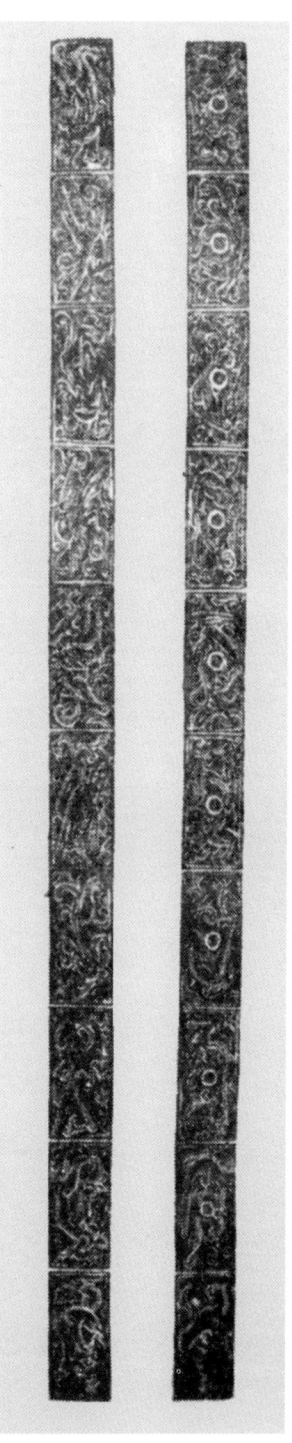

图版十五　宋鎏金尺

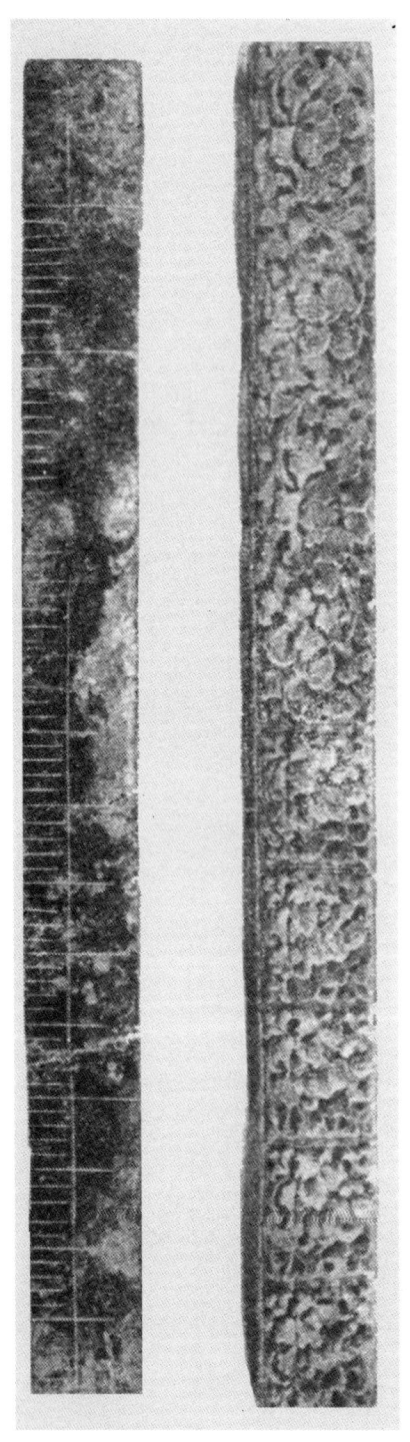

图版十六　九寸玉尺和花卉木尺

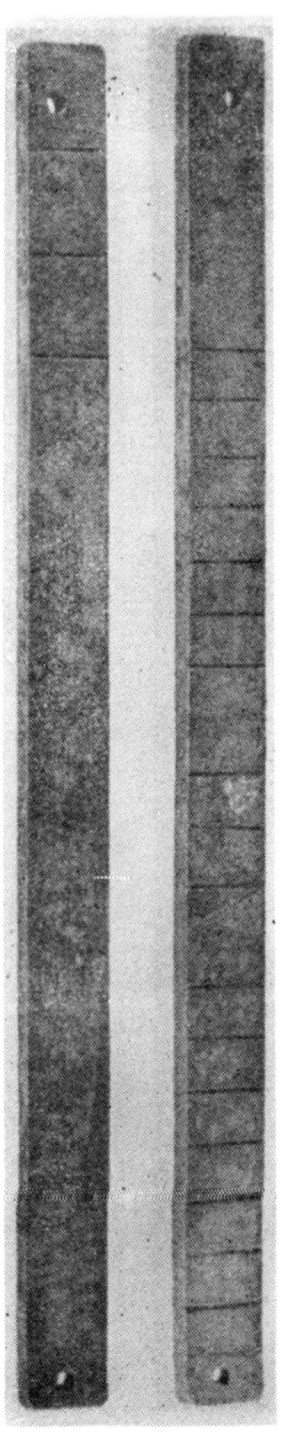

图版十七　巨鹿木尺

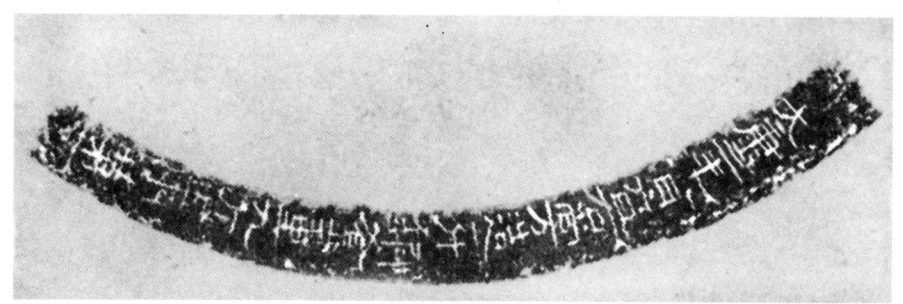

图版十八　西晋太康铜釜铭文

图版十九　西晋太康铜釜

图版二十　太康铜升
　　　　　铭文

图版二十一　太康铜升

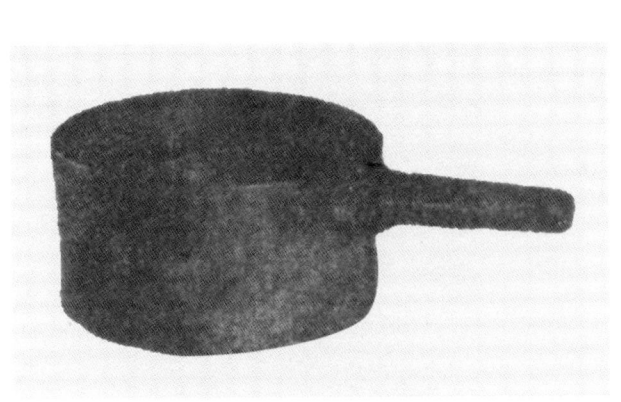

图版二十二　辽宫卫量

图版二十三　辽量铭文

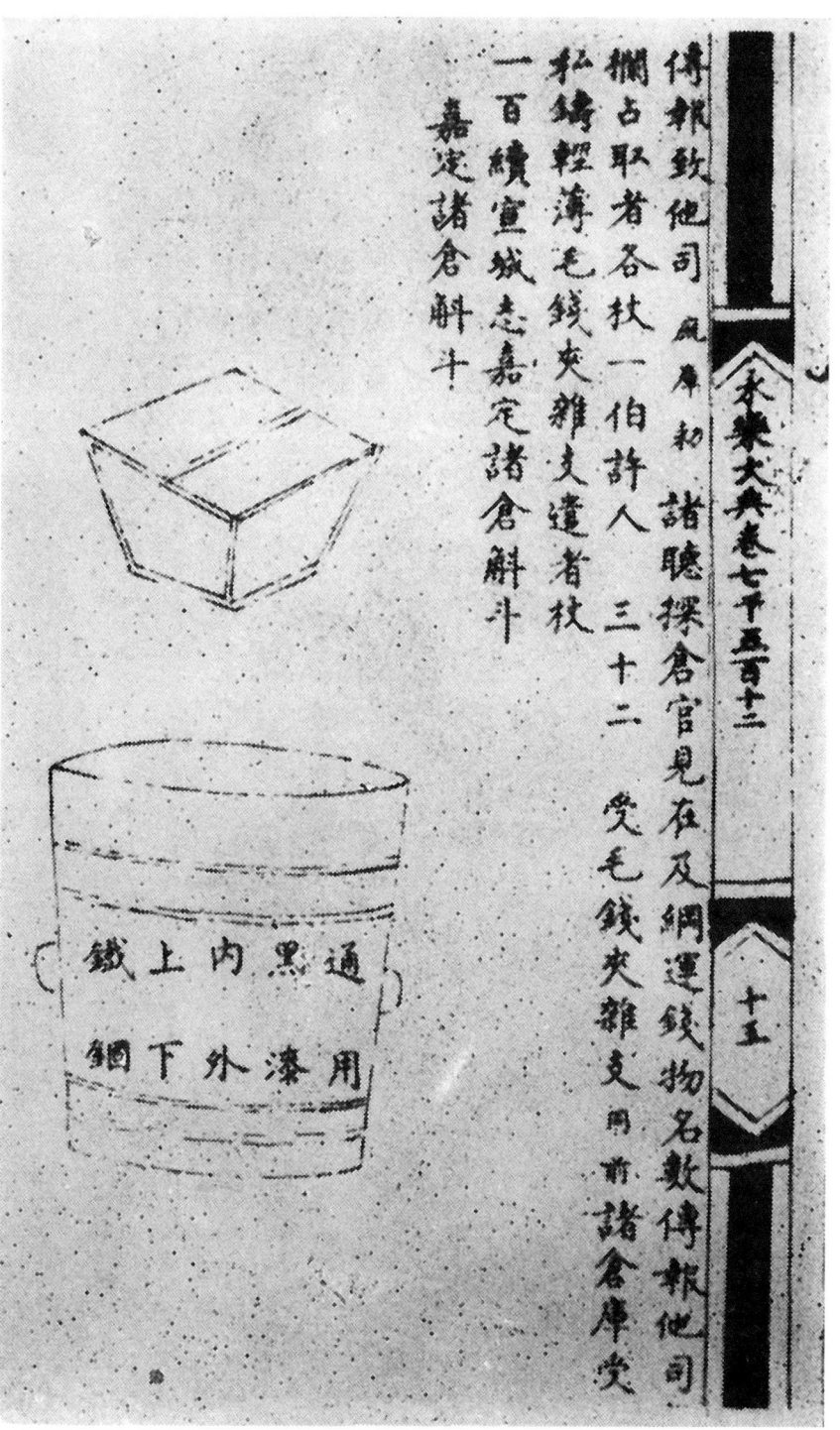

图版二十四　宋文思院斛斗图

图版二十五　莫高窟称鸽画(晚唐)

图版二十六　开元三年权铭文

图版二十七　元人刻本《熬波图》中的盐斛

图版二十八　元人刻本《熬波图》中的盐斛

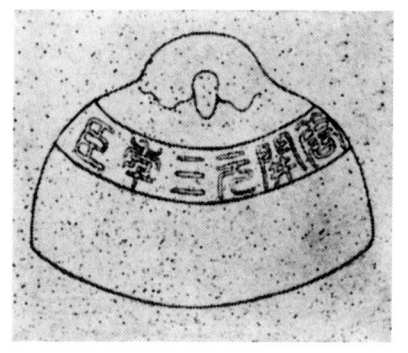

图版二十九　开元三年权

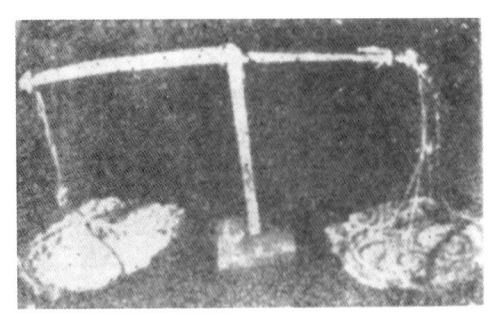

图版三十　晚唐布天平

图版三十一　唐武德元年铜权

图版三十二　清人摹本《熬波图》中的盐斛

图版三十三　清人摹本《熬波图》中的盐斛

重印小记

本书出版于 25 年前，作者写作的年代当然更早。此次重印，已经是在作者离世七年之后。重印所做的修改，只能主要着意纠正原书排印方面的疏失。

另外，原书付梓之际，作者曾收到叶坦女士从海外寄赠的资料；出版之后，著名宋史专家、台湾大学教授梁庚尧先生特意向作者函告书中存在的若干印刷错误。

对此种种嘉惠，这里代达谢忱。

目　录

前言 ·· (1)

第一章　汉魏至唐宋时期的权衡变迁 ·· (1)

　第一节　前人对汉魏六朝权衡的认识 ·· (2)

　　一　元代以前有关魏晋南北朝权衡的论述 ·· (2)

　　二　明清以来关于汉魏六朝权衡的认识 ·· (5)

　第二节　从出土实物与文献资料看汉魏六朝时期
　　　　　的权衡变迁 ·· (8)

　　一　从出土实物看三国两晋南北朝的权衡 ·· (8)

　　二　从文献资料看魏晋南北朝权衡 ··· (12)

　第三节　魏晋南北朝时期秤型的变异及其影响 ··································· (20)

　　一　杆秤的创行 ·· (20)

　　二　杆秤创行对计量制度的影响 ·· (25)

　第四节　隋唐五代时期的权衡器物 ··· (34)

　　一　隋唐时期的权衡器物 ··· (34)

　　二　五代时期的权衡器物 ··· (43)

　第五节　两宋时期的权衡器物 ·· (47)

　　一　宋代的日用官秤与民秤 ·· (48)

　　二　宋代的乐秤与药秤 ··· (60)

　第六节　等子的创制和行用 ·· (67)

　　一　刘承珪和他的等秤 ··· (67)

　　二　等子的创始 ·· (72)

　　三　等子的称谓及行用意义 ·· (77)

第二章　汉魏至宋元时期的权衡计量 ……………………………（83）

第一节　汉魏六朝的权衡计量与斤两轻重 ……………………（83）
　　一　汉魏六朝时期的权衡计量 ………………………………（83）
　　二　汉魏六朝时期的斤两轻重 ………………………………（93）

第二节　五代两宋金元时期的秤制 ……………………………（95）
　　一　十五斤秤和以秤论重 ……………………………………（95）
　　二　多种秤则的杂用及论秤风衰 ……………………………（100）

第三节　隋唐宋元时期的斤制与特殊衡名 ……………………（108）
　　一　隋唐宋元时期的几种斤两制度 …………………………（108）
　　二　唐五代宋元时期的茶大斤与特殊衡名 …………………（116）

第四节　隋唐宋元权衡中的精细计量制度 ……………………（126）
　　一　十钱一两制及其创行 ……………………………………（126）
　　二　字分制与分厘毫丝忽制 …………………………………（131）

第五节　出土钱物与唐代斤两的轻重 …………………………（146）
　　一　开元铜钱与推测唐衡的初步尝试 ………………………（146）
　　二　出土银铤等物与唐衡的重新检测 ………………………（150）
　　三　唐衡特征与唐秤斤两的轻重 ……………………………（156）

第六节　宋衡的斤两轻重 ………………………………………（164）
　　一　宋人对当时权衡与古秤轻重的考校 ……………………（164）
　　二　近年出土的宋衡实物资料及其研究 ……………………（172）
　　三　宋衡的斤两究有多重 ……………………………………（179）

第三章　隋唐宋元之际的尺度与步亩 …………………………（182）

第一节　汉唐迄今的古尺研究 …………………………………（182）
　　一　晋隋至明清的古尺研究 …………………………………（182）
　　二　20世纪以来的尺度研究 …………………………………（184）
　　三　尺度史研究中尚待解决的若干问题 ……………………（188）

第二节　隋唐五代时期的尺度与步亩 …………………………（191）
　　一　隋唐时期的尺度与步亩 …………………………………（191）
　　二　五代时期的尺度 …………………………………………（203）

第三节　形形色色的宋尺 ………………………………………（208）
　　一　宋人常用的几种官尺 ……………………………………（208）

二　地方用尺与南宋省尺……………………………………（220）
　　三　天文礼乐用尺…………………………………………（227）
　第四节　宋辽金元尺度的长短…………………………………（236）
　　一　宋尺的长短……………………………………………（236）
　　二　辽金元代的尺度………………………………………（254）

第四章　魏晋隋唐宋元时期的容量器制………………………（261）
　第一节　汉魏至宋元间容量器制的发展变迁…………………（261）
　　一　秦汉魏晋南北朝量制述略……………………………（261）
　　二　隋唐时期的容量器制…………………………………（270）
　　三　五代十国的多种量制杂用……………………………（280）
　　四　宋辽金元时期量器容积的变迁………………………（284）
　第二节　两宋的量器……………………………………………（303）
　　一　宋量类型与加斛加斗…………………………………（303）
　　二　宋代的省量……………………………………………（310）
　第三节　斛石关系及宋元斛制之变……………………………（315）
　　一　斛与石的通用…………………………………………（316）
　　二　斛与石的分用…………………………………………（320）
　　三　五斗斛的创用及其形制………………………………（323）
　　四　五斗一斛制的确立……………………………………（330）

第五章　宋代度量衡的机构设施与管理体制…………………（337）
　第一节　两宋度量衡器的制作与管理机构……………………（337）
　　一　中央常设的度量衡制作机构…………………………（337）
　　二　临时与地方性度量衡制作机构………………………（342）
　　三　度量衡的行政管理机构………………………………（345）
　第二节　两宋度量衡的行政管理体制…………………………（348）
　　一　官造度量衡的颁降制度………………………………（348）
　　二　官造度量衡的销售体制………………………………（353）
　　三　民间度量衡器制作与流通的法规……………………（357）
　第三节　宋代度量衡器的技术检定……………………………（363）
　　一　标准器式的确定和校正………………………………（363）

二　流通使用中的技术检定与监督 …………………………………（367）

附录　一部失落的北朝算书写本 ……………………………………（375）
一　丁黄之制　不始于唐 ……………………………………………（375）
二　仪同军制　行于北朝 ……………………………………………（379）
三　步里制度　实属古法 ……………………………………………（387）
四　米粟计量　古升古斗 ……………………………………………（389）
五　兵戎岁月　边地华风 ……………………………………………（394）

后记 ……………………………………………………………………（400）

图表目录

表1—1	宋代官秤表	(55)
表1—2	宋代民秤表	(60)
表1—3	宋代乐秤表	(64)
表1—4	刘承珪等秤构件规格表	(70)
表1—5	刘承珪等秤诸值表	(73)
表1—6	刘承珪等秤与今存万历戥秤比较表	(82)
表2—1	战国秦汉斤两考订表	(94)
表2—2	魏晋南北朝时期斤两考订表	(94)
表2—3	五代两宋金元时期秤制表	(108)
表2—4	唐五代大小秤中的斤两制度表	(111)
表2—5	宋代加斤足斤省斤关系对应表	(115)
表2—6	隋唐五代宋元日用斤制表（附明清部分斤制）	(116)
表2—7	唐五代两宋茶大斤制表	(120)
表2—8	四分为两制与十钱为两制之比较	(135)
表2—9	两分铢累制与两钱字分制折计表	(138)
表2—10	两钱字分制与两分铢累制折计表	(138)
表2—11	刘承珪二秤中的两套权衡及其折兑关系	(144)
表2—12	唐代银板轻重表	(160)
表2—13	唐衡斤两轻重考订表（附隋衡及清衡轻重量值）	(164)
表2—14	皇祐至大观间考校古秤轻重表	(171)
表2—15	北宋权衡实物轻重实测表	(174)
表2—16	出土宋银铤锭铭重与今秤比较表	(178)
表2—17	部分宋银铤锭原重与今秤比较表	(179)
表3—1	历代尺度考订表之一——黄帝至东汉	(189)

表 3—2　历代尺度考订表之二——三国至隋 …………………（190）
表 3—3　唐尺实物资料表之一 ………………………………（199）
表 3—4　唐尺实物资料表之二 ………………………………（201）
表 3—5　唐五代尺度考订数据表 ……………………………（207）
表 3—6　宋代布帛尺及其相应绢帛匹法规格表 ……………（219）
表 3—7　宋尺实物资料表 ……………………………………（237）
表 3—8　宋代常用尺度长短考订表 …………………………（250）
表 3—9　宋尺实物与文献校核鉴定意见表 …………………（251）
表 3—10　五代至宋金元明时期乐律尺长度表 ……………（252）
表 3—11　金元两代尺度长短考订表 ………………………（260）
表 4—1　周秦汉新容量标准考订表 …………………………（263）
表 4—2　齐国新量出土实物资料表 …………………………（264）
表 4—3　魏晋南北朝隋量器实物资料表 ……………………（267）
表 4—4　隋代容量制度表 ……………………………………（272）
表 4—5　唐代部分容量器制资料表 …………………………（280）
表 4—6　皇祐乐量与北宋太府升斗容积折算表 ……………（290）
表 4—7　嘉定九年宁国府造文思斛规格表 …………………（292）
表 4—8　嘉定九年宁国府造文思斗规格表 …………………（294）
表 4—9　元官量容量与南宋文思斛斗比较表 ………………（301）
表 4—10　宋代加斛表 ………………………………………（313）
表 4—11　宋代加斗表 ………………………………………（314）
表 4—12　宋代省斛表 ………………………………………（314）
表 4—13　宋代省斗、军斗、省升表 ………………………（315）

图版一　氐宿执秤图
图版二　莫高窟称鸽画（临摹本）
图版三　解池称盐图
图版四　垣曲盐秤权
图版五　元人壁画中的卖鱼图
图版六　湘潭出土嘉祐铜则
图版七　瑞安出土熙宁铜砣
图版八　元代铜秤砣

图版九　瑞安出土熙宁铜砣铭文
图版十　元代三十五斤秤所用铜砣铭文
图版十一　金代百两铜砝码
图版十二　唐镂牙尺
图版十三　龙纹铜尺
图版十四　唐代牙尺
图版十五　宋鎏金尺
图版十六　九寸玉尺和花卉木尺
图版十七　巨鹿木尺
图版十八　西晋太康铜釜铭文
图版十九　西晋太康铜釜
图版二十　太康铜升铭文
图版二十一　太康铜升
图版二十二　辽宫卫量
图版二十三　辽量铭文
图版二十四　宋文思院斛斗图
图版二十五　莫高窟称鸽画（晚唐）
图版二十六　开元三年权铭文
图版二十七　元人刻本《熬波图》中的盐斛
图版二十八　元人刻本《熬波图》中的盐斛
图版二十九　开元三年权
图版三十　晚唐布天平
图版三十一　唐武德元年铜权
图版三十二　清人摹本《熬波图》中的盐斛
图版三十三　清人摹本《熬波图》中的盐斛

前　言

　　权衡与度量，主要指检测轻重、长短和容量（容积）的秤、尺、升斗等器物，及有关的计量制度。这些器制同社会生活的密切关联，是众所周知的。对于带计量性质的历史研究——譬如有关天文、数学、医药、音乐、会计、商业、手工技艺、建筑工程、交通运输等方面的历史研究来说，度量衡的考察越发显得重要。迄今得力于此而获致的成果，和疏忽于此而招致的缺憾，几乎同样显著。

　　20世纪以来在度量衡史方面卓有贡献者，已不止一代学人：从吴大澂的《权衡度量实验考》，到王国维的唐宋尺度摹本题跋；从马衡在北京大学的《金石学》讲座，到刘复、唐兰的莽量、商鞅量考；从吴承洛的《中国度量衡史》，到杨宽的《中国历代尺度考》，等等。吴著《中国度量衡史》，是我国第一部通史性质的度量衡系统专著。杨著《中国历代尺度考》，则是我国第一部古代尺度通史专著。它们的深远影响，至今仍随处可见。

　　吴著《中国度量衡史》的初版，是在1937年。自那时迄今的半个多世纪以来，资料条件和研究状况都发生了很大变化。考古学者们不断地将珍贵的出土实物资料奉献出来，甚或已开始汇集成册；文献研究者也以更为翔实的史料撰文著述，展示出许多超越前人的新见。特别是罗福颐编制的《传世历代古尺图录》和邱隆、丘光明等人编的《中国古代度量衡图集》，对学术界尤为嘉惠。

　　本书的考察范围，上溯五代隋唐乃至魏晋南北朝，下及于元世。其重点，则在两宋。

　　魏晋至宋元，是中国古代度量衡最为辉煌的一个阶段，也是器制变迁最为频繁和剧烈的阶段。有关的研究，却相对地略觉薄弱。诸如魏晋南北朝的斗秤，五代的量衡，宋辽金元时期形形色色的尺斗秤，及其异乎寻常的计量关系等等，一般史籍往往语焉不详；近年出土的量衡实物，也比较罕见。这对于有关的研究，都增添了不少困难。

以往研究战国秦汉度量衡的主要经验，至少有两点特别值得注意：其一，是充分重视和广泛搜集出土实物资料，并给予准确无误的鉴定；其二，是深入发掘和全面占有文献资料，并予以科学的辨析。本书的考察，曾格外留心于出土实物的搜集鉴定与文献载录的发掘辨析，以及这两方面资料的相互为证。可惜，这种努力远没有达到令人满意的程度。

关于出土度量衡实物的鉴定，我纯然是门外汉。但有关的研究，迫使我试作一些这类资料的分析。若干年前，我曾对一枚出土盐权试作鉴定。本书对某晋量、魏权、辽量和宋尺等实物资料的鉴识，仍属这方面的尝试。

历史文献中带计量性质的资料，大抵须经过一番考辨，才能确定其是否信实可用。这是我个人多年以来的切身体验。以往这阶段度量衡研究中的某些论断，多由于史料未经辨析而致误。如说北朝皆用大秤而南朝皆依古秤；五代度量衡"多相因袭"于唐制；宋器皆太府寺掌造；宋代的"省尺"即三司布帛尺；古衡无"分"，分厘衡制与等子创自于宋，等等。本书为查明古药秤是否以"十黍为一铢"，北魏孝文帝是否"改用长尺大斗"，十五斤秤是否"始见于五代"等问题，不得不略辟篇幅，考辨《本草经集注》、《资治通鉴》、《癸巳存稿》等载录之误。

在度量衡的考察中，一般性的规范与具体器制的实用惯例往往不尽相符。实用惯例中，又有通行规制与特殊情况之别。为了区分各种不同的情况，本书补充了一些器制和计量关系资料，并尽可能将它们加以排比分析——如240步一亩之外的其他亩制；十升 "足斗"之外的加斗、省斗、军斗，十斗一"足斛"之外的省斛、加斛、乡斛，十五斤一秤之外的其他秤则，十六两一斤之外的加斤、省斤，以及裹制、字制、分制等特殊计量制度与特殊衡名等，以便供进一步研究参考。

斛与石的关系，是量制史上长期争议的话题。一种似为定议的说法，认为宋代将一石为斛改成五斗为斛；其小口方斛，乃贾似道所创，一直行用至清。从本书征引的史料看，这种说法与史实颇有距离。关于宋代淮尺、浙尺、省尺、三司布帛尺等规格与鉴定，也曾在王国维和杨宽之间引起争讼。我在这方面搜集和分析资料之后，提出了另一种主张。

中国古代的权衡单位量值，曾在短期内发生过某种近乎戏剧性的变化，即每斤二百几十克的标准重量，遽然增为两倍或三倍之重——每斤重量达四五百克或六七百克。以往对这种现象的解释，一概归咎于封建剥削。我怀疑在社会条件之外，还潜藏着另一种权衡器制内在的因素。后来从医书中发现了"单秤"与"复秤"的资料，又经过一番苦思冥索，终于大胆作出了一种新的推断。

古代度量衡的研究，是一项琐细而又浩繁的复杂工程。从各时期尺斗秤等器物、计量单位、计量制度，到历代度量衡的管理与器制量值等变迁，种种纷杂的考索计数，稍一不慎便铸成大错。除了社会历史的考察之外，还须涉及金石考古、文字训诂、礼仪、音乐、天文、医药、数学、物理等等。几乎可以说，这项研究，非有几代人接续不断的努力和分工协作，是难于奏效的。本书所作的点滴考察，只想为这项工程略尽微不足道的绵薄之力。

第一章　汉魏至唐宋时期的权衡变迁

半个多世纪以前，马衡曾慨叹——"考订度量衡制度，以权衡为最难"。① 这番慨叹，无疑反映了前辈学者在辛勤研讨中的深切体味。如果说，考订度量衡制度以权衡为"最难"，那么，其中尤为困难的部分，或许便是关于魏晋南北朝时期权衡的考察了。唯其如此，王国维、吴承洛等前辈对这一时期的权衡"几无可考"。②

与上述困难情况相关联的，是古代权衡制度的若干重大变迁，偏偏发生在这一时期。且看：秦汉时期的一斤，通常只有二百余克重；至北周及隋初"时秤"，其一斤之重已达六七百克。而且，这种新型时秤的大斤大两制，又与传统古秤的小斤小两制兼行并用。如此等等，变化多端。

半个世纪之后的今天，有关的研究已不是一片空白——譬如王云的论文，就补充了渑池出土北魏铁权等珍贵资料；③ 邱隆、丘光明等人合编的《中国古代度量衡图集》，也指出"南北朝至隋，度量衡量制（值）变化最大"，"南北朝时期各地制度较为混乱，度量衡量值急剧增长。"④ 只是，由于这一时期权衡的特殊性，许多重要问题还有待进一步探讨。这些问题是：

中国古代权衡的单位量值——每斤每两的标准重量，究竟从何时起突然成倍增长？形成这种规律性变迁的原因何在？除了像以往那样将其归结为统治者的"贪政"之外，这与当时权衡器制本身的变化有无关系？魏晋

---

① 马衡：《中国金石学》第二篇第三章《历代金文·度量衡》，北京大学，20年代铅印本。《历代度量衡之制度》（原亦为北京大学史学系专题讲稿，后收入《凡将斋金石丛稿》卷4，中华书局1977年版；又见《中国古代度量衡史论文集》，中州古籍出版社1990年版。
② 参阅吴承洛：《中国度量衡史》，上海书店复印商务印书馆1937年版，第197页。
③ 王云：《魏晋南北朝时期的度量衡》，载《计量工作通讯》1980年第7期，及《中国古代度量衡论文集》，中州古籍出版社1990年版。
④ 国家计量总局、中国历史博物馆、故宫博物院主编，邱隆、丘光明等编：《中国古代度量衡图集》，224图说明，附录13图说明，文物出版社1984年版。

南北朝时期各国权衡器物及其计量制度的基本情况如何？以往关于汉魏六朝权衡的各种结论是否准确无误？等等。

如果把东汉末至魏晋南北朝的权衡变迁，看作中国权衡发展史的第一次重大转折；那么，从北周、隋代开始，中国的权衡又进入了一个新的阶段。

东汉、三国开始的那次转折，曾由杆秤崛起而打破自古以天平为单一衡器的局面，并从衡器变革引发了衡制变迁——由单一的小秤制，发展出大斤大两制与之并行。公元 6 世纪创立的隋朝，在结束数百年政治分裂的同时，又试图整顿度量衡的纷乱状态。这一努力虽未立即奏效，但大小两套秤斤制却在稍后继起的唐代，被纳入各自的运行轨道。中唐至五代的割据，虽一度使度量衡重陷紊乱，但杆秤的完善和权衡计量制度的精密化进程，却无可阻挡地发展下去，至宋代竟臻于成熟。

在中国的权衡史上，这的确又是一个星飞斗转的时代。

第一节　前人对汉魏六朝权衡的认识

前人对东汉至魏晋南北朝时期权衡的研究，大致可分为三个阶段：第一阶段，是南朝至隋唐宋元之际。其研究者，包括萧梁隐士陶弘景，《隋书·律历志》的作者李淳风，一度参与《隋书》编修工作、并为《左传》作疏的孔颖达，《通典》的作者杜佑，以及《文献通考》著者马端临、《演繁露》著者程大昌等人。

第二阶段，是在明清之际。其研究者，包括《日知录》的作者顾炎武，几位乾隆进士出身的著名学者沈彤、钱大昕、赵翼，以及参与编修《清朝文献通考》的嵇璜、刘墉等人。第三阶段，是 20 世纪二三十年代至今。其研究者，主要包括马衡、吴承洛、王云等。

包括各阶段所有的研究者在内，他们的贡献都应该得到充分的肯定和很高的评价。只是，这里限于篇幅，不得不就其不足和疏误的方面，较多地展开讨论。其不恭之罪，尚祈鉴谅。

一　元代以前有关魏晋南北朝权衡的论述

（一）六朝人论述权衡计量的疏误

以往关于魏晋南北朝权衡的讨论，大都以《隋书·律历志》的载述为最早之研究资料。其实，在此之前，南朝人已就其权衡计量历史作过简略的追述。比如齐梁时期的隐士学者陶弘景，就曾在他订注《神农本草经》的著作中有过如下的议论：

> 古秤，唯有铢两，而无分名。今则以十黍为一铢，六铢为一分，四分成一两，十六两为一斤。……①

陶弘景这里所谈的，是"古秤"和南朝"今"秤的计量制度。其中最值得注意之点有二。其一，是在"古秤"计量制度中，只有铢、两等单位名称，绝无"分"的权衡单位。其二，是说南朝"今"秤的新计量制度，不仅有"分"的单位，而且，其进位关系，也与"百黍为铢"的传统制度不同，那是一种以"十黍为一铢"，又以"六铢为一分，四分成一两"的新制。如以上述议论为准，那么，这种计量制度的进位关系如下：

10 黍 = 1 铢
6 铢 = 1 分
4 分 = 1 两
16 两 = 1 斤

这段论述，不仅见于一般的《本草经集注》，和历代本草学著作的转录——包括几乎失传的《唐本草》，宋人《政和证类本草》，以及李时珍的《本草纲目》等；② 而且，也见于1908年日本橘瑞超和吉川小一郎发现并携往日本的敦煌卷子，及由此而来的罗振玉影印本《本草集注》。③

陶弘景的上述议论，一方面正确地追叙了"古秤"计量单位至南北朝时期的变化，另一方面，却又包含着某些疏误——比如古"无分名"和"十黍为一铢"之说，都有待订正。这后一方面，我们在下文中还要专门讨论。

（二）唐宋人对南北朝秤衡的争议

《隋书·律历志》有关魏晋南北朝秤衡的论述，以涉及斤两轻重的变

---

① 陶弘景：《本草经集注·序录》，罗振玉《吉石庵丛书》第一函，影印日本所藏敦煌卷子本。"分名"二字，《永乐大典》转引本作"名分"。
② 《永乐大典》卷11599 草韵；《重修政和证类备用本草》卷1，《序例上·嘉祐补注总叙》；《本草纲目序例》第一卷，《序例上·陶氏别录合药分剂法则》。
③ 参阅《吉石庵丛书》本《本草经集注》跋，及马继兴主编《敦煌古医籍考释》第七部分《本草类》，江西科学技术出版社1988年版。

化最有价值。而这些论述，都出自唐太宗时代的著名学者——李淳风之笔下。① 李淳风写道："梁陈依古秤；齐以古秤一斤八两为一斤；周玉秤四两，当古秤四两半；开皇，以古秤三斤为一斤；大业中，依复古秤。"②

这里所说的"梁陈"，似泛指南朝的宋、齐、梁、陈——既云"梁陈依古"，其"梁陈"以前之宋齐自必更为"依古"。"齐"与"周"，则指北朝的北齐和北周，而不是南齐和北周。③ 这种理解，可以从杜佑的《通典》中得到证实。

与李淳风同时留心于魏晋南北朝权衡的，还有孔颖达。孔颖达不甚同意晋人杜预对《左传》的注疏，乃另为《左传》"正义"。其中，也表述了他对古秤的卓越见解。他写道："杜氏以为古秤重，……近世以来，或轻或重。魏齐斗秤，于古二而为一；周隋斗秤，于古三而为一。"④

孔颖达关于北朝秤衡的见解，显然与李淳风有所不同。他不说齐秤一斤当古秤一斤八两，而是说当古秤二斤。至于北周秤衡，他也不提"玉秤四两当古秤四两半"，而是断言其一斤当古秤三斤。

杜佑的有关论述，比李淳风和孔颖达晚了将近二百年。他在《通典》中写道："自东晋寓居江左……历宋齐梁陈，皆因而不改。其度量，三升当今一升；秤，则三两当今一两；尺则一尺二寸当今一尺。"该书此句下注曰："今，谓即时"，也就是指杜佑著书的 8 世纪末——唐德宗时代。⑤《通典》又说："隋制，前代三升当今一升，三两当今一两"；⑥"古秤比今秤，三之一也；则今钱为古秤之七铢以上，古五铢，则加重二铢以上。"⑦

杜佑所云东晋至宋齐梁陈的斗秤"因而不改"，大抵是从李淳风的"梁陈依古"而来，只是把"梁陈"扩大而为整个南朝时期均用古秤，直到隋代才突然将斗秤增至"前代"的三倍。至于李、孔歧议的北朝情况，他没有谈及。

---

① 参阅王鸣盛：《十七史商榷》卷65，《隋书志》。
② 《隋书》卷16，《律历志》。
③ 吴承洛在《中国度量衡史》第74页第18表中所列"南齐"斤两之重量标准数据，显然是根据"齐以古秤一斤八两为一斤"折计而来。这表明他把李淳风所说的北"齐"，误当作了"南齐"。
④ 《附释音春秋左传注疏》卷55，定公八年。
⑤ 《通典》卷5，《食货·赋税》。
⑥ 《通典》卷144，《乐·权量》。
⑦ 《通典》卷9，《食货·钱币》。

南宋学者程大昌和马端临等人，也都分别在自己的著作中论述过魏晋南北朝权衡。程大昌在《演繁露》中征引了杜佑《通典》的记述，①马端临不仅在《文献通考》中转录了李淳风《隋书·律历志》的结论，而且还补充了《后魏·食货志》与《隋书·食货志》有关两朝五铢钱实重的资料——前者，一千文重13斤以上；后者，千文只重四斤二两；魏、隋两朝同样钱币的重量，相差三倍左右。他断言北魏五铢钱与隋五铢钱的轻重悬殊，"当是大小秤之差耳"。②

马端临所注意的钱币轻重差异，表明他既不完全同意李淳风的结论，也不尽赞成孔颖达的见解。这也就是说，他已认识到北朝在钱币用秤方面，几乎同南朝的古秤一样偏轻。

南宋张表臣的《珊瑚钩诗话》，在引述了欧阳修《集古录》关于汉斛重40斤当宋秤15斤的考订之后，补充说道："《魏志》云，曹公帐下有典君，持一双戟，八十斤。则是一戟重十五斤，两戟共重三十斤耳。"③在他看来，三国曹魏斤秤，与西汉相同，即皆用古秤。

以上几位唐宋学者的研究，其分歧主要在北朝秤衡方面，至于南朝依古，及至隋改用三倍之大秤，则并无二致。这些研究成果，无疑是一笔珍贵的财富。但他们的结论，也带有一定的片面性，不可尽信。

二 明清以来关于汉魏六朝权衡的认识

（一）明清之际的"隋秤始变"说

宋元以后关于魏晋南北朝权衡的又一次讨论，是在明末清初，即顾炎武著《日知录》以后。

顾炎武在"权量"一节中概括说："三代以来权量之制，自隋文帝一变!"他征引了唐人的各种见解，而后写道："大业三年四月壬辰，改度量权衡并依古式。虽有此制，竟不能复古；至唐时犹有大斗小斗大两小两之名，而后代则不复言矣!"④

顾炎武的意思，显然是承袭并发展李淳风之说，把中国古代权衡量值

---

① 《演繁露》卷7，《大斗大尺》；另见《文献通考》卷133，《乐·权衡》转录。《文献通考》转录《演繁露》引述《通典》的话，有些未见于今本《通典》。
② 《文献通考》卷8，《钱币》。
③ 《珊瑚钩诗话》卷2。
④ 《日知录》卷11，《权量》。

的变迁转折分界，断为隋代：在此之前的南北朝，皆用小秤；在此之后，则改用大秤——其间尚有短期的复古，稍后有大小秤并用，终至于完成小秤向大秤的过渡。此外，他还对权量单位量值不断增大的原因作了分析，指出："盖自三代以后取民无制，权衡之属每代递增。"①

顾炎武的概括，后来得到钱大昕的赞同。钱氏在《日知录》校注中说："据《隋志》……则大斗大两始于隋开皇间，唐初沿而不改。"② 经顾炎武如此这般地概括之后，中国古代权衡量值的变迁曲线，顿时显得转折分明。然而，可惜的是，这样一来，古代权衡变迁中的许多复杂情节——包括孔颖达与李淳风有关北朝用秤的歧议等等，都被弃置不顾了。

与顾炎武的果断不同，沈彤的意见就比较谨慎。或者说，他似乎已经注意到顾炎武的疏忽，因而，在校注《日知录》时作了几点必要的说明。这些说明，大致不外如下两个方面：第一个方面，是对顾炎武论述的补充——其中除了重复征引马端临用过的魏、隋两朝五铢钱币实重差异，以证明魏秤为古秤外，还补充了《通典》关于北齐五铢钱重的资料，从而证明"齐与梁并依古秤"。

沈彤说明的第二个方面，是对孔颖达和李淳风关于北朝用秤歧议的分析。他写道："或以为于古二而为一，或以为以古秤一斤八两为一斤，岂称他物之秤，多异于'钱秤'耶?"③ 显而易见，沈彤在考论北朝与南朝"钱秤"相近的同时，又从孔、李的歧议中受到启发，提出北朝"称他物之秤"可能不是古秤的猜测。

赵翼对顾炎武的概括似乎也不完全赞同。不过，他没有对魏晋南北朝用秤作进一步的考订，而是就唐人的几种意见——特别是以孔颖达的见解为基础，进行综合推论。他援引《左传正义》和《通典》的论述之后写道："是魏晋已倍于古也"，"周隋又大于魏晋也"，"唐之斗秤又加于六朝矣"。循着这种推论进一步发挥下去，他又断言："宋之斗秤较唐又大矣!"④

除了魏晋南北朝时期的用秤情况之外，赵翼还断言古代的权衡计量中绝无"分"名单位。王鸣盛曾在《十七史商榷》中发问："分，本度之

---

① 《日知录》卷11，《权量》。
② 《日知录集释》卷11，《大斗大两》"钱氏曰"。
③ 《日知录集释》卷11，《权量》"沈氏曰"。
④ 《陔余丛考》卷30，《斗秤古今不同》。

名,今人乃以为权之名,不知起于何时?"① 赵翼以解答疑问的方式写道:"分与厘毫丝忽,本亦度之名,宋太宗更定权衡之式,……刘承珪……乃移于权衡。"②

赵翼的有关论断,大抵得失参半。

明清之际学者的上述说法,一直影响到近代乃至当代的学术界。包括近年问世的某些专题经济通史优秀专著,也不例外。

(二) 近人对魏晋六朝权衡的研究

20世纪二三十年代以来,马衡与吴承洛等人曾就魏晋南北朝权衡作过一些研究和讨论。

马衡在北京大学史学系的专题讲稿,除重复唐人的若干意见之外,也提出他自己的三点见解:其一,他认为史籍中有关六朝权衡的记载,"不可得而详也"。其二,他不大相信孔颖达所说的秤斤变化比例"魏齐二而为一,周隋三而为一"。他怀疑,那不过是"举其成数,非必有精确之计算"。其三,他与顾炎武的概括不同,认为古代权衡的最大变迁,在六朝而不在周隋:"权衡之制,自六朝间之改创,其后未有增进也。……自唐迄今未改也。此历代权衡之大较也。"③

马衡的新见解,特别是他的第三点见解,已明显地超过明清之际的某些认识。

吴承洛与马衡的见解又有不同。他在其《中国度量衡史》一书中,完全相信李淳风的论断,以为北朝"权衡未必改制",《隋志》"不言(北周)衡者,盖权衡则仍玉权之制,而未另为制造颁发耳"。与此同时,他仍然尊奉顾炎武的隋秤突变说,认定"隋朝一代,纪年方三十,……前后相差竟至三而一,此诚属创闻。轻视法度之甚,于此为极。而中国度量衡至是增损讹替,任意变更;其不统一之实际情形,于此已可见一斑"。④

吴承洛虽然没有补充关于三国两晋南北朝用秤的具体意见,却根据唐人的说法折算了那一时期的斤两轻重,并将其折算的量值列入《中国历代两斤之重量标准变迁表》。其每两折合今秤,魏,晋、梁、陈皆为 13.92

---

① 《十七史商榷》卷11,《汉书·度权量等名》。
② 《陔余丛考》卷30,《忽丝毫厘分钱》。
③ 见前引马衡:《历代度量衡之制度》。
④ 前引吴承洛:《中国度量衡史》,第193页。同类的观点,还可在《中国会计史稿》等书中看到。

克，南齐为 20.88 克，东魏、西魏为 27.84 克，北周为 15.66 克。① 就历代权衡单位量值的研究来说，这种折算数据大约是首次；而且，迄今仍为经济史与计量史学界所尊奉。②

事隔近半个世纪之后，王云发表了《魏晋南北朝时期的度量衡》一文。该文在权衡方面的新建树，一是采用了近年出土的一枚北魏铁权的资料，从而证实了孔颖达"魏齐秤于古二而为一"的论断；二是指出这一时期出现了杆秤。可惜，他没有就前人关于南北朝用秤的歧议展开讨论。③

从六朝到唐宋，从明清之际到今天，前人关于魏晋南北朝时期权衡研究的观点，可以大致概括如下：

1. 几乎所有的学者都认定，梁陈乃至南朝以前的三国两晋时期，皆"依古"用秤，其斤两轻重，约当隋唐大秤的 1/3。如果说有什么例外的话，那也只是吴承洛出于一时疏误，把《隋志》中的北齐误作南齐，以为其秤略大。

2. 一部分学者认为，中国权衡量值的遽然倍增，始于北魏。另外一些学者则认为，北朝权衡也与南朝相近；斤秤三倍于古的遽增，始于隋初。

3. 关于魏晋南北朝至隋初权衡量值遽增的原因，大家都归结为官府"取民无制"甚至"轻视法度"的"贪政"，即统治者随意用扩大斤两标准的办法，来剋剥民众。

以上这些认识固然不无其道理，但也大有可以商榷之处——至少其中许多提法颇欠妥当，或属于讹误。

第二节　从出土实物与文献资料看汉魏六朝时期的权衡变迁

一　从出土实物看三国两晋南北朝的权衡

属于魏晋南北朝时期的出土权衡实物，或反映权衡情况的实物资料，比其他历史时期相对嫌少；因而也益觉珍贵。即令如此，这些珍贵资料迄

---

① 前引吴承洛：《中国度量衡史》，第 73—74 页。
② 参阅梁方仲：《中国历代度量衡变迁表》（丙）《中国历代两斤之重量标准变迁表》，见梁方仲：《中国历代户口田地田赋统计》，上海人民出版社 1980 年版，第 545 页，及《梁方仲经济史论文集补编》，中州古籍出版社 1984 年版，第 215 页。
③ 王云：《魏晋南北朝时期的度量衡》，见前引《计量工作通讯》1980 年第 2 期，及《中国古代度量衡论文集》。

今也还仍然不大为人注意——除个别铁权资料被采入专题论文之外，其余大多数资料，仅被收入《中国古代度量衡图集》而已，极少被用于专题研究。

（一）蜀汉弩机与太康升斗所反映的秤衡

三国时期的权衡器物，迄今几乎没有发现。但1964年四川郫县太平公社晋墓出土的一件蜀汉弩机，却铭刻有当初的原重斤两。这对我们考订那时的权衡量值标准，提供了一定的依据。该弩机今重1475克，除缺悬刀（板机）外，其余机件完整。其铭文如下："景耀四年二月卅日，中作部左兴业、刘纪业，吏陈深，工杨安作。十石机，重三斤十二两。"①

"景耀"为蜀汉刘禅的第三个年号。景耀四年，即公元261年。从铭重与今测实重比较折算，其每一斤约合今重393.3克；一两，约24.583克。如将所缺悬刀重量估计在内，当时该弩机所用之秤，其一斤大约当今重400克以上；其一两，约在25克以上。

有关两晋时期的出土权衡实物，亦几乎未见。但故宫博物院、历史博物馆和天津艺术博物馆所藏四件西晋量器，却都有铭重。其一，天津艺术博物馆藏"太康尚方铜升"。其铭文曰："太康四年二月尚方造铜升，重四两十二铢。第四。"其今重为97.6克。其二，故宫博物院藏"太康右尚方一斗铜釜"。铭曰："太康三年八月六日右尚方造一斗铜釜，重九斤七两。第一。"实测今重，为2208克。其三，中国历史博物馆藏"太康右尚方铜升"。铭曰："太康四年三日（月）廿八日右尚方造铜升，重四两十二铢。第三。"实测今重72.5克。其四，故宫博物院藏"太康右尚方铜水升"。铭曰："太康八年十二月廿日，右尚方造铜水升，重四两，第□。"实测今重54.3克。②

"太康"，是西晋武帝司马炎的第三个年号。太康升与斗釜铭文中的"尚方"，则是隶于少府的一个官署。西晋时期的"尚方"，仍分中、左、右"三尚"，主要负责为宫廷制作各种精巧器物。各尚方制造器物，似又别有分工。至东晋"唯置一尚方"。③

依太康四年（283）"尚方铜升"的铭重与今重折计，其原秤一两，重

---

① 沈仲常：《蜀汉铜弩机》，《文物》1976年第4期。
② 《中国古代度量衡图集》附录，第11图、第12图及其说明，文物出版社1981年版，第39页。
③ 《晋书》卷24，《职官志》。

约21.689克；略而言之，21.7克。其一斤，重约347克。

依太康三年（282）"右尚方一斗铜釜"的铭重与今重折计，其一两重约14.6克；一斤重约234克。依太康四年"右尚方铜升"铭重与今重折计，其一两重16.111克；一斤重约257.8克。依太康八年（287）"右尚方铜水升"铭重与今重折计，其一两重约13.575克；一斤重约217.2克。

令人惊讶的是，同为晋武帝时期的标准铜量，其用秤斤两却轻重不同。尤其是同为太康四年所造，又同"重四两十二铢"的两副铜升，其每一两的重量，竟迥然殊异。这种情况，显然不能以制作粗疏和称量误差来解释；而须考虑到："尚方"器物与"右尚方"器物的用秤规格或种类必然存在着的某种差别。

从上述四器所反映的权衡规格来看，"右尚方"器之秤每两重，在13.6克至16.1克之间；其一斤重，则在217克至258克之间。这种斤两轻重，显然略近于战国秦汉时期传统的古秤。而"尚方铜升"的秤衡规格，——每两21.7克，每斤347克左右，却略当同时"右尚方铜升"秤斤的1.346倍重，当"右尚方一斗铜釜"秤斤的1.483倍重，当"右尚方铜水升"秤斤的1.5976倍。概略地说，"尚方"秤，当"右尚方"秤重一倍半左右。

这一比例，不禁令人想起李淳风那句名言："齐以古秤一斤八两为一斤。"① 可惜，李淳风说的是"齐"，而不是"晋"。事实证明，在比"齐"更早二百多年的"太康"时代，西晋"尚方"署铸造标准量器时所用的"晋秤"一斤，已相当同时代"右尚方"署铸器所用"古秤"的一斤八两。

不过，"晋秤"的斤两规格，并非都是像太康"尚方铜升"所反映的那样，一概都相当古秤一倍半重；而李淳风所说"齐以古秤一斤八两为一斤"的结论，即令对北齐来说，也未必准确。

（二）九枚魏齐权砣的斤两规格

近年出土的北朝权衡实物，比三国和西晋时期为多。其中包括1974年河南渑池车站出土的三枚北魏铁权；故宫博物院收藏的一枚北朝铜秤砣；中国历史博物馆收藏的一枚北齐铁秤砣，以及与故宫北朝铜砣形制相同的另五枚铜秤砣，等等。

渑池出土的三枚北魏铁权，是当地于1974年发现的五枚铁权中的一

---

① 《隋书》卷16，《律历志》。

部分。其实测今重，分别为 1031 克、593 克和 155 克。① 历史博物馆所藏北齐铁秤砣，一面刻有"武平"二字，一面刻"元年"二字。或为北齐后主"武平"元年（570），或为北齐范阳王之"武平"元年（577）。该秤砣今重 74 克。② 故宫博物院所藏的一枚北朝铜秤砣，今重 487.5 克。中国历史博物馆所藏与此形制相同的五枚铜秤砣，其实测今重，分别为 173.4 克、143.5 克、219.5 克、265 克和 299.5 克。③

上述北朝权砣中的那枚 1031 克渑池铁权，以往被定为 2 斤权，其每斤重 515.5 克。④ 至于历史博物馆和故宫收藏的秤砣，则通常以为其"重量没有一定的规律可循"。包括故宫所藏 487.5 克的北朝瓜形鼻纽权等，均无人辨识和鉴定其原斤两规格。

其实，这些论断尚大有可以商榷之处。而导致"无规律可循"的原因，或许同 1031 克渑池铁权的鉴定结论有关——如将其断为二斤权，并以北魏的一斤为 515.5 克，其余诸权砣的重量的确显得杂乱无章。但是，若放弃上述二斤权的结论，另将其改定为"裹"权，那么，情况便大不一样了。所谓"裹"权，即一裹重的权砣。34 两或 36 两为一裹，是古代权衡制度中另一种不大为人所熟悉、然而却是不可忽视的权衡计量关系。这一点，我们后面还要提到。这里且以 1031 克重的渑池铁权为一裹权计，其一两重约 29 克或 30 克左右；其一斤重，464 克或 480 克多些，而不是 515.5 克。

将 1031 克北魏铁权定为"一裹权"后所获得的斤两单位量值，不仅可以使同时同地出土的其他渑池权砣重量得到合理的解释，并有规律可循；而且，还可以使无人辨识其重量的故宫 487.5 克北朝铜秤砣，得到科学的鉴定——当为北朝一斤权砣。渑池出土的 593 克铁权，大约为 20 两权；若然，其一两亦近 30 克。⑤ 155 克权，约为五两权。这样，其一两为

---

① 渑池县文化馆、河南省博物馆：《渑池县发现的古代窖藏铁器》，载《文物》1976 年第 8 期；另见《中国古代度量衡图集》第 219、220、221 图。
② 《中国古代度量衡图集》第 223 图说明。
③ 《中国古代度量衡图集》第 222 图说明。
④ 《中国古代度量衡图集》第 219 图说明；王云：《魏晋南北朝时期的度量权衡》。
⑤ 据李京华执笔的《渑池县发现的古代窖藏铁器》一文介绍，1974 年 4 月在渑池发现的铁权共五枚。其中四枚作半球形，大的重 1 公斤，小的重 0.6 公斤。另一种蒜头形权重 0.31 公斤。见《文物》1976 年第 8 期。其 0.6 公斤重之权，似即《中国古代度量衡图集》所录第 220 图铁权。后者标重 593 克。若以 600 克计，恰为当时的 20 两权，每两重 30 克。另一枚蒜头形权重 310 克，似为 10 两权，每两重 31 克。不知测重数据是否准确。

31克，仅略重于标准规格。

按北魏或北朝上述斤两规格来考察历史博物馆所藏的北齐秤砣，其74克似原为二两半，即每两29.6克左右。形制与故宫487.5克瓜形鼻纽铜秤砣相同的五枚权砣，也不再是"没有一定的规律可循"：其299.5克者，显然是十两权；每两重29.95克。265克者，约为九两权；每两重29.5克。219.5者，约为七两半权；每两重29.2克。143.5克和173.4克者，似分别为五两权和六两权；其每两重均在29克左右，

包括北魏、北齐在内的北朝出土权衡实物资料表明，那时用秤每两重，约当今30克左右；每斤重，约当今480克左右。如与新莽或周代古秤的15克一两和240克左右一斤相比，恰当其二倍。孔颖达说："魏齐斗秤，于古二而为一。"李淳风说："齐以古秤一斤八两为一斤。"看来，孔颖达的有关考订比李淳风更接近实际。

二 从文献资料看魏晋南北朝权衡

以往谈及魏晋南北朝时期权衡的文献资料，大多重复三位唐人的论述——李淳风《隋书·律历志》、孔颖达《左传正义》、杜佑《通典》的载述。除此之外，或以为"无可考"、"不可考"。以往关于北魏和北周"权衡未另为制造颁发"的结论，其根据就在于《魏书》和《隋志》都未提及改秤之事。

其实，有关这一时期权衡的文献资料，并非绝无踪迹可寻。《魏书》所载太和十九年诏不提改秤，也未见得北魏权衡就一直"无有变更"。兹考论如次。

（一）晋魏大小秤争议

前面曾经提及唐宋人关于北朝权衡的参差认识。这些认识大略包括三种意见：第一种意见，是李淳风在《隋志》中所述：北齐以古秤一斤八两为斤，北周玉秤四两当古秤四两半。第二种意见，是孔颖达在《左传正义》中所云：魏晋以古秤二两为其一两。第三种意见，是马端临在《文献通考》中所说：魏五铢钱与隋五铢钱较量之异，反映其大小秤之差。这不啻是说，魏秤重量仅当隋秤重量的1/3，或者说，魏也用古秤。

清代学者对于唐宋人的上述歧议，曾有十分卓越的见解。比如《日知录集解》卷11载录沈彤注曰：魏齐时"岂称他物之秤多异于钱秤耶？"沈彤的意思，是怀疑魏齐用秤并不止一种，可能是几种秤并用：即既用古秤

来称钱，又用其他秤来称量别物。这种猜测，实际上已经接近于识破历史的真相。可惜沈彤的猜测仅附录在《日知录》正文的夹缝之间，始终不曾引起人们的注意。

关于北魏用秤情况，《魏书·高祖本纪》所载过于疏略。当时著名谏臣张普惠的奏疏，则较为全面地反映了许多重要事实。张普惠写道："高祖废大斗，去长尺，改重秤，……知军国须绵麻之用，故于绢增税绵八两，于布增税麻十五斤，民以秤尺所减，不啻绵麻，故鼓舞供调。自兹以降，所税绢布，浸复长阔，……所输之物，或斤羡百铢，……在库绢布，逾制者多，群臣受俸，人求长阔厚重，无复准极，……今欲复调绵麻，当先正秤、尺，明立严禁，无得放溢……"①"绢布，匹有尺丈之盈，一犹不计其广；丝棉，斤兼百铢之剩，未闻依律罪州郡。……请……依今官度、官秤，计其斤两、广长，折给请俸之人。"②

张普惠是为反对重征绵麻而上疏给北魏孝明帝元翊的。《魏书》载此疏不系年月。《通典》、《通考》等著录原疏末尾，均称"愿太和之政复见于神龟"，可见在孝明帝神龟年间（518—520）。

张普惠的神龟奏疏告诉我们，太和十九年（495）前后，北魏至少有过两种不同规格的秤：一是斤两较重的"重秤"，二是斤两较轻的"官秤"。所谓"重秤"，虽一度为孝文帝所"改"置，后来却又被某些地方官府违法行用，包括在赋敛丝绵时过称斤两。"斤羡百铢"或"斤兼百铢之剩"，即在每斤16两384铢的传统规格之外，另增一百铢或4两多羡余。其每斤实重，约在484铢或20余两以上。相当384铢的1.26倍。虽不及李淳风所谓"以一斤八两为一斤"，也与一般古秤大相径庭。

所谓"官秤"，即太和十九年"改重秤"后的官秤，亦即张普惠欲依以"正秤"之权衡。关于这种官秤的轻重标准，张普惠没有作进一步的解释。不过，太和十九年的改制诏书曾明确指出："改长尺大斗，依《周礼》制度班之天下"，或云"其法，依汉《志》为之"。③ 这里的"依汉《志》为之"，或"依《周礼》制度班之天下"，显然就是以《汉书·律历志》

---

① 《资治通鉴》卷148，梁纪4；《全后魏文》卷47，张普惠：《复征绵麻疏》；《册府元龟·谏诤部·规谏七》（卷530）略同。"斤羡百铢"或"斤兼百铢之剩"，《通典》卷5《食货》作"丝绵斤两兼百铢之利"。

② 《魏书》卷78，《张普惠传》。

③ 《魏书》卷7下，《高祖纪》；《资治通鉴》卷140，齐纪。

所说子谷秬黍的古制为准，即向全国推行新莽复古时的小制度量衡。其"官秤"标准，应即238克至240克左右为一斤，14.875克或15克左右为一两。这就是太和十九年"班之天下"的"官秤"。这也就是说，北魏"官秤"者，小秤也；"重秤"者，大秤也。

张普惠的奏疏，不仅证实了沈彤的天才猜测；而且，还为我们提供了北魏行用两套量衡的一些具体情况。根据他的叙述，北魏随绢布而增敛的"丝绵"之赋，是太和十九年"改重秤"之后的一种新税。不言而喻，其绵八两或麻十五斤，在征收之际，起初以小秤或"官秤"为准。这是丝绵曾用小秤之例。在南北朝后期或稍晚些时候的《〈雷公炮炙论〉序》中，我们还将清楚地看到使用这种轻小"丝绵秤"的记述。

孝文帝的上述诏令，并未被认真贯彻下去。"幅广、度长、秤重、斗大"等弊，不久即故态复萌。于是，又出现了"斤兼百铢之剩"的丝绵大秤。后来，西魏时期绵八两、麻十斤的赋税，大约也未必用小秤。

（二）北朝权衡的几度改制

关于北朝各代权衡"相承"，"未必改制"，直至隋代才遽变的意见，是根据《魏书》和《隋志》而作的推断。迄今使用的北朝权衡斤两量值，就是在这一推断基础上计量和确定的。

前面讨论北朝在一般"官秤"之外另用"重秤"的事，已表明当时大小秤的并行和权衡"自隋始变"说的不妥。现在，再据有关北朝的文献来分析当时的权衡是否"无有变更"。

西晋元康九年（299）以前，裴頠就曾提出过改革度量衡的主张，他上疏给惠帝说："宜改诸度量。若未能悉革，可先改太医权衡。此若差违，遂失神农、岐伯之正；药物轻重，分两乖互，即可伤夭，为害尤深。古寿考而今短折者，未必不由此也。"这一奏议，惠帝"卒不能用"。[①]

裴頠是一位"通博多闻，兼明医术"的朝廷重臣。从他的建议可以看出，当时权衡的量值，已经和正在发生明显的变化。即令是在医药领域内，这种变化也有所反映。所谓"药物轻重，分两乖互"，《晋书·律历志》中说是："秤两不与古同"。这种变化不是量值趋小，而是像当时一尺比古尺长四分有余那样，呈逐渐增大之势。

西晋的太医权衡究竟比古秤增重了多少，不大清楚。李淳风说北周的

---

① 《晋书》卷35，《裴秀传附》；《全晋文》卷33。

玉秤以四两当古秤的四两半,即增重1/8,不知与太医权衡是否有关。至于西晋一般权衡量值的增长趋势,后来竟达到2倍于古秤的程度。这一点,唐人苏敬已经明确指出:"晋秤始后汉末以来,分一斤为二斤,一两为二两。"这则关于"晋秤"的珍贵资料,我们后面还要讨论。

与裴𬱟的建议"卒不能用"迥异,二百年后的太和十九年诏令,是北魏孝文帝彻底改革现行度量衡体制的果敢行动,也是他全部改革活动的一个重要组成部分。

以往人们之所以认为太和十九年诏只"改长尺大斗,权衡未必改制",是过分地相信了《魏书》的载录。实际上,那是一次包括"改重秤"与"废大斗,去长尺"三项内容的度量衡全面改制活动。这一点,前引张普惠的奏疏已经反复地作过阐述。可惜,迄今为止,人们谈及孝文帝的改革,往往忽略度量衡改制之举;即令提及此举,亦语焉不详。造成这种情况的原因或许不止一端,但其中至少同《魏书》、《北史》、《资治通鉴》等史籍载录的脱漏疏误有关。

把《魏书》视为"秽史"虽未免过甚,但该书在有关载录的疏略上,却也令人吃惊。本来是"废大斗、去长尺、改重秤"的诏令,在魏收等人笔下,竟以五个含混不清的字草率概括:"改长尺大斗。""改重秤"一项重要内容,就这样被他们脱漏了。

《魏书》的载录既然如此草率脱漏,唐人李延寿以此为蓝本而删节成书的《北史》,自然不会比《魏书》高明。其有关载录,不过照抄《魏书》而已。[①]

如果说《魏书》和《北史》的有关载录既有脱漏,又显得含糊,那么,到司马光著《资治通鉴》之际,这则资料就越发显得面目全非了。司马光写道:"戊午,魏改用长尺大斗,其法依汉《志》为之。"[②] 司马光显然是不满于《魏书》行文的含糊不清,因而将"依《周礼》制度颁之天下"一句,改为"其法依汉《志》为之"。与此同时,他又将"改长尺大斗"一句易为"改用长尺大斗"。这一来,不仅前后两句互相牴牾,而且,"改用长尺大斗"一句的含义,也同原来的史实恰好相反。吴著《中国度量衡史》以为北魏至此改行长尺大斗,正与司马光误解《魏书》的说法

---

① 《北史》卷3,《魏本纪》。
② 《资治通鉴》卷140,齐纪4。

一致。

以往，人们对司马光《资治通鉴》的注释和考辨曾极有贡献，但可惜，《资治通鉴》的这一疏误，却迄今无人订正。而尤其可惜的，是北魏孝文帝当年那场大胆改革度量衡体制的活动，竟被人长期遗忘，甚或误解。

关于北周的尺度改制，吴承洛曾有过较好的论述；但对于权衡，却显得过于疏略。他断言"北周统一北齐之后……量衡则仍旧"。其主要依据，亦是《隋志》："其不言衡者，盖权衡则仍玉权之制，而未另为制造颁发耳。"

实际情况并非如此。今考北周武帝宇文邕大破北齐，是在建德六年（577）二月。据《资治通鉴》载录，于此六个月后，宇文邕即下令"议定权衡度量，颁于四方"。①《周书》载录此事，较《资治通鉴》略为详尽："（建德六年）八月壬寅，议定权衡度量，颁于天下；其不依新式者，悉追停。"②《北史》的记载，与《周书》略同，只个别字句有异。③

从《周书》和《北史》的记载来看，当时的"权衡度量"，并非"未别制造和颁发"，而是"依新式""议定"和"颁于天下"，并且规定得非常认真：凡"不依新式者"，一律严行追查，停止其使用。这种权衡的"新式"，正同《隋志》所说"周建德六年平齐后，即以此（尺）同律度量"相一致。《隋书》"其不言衡"者，或许是一时疏忽，或许别有隐情。但无论如何，仅据《隋志》而断言北周权衡"仍旧"，实属一大误会。

北周建德六年所颁改的"新式"权衡，究竟新在何处？《周书》和《北史》都未作任何说明。讨论这一问题，不妨参考当时的尺度改革情况。今考北周尺度的改革，至少有过两次：第一次，是武帝天和元年（566）至静帝大象末（580），将原来的后魏市尺改用后周玉尺。第二次，是建德六年（577）平齐之后，将原来"百司行用"的后周玉尺，改为与南朝宋氏尺一样短小的后周铁尺。

从尺度改革的情况看，建德六年的权衡改革大约也是改小，即将玉秤改为古秤。这样，孔颖达所说"周隋斗秤于古三而为一"，该是指建德六

---

① 《资治通鉴》卷173，陈纪7。
② 《周书》卷6，《武帝纪下》。
③ 《北史》卷10，《周本纪下》。

年以前的周秤与开皇初官秤。换句话说,在建德六年以前,北周不仅行用过略大于古秤的玉秤,而且,还用过相当古秤三倍的大秤。如果实际情况与上述分析相反,即建德六年的权衡改革不是改小而是改大,那么,孔颖达所说的"周隋斗秤于古三而为一",便当指改革以后的周大秤。不论属于哪一种情况,开皇官秤都是承袭北周实用的大秤而来。

至此,我们可以大致明了,包括北魏北齐北周等在内的北朝权衡,既不像某些唐宋人所主张的那样,一律用古秤或玉秤,又不像某些唐人所云,一律当古秤二倍,更不像近人所推断的那样毫无变化,而是在两方面都发生过较大的变化:一是从大小秤并用,到时而行用大秤,时而改用小秤;二是大小秤中的大秤斤两,从二倍于古秤,发展到三倍于古秤。

顺便指出:以往关于使用三倍于古的大秤方面,都以隋代为"始变"时期。其实,这也是一种误解。因为隋代的"以三斤为一斤"之秤,不过是沿袭北周以来的权衡实用习惯罢了。

(三) 隋唐医书中的"晋秤"与"南秤"

7世纪时李淳风在《隋书·律历志》中首先提出的"梁陈依古秤"说,和稍后杜佑《通典》中的魏晋六朝秤则三两当唐一两说,一直被度量衡史界奉为圭臬。千余年来,相沿如故。迄今有关的论述,几乎都将魏晋、南朝的权衡视同新莽与东汉古秤——吴承洛先生另以古秤一斤半为南齐一斤,大约是将李淳风所说之(北)"齐"误作南齐。甚至梁方仲先生晚年手订的《中国历代两斤之重量标准变迁表》,也只字不差地照录吴承洛30年代著论中的表格数据。

实际上,魏晋与南朝的权衡远非一成不变地依用古秤。李淳风和杜佑的结论,至多也只说对了一半。

前曾提到陶弘景关于南朝用秤的论述,述及"古"秤和"今"秤。《唐本草》在引录陶弘景那段论述之后,特别另加了一段按语。该按语说:

> 但古秤皆复,今南秤是也,晋秤始后汉末以来,分一斤为二斤、一两为二两耳。金银丝绵并与药同,无轻重矣。古方惟有仲景而已涉今秤。若用古秤作汤,则水为殊少,故知非复秤,为用今者耳。

这段话见于《政和本草》著录的"嘉祐补注总叙"和《嘉祐本草》编者掌禹锡等人的按语。而"嘉祐补注总叙"或掌禹锡《嘉祐本草》按语,又声明是转录《开宝本草》的按语。《开宝本草》的按语,则称此话为"《唐本》云"。①此外,这段话也见于李时珍《本草纲目》。该书"序例"引录此话前有"苏恭曰"三字。可见,在李时珍看来,它出自唐人苏敬手笔。传世的各种版本之《本草经集注》,都将唐人苏敬的按语当作了梁朝陶弘景的论述。包括罗振玉《吉石庵丛书》本在内的《本草集注》或《本草经集注》传世本,都不注明此话为"唐本云"或"宋人按",而将其与陶弘景前述"古秤"一节文字连书连刊(见该书"序录")。这显然是把唐人的按语误当作了陶弘景的原话。

苏敬,差不多是与李淳风同一时代的人。他于显庆二年(657)建议,在陶弘景补注《神农本草经》的基础上增修《本草》。这一建议被批准后,他和李淳风等人都参加了修撰工作,并于两年之后完成《新修本草》,亦即《唐本草》。苏敬,也就是苏恭。②

苏恭《唐本草》关于陶弘景古秤的按语,是有关魏晋南北朝权衡的头等珍贵资料。这则资料提供了当时四五种不同的秤名:如"古秤"、"南秤"、"晋秤"、"今秤"等。从他的论述来看,其"南秤"即相对于当时"今秤"的一种"古秤",似为南朝盛行之秤。唐代仍有"南秤"一说。"晋秤"即"今秤",是"始后汉末以来"的一种新秤。后者与前者的主要区别之一,在于"分一斤为二斤,一两为二两"。这就是说,至迟在东汉末与西晋时代,已有"古秤"和"今秤"这两种不同的权衡器制并行于世。至于如何"分一斤为二斤,一两为二两",按语没有细说。

比苏恭稍早些时的名医孙思邈,其《千金要方》中也曾就药秤作过类似的论述:"古秤惟有铢两而无分名,今则……六铢为一分,四分为一两,……此则神农之秤也。吴人以二两为一两,隋人以三两为一两。今依四分为一两秤为定。"③

比苏恭稍晚些时的唐代名医王焘,在《外台秘要》中也曾引录陶弘景的话,并附录了内容相近的说明。他写道:"吴人以二两为一两,隋人以

---

① 《永乐大典》卷11599,草;《重修政和证类本草》卷1,《本草经卷》。《大典》原文"若用古秤"的"古"字,误为"右"。今据《政和本草》及《本草集注》等书径为改正。

② 参阅《永乐大典》卷11599,草;《唐会要》卷82,《医术》等,《旧唐书》卷79,《吕才传》。

③ 《孙真人备急千金要方》卷1,《论合和第七》。

三两为一两。"①

以上唐人的两则论述，是迄今有关三国六朝秤制的又一种珍贵资料。从《千金要方》和《外台秘要》的上述说明中可以窥知，苏恭所谓晋秤"分一斤为二斤，一两为二两"，也即是"吴人以二两为一两"。其二两，指古秤二两；其一两，则指今秤或晋秤一两。换句话说，今秤或晋秤的一斤，即古秤或南秤之二斤也。三国两晋以来大小两套权衡制度的计量关系，于此真相大白。

孙思邈和王焘所谓"吴人"，当指三国东吴之人及后来该地区的南朝人。既云"吴人以二两为一两"，可见以一斤当二斤的"晋秤"，于"吴人"所在之江南颇为盛行。也就是说，"梁陈依古秤"之说并不是当时权衡制度的全面概括。六朝除了用"依古秤"制作的"南秤"之外，同时还行用比古秤规格重一倍的大秤。

关于南朝大小两套权衡的具体使用情况，陶弘景和苏恭等人的说法也略有不同。陶弘景的意思，是说南朝药秤用古秤，另增加一个"分"的计量单位。苏恭则认为：魏晋以来，"金银丝绵并与药同"，即金银秤和丝绵秤，都与药秤一样轻重。虽大略皆为小秤，但已同原来意义的"古秤"有别。甚至可以说，东汉末的药秤也有间或偶用"今秤"的事，在张仲景的著作中即不乏其例——假如一概照古秤的标准来使用他的汤药处方，那么水就显得太少，药就显得太多了。

苏恭关于南朝丝绵秤与药秤相同的说法，还可以得到一个有力的佐证，那就是《雷公炮炙论序》。该《序》在论述依方制药时指出："凡云一两、一分、一铢者，正用今丝绵秤也。勿得将四铢为一分。有误必致所损，兼伤药力。"②《雷公炮炙论》的著者是雷敩。他所生活的时代，一说是南朝宋，一说是隋唐。大抵该书序所云，反映隋唐以前或隋唐时的情况，是毋庸置疑的。

从出土的实物和新发现的文献资料来看，关于魏晋南北朝的权衡体制，尚须重新认识。这些认识不妨归纳为如下几点：

第一，"陈梁依古秤"或六朝斤两均当唐大秤 1/3 的传统观念，仅仅反映了当时权衡的一个方面——诸如金银秤、丝绵秤和药秤等"南秤"情

---

① 《外台秘要方》卷 31，《用药分两煮汤生熟法则一十六首》。
② 《永乐大典》卷 11599，草部引录。

况。至于此外的日常用秤，则为"分一斤为二斤，一两为二两"的"晋秤"或"今秤"。

第二，关于北朝魏齐等秤当古秤一倍半或两倍的传统说法，至多也仅说对了一半——如所谓"晋秤"或北魏"重秤"之类。此外，当时还有与古秤差不多轻重的"官秤"；其行用，也不仅限于在太和十九年诏令贯彻的情况下。大抵北朝也同南朝一样，同时并行着大小两套权衡。

第三，中国古代权衡量值的成倍增长和大斤大两制的出现，并不像顾炎武、钱大昕所云"始于隋开皇间"，"自隋文帝一变"。近人把这种变化归结于南北朝时期或"六朝之改制"，也没有找到它的源头。这一重大变迁的源头，实起于"东汉末"。

以上新的认识，主要是就权衡量值与大小秤的行用而言。至于权衡单位量值成倍增长的根源，也未必如以往所说那样，都归因于封建剥削的加重。至少，直接导致大小秤并用和量值遽增的主要因素，还须从当时权衡型制的变迁中探寻。

第三节 魏晋南北朝时期秤型的变异及其影响

一 杆秤的创行

（一）从天平到杆秤

中国古代的衡器型制，主要分为两大类，即等臂式的天平或衡秤，和不等臂式的提系杆秤。近人根据出土战国铜衡杆推断，在天平与杆秤之间，或许还有一种过渡型态的不等臂衡秤。①

古代的天平，多是衡梁中部悬吊，其等距离的两端分别系盘物或权。1927 年甘肃定西秤钩驿出土的新莽铜衡杆，1933 年安徽寿县出土的战国楚秤木衡，1954 年湖南长沙出土的战国楚秤木衡，1975 年湖北江陵汉墓出土的竹制称钱衡与砝码钱等，均属于这种型制。②

古代天平不仅广泛用于秤量各种物品的轻重，而且，也常用于检测市场流通的钱币是否为合乎标准重量的"法钱"。1975 年江陵凤凰山汉墓等

---

① 刘东瑞：《谈战国时期的不等臂秤"王"铜衡》，载《文物》1979 年第 4 期；丘光明：《我国古代权衡器简论》，载《文物》1984 年第 10 期。

② 参阅《中国古代度量衡图集》第 207、160、158、206、164 图。

处出土的衡杆，就刻有"称钱衡"的字样。同时出土的砝码钱，则铭刻着"四铢"字样。①《汉书》载录贾谊对文帝的一次谈话，也说及这种天平衡秤："民用钱，郡国不同：或用轻钱，百加若干；或用重钱，平秤不受。法钱不立，……则市肆异用，钱文大乱。"后汉学者应劭注此话时说：当时法定用钱，每文重四铢，百枚重一斤十六铢。各地民钱，或轻于此，或重于此；往往须过秤计量。凡用轻钱者，于百文之外另加若干钱，以补足一斤十六铢重。如用重钱，则"平秤有余，不能受也"②。

关于古天平的形制，方回曾有过极好的描绘。方回指出："班《志》不言衡上分星、穿纽、用钩、用盘之制，恐汉、王莽衡，中悬于架，大小不等。有铢之锤之衡，有两之锤之衡，有斤、钧、石之锤之衡。如今称谷，凿石为一秤锤，二则二枚，三则三枚，衡悬架上，两头适均，则为平也。"③

这段话的主要意思，是说汉新时代的衡，多是"中悬于架"的天平。其差别，只在于各衡用权的大小轻重不等而已，就如同宋末元初称谷的大天平那样。

古代天平的构造特征，首先是称物一端与系权一端分设于衡梁左右等距离的位置上；物品的重量，须由相应的权重来判知，而不是从秤量刻度判知。因此，天平用权往往标刻其自重，而其衡梁则一般没有刻度。（参阅〔图版三十〕）

其次，天平诸权的重量，多为某一基本单位重量的整数倍。④ 比如1945年湖南长沙近郊出土的十枚战国楚国"钧益铜环权"，其重量分别为0.69克、1.3克、1.9克、3.9克、8克、15.5克、30.3克、61.6克、124.4克、251.3克，即分别为当时的一铢、二铢、三铢、六铢、十二铢、一两、二两、四两、八两、十六两。十权总重约500克，为楚制二斤。⑤又如1973年四川成都天回公社东汉墓出土的三枚新莽铜环权，分别重60.4克、120.6克、241.2克，即为当时的四两、半斤和一斤。⑥

---

① 晁华山：《西汉称钱天平与砝码》，载《文物》1977年第11期；杜金娥：《谈西汉称钱衡的砝码》，载《文物》1982年第8期。
② 《汉书》卷24，《食货》。
③ 方回：《续古今考》卷19。
④ 参阅丘光明：《我国古代权衡器简论》。
⑤ 参阅《中国古代度量衡图集》第159图。
⑥ 《中国古代度量衡图集》第208图。

关于天平用权的形制特征，《汉书》说是环形规格，而且，其外径厚度须倍于环权的孔径，即所谓"五权之制，……圜而环之，令之肉倍好者，周旋无端，终而复始，无穷已也"。① 从出土实物看，战国楚环权和新莽环权确实符合《汉书》规格。但是秦汉稍重之权，另多见鼻纽权或空腹权。②《赵书》载石勒十八年（336）"得圜石，状如水碓，其铭曰：律权石，重四钧……续咸议是王莽时物"③。宋人据此感叹说："权之为制，今古不同。"④

无论天平用权的形制特征如何，其诸权多铭有自重、彼此又多为某种倍比关系的特点，则与天平的总体结构特征一致。作为"五权"之一的"两"权单位，其得名的由来或许就是极好的例证。正如《淮南子》所说："十二铢而当半两，衡有左右，因倍之，故二十四铢为一两。"⑤ 如果这一说法不误，黄钟律管"一龠容千二百黍，重十二铢，两之，为两"；便当从天平结构上得到解释。⑥

与上述具有典型特征的天平不同，中国历史博物馆收藏的两件战国铜衡，其衡梁上标有等距离的刻度线。人们推测，这种刻度线，大约是与砝码搭配使用的计数标志——如同后世的杆秤那样。⑦ 假如这一推测能得到证实，那么，早在战国时期，天平便已有向杆秤过渡和发展的端倪。而且，有关杆秤的杠杆原理，确实在那个时代已开始被某些学者认识——如前人征引《墨子·经说》所反映的那样。⑧

不过，尚有一点令人百思不得其解：战国时代即便已具备试做杆秤的思想与实践条件，何以真正的杆秤，还须等到四五百年之后才问世行用呢？有人解释说，秦汉已有杆秤；但其论据，似乎还有待进一步充实。⑨

杆秤，或称为不等臂提系杆秤。这是衡杆标刻星度、而毫纽又往往不设在秤杆中心位置的衡器。其秤杆一端系物，毫纽另一侧可随处挂权——

---

① 《汉书》卷21上，《律历志》。
② 参阅《中国古代度量衡图集》第166图至205图。
③ 见《隋书》卷16，《律历志》转引。
④ 《山堂群书考索续集》卷21，《律门·律权衡》。
⑤ 《淮南鸿烈解》卷3，《天文训》。
⑥ 《汉书》卷21上，《律历志》。
⑦ 见前引丘光明《我国古代权衡器简论》；刘东瑞：《谈战国时期的不等臂秤"王"铜衡》。
⑧ 《墨子闲诂》卷10，《经说下》："权重相若也相衡则本短标长。"
⑨ 张勋燎：《杆秤的起源发展和秦权的使用方法》，载《四川大学学报》1977年第3期。

俗曰秤砣。

杆秤与天平在构造特征和使用方法上的主要不同是，物品的重量不由权重判知，而由秤砣重量与该砣所悬位置之秤杆刻度数值合计读出；其诸秤砣之重量，彼此也未必成倍比关系。这种合计虽略觉繁难，但每秤所用砣量却远比砝码为少，而常用之砣，又可免去铭重之劳。尤其重要的是，在手工艺不甚发达的时代，随着杆秤刻度的趋细，其计量精度也较一般天平来得准确。

（二）杆秤初行于东汉末

以往关于杆秤创始的时间，有三种不同的意见。一种意见认为，早在战国或秦代，即已出现杆秤。其根据，如《墨子·经说》中那段话，以及秦汉鼻纽权多单独出土等。[①] 另一种意见认为，"东汉时已普遍使用杆秤"。其主要根据是，出土东汉权的重量不规律，或不是斤两的整数倍。[②] 第三种意见认为，"到了三国时代，天平中间的提纽逐步从衡杆中间移至一端，在衡杆上刻斤两之数，初具提系杆秤的雏形。从出土的北魏、北齐的一些铁制秤砣证实，魏晋南北朝时期杆秤已经通行，并且广为应用"[③]。

以上三种意见中，第一种意见的论据略欠充足，而第三种意见则显然较为稳妥。实际上，南北朝时期广泛行用提系杆秤的事实，不仅有当时的"执秤图"画，和"衡有斤两之数"刻于秤杆等文献为据，而且，更有大批出土的秤砣实物为证。

这里，在前贤研究的成果之外，拟另行补充一点新的认识：即杆秤虽在南北朝已广为行用，但其创造发明却在稍早的东汉末。这一结论，与上述第二种意见比较接近，但又不完全相同。尤其重要的是，这一认识的主要根据，在于苏恭等人新修《唐本草》中的那段话：

> 古秤皆复，今南秤是也。晋秤始后汉末以来，分一斤为二斤，一两为二两耳。……古方唯有仲景，而已涉今秤。若用古秤，作汤则水

[①] 参阅前引张勋燎：《杆秤的起源发展和秦权的使用方法》；刘东瑞：《谈战国时期的不等臂秤"王"铜衡》。

[②] 前引丘光明：《我国古代权衡器简论》。

[③] 前引王云：《魏晋南北朝时期的度量衡》；易水：《我国古代近代计量法制概述》，载《中国古代度量衡论文集》，中州古籍出版社1990年版。

为殊少。故知非复秤，为用今者耳。①

这里所谓"古秤皆复"，意即古秤皆属"复秤"，也就是说，古秤均为天平，而无杆秤。所谓"非复秤"之"今秤"，则指杆秤。它虽然也以"晋秤"为名，但其创"始"，却不在晋代，而在"东汉末以来"。

关于张仲景医方是否皆用古秤的事，医史上曾有不同的看法。宋代嘉祐间高保衡、林亿等人校正《伤寒论》时，主张"以算法约之"，按宋秤的药量"取三分之一"左右。② 这显然是以为张仲景方用古秤。差不多与此同时或稍后的名医庞安时著《伤寒总病论》，则另有见地。他写道："或云古升秤有三升准今一升，三两准今一两，斯又不然。且晋葛氏云……是古之升秤与今相同，许人减用尔。"他解释古方药量多而水少的矛盾时说："盖古方升两大多或水少汤浊，药味至厚，殊不知圣人专攻一病，决一两剂以取验。其水少者，自是传写有舛，非古人本意也。"③

苏恭等人指出张仲景兼用"今秤"，显然颇有道理。西晋惠帝时裴頠批评"太医权衡""药物轻重分两乖互"，"遂失神农歧伯之正"。④ 足见其医秤之增重已非一日。而这种增重及其同时或稍后的大秤、重秤，都与秤型变化有关。前述西晋太康"尚方铜升"用秤大于"右尚方"古秤一倍半的实物资料，也反映着同一类事态的变迁。而北朝"重秤"肆行，更表明杆秤的普及。

杆秤发明早于南北朝的另一旁证，是南朝萧梁时期张僧繇所绘"执秤图"（参阅〔图版一〕）。该图（临摹本）中氐宿所执之秤，已属较为成熟的三毫纽杆秤。⑤ 这与莫高窟第254窟北魏壁画中称鸽的单纽杆秤相比，差异颇多（参阅〔图版二〕）。⑥ 而莫高窟第254窟北魏壁画中的秤盘，在

---

① 见《永乐大典》卷11599，草，《政和本草》转引"唐本草"按语。"若用古秤"的"古"字，原文误刊为"右"。
② 《永乐大典》卷3614，寒。
③ 《伤寒总病论》卷6，《辨论》。
④ 《全晋文》卷33；《晋书》卷35，《裴秀传》。
⑤ 参阅郑振铎编：《中国历史参考图谱》第8辑，《两晋南北朝（一）》图版14，第47图《梁张僧繇五星及二十八宿神形图卷》，上海出版公司1950年版。
⑥ 参阅敦煌文物研究所：《中国石窟·敦煌莫高窟》第一卷，图版32，第254窟，北壁后部中层东端，"尸毗王本生"，文物出版社与日本株式会社平凡社1981年版。原图漫漶不清，这里借用《文物》1984年第1期丘光明文摹画。

第275窟北凉时期的同一题材壁画作品中，已经部分地出现过。[①] 甚至我们可以说，山西洪洞广胜寺水神庙壁画中的元代卖鱼杆秤，也并不比南朝张僧繇星宿图中的杆秤高明多少（参阅〔图版五〕）。杆秤从草创之初的单纽发展到成熟阶段的三纽，显然经历了一个不短的历史时期。南朝杆秤既已达到成熟阶段，那么，其草创阶段或开端之际，无疑在此之前。

提系杆秤创制于东汉末，而其最初的盛行，大约是在北方。惟其如此，唐人才有所谓"古秤皆复，今南秤是也"的话。将"古秤"别名曰"南秤"，足见其曾在南方保留着更重要的地位；以"南秤"而指"古秤"，亦足见北方盛行之秤并非"古秤"。莫高窟壁画中原始的杆秤，或许反映该秤型当初在西北民族区域盛行的情况。

顾炎武和钱大昕等人当年考订权衡器制的变化时，既没能看到今天这许多三国六朝时期的出土权衡实物，大约又不曾注意到《唐本草》关于古今秤的议论，因而把这场大秤崛起的巨变推迟了几百年。

二 杆秤创行对计量制度的影响

（一）权衡增重未必皆由"贪政"

中国古代的权衡器制，自东汉末、三国之际发生了重大的变异。这种变异，集中地反映在衡器型制，和权衡计量制度这两个方面。前者，即杆秤的创造和盛行；后者，即权衡量值的倍增，以及"晋秤"与"南秤"大小两套秤斤计量制度的并用。

人们会问：三国六朝的日用"晋秤"或新秤，何以会突然倍重于"古秤"或"南秤"？其大小两套权衡并行的局面，究竟是怎样形成的？这些计量制度方面的变异同当时权衡型制的变异之间，是否有某种特殊的联系？

关于三国六朝秤重倍增的原因，几乎历代学者都有过论述。然而，可惜的是，以往的论述都不曾把它同秤型变异联系起来，因而，其结论便显得过于简单和片面。

从宋人到明清学者的研究，无不把当时用秤增重的根由归结为官府对

[①] 参阅敦煌文物研究所：《中国石窟·敦煌莫高窟》第一卷，图版12，第275窟北壁尸毗王本生画中，亦有一秤盘，似乎与第254窟杆秤不是同类。该窟画属5世纪初北凉时期作品。而第85窟同一题材晚唐壁画，仍改用天平（参阅〔图版二十五〕）。

民众的盘剥："盖出于魏晋以来之贪政"；或云："盖自三代以后，取民无制"，"大其权以多取人金"。① 近人的讨论，也大都遵循这一途径，着意在"贪政"方面加以发挥。

就近代以来的度量衡史研究而论，"欲多取于民"之说倡自王国维；而且，这一说法本来是专就尺度增长而言的。② 但这一论断后来被推广到整个度量衡领域，并奉为某种具有普遍指导意义的绝对真理，因而也就显得有些牵强了。比如，说魏晋以来的统治者为了"多取民谷与民金"，已经到了蔑视度量衡法制的地步："轻视法度，于此而极……增损讹替，任意变更。"③ 又如，说"度量衡之增长，实不仅由于地主政府在课税中'欲多取于民'，更由于地主阶级在收取地租中'欲多取于民'"④。再如，说"北魏度量衡单位量值的增长比其他各个朝代都迅速、急剧，除上述的这一普遍性基本原因外，更有其特殊的具体原因，这就要从北魏本身的社会、经济的发展中寻找根源"；⑤ 即"北魏政权的统治者，是经济文化都很落后的拓跋鲜卑少数民族"。其朝廷与"贪赃枉法、加大尺斗秤"的官吏，"和地主阶级相互勾结，积为习弊。所以整个这一阶段管理失控，度量衡单位量值无限制地猛增，成为中国度量衡发展史中的动荡时期"⑥。

以上有关权衡增重的分析，固然颇有其道理，但就寻找魏晋权衡遽变的根源而言，却未必十分中肯。

北魏统治者之贪婪，早已是众所周知的事情。其敛"丝绵斤兼百铢之剩"，或许也真的成为"秤重"的诱因之一；然而，归根到底，北魏的大秤却是沿袭"晋秤"而来，并非拓跋鲜卑人所首创。何况，孝文帝和张普惠等君臣的诏令奏对，居然还在一定时期内"改重秤"，行古秤。这比起经济文化较高的西晋汉族君臣来，岂不显得更文明些?！所以，与其说北魏的度量衡"管理失控"，莫如说这种失控是继承了前朝的事实。这一点，有裴頠的奏疏可以作证——这位裴頠，早在晋惠帝元康九年（299）以前，就呼吁控制度量衡增长的势头了。只是，他的呼吁，有如鹤唳长空，毫无

---

① 顾炎武：《日知录》卷11，《权量》；吴承洛：《中国度量衡史》引范镇语，第195页。
② 王国维：《宋三司布帛尺摹本跋》，见《观堂集林》卷19，《史林》。
③ 吴承洛：《中国度量衡史》。
④ 杨宽：《中国历代尺度考》。
⑤ 王云：《魏晋南北朝时期的度量衡》。
⑥ 易水：《我国古代近代计量法制概述》。

回应。

如果说，这一时期的权衡增重与"贪政"有关，那倒可以举出征敛绵麻的事。将绵、麻列为赋税征收对象，大约是三国西晋以来的国策。曹操攻破袁绍之后，曾下令在邺都等处征收田租和户调。其中包括绢二匹，绵二斤。司马炎平定孙吴之后，也曾将户调增多：绢三匹，绵三斤。① 绵麻税额既以斤两计量，增重秤衡规格自然对当局有利。可惜秤重之势在东汉末已然，而不待进入三国两晋之际。何况西晋比曹魏增收绢绵，主要表现为公然加额——将二斤增为三斤。其用秤规格，似未必增大；或许，甚至还有一种可能，即绢绵的实际税额并未增大，只是按东吴原用的古秤计为三斤，如以"晋秤"计，仍为二斤。

还有一个重要的事实，也同以往的逻辑相悖。那就是后世的绢绵丝罗税，不仅幅长加广，而且还增添了轻重规格的限制——诸如五代两宋夏税绢，每匹须及12两或13两重；"和买绢"或某些地区的税绢，每匹亦须达到10两或11两重。② 平罗每匹须及19两重，婺罗每匹须及22两重。③ 丝绵绸子麻皮等物，在正税斤两之外另纳1%或5%的"秤耗"，等等。④ 一时必须过秤的税物，绢帛绵麻之外还有牛皮等物，税物过秤之外，金银钱币等亦多过秤。

按照官府"贪政"必增秤重的逻辑，五代两宋时过秤税物、税钱既远多于隋唐，其斤两规格该更重于隋唐秤则才是。然而，宋秤的斤两却绝无比唐秤增大之势。由此可见，将三国六朝权衡遽变的原因完全归结为官府贪政——如同分析尺度增长那样，似乎并未把握事情的内在本质，至少没有把握当时权衡遽变的直接因素。

看来，寻找三国六朝权衡计量制度遽变的直接原因，未必一定要走传统的老路。或许，这种原因正同当时衡器型制的变异有关。而一旦把衡器型制与计量制度同时发生的变化联系起来考察，长久不得要领的疑难问题竟迎刃而解了。

（二）令人费解的"晋秤"与"南秤"

若干年前，当我初次诵读《唐本草》关于"复秤"和"晋秤"等议

---

① 《通典》卷4，《食货·赋税》。
② 《宋会要·食货》64 之 13，68 之 13，68 之 14；《五代会要》卷25。
③ 《宋会要·食货》64 之 29。
④ 《五代会要》卷25，《杂录》参阅本章第四节。

论时，就曾预感到，那可能是揭开权衡遽然增重之谜的一把钥匙，亦即古代权衡计量规律性增重变迁的根源所在。然而，究竟怎样使用这把钥匙，我当时并不清楚——即令对所谓"晋秤"、"分一斤为二斤"等议论的含义，都莫名其妙。直到我发现了《外台秘要》及《千金要方》等同类议论之后，有关的认识，才逐渐明朗起来。

现在可以说，那的确是涉及三国六朝权衡变迁的一组珍贵资料——包括隋唐之际几种医书，和宋人编校这些医书时对古秤的论述。其中反复诉说着同一个历史性的伟大变迁，而记叙的用语和论述的角度却各有不同——单凭这一点，也足以说明那场变迁当初曾怎样地引人注目。如果我们孤立地阅读其中任何一段记述，对它的印象和理解都不会全面而深刻。但若将它们综合起来加以考察，其疑义便不难豁然辨析。

这几则资料中的一部分，前面已曾述及。为了便于讨论，兹将它们当中的有关语句重新拈出，同另外一些新的资料并录如次：

> 古秤皆复，今南秤是也。晋秤始后汉末以来分一斤为二斤，一两为二两耳……古方惟仲景而已涉今秤……非复秤。
> ——苏恭《唐本草·陶隐居"合药分剂料理法则"按语》

> 吴人以二两为一两，隋人以三两为一两。
> ——王焘：《外台秘要方》卷31《用药分两煮汤生熟法则》

> 吴有复秤、单秤，隋有大斤、小斤。此制虽复纷纭，正惟求之太深，不知其要耳。
> ——孙思邈撰，高保衡、林亿等校正：《备急千金要方·凡例》

如何解释这些资料中的"复秤"、"单秤"，以及它们之间在计量方法上的联系，是能否领悟其中真谛的关键。

假如我们设想，"复秤"之"复"是指杆秤一端悬系着两副秤盘，那显然不合情理——包括达仁堂老药铺中阅历丰富的药师，对此也闻所未闻。那么，唯一合理的解释，便是"复秤"之"复"，当指古代药用天平两端皆系秤盘：一盘盛药，另一盘置砝码。

"复"者，重叠也，双也。六朝文献中常见"复帐"，"复裙"。① 《乐

---

① 《南史》卷53，《梁武帝诸子·豫章王综传》。

府·孤儿行》唱道："冬无复襦,夏无单衣。"①《淮南子》说:"衡有左右";《汉书》所谓"两之,为两"②;正与这"复秤"之"复"的含义相埒。

"复秤"既指两端系盘的古药秤天平,那么,"单秤"无疑是指仅有一端系盘的药用提系杆秤。《唐本草》说"古秤皆复,今南秤是也",又以"晋秤"为"今秤","非复秤";可见其"晋秤"或"今秤",亦皆指"单秤",也就是新兴的杆秤。

这是关于上述资料第一层用意的理解。

《千金要方》指出:"吴有复秤、单秤,隋有大斤小斤。"这里把吴国或江南六朝所使用的天平与杆秤,同隋朝大、小斤相提并论;仿佛是说,其天平与杆秤两种秤型的斤两规格差异,就像隋朝的大斤、小斤或大秤、小秤那样。然则,天平与杆秤这两者,究竟谁属于大秤或采用大斤呢?从苏恭的记述看,古秤或南秤的斤两,轻于"今秤"或"晋秤"。所以,复秤为小秤,单秤为大秤;或者说,天平用小斤小两制,杆秤用大斤大两制。

这是关于上述资料第二层用意的理解。

所谓"晋秤分一斤为二斤,一两为二两",或"吴人以二两为一两,隋人以三两为一两"云云,无非是说,隋人小斤之三两,与大斤之一两等重;而吴国或江南六朝则以旧日天平的二两,当作今日杆秤的一两。反过来说,"晋秤"一斤可以析为"南秤"二斤,杆秤一两可以析为天平二两。

这是关于上述资料第三层用意的理解。

(三) 早期"单秤"倍重于"复秤"的奥秘

理解了上述资料的三层用意,并不等于就揭开了权衡增重的全部秘密。我们还须查明:杆秤的一斤或一两,究竟如何析为天平的二斤或二两?或者说,天平的二两,怎样竟成为杆秤的一两?

回答这一问题,首先要考虑天平与杆秤的不同计量方法。

众所周知,古代以天平计重,主要是——而且往往只是从权或砝码的重量,来确定物品的重量。除此之外,无须他顾——计重时既毋须观察衡刻度,其天平的衡梁一般也没有刻度。杆秤的计量方法则不然。它不仅须

---

① 《先秦汉魏晋南北朝诗·汉诗》卷9,《相和歌辞·瑟调曲》。
② 《淮南鸿烈解》卷3,《天文训》;《汉书》卷21上,《律历志》。

看权重，而且，还须视悬权位置与毫纽间的秤杆距离或刻度。

如果人们以其惯用的天平计量方法来对待杆秤——比如在秤锤与毫纽间距大于物品与毫纽间距的情况下，仅从杆秤的权锤重量来判定物重，那便会造成这样一种假象：同一重量的物品，用杆秤秤砣计量，便往往比用天平砝码计量显得轻。也就是说，如果单看秤权和砝码所示重量，而不顾或失顾杆秤的刻度值，那么，杆秤上称量的物品若移至天平上，便仿佛重了许多。

杆秤是由天平演化而来的——譬如将悬系支点稍事移动，或将衡梁一端略加延长，天平就成了杆秤。这一点，已无须赘述。不过，这里还可以更进一步作稍微具体的设想：

取两架完全相同的天平，先在其中一架天平的衡杆上刻划出等距离的三段，将原处于中心支点位置的悬纽，移向物重一端，即相当于衡杆总长的1/3处。其靠近新纽之秤盘仍旧称物，而另一端置砝码的秤盘则改系秤砣。如此这般，一架药用天平就变成了药用杆秤。

现在，将新改制的药用杆秤与另一架未改变的天平并列使用。我们很快就会发现，当杆秤毫纽至悬砣一端的距离占杆秤总长2/3，而它与天平又都用来计量同等重物并达到平衡时，杆秤秤砣之重量，为天平砝码之一半。例如杆秤用一斤秤砣称量的物品，若置于天平上称量，其砝码重量，便须二斤。

上述现象所包含的杠杆原理，今天早已成为小学教科书中的常识：杆秤上一斤重的秤砣，之所以能同秤盘中物重二斤平衡，是因为它悬系位置与毫纽支点的距离，二倍于系物秤端与毫纽支点的距离。既然二者与支点的距离远近之比为2∶1，那么，二者的重量之比，便反过来成为1∶2。〔参阅图示1〕

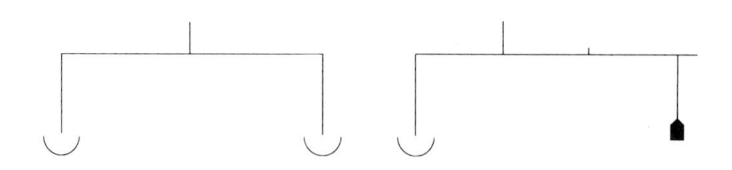

图示1 天平与三分衡梁杆秤比较示意图

同样的道理，人们在杆秤草创之际，或许未必把秤权移外一倍的距离，而只是移外半倍距离，即秤权与毫纽间距，仅相当系物一端至毫纽间距的一倍半——以为尝试；那么，杆秤上与一斤权砣相平衡的物重，便是一斤半。也就是说，与同等重物相平衡的杆秤秤砣重量，相当与该物平衡的天平砝码重量一倍半。这种杆秤的衡杆，实际上是被划分为五等分：重物一端占2/5，系权一端占3/5。砣端与重端距离之比，是3:2，秤砣重与物重之比，则是2:3，或1:1.5。〔参阅图示2〕

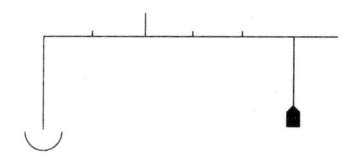

图示 2　五分衡梁杆秤示意图

经此一番改造天平为三分或五分衡梁杆秤的实验，我们便不难理解杆秤初创时代人们的心态。而唐宋人所谓"晋秤分一斤为二斤，一两为二两"，或"吴人以二两为一两"，原来也是指毫纽在衡梁1/3处的杆秤，其秤砣与天平砝码间的特殊重量比例关系，即该杆秤秤砣之一斤，可当天平砝码之二斤，该杆秤秤砣一两之重，可分为天平砝码二两之重。其实，就杆秤计量方法来说，这样仅以砣而论重是错误的——因为这忽略了秤杆刻度值的重要意义。人们只是出于习惯和无知，才把早期杆秤的二斤误当作新的一斤。

不言而喻，这是杆秤草创伊始或行用不久的情况。"分一斤为二斤"或"以二两为一两"等计量关系，只是在如下两种特定条件下才可以理解：其一，那是就最初出现的三分衡梁提系杆秤而言，不是就任何杆秤而言；其二，是以三分衡梁新杆秤计重时，沿用只看权重不问其他的传统天平计量方法。

不论这种认识怎样特殊和幼稚可笑，它在当时却可能颇为盛行，以至于被视为某种共识，为大家所接受和传播。于是，杆秤上本来是二斤或二两的重量，在人们看来竟是崭新的一斤或一两。

有些历史的误会，是永远也无法纠正的。三国魏晋时代关于新兴杆秤斤两的认识，就属于这种误会。谁能料到，这场误会竟然成为中国权衡史上大斤制的开端。这就是"单秤"斤两倍重于"复秤"的谜底，也是当初权衡计量制度遽变的直接原因和历史真相，即人们从使用天平到改用杆秤之际，由衡器改革而带来的变迁——包括计量观念的变迁。假如先民们在九泉之下有知，或许也会惊叹于自己的粗心；而当后人把这一切解释为来自官府"贪政"的时候，他们又该窃笑后人误会的程度，并不比他们稍逊多少。

由天平改造而来的杆秤，并不总是停留在三分衡梁或五分衡梁的阶段。随着客观计量的需要和秤衡工艺的进步，衡杆势必被划分得愈来愈细。据我推断，继此之后出现的杆秤，很可能是四分衡梁杆秤。

这里说的四分衡梁杆秤，即将杆秤衡梁按四等分刻划，并将提系毫纽置于靠近秤盘重物一端的 1/4 衡梁处。〔参阅图示 3〕

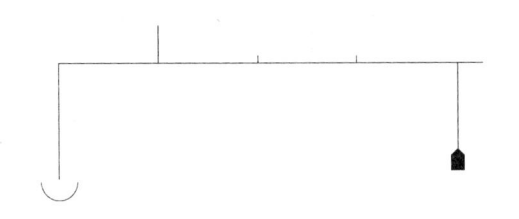

图示 3　四分衡梁杆秤示意图

这样，与一斤秤砣平衡的物重，即为权砣重量之三倍。如按照天平仅视权重的计量习惯和方法，即与杆秤一两权重相当的天平权重，须为三两。王焘所谓"隋人以三两为一两"，即指其将原用天平三两砝码称量的重物，改用四分衡梁杆秤后，只须一两重的权砣即可称平。后者的一两砣功效，竟与前者的三两权等同。孙思邈和林亿等所谓"隋有大斤小斤"，亦来源于此——即以四分衡梁杆秤之一斤为"大斤"，以原来天平之一斤为"小斤"。当这种观念反映为正式的计量制度以后，便成为普通杆秤一大斤，相当古秤三小斤。

在新兴的杆秤中，大约五分衡梁或三分衡梁的杆秤是较早的型制。四分衡梁杆秤，显然属于稍后些的提系杆秤。如同五分或三分衡梁杆秤曾经导致权衡计量制度的遽变一样，这种改进为四分衡梁的提系杆秤盛行之后，带来了权衡计量制度的又一次变迁——从一大斤相当一小斤半或二小斤的秤斤制，变为一大斤相当三小斤的秤斤制。这种计量制度正式确立之后，一切杆秤之大斤，便均当古秤三斤，而不论是何种型制的杆秤了。

杆秤的进一步发展，不仅包括衡梁刻度的趋细，而且，还包括提系毫纽的增多。比如一架五分衡梁杆秤，其第一毫纽可以在靠近重物一端2/5衡梁处，其第二毫纽亦可在同侧1/5衡梁处，如此等等。

杆秤创行对权衡计量制度的影响，显然还不止于大小秤斤制。此外，某些计量单位的问世和行用，或许也同杆秤的使用有关。比如，对于四分衡梁杆秤来说，使用一两重的秤砣所称起的最大重量，固然为三两，但若使用八铢重的秤锤所能称起的最大重量，恰好为一两。东汉人以八铢为一"锤"，或许正是从四分衡梁杆秤上使用八铢之砣而来，亦未可知。又如，毫纽在1/5衡梁处的五分衡梁杆秤，若使用一两之砣，其最大称量为四两；若使用六铢之砣，其最大称量恰好为一两。西晋至南朝间药秤中以六铢为一"分"，以四分为一两之制，或许与这种五分衡梁的杆秤有关。

除了四"分"一两制及其药秤之外，一"秤"十五斤制与十五斤秤的出现，显然也是杆秤发展中饶有意味的事。关于十五斤秤的创始时间，清人俞正燮考订为"五代始见之"。其实，四分衡梁的杆秤，其分星结构正与十五斤秤酷似——只要使用五斤秤砣，其最大称量即为十五斤。从这个意义上说，四分衡梁杆秤，也可以算作一种原始的十五斤秤。其创始时间，当在北周前后，当然，五代时期的十五斤秤，大约早已不是原始的四分衡梁杆秤，而是刻度更为精细的十五斤秤了。

综上所述，汉魏六朝时期权衡器物及其变迁的主要特点，大致可以概括如下：

其一，迟至从东汉末以来，杆秤的行用就突破了以天平为单一衡器的传统局面。这种变化，不仅开创了两种衡器并用的新时代，而且，在权衡计量方面也带来了一系列连锁反应——譬如比古秤斤两规格重几倍的大斤大两制，就由此引发出来。以往被当作量值巨变开端的隋大秤制，其实是这一变化的结尾。

其二，包括天平和杆秤在内，其斤两规格都曾呈现出日渐增重的趋势。这种趋势，后来集中反映在大秤制方面。大秤制，本来是与新兴杆秤相关联而出现的，后来成为一种独立的大斤大两制。其斤两规格，先为古秤斤两的一倍半至两倍，至北周隋初又增为三倍。与大秤制相比，医药、钱币、金银等物所用古秤斤两，略觉相对稳定。

其三，从西晋到东晋，从南朝到北朝，都同时并用过大小两套秤制。就西晋而言，右尚方署多用小秤，尚方署多用大秤。就南北朝而言，南朝比北朝更多地使用小秤。北朝官府曾屡次试图遏制大秤制发展，但收效甚微。其小秤制，仅限于医药、钱币及某些时期的丝绸秤中应用。

第四节　隋唐五代时期的权衡器物

一　隋唐时期的权衡器物

（一）沉重的开皇铁权

隋代的权衡，幸有一件珍贵的实物见证，收藏于中国历史博物馆。那是 1930 年河北易县燕下都老姥台南端居住遗址处发掘出土的一枚铁权：高 4.8 厘米，底径 4.5 厘米，重 693.1 克。同时于砖瓦灰烬中发掘的黄釉陶罐中，还发现 21 枚隋代五铢钱和 5 件小铜锁。① 这枚将近 700 克的沉重铁权，究竟是不是隋代的一斤权？直至今日，人们还不免心存疑惑。

以往谈及隋代权衡的有关文献资料，无不引据唐人李淳风和孔颖达的两段议论。李淳风说："开皇以古秤三斤为一斤；大业中，依复古秤。"② 孔颖达也说："周隋斗秤，于古三而为一。"③ 从易县出土隋铁权的实重看，非常接近新莽古秤的三斤。可见这枚隋权，当属隋文帝开皇年间的大秤一斤权。

按李淳风的说法，隋代的权衡器物前后期截然不同：前期开皇年间用大秤；后期"大业中"以来，改用小秤；大秤当小秤三倍重。这种说法，反映了隋代权衡应用的基本情况，但未必是全部情况。

杜佑在他的《通典》中记述说："隋文开皇元年，……更铸新钱，文曰'五铢'，而重如其文。每钱一千，重四斤二（五）两。"④

这里说"文曰五铢，而重如其文"，如若按古秤五铢一文计，其一千钱重，当为 5000 铢；以 24 铢一两，16 两一斤折计，合 13 斤零 8 铢。而当时却说"每钱一千重四斤二（五）两"。可见，开皇时确以大秤为准。其古秤铢两，多折计为大秤斤两。杜佑就此解释说："钱一文重五铢者，

---

① 傅振伦：《燕下都发掘品的初步整理和研究》，载《考古通讯》1955 年第 4 期；此外，刘体智《小校经阁金文拓本》卷 12 还著录过一枚隋仁寿权。
② 《隋书》卷 16，《律历志》。
③ 《附释音〈春秋左传〉注释》卷 55，定公八年。
④ 《通典》卷 9，《食货》。原文"二两"，似为"五两"之误，见《日知录》卷 11 沈彤注语。

则一千钱重十二（三）斤以上，而隋代五铢钱一千重四斤二（五）两，当是大小秤之差耳。"①

杜佑《通典》这则资料，又先后被马端临、顾炎武采入其《文献通考》和《日知录》。②沈彤为《日知录》作注，还特别指出《通典》"注中十一，当作十三；二两，当作五两以上。此盖依时秤也"③。

这是隋代前期以大秤为"时秤"之例。它反映了文帝杨坚整顿和划一大小秤制的决心与努力。

隋炀帝大业三年（607）四月壬辰，明令宣布"改度量权衡，并依古式"。李淳风说的"大业中依复古式"，显系指此。炀帝的具体做法虽与乃父相反，但整顿划一秤制的总体思想，则并无二致。

据清人俞正燮说："当阳玉泉寺有铁镬，文云：'大业十一年，岁次乙亥，十一月十八日，当阳治下李慧达建造镬一口。用铁，今秤三千斤，永充玉泉道场供养。'言'今秤'者，以别于古秤也。"④而现存该镬实重，恰与俞说相反——其"今秤"乃古秤。⑤

当阳李慧达为玉泉寺造铁镬时，已在大业三年"依复古式"令之后。因而，他用铁三千斤，全然依古秤，即用"今秤"计量。这反映了炀帝复古秤之令，一度曾在全国各地认真贯彻。而对于民间的某些人来说，他们也许不奉诏"依复古式"，而乐于沿用开皇以来的大秤为"今秤"。

这是隋代后期以古秤为"今秤"之例。它反映了大秤的盛行，虽有无可逆转之势；用行政命令的方法"依复古式"，亦能奏效于一时。

除以上一些事例外，前节引述唐宋人医书中关于隋秤的话，也极有参考价值：如云"吴人以二两为一两，隋人以三两为一两"；⑥又如"吴有复秤、单秤，隋有大斤、小斤"；⑦等等。

事实上，隋代衡器并非绝对地依前后期而分用大小两种不同的秤斤，乃是前期以大秤为主，后期以小秤为主。前期未必不用古秤；后期或有以大秤充"今秤"或"时秤"者。

---

① 《通典》卷9，《食货》。原文"二两"，似为"五两"之误，见《日知录》卷11沈彤注语。
② 马端临：《文献通考》卷8，《钱币》。
③ 《日知录集释》卷11，《五铢钱》。"十一"，今本《通典》作"十二"。
④ 《癸巳存稿》卷10，《平》。
⑤ 胡振祺、周天裕：《湖北当阳玉泉寺隋代大铁镬》，《文物》1981年第6期。今秤，作全秤。
⑥ 王焘：《外台秘要方》卷31，《用药分两煮汤生熟法则》。
⑦ 孙思邈著，高保衡、林亿等人校正：《备急千金要方·凡例》。

关于隋代的大秤，以往有一种误解。如钱大昕说："据《隋书》……则大斗大秤始于隋开皇间，唐初沿而不改。"① 这种认识，显然来源于顾炎武的著名论述——"三代以来权量之制，自隋文帝一变。"② 这种观念的不妥，前节已经辨析，兹不赘述。惟其把中国大秤制的出现推迟，则殊为可惜。

即使将杆秤的创行及其所带来的早期大秤置而不论，仅就"隋人以三两为一两"的大秤本身而言，那也是北周旧物，而并非杨坚朝的发明。这一点，孔颖达早就指出过："周隋斗秤，于古三而为一。"今考北周的权衡器制，至少有过一次重大改革，即建德六年（577）宇文邕攻破北齐半年之后，"议定权衡度量，颁之于四方"③；"其不依新式者，悉追停之。"④

建德六年改用的"新式"权衡究竟是大秤还是小秤？史籍中没有明确记述。如从《隋书·律历志》所载新颁宋氏尺或后周铁尺来看，其权衡亦不无小秤之可能。若然，在此之前当为大秤。但从该诏令称"新式者"判断，则又可能是区别于"古式"的大秤——即与开皇"时秤"一致，而与大业"并依古式"相反。

不论这次改革的具体内容究竟如何，十余年后杨坚取代宇文氏而"以古秤三斤为一斤"，只不过是承袭北周曾行或现行的权衡器制罢了。

（二）唐代的大小秤及其应用特例

唐秤的主要特征之一，是依截然不同的规格和用途而明确划分为两大类型：一类是日常通用的大秤，或曰今秤，时秤；另一类是有专门或特殊用途的小秤，即累黍古秤。小秤三两当大秤一两。《唐六典》、《旧唐书》、《通典》、《唐会要》、《唐律疏议》、《南部新书》等书，都大致同样地载录了这种权衡制度：

> 凡权衡，以秬黍中者，百黍之重为铢，二十四铢为两，三两为大两……⑤

---

① 《日知录集释》卷11，《大斗大两》引"钱氏曰"。此"钱氏"，盖即钱大昕也。见黄汝成于道光14年写的《日知录集释·叙录》。
② 《日知录》卷11，《权量》。
③ 《资治通鉴》卷173，《陈纪》太建九年。
④ 《周书》卷6，《武帝纪》；《北史》卷10《周本纪·高祖》略同。
⑤ 《唐六典》卷3，《金部郎中员外部》；《旧唐书》卷48，《食货》；《唐会要》卷66，《太府寺》；《南部新书》卷9等略同。

唐代大小秤的规格差异虽沿袭隋代，但两种类型唐秤的合法使用情况，却与隋代不尽相同。隋朝尽管也是大小秤并存，但按开皇令和大业令，前期主要行用大秤，后期主要行用小秤。唐代则不然，其大小秤，随时都公开而合法地并行兼用，只是行用范围各不相同。正如开元九年（721）敕格所示："调钟律、测晷景、合汤药及冠冕制用小升小两，自余公私用大升大两。"①

这里规定唐人使用小秤的范围，大约同隋唐以前的某些习惯有关。其限于"调钟律、测晷景、合汤药及冠冕之制"，即乐律、天文、医药和礼仪衣冠等四个方面。其中，主管礼乐的"大乐署"和"衣冠署"，均隶于太常寺。所以，这四个方面又可以合并为三方面。顾炎武评述唐代小秤，就以三种官署来代表三个方面的用途："按唐时权量，分古今小大并行：太史、太常、太医用古，他司皆用今。久则今者通行，而古者废矣！"②

有关唐代太史秤的资料，比较少见。这里，拟将太常秤和太医秤的使用情况，略述如次。

唐太宗贞观十年（636），协律郎张文收曾"依新令""定律校龠"，先后制作了两套秬尺、铜斛升合和乐律铜秤。其中有一套"藏于乐署"。该乐律秤的"秤盘"上刻有一行铭文："大唐贞观秤，同律度量衡。"此秤和秬尺存放在同一匣内，匣上以朱漆题写"秤尺"二字。③ 后来"秤尺已亡，其迹犹存"。④

据载，张文收制作的"铜斛、秤、尺、升、合，咸得其数"——确系"三升当今一升，三两当今一两"。高宗总章年间（668—670），张氏又铸造了一斛一秤。所有这些礼乐小斗秤，显然都做得精美绝伦。至武延秀为太常卿时，竟将其中的"律与古玉斗升合"视"为奇玩"，献与武则天。至开元十七年（729）考定庙乐时，玄宗又命取出一部分。此后，铜斛秤等已所剩无几。有司"以今常用度量较之，尺当六之五，衡皆三之一"。⑤

---

① 《通典》卷6，《食货·赋税》。
② 《日知录集释》卷11，《大斗大两》。
③ 《通典》卷144，《乐·权衡》。
④ 《新唐书》卷21，《礼乐志》。
⑤ 《通典》卷144，《乐·权衡》。"衡皆三之一"，《新唐书》卷21《礼乐志》作"量衡皆三之一"。

这是史籍中有关太常乐秤及其规格的一段重要资料。

唐代医药用秤的情况，可以举出"天下诸郡每年常贡"物资中的药材，其斤两皆用小秤计重。比如上党郡岁贡人参二百小两，高平郡岁贡白石英五十小两，济阳郡岁贡阿胶二百小斤，鹿角胶三十小斤，等等。① 此外，唐人医书中诸方药味剂量，也多反映小秤或古秤铢两。

以上所说，都是与唐令规定相符的小秤使用情况。值得注意的是，在当时的实际生活中，还存在着与一般敕令法规不相符合的特殊情况。这些特例，不仅包括太医秤之类小秤行用范围内偶尔出现大斤大两；而且，也包括通用大秤的五金之类，有时也采用小斤小两。

药秤偶有使用大斤大两之例，见于唐人的医书——特别是中唐以后的医书方剂。

王焘于天宝十一年（752）完成的《外台秘要》，曾开列了一种包括干葛等14味药物在内的"代茶新饮方"。该方要求将"右十四味并拣择，取州土坚实上者，刮削如法，然后秤大斤两，各各别捣，以马尾罗筛之……"②

崔元亮于唐文宗大和四年（830）完成的《海上集验方》，在述及"治腰脚冷风气"的一方中，也载有"大黄二大两"，"甘草三大两"，"甘草一大两，水一大升"等。③

五金中的黄金计重，本不在太史秤、太常秤和太医秤的行用范围之内，而当使用大秤；但唐人称量黄金，偶或也用古秤。1979年山西平鲁县出土了一批数量可观的唐代金铤和金饼。其中大多数铤的规格，表明其每两重40克以上，有些铤的规格平均一两重，达42克至43克以上。但独有一铤铭刻着"金贰拾两铤，专知官长员外同正"字样，而实测今重，仅283克。依"二十两铤"计，其一两重仅14.15克。④ 其三两重42.45克，才与唐大秤一两相符。

这枚"专知官长员外同正"的二十两金铤，当初显系使用小秤计重。同时出土的别一枚金铤，刻有"乾元元年岁僧钱两，金贰拾两"字样；可知为唐肃宗乾元元年（758）之物。

---

① 《通典》卷6，《食货·赋税》。
② 《外台秘要》卷31，《古今诸家煎方六首》。
③ 崔元亮：《海上方》，见《肘后备急方》卷5、卷4，引录"附方"。
④ 山西省考古所（陶正刚）：《山西平鲁出土一批唐代金铤》，载《文物》1981年第4期。

除上述事例外，日僧园仁在开成三年（838）至大中元年（847）入唐求法时，也记述过小两砂金，及其在扬州等地兑换和行用的情景。① 这种情况，也反映唐人曾以小秤计金。

（三）唐代的官私秤与地方秤

唐秤的另一特征，是其日用大秤的种类不一，斤两规格也略异。譬如同为唐代大秤，却有官私之别；同为官秤或民秤，轻重亦未尽相符。

唐代日常通用的官秤，大都是按太府寺颁发的铜制"样"秤仿造而来，并且每年还须进行校勘，取得太府寺认可的合格印署，才准予行用。开元九年（721）敕格，关市令，大历十年（775）三月二十二日敕，大和六年（832）四月敕等，都载述了这一点。② 可见，太府寺秤是唐代最为通行的日用官秤。历博藏武德权和刘体智著录的开元权似皆太府权（〔图版三十一〕）。

值得注意的是，在《旧唐书》中，载有如下一则资料：

> （大历十年）四月，太常寺奏："诸州府所用斗秤，当寺给铜斗秤，州府依样制造而行。"从之。③

这则资料，后被顾炎武采入其《日知录》，作为"唐时权量是古今小大并行，太史太常太医用古"的"原注"。④ 按顾炎武《日知录》行文语意，似可理解为太常寺制造礼乐小斗秤。但这样理解，显然与《旧唐书》原文不符——《旧唐书》原文，系指"诸州府所用斗秤"，即大斗大秤，而非小斗小秤。

除非《旧唐书》此处的"太常寺奏"乃"太府寺奏"之误；若不然，其"太常寺奏"所谓"当寺"，便只能理解为太常寺本寺，而绝不是太府寺。王溥的《五代会要》，也曾著录过"当寺"一语——如云后周"太府寺奏"："当寺见管铜斗一只，铜秤一量……给付诸道州府。"其"当寺"，则指太府寺。⑤

---

① 圆仁：《入唐求法巡礼记》卷1、卷3。
② 《唐会要》卷66，《太府寺》。
③ 《旧唐书》卷11，《代宗纪》。
④ 《日知录集释》卷11，《大斗大两》"原注"。
⑤ 《五代会要》卷16，《太府寺》。

不论"太常寺奏"是否为"太府寺奏"之误，人们都会由此而发生疑问：既然早在开元九年敕格或者更早的唐令中，已命太府寺颁发斗秤等样给各地仿造，何以至代宗大历十年，又须再度呈请——甚或由太常寺代为奏请，才准许太府寺"给铜斗秤"于诸"州府依样制造而行"呢？难道在此之前的全国日用官秤，不是经由太府寺制造和颁样？

解释这一点，不妨考虑两种可能的情况：其一，是太府寺虽曾制造和颁发过铜样斗秤，却并非随时都有权这样做。每当需要之时，才奏请皇上准予造颁。这是一种可能。其二，是太常寺根据某些特殊情况和需要，一度代行太府寺的制作颁发斗秤业务。这是第二种可能。

作为主管礼乐的机构，唐代的太常寺曾不止一次地承担制作尺斗秤的任务——如前述张文收主持制造的贞观黍尺、乐秤、律斛，以及总章年间制造的乐律斛、秤。这些乐秤、律斛虽只限于小斗小两制的斛秤，却具有较高的精度；足够充当制造日用大斗秤样器借以参照的某种标准。由此可见，太常寺制造新的铜样大斗秤行用各地，在理论上并非绝无可能——尤其在太府旧秤辗转走样，各地民秤规格不一的情况下，这更具有整顿全国权量的特殊意义。

唐代中期以来的日用斗秤，确已日渐偏离了唐初官颁斗秤的规格。各地用秤的斤两差异，一度曾达到非常明显的程度。在上述"太常寺奏"的第二年——即大历十一年，据韦光辅调查，长安"两市时用"秤每斤，居然比标准官秤轻 8.4% 左右——"今所用秤，每斤小较一两八铢一分六黍。"这种情况，不能不引起政府的密切关注。有关方面的确曾准备进行一次较大规模的整顿权量活动。大历十年四月太常寺奏请造发铜样斗秤并曾一度获准，虽略早于此，却是以同类情况为背景的。只是考虑到"公私所用旧斗秤行用已久"，积习难移，那场已经开端的整顿改革权量活动才半途而废——由代宗宣布"宜依旧，其新较斗秤宜停"[①]。太常颁斗秤于诸州府的事，实际上似未进行。

过了半个多世纪之后，即大和六年（832）四月，唐文宗又宣布了一道敕令。《唐会要》载录这道敕文说：

> 六年四月敕：金部所奏条流诸州府斗秤等，诸州皆有太府寺先颁

---

① 《唐会要》卷66，《太府寺》。

下铜升斗及秤见在。每年较勘，合守成规。今若忽重条流，又须别有征敛。无益于事，徒为扰人，宜并仍旧。但令所在长吏，切加点检，不得致有差殊。①

"金部所奏条流诸州府斗秤等"一案，究竟提出和准备解决哪些问题，这里没有明说。但金部所奏被否决，却是显而易见的。否决的理由，表面上主要是已有"成规"，不宜"扰人"。从该敕行文看，"金部所奏"似有整顿或变更权量之举。而敕文说"诸州皆有太府寺先颁下铜升斗及秤见在"，亦隐然有不愿更张之意。此"金部所奏"，或许同大历十年"太常寺奏"有关，亦未可知。

关于唐衡有无民制私秤的事，以往多取否定态度，即以为唐代"禁私造"，权量等均"采官制之"器。② 这种观念虽有其一定的道理，却未尽与史实相符。

按开元律，的确严禁"私作斛斗秤度不平"者，并有十分峻苛的刑罚。③ 但是，文献资料和近年出土的某些实物资料又都证明，唐人确实使用过民秤或私秤。

1977年西安发现的两笏唐代税商银铤，其铭文曾有如下几字：

岭南道税商银伍拾两。官秤。④

"税商银"的重量须特别注明"官秤"二字，无非是为了区别非"官秤"之重量。唐代在"官秤"之外而有民秤或私秤，并且二者斤两规格公然有异，已显而易见。此其一。

广泛反映唐五代社会生活的《太平广记》，曾述及唐代长安西市的诸行之中有"秤行"。⑤ 足见当时民间制秤业的活跃。此其二。

《新唐书》记载说：柳仲郢"拜京兆尹，置权量于东西市，使贸易用

---

① 《唐会要》卷66，《太府寺》。
② 吴承洛：《中国度量衡史》，第234页。
③ 《唐律疏义》卷26，《杂律》。
④ 刘向群等：《西安发现唐代税商银铤》，载《考古与文物》1981年第1期。
⑤ 《太平广记》卷243，《窦义》。

之，禁私制者。北司吏入粟违约，仲郢杀而尸之。自是，人无敢犯"①。柳仲郢任京兆尹，在唐武宗会昌五年（845）；至次年宣宗即位，便调为郑州刺史。显然，至少在会昌五年前，柳仲郢未任京兆尹之际，长安东西市"私制"斗秤者颇多——其中某些仓吏私制斗秤的事，更不足为奇。若不然，柳仲郢也无须特意摆设标准权量，宣布"禁私制者"，并不惜以杀司吏之重刑，令"人无敢犯"其禁。此其三。

《唐律》不仅严禁"诸私作斛斗秤度不平而在市执用者"及"因有增减"规格者，而且，"即在市用斛斗秤度虽平而不经官司印者"，亦须受罚。②但据《唐会要》载录，"大和五年（831）八月太府奏：'斗秤旧印，本是真书，近日已来，假伪转甚，今请省寺各撰新印，改篆文。'敕旨：宣依"。③当时伪造斗秤官印的现象如此严重，以至官印印文亦不得不易体另刻。其伪造官印而冒充官权量的私斗秤，显然不在少数。此其四。

杜牧说："为工商者，杂良以苦，伪内而华外。纳以大秤斛，以小出之，欺夺村间戆民。铢积粒聚，以至于富。"杜牧这里说的工商者私秤，至少反映了会昌五年前后的情况。④ 此其五。

综上五点，可知唐代确有私秤，其规格多与官秤有异；而且，在某些特定的情况下，民间私秤竟公然与官秤并用。（参阅〔图版三十〕）

其实，唐世秤别有官私之分，并不奇怪。从汉魏城镇市场"私民所用之秤"，到唐宋"民间买卖行用"20两秤乃至22两秤，直至明清与今日，无不皆然。⑤ 初唐与盛唐时期的特点，主要不在于强令使用官秤，而在于强调依官样斗秤仿造，并通过定期校勘而确认其合格合法。换句话说，唐代权量的特点，主要在于管理比较严格。

可惜，唐代这种比较严格的管理制度多限于前期和中期。中唐以后，伴随着藩镇割据的恣肆和中央实权的委顿，全国性的权量统一管理渐趋松弛，工商业者与贪吏所自制的斗秤愈来愈多。即令以柳仲郢式的措置奏效

---

① 《新唐书》卷163，《柳仲郢传》。这条资料，曾由《中国度量衡史》采用。惜其误为《南部新书》所出，"北司吏"，亦误刊为"北司史"。见该书第228页，修订本第166页。
② 《唐律疏议》卷26，《杂律》。
③ 《唐会要》卷66，《太府寺》。
④ 《樊川集》卷7，《杭州新造南亭子记》。
⑤ 参阅《魏书》卷110，《食货》；《续古今考》卷19，等。

于一时，也无法拯救全面摧坍的局势。捱至晚唐，各种秤斗的规格参差，越发不可收拾。有关的整顿和改革奏议既不敢轻易出台，太府和金部也只能徒唤奈何了。

二 五代时期的权衡器物

（一）大秤加斤与衡法各异

属于五代十国时期（907—960）的权衡实物，迄今尚难得一见。甚至有关的文献资料，也显得零星琐屑。大抵当时地处中原的五朝及其周边此起彼伏的十国，在度量衡管理制度方面都各行其是，不相统属。他们的权衡器物，也随处而异，规格不一。

地处湖南的楚国，在马殷父子和周行逢父子治下，曾行用楚秤和茶大斤制。① 从当地征敛身丁米的情况看，其用斗颇大，估计受纳用秤亦甚重。潘美平定湖南之初，宋廷即颁量衡于潭、澧、朗等州，以"惩割据厚敛之弊"。② 宋仁宗皇祐间，又再度削减湖南赋额。

地处中原的后周，在征购民铜时曾行用过"每二十两为一斤"的重秤，后来改取优惠政策，"特与一十六两为一斤"。③

当初中原地区的二十两秤和十六两秤究竟怎样区别行用？迄今尚不大清楚。但我们知道，与此同时的后蜀"官仓纳给用斗，有二等：受纳斗，盛十升；出给斗，盛八升七合"④——其出入容量差率，为13%。而五代前蜀等国的秤，通常都以16两为一斤。⑤ 从这种情况看，中原政府的官秤，也可能是按进出业务分为两种：即受纳秤，一斤为20两；出给秤，一斤为16两。征购用秤从20两一斤改为16两一斤，可算对百姓的一种优惠了。至于这种判断是否符合实际，还须进一步考订和确证。

地处福建的闽国，和地处岭表的南汉，都曾制作过官仓受纳大量器——如南汉后主刘鋹"私制大量，重敛于民；凡输一石，乃为一石八斗"。⑥ 王审知祖孙三代治闽时，其漳州、泉州、兴化军所用大量之五斗，

---

① 《续资治通鉴长编》卷47，咸平三年四月乙未条。以下简称《长编》。
② 《长编》卷4，乾德元年七月戊午条；《宋会要·食货》69之1。
③ 《五代会要》卷27，《泉货》。
④ 《长编》卷6，乾德三年五月壬辰。
⑤ 《十国春秋》卷45，《前蜀·马处谦传》。该传述及蜀主寿数，以"四斤八两"数代表72，其一斤，恰合16两。
⑥ 《长编》卷12；《宋会要·食货》69之1；《南汉书》卷6《后主纪》略同。

相当宋斗七斗五升。① 其中漳州用斗，或许更大些。② 当地用秤情况虽不确知，估计也不同于一般标准。

各国用秤的规格参差不一，这是五代权衡器物的一大特征。

我们说五代权衡规格不一，主要是就各国之间而言；并不是说，当时各国的权衡器物都处于混乱不堪的状态。若就各国内部情况来看，官颁法器和申严规格的事，仍不乏见。比如南唐张宣，在鄂州市肆查访"炭秤"纠纷，一旦证实炭贩"市炭一秤而轻不及数"，乃施以酷刑，"斩卖炭者，枭首悬于炭市"。张宣对鄂州炭秤的严格管理，显然颇为奏效："自是，卖炭者率以十五斤为秤，无敢轻重。"③

除南唐市肆用统一规格的十五斤秤之外，后周境内行用的秤衡，也须以"太府秤"为准。据载，后周显德五年（958）闰七月，曾将一批太府寺制造的度量衡等器作价，"给付诸道州府，及在京货卖"。其中包括"铜秤一量，剁子一十只"。该太府秤之价格情况为："每量，省司支作料钱二百三十五文，依除；官卖，六百三十文。"均用"八十陌"钱④。宋太祖建隆元年（960）八月"诏有司案前代旧式作新权衡以颁天下"，大约就是按这种太府寺铜秤的规格，来制造宋初的新权衡。⑤

不过，另据刘承珪后来的检测调查，宋初按后周秤式制造的太府"新权衡"，仍有一部分"轻重无准"：其一斤权，未必是 16 两；其五斤权，或重于 90 两。⑥ 这就反映了后周时期的太府寺铜秤，制作还不够精密。后周太府寺的法秤尚且如此，当时各国之秤更可想而知。

（二）税物过秤和逾两必罚

五代时期税敛之苛，早已为众所熟知。然而，其苛敛与权衡器物的关系，似乎还有待深入研究。诸如前述行用加秤大斤之外，另有严定税收和违禁走私物品之斤两规格，以及增收"秤耗"等等，这里不妨略加讨论。

---

① 蔡襄：《端明集》卷26，《乞减放漳泉州兴化军人户身丁米扎子》。七斗五升，《十国春秋》误为七斗三升。

② 今据《长编》卷171载录，"其泉州兴化军旧纳米七斗五升，主户与减二斗五升……漳州纳八斗八升八合者，主户减三斗八升八合……为定制"。仍每户五斗。其漳州旧五斗，似当宋斗 8 斗 8 升 8 合，又大于泉州与兴化军斗。

③ 《南唐书》卷18，《苛政传》。

④ 《五代会要》卷16，《太府寺》。

⑤ 《长编》卷1，建隆元年八月丙戌。

⑥ 《宋会要·食货》69之4。

按唐代开元二十五年（737）的租调制，每匹绢帛的标准"幅尺"，是阔一尺八寸，长四十尺。① 除尺寸规格外，未见任何斤两轻重的规定。但这种尺寸规格，至五代时已经改变。

据后周显德三年（956）的几道敕令说："应天下今后公私织造到绢帛绸布绫罗锦绮及诸色匹帛，其幅尺斤两，并须合向来制度"；"旧制织绝绝布绫罗锦绮纱縠等，幅阔二尺，……绝绸绢长，依旧四十二尺。"② 这些敕令表明，当时的税敛布帛等织物规格，早已将"阔尺八寸"改为"阔二尺"，将"长四丈"改为长四丈二尺；而且，在"幅尺"之外，添加了"斤两"限制。

显德三年十月敕令，比以前更进一步。该敕要求从"来年起，公私织造并须及二尺五分，不得夹带粉药。宜令诸道州府严切指挥，来年所纳官绢，每匹须及一十二两。河北诸州，并莱、登、沂、密州，须及一十两"。③

这里所说的"官绢每匹须及一十二两"或"须及一十两"，仿佛是显德三年的"来年"新规定。但前敕曾说"诸色匹帛其幅尺斤两并须合向来制度"，可见匹帛须及若干斤两，并非显德三年新创，而是久已行用的一种"向来制度"。看来，五代绢帛限定斤两的制度究竟始于何时，还有待进一步研究。

除匹帛有"幅尺斤两"规格而须过秤计量之外，后梁政权还在某些城市按店宅园圃配征一定斤两的税丝。后唐同光三年（925），将其改为"据紧慢去处，于见输税丝上每两作三等，酌量纳钱"④；又"每年所征随丝盐钱，每两与减放五文"⑤。

税丝之外，还有牛皮筋也须过秤。后周广顺二年（952）直至宋初规定的牛皮筋税，是"每夏秋苗共十顷"者，"纳连角牛皮一张；其黄牛，纳干筋四两；水牛，半斤"。⑥

五代时期的私盐麯律，在斤两称量方面也极为严格。后唐长兴四年

---

① 《通典》卷6，《食货·赋税》。
② 《五代会要》卷25，《杂录》。
③ 《五代会要》卷25，《杂录》。"河北诸州……须及一十两"，原文作"须及一十二两"，显系讹误。今据《宋史》卷175《食货》转引后周规定，径予改正。
④ 《五代会要》卷25，《租税》。
⑤ 《五代会要》卷26，《盐》。
⑥ 《五代会要》卷25，《杂录》；《宋会要·食货》70之2。

(933),规定颗盐区人户之蚕盐,"不许将带一斤一两入城……如违犯者,一两已上至一斤,买卖人各杖六十";一斤至三斤,三斤至五斤,五斤以上至十斤,十斤以上,分别处以各等刑罚,直至处死。① 后周时期的私盐麹律规定,"诸色犯盐麹,所犯一斤已下至一两,杖八十,配役";"将盐入城……一两至一斤,决脊杖五十,令众半月,捉事、告事人赏钱五千。"②

从税物征收和宽减的斤两规格,到违禁物品的斤两限制与刑罚等第,无不反映当时的经济政策要求其权衡计量日趋严密。所谓"宜令诸道州府严切指挥",其实主要是督责各级官吏认真对待有关的称量活动。

这种称量活动日益频繁和严密的趋势,在增敛"秤耗"方面表现得更为明显。

(三) 增收秤耗和计量趋细

所谓"秤耗",通常是指官府以"准备仓司耗折"等作借口,在过秤时额外多敛一定数量的输纳物资。

后唐长兴元年(930)三月十三日的敕令说:"天下州府受纳……丝绵绸子麻皮等,每一十两纳耗半两……见钱每贯纳七文足;省库收纳上件前物,元条流见钱每贯纳二文足,丝绵绸子每一百两纳耗一两。其诸色匹段并无加耗。"③

这里说了后唐官府敛取秤耗的两重办法:其一,各州府收受民间丝绵、绸子、麻皮等税物时,"每一十两纳耗半两",其索取秤耗率,为1/20或5%。其二,中央省库收纳各州府地方送达的上述税物时,从中另收一笔秤耗。其"每一百两纳耗一两"的秤耗率,为1%。

凡朝廷规定的"秤耗"或"斗耗",称为"省耗"。除此之外,各地官仓往往还抑令民户别纳"秤耗"或"斗耗"——宋时称之为"仓耗"。为避免后一种"秤耗"所带来的恶劣影响,后周广顺元年(951)正月敕令,便不得不责限"诸道州府仓场库务"的"掌纳官吏",要他们"一依省条指挥,不得别纳斗余、秤耗",并令"节度使、刺史专切钤辖"。④

中央或地方官府不厌其烦地增收"秤耗",必然会对权衡器制产生一

---

① 《五代会要》卷26,《盐铁杂条(上)》。
② 《五代会要》卷26,《盐铁杂条(下)》。
③ 《五代会要》卷25,《杂录》。
④ 《五代会要》卷27,《仓》。

定的影响。这些影响，至少包括这样两个方面：一方面是促使加秤、加斤向普遍化和规范化发展——比如在常见的每斤十六两制之外，行用 20 两一斤之制，甚或行用 22 两一斤之制；另一方面，则是导致权衡计量的精密化趋向。

一般民户交纳的丝绵等税物，本来就不都是整斤、整两，而存在着许多"畸零"。另收一定比率的"秤耗"，势必会造成更多、更细的"畸零"，因而也就需要更加细微、精密地称量和计算。譬如省库秤耗以"每一百两纳耗一两"为率，每十两的"秤耗"即为一钱，每一两的"秤耗"则为一分。

五代权衡器物与计量制度，究竟在严密化方面有何重大进展或突破？史籍中缺乏明确的载录。不过，从宋初的文献资料来看，其斤两以下的十进制计量单位——如钱、分、厘制等，已经出现。至少，其中的钱、分进位制已普遍应用。关于这些情况，后文还要另述。

第五节 两宋时期的权衡器物

宋代是个貌似平静而内蕴变异的社会。即令深入其中一个狭小领域——比如对属于度量衡类的权衡器物略事窥探，亦不免令人眼花缭乱。

关于宋秤的一般型制与规格，前人留意不多。唯有清代学者俞正燮，曾作过较为专门的考订——他那篇以《宋秤》为题的论述，至今仍闪烁着博学的光辉。其美中不足者，是他对宋秤的论述，几乎都归结为一种规格固定的"十五斤秤"。这种归结意见，未免过于偏颇和简单，并有悖当时的实际情况。

其实，宋代的权衡器物，品类颇为复杂。

譬如从型制上说，有"手或抑按"的提系杆秤，有"衡悬架上"的天平；有称量五百斤的大秤，也有分度值仅为一厘（约当今 40 毫克）的戥秤。即令是中型的杆秤，也远不止"十五斤秤"一种。至于其秤衡端尾，或系盘勺，或悬锤钩。其权，又有铜则、铁权、石砣等不同。形质既异，大小亦殊：或重达二三百斤以外，铭刊数百字之文，或轻于若干米粒，而一文不铭。常见的宋权，多为百斤、10 斤、22 两、20 两、16 两、半两、1 两、5 钱、1 钱权等。

宋秤的名色，亦颇觉纷纭芜杂。诸如太府寺旧秤、太府寺新秤、文思院旧秤、文思院新秤、三司秤、礼院乐律秤、漕司秤、仓司秤、提举司或提点司秤、州县受纳仓秤、民用租谷秤、市肆米秤、炭秤、盐秤、茶秤、鱼肉秤，以及称量金银珠宝香药等贵细物品的等子（戥秤），等等。

今天可以见到的宋代权衡器遗物，至少有浙江、湖南、山西、江苏、四川等地出土的宋权八种以上。有关宋秤的形象图谱，则有《本草·解池盐秤图》、《皇祐铢秤图》、《事林广记·杆秤图》等。

宋秤的品色既如此之多，其各秤的最大称量、分度值，以及每秤、每斤、每两的轻重标准或规格，也极为复杂。关于宋秤斤两计量制度，后文另行专述。这里且将宋秤的一般规格，大致划分为两类：其一，是官民日常使用的权衡器物；其二，是礼院乐律和医药等专用的权衡。如将这两类权衡的规格加以比较，那么，官私日用的宋秤，其单位量值通常重于一般乐律秤；但也有例外，比如景祐年间由李照试制而后来遭到非议被搁置的乐律秤。

进一步说，同一类权衡器物的标准规格，也不尽相同。比如在日用权衡中，官秤与民秤的秤、斤、两重，未必相符；又如在官秤中，地方政府或某些部门专用秤衡规格，亦未必与朝廷颁降的全国性"法物"规格相符；再如同为朝廷"法物"，甚至也会因各时期的"定式""改制"而出现参差。

一 宋代的日用官秤与民秤

（一）太府寺秤与文思院秤

从北宋初直至神宗熙宁四年（1071）以前，作为全国量衡器常设制作机构的太府寺斗秤务[①]，曾制造了大量的标准秤式，时称"太府寺秤"，或"太府秤"。其京师库务与各地用秤，亦多仿"太府法"式而制造。这是宋秤中行用较广的一种官秤。

史籍中常见的"太府秤"，可以举出一斤秤和五斤秤，[②] 十五斤秤，[③] 与十六斤秤，[④] 以及"垂钩于架，植镮于衡"的"百斤"大秤，[⑤] 五百斤

[①] 参阅拙文：《宋代度量衡器的制作与管理机构》，载《北京师范学院学报》1989年第5期。
[②] 《宋会要·职官》27之2。
[③] 《宋会要·食货》41之28；《皇祐新乐图记》卷上，《皇祐权衡图》。
[④] 《景文集》卷27，《议乐疏》；《国朝诸臣奏议》卷96，《礼乐门·议乐》。
[⑤] 《宋会要·食货》69之4。

大秤，① 等等。这些秤的最大称量，多如其名。而它们所用的权式或秤锤，则或轻至一钱，或重达十斤以上。②

那么，是否所有的太府秤，其标准规格都始终一致呢？看来，事实并非如此。宋代太府秤的斤两轻重规格，前后曾有过一些变化。

宋初太府寺首次制作新秤，是在建隆元年（960）八月以后。这年八月，赵匡胤"诏有司案前代旧式作新权衡以颁天下"③。平定荆湖时，即乾德元年（963），又"颁量衡于澧、朗诸州"④，或"潭、澧等州"⑤。此次潭州（今湖南长沙、湘潭等地）、澧州（今湖北澧县、慈利等地）、朗州（今湖南常德等地）等处所颁量衡，当即三年前由太府寺所作的斗秤。而这一批斗秤规格，乃是"案前代旧式"而作。其所谓"前代旧式"，无非指后周时期中原地区行用的斗秤规格。宋初这种按"前代旧式"制造颁用的太府权衡，也称为"太府寺旧秤"，"太府寺旧铜式"⑥。

宋初太府寺所造的第一批官秤，不仅属于北周旧秤和旧权锤的仿制品；而且，其每一副官秤的规格也并不统一。于是，至太宗初年，不得不诏令"平定秤样斤两"⑦。但即令如此，仍收效甚微。根据后来刘承珪等人到太府寺进行的一次联合检测，60枚"太府寺旧铜式"中，至少有11枚"轻重无准"。其中，轻于标准规格者居多："旧式所谓一斤而轻者，有十；谓五斤而重者，有一"；"式既如是，权衡可知矣！"⑧

太宗端拱元年（988）至淳化三年（992）进行的改定秤法活动，淘汰了一批"轻重无准"的太府旧秤，"别铸新式"33枚"授太府"，又有11副新秤"复颁于四方"⑨。此后的太府寺秤——如大中祥符二年（1009）以后"市肆所用"的太府一斤秤、五斤秤，景祐、宝元年间（1034—1040）宋祁所说的太府十六斤秤，皇祐中（1052）阮逸、胡瑗提到的太府寺十五斤秤等，均已有别于宋初的太府旧秤。

---

① 《长编》卷71。
② 《宋会要·食货》69之1；69之4。
③ 《长编》卷1，卷4。
④ 同上。
⑤ 《玉海》卷8，《律历·量衡》。
⑥ 《宋会要·食货》69之1；69之4。
⑦ 《宋会要·食货》51之20。
⑧ 《宋会要·食货》41之27，至41之295；《玉海》卷8，《律历·量衡》。
⑨ 同上。

今天我们所说的宋太府秤，实际上仅指淳化三年（992）以后的太府新秤。其每秤标准重量多为16斤；每斤以16两计，约当今640克左右。①关于宋代的"等子"，将在后文另述。

宋代太府秤的遗物或型制图谱，今已无存。从《宋会要》的一些零星记载中，我们知道大型的太府百斤旧秤，"垂钩于架，植镮于衡，镮或偃仆，手或抑按，则轻重之际殊为辽绝"。刘承珪改革后，"每月用大秤，必显以丝绳，既置其物测，却立以视，不可得而抑按"——大约是把衡杆"植镮"改用丝绳固定，由司秤者观察置"物"与悬"则"的两端是否平衡。②

太府秤的遗物和图像虽已无存，但宋代解盐司使用的盐秤，却有一幅珍贵图画保留下来。该图所示，与《宋会要》所载太府大秤情景十分相似。这一点，我们后面还要专述。

熙宁四年（1071）以后，全国性的常设量衡器制作机构进行了改组，太府寺斗秤务的职能转归于文思院。③ 从此，由文思院"斗秤务"或"斗秤作"制造的官秤广为行用，称为"文思院秤"或"文思秤"。

文思秤的型制与规格，也像太府秤一样，前后略有变异。这种变异，主要发生在北宋末和南宋之际。

自熙宁五年（1072）至政和三、四年（1113、1114）以前，文思秤的制作规格一如"太府法"，甚至仍可视为淳化以来的太府秤。这种文思秤，可称为文思旧秤。

从政和三年（1113）起，文思院下界突然改变章程，推行度量衡新法，并开始按"大晟乐尺"标准制造新斗秤。当时文思院"别置"的另一处"斗秤作"，即专为制造新斗秤而添设。④ 从"大晟乐尺"略短于太府布帛尺的情况判断，当时的文思新秤规格，似略轻于文思旧秤和太府秤。宋代乐律史的资料，恰好证实了这一判断："其十二铢，得太府四钱二分"，而不及五钱。⑤ 而由此进一步推计，政和文思新秤一斤约当今537.6克左右。

---

① 参阅拙文：《关于宋代斤两轻重的考订》，载《中国史研究》1990年第3期。
② 《文献通考》卷133《乐》；《宋会要·食货》69之4略同。
③ 见前引拙文：《宋代度量衡器的制作与管理机构》。
④ 《宋会要·食货》41之33。
⑤ 《通考》卷131，《乐》。

文思新秤虽一度制造颁用，却于政和五年（1115）又暂停制造。其后来的命运如何，竟不得而知。徐松在《宋会要辑稿》中抄录《永乐大典》的有关资料时，曾包括了兴废两方面的内容。但他转录《玉海》有关权量的资料时，却有选择地只录政和三年前的改制资料，删去其后中辍新法的重复部分。① 在他来说，这或许只是为了节省篇幅。然而，这样一来，却给人造成一种印象：似乎政和年间的量衡改革，也同尺度改法一样相继进行下去。但事实上，这场改革的命运，很可能是半途而废的。

不论政和间的文思新秤曾在多大的时空范围内行用，有一个事实是可以肯定的，那就是南宋初年朝廷规定的标准官秤，其规格又有一番变更。据绍兴二年（1132）十月二十九日高宗诏令，文思院"依临安府斗秤务造成省样升、斗、秤、尺、等子，依条出卖"。② 这种按临安府斗秤务规格制造的"省样"秤等，后来便一直作为南宋的文思秤等行用。如果把一度行用的政和文思秤包括在内，这该是第三种文思秤了。

宋代文思秤的遗物，今已难得一睹。所幸者，许多地方和部门铸秤，往往借用文思院"省样"秤权。这样，我们从地方部门仿造"省样"的秤权遗物中，仍可多少想见其昔日之风采。

（二）地方官府与部门专用的宋秤

按照宋代度量衡管理法的规定，各地方官府或各部门所用之秤，均须在指定或特设的斗秤作坊中，依太府寺或文思院"样秤"、"法式"仿造，"用铜而镂文"，按"千字文"字序刊铸编号，并明勒铸造岁月、人匠、监官及较定者姓名。③ 近年在浙江瑞安和湖南湘潭出土的两枚宋权，为我们了解当时地方与部门的官秤情况提供了珍贵的实物资料。（参阅〔图版七、九〕）

1972年12月，浙江省瑞安县出土了一枚瓜棱形的铜质秤砣。在这枚制作精良、雕饰考究的秤砣上，既铭刻着自重为"百斤"、铸造岁月为"熙宁"某年月日，还镌勒着制作来由和11个人的姓名——包括该砣的铸造匠人、监制与收管"秤子"、当地知县、钱监的监当官兼较定官、州官，以及铸钱司和发运司长官。④

---

① 《宋会要·食货》69之15。
② 《宋会要·食货》69之10。
③ 《永乐大典》卷7512；《长编》卷290；《宋会要·食货》69之4，等等。
④ 参阅《浙江瑞安发现北宋熙宁铜权》，《文物》1975年第8期。

按宋制，铸钱机构曾特置"秤铜"官一员，并专差武臣充任。从瑞安"百斤铜砣"的铭文中可以获知，这是熙宁间铜钱铸造场之一——池州永丰监（今安徽省贵池县）所铸20副标准秤砣中的一副，大约是与江浙等路提点铸钱司大秤相配套的专用秤砣。其所仿原型，是从广德军（今安徽省广德县）建平钱库借来的一枚"省样铜砣"。

　　从"铸"砣、监造、"较定"、"同较定"者逐一署名或署姓，到池州长官和铸钱司、发运司长官的联合签字，可知这副秤砣的制造与行用，已被完全确认为合格合法。在迄今发现的宋秤遗物中，这是比较典型的一例。它既是宋代地方官府与部门所用秤权的实物见证，也多少反映着朝廷样权"法物"的风貌。它的铸造岁月——"熙宁"某年"正月"某日，其年序虽已漶漫不清，但从监官姓氏考订，当在熙宁后期。① 由此可以进一步判定，它属于北宋中期文思秤权，或依"太府法"而制的文思秤权，也就是本文前面所说的文思院旧秤权砣。只是该权砣每斤重量，仅当今625克。

　　这枚铸钱司秤砣的斤两规格，较一般太府秤或文思秤略轻。其原因，可能是该砣未"依省样"，或虽依"省样"实际上降低了标准，从而将铜钱变薄，以利于在不扩充原料的情况下，增加铸钱数额。熙宁十年七月的一则诏令，就曾宣布惩罚浙江等路铸钱司长官，因为该司所辖永平监"铸钱快薄"，"辄改规模，多求增数。"② 由此推断，上述权砣斤两规格之略轻，或许属于类似的情弊。

　　1975年，湖南省湘潭县烟塘出土了另一枚北宋铜权。在刻花的该权扁体两面，镂镌着如下十七个字："铜则重壹百斤黄字号"，"嘉祐元年丙申岁造"。③ 这枚嘉祐铜则的铭文虽未见匠人与监官签署，却刊有"千字文"第四字编号。从制作岁月来看，它该属于淳化以来的太府权式，或依太府法仿制之式。其每斤，约当今640克。（参阅〔图版六〕）

　　嘉祐"铜则"铭文中的"铜则"二字，一般释为准则之意。这种解释虽不为错，于此却未免略觉宽泛而不够切要。宋人语汇中的"则"，确有

---

① 见《文物》1975年第8期。原文推测"熙宁"后的铭文为"丁巳"即熙宁十年。今考该权署姓长官之罗、张二人，当为罗拯与张颉。熙宁十年时此二人均已调离发运使、副之职，分别在永兴和荆南。他们在发运使任上的时间，乃熙宁四年至八年。

② 《长编》卷283。

③ 《湘潭发现北宋标准权衡器——铜则》，《文物》1977年第7期。

准则之意，如"则例"①、"省则"②、"以二十斤为则"③云云。但是，此处所谓"铜则"，乃专指铜权而言；正如"铜式"是铜权的另一别称那样。

《玉海》、《宋史》记述刘承珪新造的铜秤权，曾说："其则，用铜而镂文，以识其轻重"；又说："诏以新式留禁中……授于太府。"《宋会要》载录刘承珪改革太府大秤的用法，也说"既置其物、则，却立以视"。意思是只许秤子观察秤端之物与秤尾之则，看大秤是否衡平，不准他们动手"抑按"作弊。④黄震在浙东向纲户公开较定盐仓"秤则"，主要也是较定秤权。⑤至于陈元靓所谓"五则"——规、矩、绳、权、衡，已经超越权"则"的专指范围，但"权"仍不失为"五则"之一。⑥

以上两枚权砣虽然珍贵，却仅为宋代官秤的局部遗物，并不足以代表官秤的整体型制。能够弥补这一缺憾而略具整体风貌的，是保留在《政和证类本草·解盐图》中的一幅盐秤图。《本草·解盐图》，包括北宋陕西路解州池盐的生产、贮运、称量、出场等场景。⑦那幅盐秤图，即属其中一部分——在贮运出场部分之下端，我们不妨称它为宋代解盐官秤图，或者，把它周围的人物包括在内，名之曰：解池称盐图。⑧

解盐官秤图，全秤分木架支座、衡杆、秤钩、权锤等部分。其秤锤颇大，呈葫芦形，似为铜质或铁质。其表面镂刻尚隐然可见。秤钩上悬系绳索，拴挂盐袋。其衡杆极长，用铁环牢结在秤座的木架之下。显然，这是北宋解盐司专用的盐席大秤。其秤权重量，约当该盐席重量 1/3 左右。（参阅〔图版三〕）

从全幅解池称盐图看，该池盐的称量活动，常由两员公人和两名人夫合作进行。人夫将盐袋绳索挂在秤钩上，一名公人在秤尾执掌权锤，另一名公人手扶秤端，谨视秤势。这两名公人，大约即所谓"秤子"或"专秤"；或者，其后一名公人为主秤官或监秤官。

《本草·解盐图》中的盐秤图，令人想起宋初太府寺的百斤大秤。其

---

① 《宋会要·食货》36 之 7，28 之 29。
② 《宋会要·食货》26 之 33。
③ 《宋会要·食货》28 之 21。
④ 《玉海》卷 8，《律历·量衡》。标点本《宋史·律历志》标点有误。
⑤ 《黄氏日抄》卷 80，《委官定秤》。
⑥ 《事林广记·后集》卷 11，《器用制度》。
⑦ 参阅拙著：《宋代盐业经济史》，第 53—55 页。
⑧ 同上书，第 53—55、218、394—399 页。

衡架之间的铁环牢结，似比宋初的人手执环和刘承珪改良的系绳结构更为进步。它大约也属于北宋中后期的文思秤系列。饶有意味的是，清人两淮、四川《盐法志》中，也绘有几幅称盐图。① 该图与宋人解盐官秤图大致相近。其主要不同在于，清淮盐秤的支架不用木座，而代之以高大的竹木搭架，秤权为鼓锤或棱形，秤衡与支架间的司秤者须乘梯而视秤势。假如将宋清几幅盐秤图略加比较，那么，宋代盐秤之精致，似还稍胜于六七百年之后的后继者。

解盐司所用的秤衡，当然不止于席秤。比如称量商人入纳的银钱诸物，就别有秤等。② 不过，就盐秤而论，席秤大约是其中最重要的秤型。解盐席秤权锤的标准规格，即所谓一席：北宋前期小席为 116.5 宋斤，北宋中后期大席为 220 宋斤。③

除解盐司席秤外，宋代销售淮浙钞盐时还多用另一种袋盐专秤。其标准规格之一袋重量，为 300 宋斤④。南宋后期茶盐所秤盘局的标准袋秤，改为每袋 320 宋斤。⑤

宋代盐司用秤的斤两规格，通常也与一般官秤相同，每斤当今 640 克左右。比如 1976 年襄樊出土的绍兴三十年潮州发赴广州提举衙交纳的"钞价银"，即反映了这种情况。⑥ 但是，各地场仓盐秤与太府秤或文思秤规格不符者，也不乏见。1981 年四川双流出土的一枚银铤，虽铭有"解盐使司入纳银"等字样，其每斤仅当今 592 克。显系轻于一般官秤标准。而各亭场从灶户手中收购盐货、各仓受纳纲户舡盐，更多用"大秤"、"重秤"。福建路建宁府河岸码头称量盐箩的"河秤"铁权，与该府都盐仓"仓秤"石权相比，每一百斤重 2.89 斤⑦。

宋代茶司或地方官用的茶秤，也多另有规格。比如熙宁末年蜀茶白斤大秤，百二十余斤大秤，以及彭州（今四川彭县）地区收购园户茶货用的

---

① 《嘉庆两淮盐法志》卷 4，《图说》。《四川盐法志》卷 2，《井厂》。
② 见《四川双流县出土的宋代银铤》，《文物》1984 年第 7 期。
③ 《宋史》卷 181，《食货志》。
④ 《宋会要·食货》27 之 12，272 之 13。
⑤ 《景定建康志》卷 26，《官守》。
⑥ 《湖北襄樊羊祜山出土宋代银铤》，原文将"钞价银"，误为"纱价银"，《文物》1984 年第 4 期。
⑦ 参阅拙著：《宋代盐业经济史》，第 216 页。

十八斤官秤，也常有侵尅园户的事。①

以上所举述的，仅是钱司、大漕、盐茶司和湖南、四川地区的几种权衡。此外，大多数地方官府和部门都有自己专用的秤。如诸军诸司粮料院的炭秤、绵秤，左藏库、内库的金银秤、衣物秤，军器监、将作监的铜铁什物秤，市易务秤，各路监司税秤、仓库秤，经总司秤，总所秤，商税务场秤，酒务坊场"悬秤出卖"官曲的曲秤，市舶司香药象牙秤，坑冶银场银铅秤，以及州县上供和赋税物资秤，等等。《夷坚志》中描述金部郎中郭权在冥府所见的"两架大秤"，也是当时官秤的一种反映。②

兹将宋代官秤的情况综合列表如次：

表1—1　　　　　　　宋代官秤表

名称	制作或行用时间	通行范围	最大称量	分度值	1斤当今克数
太府旧秤	太祖至真宗初（960—1005）	各地			
十五斤秤			15斤	1钱±	
百斤秤			100斤		
刘承珪定式秤	淳化三年（992）	内库与太府寺	1—1.5钱 2.5—10钱	1厘 8.3—20.8厘	640±
钱分厘秤					
铢两秤					
太府寺秤	景德中至熙宁四年（1006—1071）	各地			640±
一斤秤			1斤		
五斤秤			5斤		
十六斤秤			16斤		
百斤铜则秤 解盐席秤	嘉祐元年（1056）	荆湖南 解盐区	（100斤） 218— 220斤		640 636—642

---

① 《欒城集》卷36；《净德集》卷1；《长编》卷369。
② 《夷坚志补》卷25，《郭权入冥》。

续表

名称	制作或行用时间	通行范围	最大称量	分度值	1斤当今克数
北宋文思院秤（太府秤）	熙宁四年至北宋末（1071—1127）	各地			640±
建平钱库秤	仁宗至神宗时	安徽广德	（100斤）		625
钱司百斤砣秤	熙宁后期	钱司发运司	（100斤）		625
淮浙袋盐秤		浙淮盐区	300—320斤		640±
政和文思秤	政和三年（1113）				537.6
临安府秤	北宋末南宋初	杭州一带			640±
南宋文思秤	绍兴二年以后（1132—）	南宋各地			640±
建宁盐仓秤	南宋中后期	福建建宁盐仓	（100斤）（102.89斤）		
建宁仓河秤	南宋中后期	建宁仓码头			
浙东盐秤	南宋后期	浙东盐区			

（三）宋代的民秤

宋代民间用秤，类型亦多。以称量物品而论，有谷秤、鱼肉秤、盐茶秤、酒麹秤、果品秤、一般食品秤、金银珠宝秤等。以型制而论，有巨型天平，有十五斤左右的勺盘杆秤，也有分厘可较的小型戥秤。以地域而论，有京师秤、北方秤、江浙秤、蜀秤、闽秤等。

方回在《续古今考》中说："如今称谷，凿石为一秤锤，二则二枚，三则三枚，衡悬架上，两头适均则平也。"[①] 这是一种大型的称谷天平。其型制，类似于带支架的太府大秤或解盐席秤。那一至三枚秤权或秤锤，各由一块巨石凿刻而成。

上述宋代民用谷秤的最大称量和权斤标准，方回都没有说。但与之酷

---

① 《续古今考》卷19。

似的一枚民用盐权，却幸而遗传至今。这就是山西垣曲县博物馆的"店下样"。

"垣曲县店下样"，是设置在盐店秤下的民用标准石权，重达 140 公斤，通高和对角径都将近半米。① 在呈八棱形的八个平面上，分 38 行镌刻着 293 字。前六字赫然题曰：《垣曲县店下样》。从该样的铭文可以知道，它是由当地盐商及其雇员们"同共商议"而"起立"的"私约"性"石样"标准砝码，于元祐七年（1092）七月七日刻凿成三枚，分别置于山西安邑、含口、垣曲等运盐起讫站铺或中转店铺秤下。三枚盐秤石样的重量，原说依运盐路程远近而递减一斤，作为"脚耗"。如不计脚耗，则石样标准重量当为一席，即 220 宋斤。其每斤重量，亦如官秤一斤，约当今 640 克左右。（参阅〔图版四〕）

这枚石样权锤发现之初，人们都误以为它是代表宋代官府置立的官秤石砣。② 事实上，它属于宋代民秤家族中的一员；而且，是迄今为止罕见的一副巨型宋秤遗物。不言而喻，同此石样配套的那副民用盐秤，该具有何等宏伟的气势。这种气势，足堪与《本草·解盐图》中那副席秤相匹敌。而方回所说的南方大型谷秤及其石锤，于此也不难想见。

比大型谷秤和盐秤稍小的常用民秤，是一种中型杆秤。《夷坚志》叙述庆元四年（1198），鄱阳渔人汪十四有"大钓竿秤"，或许也属此类。③ 但中型杆秤中的谷秤，还是方回说得较为详明。他写道："山田好处，或一亩收大小谷二十秤。……东南……收谷，一秤十六斤，或十五斤，十四斤；糯谷十三斤。所至江浙不同。"④ 南宋中期袁采所说浙东衢州开化县"借一秤禾而取两秤"索还，其禾秤即此谷秤。⑤ 这类禾谷秤或稻米秤的最大称量，分别为 13 斤、14 斤、15 斤和 16 斤。

一般地说，宋人计量谷米，多用斛斗等量器；"斛斗"一词，甚至成为谷米等粮食的别名。至若以秤计量谷米轻重，其秤盘形制自必不宜浅平，而须有一定的深度或凹曲，以免谷米流溢于秤外。这种与一般平浅秤

---

① 王泽庆、吕辑书：《垣曲县店下样简述》，载《文物》1986 年第 1 期。
② 同上。
③ 《夷坚三志辛》卷 10，《王十四鼋》。
④ 《续古今考》卷 18。
⑤ 《袁氏世范》卷 3，《假贷取息贵得中》。

盘不同的谷米秤，又称为"秤勺"。方回在另一处将"二十秤谷"唤作"二十秤勺"，即可以此为释。①

宋代民用的薪炭秤、柑橘秤、鱼肉秤、食肆酒庐秤，一般也以中型杆秤居多。略小于此者，如"市肆所有"的五斤秤。②至于称量金银等贵细物品者，则有一斤秤，或更小的"等子"。

宋代民秤的规格标准，通常依其"样秤"的来源而有所不同。一般说来，民秤的"样秤"来源，有两种渠道：其一，是自商税务等处直接购置的官秤，或依官秤"法式"、"省样"仿造之秤；其二，是民间自行私造之秤。前者，其斤两规格与官秤大致相符或接近；后者，则往往与官秤标准相悖。

宋代虽多次禁止民间私造斗秤，却也曾放宽过有关的限令。唯其如此，北宋才有"造斗秤行人"的存在。政和四年（1114）文思院下界添置"斗秤作"，即奉旨"收造斗秤行人，和雇制造"斗秤。③所谓"和雇"，不过是一种名义。公文中一个"收"字，已泄露了拘籍征雇的内幕。

关于宋代民秤的型制模样，宋人陈元靓曾刻绘过一幅秤图。此图，至今仍保存在他那本民用百科全书式的著作之中。该图实际是一幅杆秤图，其衡杆一端为秤钩，另一端系权，似为鱼肉秤之类。④山西省洪洞县广胜寺水神庙中，有一幅以"卖鱼"为主题的元代壁画，该画中卖鱼之秤，亦当反映宋元时代民用鱼肉秤的一般型制。（参阅〔图版五〕）

此外，近年出土的几枚铁权更为人们了解宋代民秤提供了实物依据。1973年，四川大邑县安仁镇出土了两枚窖藏铁权。其一，呈葫芦形，今重925克；另一枚呈锤形，今重825克。⑤这两枚铁权均无铭文，似属民秤用权。在苏州地区，近年也征集到三枚宋代铁权。其中较大者，一面刻五字，约略为："宗二哥六□"（宗二哥大斤？）；另一面刻三字："大□□"（大观式？）。以今秤计，重793克。另一枚中型铁权，底残。第三枚小权，

---

① 《续古今考》卷18。
② 《宋会要·职官》27之2。
③ 《宋会要·食货》41之33。
④ 《事林广记·后集》卷11，《器用制度》。
⑤ 《四川大邑县安仁镇出土宋代窖藏》，《文物》1984年第7期；参阅拙文：《关于宋代斤两轻重的考订》，拙文曾将其中二权假定为20两权和23两权。

残留一"国"字，今重227克。① 这三枚铁权，亦似民用秤权。

以上几权虽未见铭重，但并非绝对无可考订。从宋代中型秤权规格情况看，多见50两、25两、22两、20两等权。由于常用，故而有时不刻铭重。其22两权，即所谓大斤权；20两权，即所谓"足斤"权。四川二权若分别以25两权和22两权计，其每两当今37克或37.5克。苏州大小权若分别以22两、6两权计，其每两亦当今36克至37克有余；虽略轻于官秤标准，却恰与黄石出土银锭的"市秤"规格大体一致。苏州大权若以20两计，其每两重39.6克。

1955年，湖北黄石市西塞山前发现一坛宋代银锭。其中有一枚锭刻云："连州起，淳祐六年经制银锭"；又刻"帐前统制官张青今解到银柒仟陆百两，每锭系市秤伍拾两重"。② 其"市秤"二字究作何解，迄无定论。以这批银锭的铭重与今重相较，其每斤约当今600克，或略多些；每两当今37克左右。显然轻于一般官秤。

"市秤"一语，魏收在编著《魏书》时亦曾述及。据《魏书》载录，武定六年（548），东魏曾推行过一项整顿货币与权衡的政策："以钱文'五铢'，名须称实，宜称钱一文重五铢者，听入市用。计百钱重一斤四两二十铢。自余皆准此为数。其京邑二市、天下州镇郡县之市，各置二秤，悬于市门。私民所用之秤，皆准市秤以定轻重。"③

这里所说的"市秤"，即官府悬置于各地"市门"的标准秤：既用以检测市肆流通的钱币是否为合乎规格的"法钱"，又用以作"私民所用之秤"的"样秤"。按此"市秤"原意，本属诸市专用的一种官秤。不过，"私民所用之秤"既"皆准市秤以定轻重"，"市秤"又同时成为官民共用的一种市场标准秤。

从淳祐六年（1246）连州银锭按"市秤"计而轻于一般"文思秤"看，宋代"市称"似更接近于民秤——或者，我们至少可以说，它是一种主要行用于城市、镇市，并为官民所共同接受和使用的市场用秤。其中包括"内以大出以小""用十四两作斤"等等。

兹将宋代民秤的情况综合列表如次：

---

① 苏州三枚宋权，现藏苏州市博物馆。
② 程欣人：《湖北黄石市西塞山发现大批宋代银锭》，载《文物参考资料》1955年第9期。
③ 《魏书》卷110，《食货志》。

表1—2　　　　　　　　　　宋代民秤表

名称	制作与行用时间	范围	用途	最大称量	1斤当今克数
一斤秤	大中祥符二年以后（1009—）	各地	市肆杂用	1斤	640±
五斤秤	大中祥符二年以后（1009—）	各地	市肆杂用	5斤	640±
十五斤秤	五代至宋	各地	薪炭稻谷等	15斤	
十六斤秤	两宋	东南等	稻谷等	16斤	
十四斤谷秤	南宋	东南	稻谷等	14斤	
十三斤谷秤	南宋	东南	稻谷等	13斤	
十八斤茶秤	北宋中期	四川	袋茶等	18斤	
安邑盐商席秤	元祐七年（1092）制	山西安邑	解盐袋席	220斤—222斤	636.4—642.2
含口盐商席秤	元祐七年（1092）制	山西含口	解盐袋席	219斤—221斤	
垣曲盐商席秤	元祐七年（1092）制	山西垣曲	解盐袋席	218斤—220斤	
连州市秤	淳祐六年（1246）前后	广东连州	银等物		600
苏州市秤	大观二年（1108）前后	苏州			600+
四川大邑市秤		四川大邑			605
南宋垂钩杆秤	南宋后期	南宋各地			
等子	北宋中期以后	各地		1两以下	

二　宋代的乐秤与药秤

（一）宋代的乐律秤

我国古代的乐律，往往因尺度标准不同而发生音响高低的差异。历代为了改乐定音，亦须同时制作标准的乐律尺度，乃至相关的乐律斗秤。宋代制作这类乐律尺斗秤，先后曾有过多次：比如建隆初年和岘改乐，即以洛阳天文尺为准，取代了王朴旧乐尺；景祐二年（1035）李照定大乐，一度用太府布帛尺为准，第二年经宋祁等人反对，又以邓保信尺制乐。此后，皇祐、元丰、元祐、崇宁等年间，亦继续进行过类似的活动。

宋人文书中经常述及的乐秤，主要是景祐李照乐秤，邓保信乐秤，阮、胡乐秤，皇祐阮、胡乐秤，和崇宁大晟乐秤等。

景祐李照乐秤，是景祐二年由李照进呈的七件标准"权量律度式"之一。据《宋会要》载录，同时进呈的李照乐尺，"准太府寺尺以起分寸"。该"乐秤，以一合水之重为一两，一升水之重为一斤，一斗水之重为一秤"①。另据当时太常博士宋祁说："其秤，以一升水之重为一斤——比今太府见用官秤，一斤零十一两；十斤为一秤……谓之律秤。"②

从《会要》和宋祁所说的情况看，李照乐律秤与一般累黍为准的乐秤不同，而是以一定容量的水重为准。它所采用的计量法，是十进位制：即每一秤为10斤，每1斤为10两；这种计量法不同于太府秤的十六进位制，即不是每秤16斤，每斤16两。其每1斤的重量若相当于太府秤的1斤零11两，亦即是说，李照乐律秤的1斤，相当于太府秤的1.6875斤，而不足其二斤。如以宋太府秤每斤当今640克折计，李照乐律秤1斤约为1080克左右。

顺便指出，李照用太府大尺取代旧乐尺为准制作的钟磬，声低韵长，"比旧乐顿下四律"。他因此被指责为"率意诡妄，制作不经"。然而，在音乐史和度量衡史上，他的大胆实验和创造性劳动却具有不容忽视的意义——可惜迄今为止的许多论著，尚无人提及这位科学家与艺术家的名字。

以笔者之见，李照的贡献，至少在两方面特别耐人寻味：其一，是他制作乐秤已采用逢十进位的先进计量法，摒弃了传统的铢两进位法和当时通用的十六进位法；其二，是他已注意到一定容量的水，同其重量之关系，并破天荒地运用了这种物理关系。不论是十两一斤之制，抑或是升水一斤之制，这两者似乎都属于世界科技史上较为晚近的发明。我国采用这些发明，更是近代乃至现代的事。可早在11世纪30年代，李照乐秤的斤两已采取今日国际共用的十进位制。这样，我们更可以在已往众所周知的宋代各种科技发明之外，再添入一项新的创造发明。

---

① 《宋会要·乐》1之5。其一升水重一斤之"斤"，原文误为"升"。兹径据《景文集》卷27正之。

② 《景文集》卷27，《议乐疏》。据此，其升似太大。"十一两"之"十"，或衍。

景祐年间的乐秤，不止是李照之秤。此外，还有邓保信的三毫纽秤和阮逸、胡瑗的铢秤、钧秤等。

关于邓保信三毫纽乐秤的情况，丁度转述其《保信奏议》中作过如下的介绍：

> 今依黄锺龠容黍千二百、重十二铢、每百黍重一铢造秤，止用铢、两、斤，准古之轻重。
>
> 第三毫，先从铢起，在衡里旁。其第一星准定空平，然后称物。移之一星，称黍百粒，其重一铢。至十二铢星，计千二百黍，是一龠之实，重古之一小两也。至星尽所为二龠合，重二十四铢。
>
> 第二毫，起衡之中。第一星，重二小两。移一星，重一铢。至星尽，计古之八小两，九十六铢。
>
> 第一毫，起衡外旁。第一星，重古之八小两。移一星，重六铢。至星尽，计古之二小斤，计三百八十四铢。①

从《邓保信奏议》中可知，他所制乐秤的斤两规格，都是按古秤小斤两为准。其乐秤一斤约二百二十几克或230克左右，其一两约14克左右，其一铢约0.6克以下或0.58克左右。该秤的三个毫纽，分别安装在衡杆内、中、外侧的适当位置上。第三毫纽的开端星为零，末端星为古二小两或24铢，分度值为一铢或100黍，即约0.58克左右。第二毫纽开端为古二小两，最大称星为古八小两，秤星分度值也是一铢。第一毫纽开端星为古八小两，末端星代表之最大称量为古二小斤，秤星间分度值为六铢。

关于阮逸、胡瑗的景祐乐秤，他们在《锺律奏议》中也有交代："铜秤二量，秤以两黄锺之龠合为一两，十六两为斤。自铢至斤，作铢秤一；又以斤至钧，作钧秤一。钧秤之制，衡修三尺六寸，权重七十二两，权行圜而环之，内（肉）倍好。"②

这就是说，阮逸、胡瑗景祐"铢秤"和"钧秤"的最大称量，分别为一斤和三十斤。而铢秤的分度值，大约也是一铢。钧秤的铜环权，外径倍

---

① 《宋会要·乐》2之8，2之9。"古之一小两"、"古之八小两"、"古之二小斤"，分别指乐秤半两、四两、一斤。

② 《宋会要·乐》2之15。

于其孔径，重72两，即乐秤4.5斤。

皇祐乐秤，是皇祐五年（1053）由阮逸与胡瑗等人制作并进呈的另一组乐律秤。其制作依据，仍主要是传统的累黍法，即用中等大小的黍，"以百黍之重为铢，二十四铢为两，十六两为斤"。所以也属于"黍秤"。

这一组乐律秤，包括一副"铢秤"，一副"钧秤"，一副"石秤"，比景祐时他们制作的乐秤多一种。在阮逸、胡瑗撰写的《皇祐新乐图记》中，至今仍保留的那幅铢秤图，大约是迄今有关我国古代乐秤形象的最早图画和记录。

皇祐铢秤，是仅有一个毫纽的小杆秤。清人陈元龙，曾在《格致镜原》中征引《稗史类编》说："其图干十分二十四铢为一两正，一面有星一，系一盘，如民间金银等子者，其锤形如环。"① 这里说"干十分二十四铢为一两正"，大约是指其秤干或秤杆刻度，以24铢即一两为限，又将这24铢分划为十格。换句话说，该铢秤的最大称量为24铢，或1两；而秤杆的分度值，似为2.4铢，即一钱。不过，从"铢秤"的命名和景祐邓保信"铢秤"的规格来看，其分度值似是一铢，而不是一钱。

今日传世本皇祐铢秤图，与上述说法有所不同，该秤图虽一端悬挂着精巧的秤盘，另一端系环形权；但其衡杆的刻度却不是十格，而是先划分为16大格，每大格间似又分十小格。该秤既被称为"铢秤"，大约其16格不代表16两——否则，即非"铢秤"，而为斤秤。从环权的位置恰系在第十格星上看，似代表称量24铢之情景。若然，该秤大格之分度值为2.4铢；其最大称量，当为十分之一斤而不是一两，即38.4铢（2.4铢×16），亦即1.68两多些；该秤之最小分度值，为0.24铢，即2.4累，亦即1分，而不是一钱。

关于皇祐黍秤每斤的标准，据阮逸和胡瑗说："以太府寺见行秤法物校之，一斤得太府寺秤七两二十一铢半弱。"② 这就是说，该秤一斤当太府秤0.49斤，尚不足太府秤八两。由此推计，其一斤约当今315.83克；其一两约当今19.74克。其分度值若以1分计，约当今0.1974克，或197.4毫克。

神宗元丰中，范镇奉命评议郊庙大乐。他曾以太府尺为乐尺，并制作

---

① 《格致镜原》卷49，《秤》。
② 《皇祐新乐图记》卷上，《皇祐权衡图》。

了铜量斛；① 或许也制有铜乐秤，可惜未见载录。

崇宁三年（1104），根据方士魏汉津的建议，以徽宗三个手指节的短长和周径为准，制作了乐尺，时称"指尺"；同时或稍后又制作了乐量和乐秤——我们不妨称之为"指秤"。据载，其"权衡之制，黄锺所容为十二铢，得太府四钱二分"。② 12铢即半两，亦即五钱；当太府四钱二分，即不足太府秤五钱，而轻百分之十六。换言之，即魏汉津乐秤一斤，仅当太府秤0.84斤，以今秤计，约为537.6克。

兹将宋代乐秤的情况综合列表如次：

表1—3　　　　　　　　　　　宋代乐秤表

名称	时间	最大称量	分度值	1斤当太府秤重	1斤当今重	其他
李照水秤	景祐二年（1035）	10斤	（1两?)	1.6875斤 1.0625斤?	1080克 680克?	以10两为1斤 以10斤为1秤
邓保信乐秤	景祐三年（1036）	第一毫1斤 第2毫4两 第3毫1两	6铢 1铢 1铢		240克左右	1斤16两 1两24铢 古小两 12铢
阮胡景祐铢秤	景祐三年（1036）	1斤	1铢		240克左右	1斤16两 1两24铢 古小两 12铢
阮胡景祐钧秤	景祐三年（1036）	30斤			240克左右	1斤16两 1两24铢 古小两 12铢
皇祐铢秤	皇祐四—五年（1052—1053）	24铢至38.4铢（1两至0.1斤）	2.4累至2.4铢（1分至1钱）	0.49斤（7两21铢半弱）	315.83克	1斤16两 1两24铢 古小两 12铢

---

① 《宋会要·乐》2之30。
② 《文献通考》卷131，《乐》。

续表

名称	时间	最大称量	分度值	1斤当太府秤重	1斤当今重	其他
皇祐钧秤	皇祐四—五年（1052—1053）	30斤		0.49斤（7两21铢半弱）	315.83克	1斤16两 1两24铢 古小两 12铢
皇祐石秤	皇祐四—五年（1052—1053）	120斤		0.49斤（7两21铢半弱）	315.83克	1斤16两 1两24铢 古小两 12铢
崇宁大晟乐秤	崇宁三年（1104）			0.84斤	537.6克	

（二）宋代的药秤

宋代的药秤，起初沿袭隋唐旧制，用首黍为铢的古秤，或相当于古秤轻重的小秤斤两计量制度。即所谓"调钟律、测晷景、合汤药及冠冕制用小升小两"。[①] 但这种沿袭，并不足以代表宋朝药秤的全部情况。宋人陈旸在《乐书》中述及礼乐制度，就只说"圣朝因循《唐令》，以累黍之广为尺，调钟律，测晷景"；而不言"合汤药及冠冕制"。[②] 事实上，这后两方面所用尺斗秤情况，宋时正日渐发生变化。关于宋代礼服礼器兼用多种尺度而不专用小尺的事，本书第三章将要论及。这里，仅略述医药用秤之制。

唐代药秤虽以古秤为主，但中唐以后，也偶尔杂用大秤——如《外台秘要》等书所反映的那样。[③] 宋代药秤也是以小秤为主，偶尔大小秤兼用；其中，凡属使用大秤的情况，则特别标出。

比如仁宗皇祐三年（1051）周应著《简要济众方》，其中便载有"取莎草根二大斤，切熬令香，以生绢袋贮之于三大斗……取莎草根十

---

① 《通典》卷6，《食货·赋税》；《宋刑统·杂律》亦曾照引《唐律》中"三两为大两一两"等"秤权衡"法。
② 《乐书》卷66，《乐图论·审度》。
③ 参阅本章第四节。

两……"① 另一位宋医温大明著《隐居方》，也载有"全蝎二钱，麝香一钱，辰砂一大钱，防风、乳香各半钱……南星一钱灰火炮，川乌尖半钱生用……"② 大约在南宋淳熙十一年（1184）成书的《卫生家宝》，述及"惺惺散"时也注明："周岁儿每药一大钱。"《广南摄生论》载方，也"每服一大钱"。③

以上所举几种宋人医书中的"大斤"、"大斗"、"大钱"，是宋代药秤兼用大秤的明证——正如中晚唐医方中的"大两"、"大升"一样。其"大斤"之重，相当小秤斤两的三倍。而宋人医方中不特别标为"大"者的斤两钱，则仍为小秤。

作为宋金时代药秤一般仍用小秤的依据，不妨举出许洪对于"古秤"的注释。南宋人许洪注《太平惠民和剂局方》，曾在"总论"中指出："古方药味多以铢两，……其方中凡言'分'者，即二钱半为一分也。凡言两者，即四分为一两也。凡言斤者，即十六两为一斤也。"④

许洪在这里把"六铢"释为"二钱半"，足见其"二钱半"的四倍——十钱，乃相当24铢为两之小两，不是三倍于此的日用大两。

耐人寻味的是，金人李杲注《名医别录》中的"古秤"，便与许洪略异。李杲说："六铢为一分，即二钱半也。二十四铢为一两。古云三两，即今之一两；云二两，即今之六钱半也。"⑤

李杲在此，实际上说出了金代医方中同时兼用大小秤的事。他前一句释"六铢"为"二钱半"，其"二钱半"指当时的小秤。后一句"三两当今一两"云云，又显系指当时的大秤。如以后句所说古"云二两即今六钱半"之大秤而论，则相当小秤"二钱半"的"六铢"，才当大秤 0.8125 钱。

不论是官民日用之秤，抑或是礼乐、医药专用之秤，古衡发展到宋代，其精确计量程度已迥异于往昔。作为这种精密化进程飞跃发展的标志，便是"等子"（戥秤）的行用。

在形形色色的宋秤中，"等子"（戥秤）属于古代最精密的秤衡。

---

① 见四库全书本《肘后备急方》卷3，"附方"引录。
② 《永乐大典》卷975，儿部。
③ 《永乐大典》卷976，儿部。桂林《养气汤方刻石》。
④ 《永乐大典》卷11599，草部。
⑤ 《本草纲目序例》第1卷，《序例上·陶氏〈别录〉合药分剂法则》。

而就"等子"的创制和行用来说,宋代恰是它最关键的一个阶段。人们甚至把这一阶段视为杆秤的成熟阶段。鉴于"等子"的创行及其影响具有不同于一般宋秤的特殊意义,我们将在下一节中,对它进行专门的讨论。

第六节 等子的创制和行用

等子,是古代专门用来称量珍细物品和轻微重量的小型衡器。它也被称为"等秤"、"戥秤"、"戥子"或"分厘等秤"。"等子",是宋元以来人们对它的俗称。与一般杆秤和古衡相比,等子具有精确而灵巧的特征。也正因为如此,它曾备受欢迎,甚而沿用至今。

等子是10世纪崛起盛行的一种新型精巧衡器,是当时交换经济活跃、金银流通和科技工艺进步的产物——其精度已达到昔日一两的千分之一,约相当今天的40毫克左右。在古代权衡精密化的发展进程中,等子的出现具有划时代的意义。

一 刘承珪和他的等秤

(一)关于等秤的早期文献载述

历史文献中所见有关等子的较早载述,以《宋会要》最为翔实。《宋会要》写道:

> 其法,盖取《汉志》子谷秬黍为则,广十黍以为寸,从其大乐之尺……就成二术。因度尺而求厘……自积黍而取累〔从积黍而取累,则十黍为累,十累为铢,二十四铢为两。累铢,皆铜为之〕以厘、累造一钱半及一两等二秤。各悬三毫,以星准之。
>
> 等一钱半者,以取一秤之法。
>
> 其衡,合乐尺一尺二寸;重,一钱。锤,重六分;盘,重五分。
>
> 初毫星准半钱,至稍,总一钱半,折(析)成十五分,分列十厘〔第一毫,等半钱;当五十厘;若一十五斤秤,等五斤也〕。中毫,至稍一钱,折(析)成十分,列十厘。末毫,至稍半钱,折(析)成五分,列十厘。
>
> 等一两者,亦为一秤之则。

其衡，合乐尺一尺四寸，重一钱半。锤重六钱，盘重四钱。

初毫，至稍布二十四铢，铢下列出一星，星等五累〔每铢之下，复出一星，等五累，则四十八星等二百四十累；计二千四百累为一（十）两〕。

中毫，至稍五钱，布十二铢，铢列五星，星等二累〔布十二铢为五钱之数，则一铢等十累，都等一百二十累，为半两〕。

末毫，稍六铢，铢列十星，星等一累〔每星等一累，都等六十累，为二钱半〕。

以御书真、草、行三体淳化钱较定实重二铢四累为一钱者，以二千四百得十有五斤为一秤之则。其法，初以积黍为准，然后以分而推忽，为定数之端。故自忽、丝、毫、厘、黍、累、铢，各定一钱之则〔谓皆定一钱之则，然后制取等秤也〕……①

这是迄今有关等子或分厘等秤制作的最早记述。元末编修的《宋史·律历志》，与此大致相同，但也略有歧异——如"累铢皆铜为之"，作"锤皆以铜为之"。② 宋末元初的《玉海》，亦曾在转录《太宗实录》时述及此秤，可惜过于简略——如说"以开元通宝钱肉好周郭均者校之，十分为一钱，积十钱为一两，凡一钱，为十万忽。自一钱至半钱作秤，以校之差，择得钱二千四百，并以丝忽毫厘铢累之准……"③

关于《宋会要》提到的两副等子的最初名称，《通考》和《宋史》都说是"一钱半"秤和"一两"秤——注文中也叫"等秤"。《玉海》则说是"自一钱至半钱作秤"。换句话说，其一钱半秤，也可以视为"一钱"秤或"半钱"秤——这是就不同毫纽之不同称量而言。其一两秤，实际上也可以叫作五钱秤或六铢秤。这一点，我们后面还要详述。

（二）刘承珪等秤的制作原则与特征

刘承珪（950—1013），晚年改名刘承规，是北宋开国以来前三朝中颇

---

① 《宋会要·食货》69之2，69之3。原文多处有误：如"一钱半折成十五分"、"一钱折成十分"、"半钱折成五分"，其"折"字，当为"析"或"拆"之误。又如"计二千四百累为一两"，其一两之"一"字，当为"十"之误。今据《宋史·律历志》改正，并标注于括号内。《通考》卷133，"折"作"拆"。

② 《宋史》卷68，《律历志》。

③ 《玉海》卷8，《律历·量衡》。

受宠信的一位宦官。① 宋真宗及其宰相，都说他"逮事三朝，累著勤效"，"年未甚高而体中多病，由劳心勤身所致也。"李焘在《长编》中介绍说："承珪，宦者，山阳人也。"② 所谓"山阳人"，即指他为楚州山阳（今江苏淮安）人。如同蔡伦于汉阉中卓然不群那样，在名声不太好的后世宦伍间，刘承珪亦属凤毛麟角般杰出人物。

刘承珪制作"等秤"的活动，是同他奉命校量和改定秤法联系在一起的。而当时秤法之所以非校和非改不可，则因为太府旧秤过于粗疏而失准，以至不断招来各种输纳诉讼纠纷；社会生活中金银钱物等日趋频繁和琐细的转让流通，也愈来愈要求更为精密的计量工具。

刘承珪制作两种"等秤"的原则，《会要》和《宋史》资料都归结为两点：其一，是"自积黍而取累"；其二，是"因度尺而求厘"。所谓积黍取累，即按《汉书·律历志》所述的传统方法，以标准大小的10粒黍米之重量，来确定1累的轻重——亦即一铢的1/10，或1两的1/240；并由此获得铢、钱、两、斤等重。

所谓因尺求厘，就是借用尺度中十进位的分、厘、毫、丝、忽等单位，作为权衡中"钱"以下的十进制单位——"凡一钱，为十万忽"。具体些说，即以乐尺为标准，制作新秤的衡杆，并将其刻度划分到一厘——一钱的1%。

除史籍中所述这两点外，还有一个重要的原则不可忽视，即刘承珪两秤，非仅其秤量之大小有别；而且，它们被有意地当作了两种不同计量制度的代表——一钱半秤，代表十进位的钱分厘毫丝忽制；一两秤，代表传统的铢累制。两秤相较，既可知十进制各单位相当于铢累制的重量，又可知道铢、累、黍相当于分厘制的重量。这对当时两种计量制的换算和选优汰劣，都提供了极大的方便。

关于刘承珪的制秤原则，前人曾有过一种解释："所谓'从其大乐'，即自黄钟而生之太府尺者是也。"③

今考宋代乐尺，曾几经变异。即以开国两朝而论，先后亦有过两种乐

---

① 刘承珪，《宋史》卷466《宦者传》称"刘承规"。其晚年久病衰弱，真宗取道家"易名度厄"之义，改"珪"为"规"。今考"承珪"之名，行用较久；《会要》、《长编》等均相沿不改。
② 《长编》卷33。
③ 《中国度量衡史》，第233页。

尺：先用后周王朴尺，后来和岘判太常寺，改用西京景表尺——一种略长于王朴尺的洛阳天文尺。① 刘承珪制秤时期，正是和岘乐尺行用之际。考古与实测资料表明，该尺约当 24.525 厘米，比太府尺短得多。②

刘承珪"等秤"的特征，主要表现在其构造、称量和分度值等方面。

甲、两秤的构造异常小巧精致。

一钱半秤和一两秤的衡杆长度，分别只有 1.2 乐尺和 1.4 乐尺；约当今 29.43 厘米和 34.325 厘米。衡杆重量，分别为一钱和一钱半，约当今 4 克和 6 克左右。二秤铜锤的重量，分别为 6 分和 6 钱，约当今 2.4 克和 24 克。两副秤盘的重量，分别为 5 分和 4 钱，约当今 2 克和 16 克。

两秤衡杆上均"各悬三毫"，也就是今天所说的三纽。"初毫"，即第一纽；"中毫"，即第二纽；"末毫"，即第三纽。今日中等型制的精致杆秤，也不过如此。

兹将刘承珪两副等秤的构件规格，连同今存两副明代等秤的部分规格一起，列表如次：

表 1—4　　　　　　　　　刘承珪等秤构件规格表

秤名或秤型		衡杆长度	衡杆重量	锤重	盘重
一钱半秤	原规格	1.2 乐尺	1 钱	6 分	5 分
	折今制	29.43 厘米	4 克	2.4 克	2 克
一两秤	原规格	1.4 乐尺	1.5 钱	6 钱	4 钱
	折今制	34.335 厘米	6 克	24 克	16 克
附：万历戥子之一（20 两秤）①		31.1 厘米		94.6 克	
万历戥子之二（60 两秤）②		42 厘米		144.1 克	

① 参阅《中国古代度量衡图集》，第 165—166 页，234 图与 235 图文字说明。
② 同上。

乙、一钱半秤各毫纽的称量情况与秤星刻度值。

一钱半秤"初毫星准半钱"，即第一毫纽的开端星代表半钱。"至稍总一钱半"，即提系第一毫纽时，其秤尾星所标示的最大称量，为一钱半，约当今 6 克。该秤之所以被称为"一钱半"秤，即由此最大称量而得名。

---

① 参阅《宋会要·乐》1；《玉海》卷 105；《通考》卷 130。
② 参阅伊世同：《量天尺考》，载《文物》1978 年第 2 期。

"析成十五分,分列十厘",即以"一钱十分、一分十厘"之制,将"至稍总一钱半"的衡杆先分划十大格,再于每格另分十小格,共计 100 格。每大格为一分,每小格为一厘。由此可知,该秤第一毫纽的最小刻度值或分度值,已达 1 厘之微,约当今 40 毫克左右。

提系一钱半秤的第二纽"中毫",其秤稍末端为一钱;换句话说,其第二纽之最大称量为一钱,约当今 4 克。其分刻情况,亦如第一毫纽:"析成十分,分列十厘"。其最小分度值,亦为一厘。

提系一钱半秤的第三纽"末毫",其衡杆尾稍为半钱;就是说,该秤第三毫纽之最大称量,仅半钱,约当今 2 克。"析成五分,分列十厘",则共分 50 厘;表明其分度值也是一厘。

刘承珪"一钱半"秤的主要特征,即是如此。它被称为"一钱半"秤,仅仅是就第一纽"初毫"的最大称量而言。若就第二、三毫纽的最大称量而论,它亦可以称为"一钱"秤和"半钱"秤;而且,像《玉海》那样,称"一钱"秤、"半钱"秤或许还更有意义。

丙、"一两"秤的最大称量和最小刻度值。

"一两"秤的三毫或三纽衡杆,都不像"一钱半"——或曰"半钱"秤那样按十进位制刻划;而是按传统的铢累制刻划——一两为 24 铢,1 铢为 10 累。这是"一两"秤不同于"一钱半"秤的主要特征。

一两秤的第一毫纽衡杆上,先嵌布 24 星,代表 24 铢;铢星之间,又分列一星,代表 5 累,总共 48 星。其最大称量,为 24 铢或 240 累,即一两,约当今 40 克左右。其分度值为 5 累,即 2.083 分或 20.83 厘多些,约当今 0.83 克左右。

一两秤第二毫纽,其末端为 5 钱,即第二组最大称量为 5 钱。"布十二铢,铢列五星",共 60 星,每星或每小格代表二累,5 钱共 120 累。其分度值为二累,即 8.33 厘,约当今 0.33 克左右。

一两秤之第三毫纽,末端为 6 铢,即 2.5 钱,也就是该秤第三毫纽的最大称量。"铢列十星,星等一累",亦共 60 星,每星代表 1 累。其分度值即 1 累,亦即 4.167 厘,约当今 0.167 克左右。

如同"一钱半"秤的称谓由来一样,"一两"秤之名称,也是仅就其第一毫纽的最大称量而言。若就第二、三毫纽的最大称量而论,它也可以叫作"五钱"秤或"六铢"秤。

兹将"一钱半"秤与"一两"秤各毫纽的最大称量和最小分度值综合

列表，并与稍后时期邓保信制作的景祐乐秤，以及明代戥秤的情况略加比较（见表1—5）。

二 等子的创始

等子或戥秤的最初创制，历来都以为是"始于宋代"；① 具体些说，即以宋真宗景德间刘承珪制作两种小秤，为戥秤之始。② 或云：自那时起，"始有分厘毫丝忽五名"。③

这里至少有三点值得讨论：一是刘承珪制作两种小秤，是否在景德年间才完成；二是权衡计量中的分、厘、毫、丝、忽等细小单位名称，是否自景德间始，或自刘承珪始；三是在刘承珪制作等秤以前，是否有精度在秤斤两钱以下的小型衡器。

上述第二点，即关于权衡计量中分厘毫丝忽等细小单位始于何时的问题，第二章还要详述。这里，只着重讨论另外两点。

（一）刘承珪等秤的制作时间

关于刘承珪制作小秤的事，《宋史·律历志》和《宋会要辑稿》等书均置于真宗景德二年（1005）以后叙录："淳化三年三月癸卯诏……详定秤法……既而……刘承珪……遂寻究本末，别制法物。至景德中，承珪重加参定，而权衡之制益为精备……造一钱半及一两等二秤。"④

从上述资料叙录看，刘承珪制作"一钱半"秤和"一两"秤，似乎是在真宗时期；人们把这类小型戥秤当作景德年间的发明，仿佛也合乎逻辑——除非这则资料本身发生讹误。然而，不幸的是，这则资料在叙录方法上的确有些含糊不清：既说"至景德中"刘承珪"造一钱半及一两等二秤"，又说"淳化三年三月"以后刘承珪已"别制法物"。如果淳化间所制"法物"不是"一钱半及一两"秤，那又是何种标准权衡呢？

与这种含混叙录不同，刘承珪和刘安仁谈及此事时，说得十分明白。即在太宗端拱元年（988）至淳化三年（992）间，或者说，至迟在淳化三年三月以前，两副小秤已制作完成并交付使用。

刘承珪记述此事，见于他在景德元年三月的一篇奏疏。该奏曾由《太

---

① 参阅《中国古代度量衡图集》，第165页，图版234文字说明。
② 参阅邱隆：《唐宋时期的度量衡》，载《计量工作通讯》1980年第3期。
③ 参阅吴承洛：《中国度量衡史》，第110页。
④ 《宋史》卷68，《律历志》；《宋会要辑稿·食货》41之27、28；69之1、2。

第一章　汉魏至唐宋时期的权衡变迁　73

表1—5　刘承珪等秤诸值表

秤　别		初毫（第一组）			中毫（第二组）			末毫（第三组）		
		起量	分度值	最大称量	起量	分度值	最大称量	起量	分度值	最大称量
刘承珪一钱半秤	（原重）	0.5钱	1厘	1.5钱	0	1厘	1钱	0	1厘	0.5钱
	（折今重）①	2克	0.04克	6克	0	0.04克	4克	0	0.04克	2克
刘承珪一两秤	（原重）	0	5累	24铢	0	2累	12铢	0	1累	6铢
	（折今重）	0	0.83克	40克	0	0.33克	20克	0	0.167克	10克
邓保信景祐乐秤	（古秤重）	8小两	6铢	2小斤	2小两	1铢	8小两	0	1铢	2小两
	（折今重）①	约56克	约3.5克	约224克	约14克	约0.583克	约56克	0	约0.583克	约14克
万历20两秤	（原重）	5两	1钱	20两	0	2分	5两			
	（折今重）②	182.5克	3.65克	730克	0	0.73克	182.5克			
万历60两秤	（原重）	10两	1两	60两	5两	1钱	20两	0	2分	5两
	（折今重）③	358克	35.8克	2148克	179克	3.58克	716克	0	0.716克	179克

① 刘承珪秤折今重，以每两当今40克计。邓保信景祐乐秤用古之小斤两，以每小两当今7克计。
② 万历20两戥秤折今重，以每两36.5克计。参阅《中国古代度量衡图集》234图说明。
③ 万历60两戥秤折今重，以每两35.8克计。参阅《中国古代度量衡图集》235图说明。

宗实录》著录，并为《玉海》和《会要》所转载。刘承珪说："先监内藏库，凡权衡皆亏欠，遂上奏先朝，别制法物：自端拱元年至淳化三年校定毕功。其重定秤法，皆上禀先帝睿谋，参以古法。请知制诰赵安仁撰《权衡新式序》，仍付有司。"① 此奏当即由真宗诏准，并派"王晓为记以述其事"。②

刘安仁是当时颇有声誉的翰林学士，负责为真宗皇帝起草各种诏敕。由他为《权衡新式》作序，也算刘承珪的一份殊荣，至少是对他在先朝的改革秤衡活动，给予充分的肯定。而刘安仁在序言中所说的种种，显然是根据王晓的记述加工成文的。他指出：

"端拱元祀，诏有司谨权衡之法。……执事者禀睿谋，立新法。乃考黄钟之律，因大乐之尺，自黍、累至钧、石，本旧制也；别丝、忽之状，立毫、厘之准，成累、铢至斤、两，发新意也。粤淳化三载，上言新法成。诏以新式留禁中，命与计臣同诣太府……以新式校之。……新式由黍累而齐钧石，不可增损也。先帝嘉之。"③

显而易见，刘安仁所说的"本旧制""发新意"等制作，正是刘承珪"校量秤则"的基础与前提。刘承珪用来校定太府旧秤的"新式"，即"由黍累而钧石"的标准新秤权。包括制作新秤和校量旧秤在内的全部工作，都是淳化三年以前的事——制作新秤在校量旧秤之前，当为端拱二年（989）前后。恰如刘承珪在自述中称太宗为"先帝"一样，刘安仁在序言中也说"先帝嘉之"。这就越发证明制作新秤乃太宗朝事。

作为钱两小秤在太宗朝即已出现和使用的另一旁证，是真宗咸平三年（1000）的一道诏令。该诏对文思院打造金银铤锭器物作了许多重要规定，其中包括鉴别金银等级与轻重的规定："所造金银，令左藏库别将一两赴三司封记为样，每料内凿一只年月、工匠秤子姓名、色号，赴三司定样，进呈交纳。其支赐金银腰束带器物类，定金分厘秤比……"④

这里所说的"定金分厘秤比"，大约有两重含义：其一，是用"七等

---

① 《玉海》卷8，《律历·量衡·景德权衡新式》。《宋会要辑稿·食货》41之30、69之4著录此奏，内容与《玉海》略异，并置于景德四年五月。
② 王晓在景德初曾为著作佐郎，后来一同同刘承珪等参与祭祀山河的活动，直至升为宰相。见《宋会要·职官》23之6，《宋会要·礼》1之2，41之17，41之43；《宋会要·仪制》3之15等。
③ 《玉海》卷8，《律历·量衡》。
④ 《宋会要·职官》29之1。

金样"比定所用金银的色号品级，不得以次充好；其二，是称量该带束器物所用金银的轻重分量，不得有"分厘"之差。这一规定，后来遭到破坏，"暗折官物动以万计"。南宋文思院"换造金银腰带、束带器皿之类"，不得不依旧要求"看验秤制（掣），见得的实两重"。① 试问，假如没有分度值达到"分厘"的精巧等秤，"定金分厘秤比"或看验秤掣岂不成了一句空话？

王应麟的《玉海》在转录《太宗实录》的有关资料时，也曾在淳化三年诏令条下，追述往事，说明刘承珪如何制作新秤，校量旧秤，并将校量结果报告太宗。淳化三年的诏令，正是根据刘承珪的校量结果而颁降的："命别铸新式，颁行天下。"只是，这番校量活动大约在景德年间又再度进行；当初设计制作的"新式"，也以《景德权衡新式》的名义被载入史册。② 这样，千百年来，人们竟把太宗端拱二年前后的一项制作，误当成真宗景德年间的建树——比它最初完成的时间，推迟十数年之久。

（二）分厘小秤未必创自刘承珪

在刘承珪制作一钱半秤与一两秤之前，是否已有类似的戥秤存在？这一问题，在史籍记载中找不到现成的答案。不过，从某些有关的资料分析，这类小秤很可能在刘承珪之前就早已出现。

刘承珪在端拱元年（988）以前，曾向太宗"奏闻"过一种奇异的现象："外府岁受黄金，必自毫厘计之"；而当时的太府寺秤权，却"自钱始"。③ 一方面，精细到"必自毫厘计之"，另一方面，过秤时又"伤于重"而"自钱始"。后者权衡器式之粗陋，与前者计量精度之要求，显得极不相称。于是，"内藏库受纳诸道州府军监上供金银，凡系秤盘，例皆少剩"；④ 或为库吏侵吞；而各地主计官吏反被指为亏欠。

刘承珪所说国库受纳黄金的情况，反映了端拱元年以前朝廷采用的权衡计量单位，曾在斤两钱分以下，细小到毫与厘；换句话说，即小到一钱的百分之一至千分之一，或者小到一两的千分之一至万分之一。既然"外府岁受黄金必自毫厘计之"，那么，向外府上供黄金的路、州、府、军、监，亦必"自毫厘计"其黄金而收敛过秤。不论是左藏库等"外府"，抑

---

① 《宋会要·职官》29 之 3。
② 《玉海》卷 8，《律历·量衡》。
③ 《宋会要·食货》69 之 1。
④ 《宋会要·食货》41 之 27。

或是内藏库及地方仓廪，其用秤之精巧，由此可知——称量金银而能精确到一两的万分之一，所用衡器大约是一种类似于戥秤的小秤。显然，这种小秤在太宗端拱元年以前已经行用。

赵匡胤建宋的第四年，即乾德元年（963）三四月间，另有一道值得注意的诏旨："令诸路州府受纳税赋，自今不得称分、毫、合、勺、铢、厘、丝、忽；钱必成文，金银成钱，绢帛成尺，粟成胜（升），丝绵成两，薪蒿成束。"①

这是针对各地呈送中央之租赋帐籍而发的指令：昔日帐尾那些过分琐细的"畸零"钱物单位，自此一律取缔，税帐只计整数。《长编》载录此诏，则明说是"诸州受民租籍，不得称分毫合勺铢厘丝忽。"② 前面所述太府秤式"自钱始"，或许同此诏有关。而"外府岁受黄金必自毫厘计之"，则又令人怀疑此诏究竟落实到何等程度。甚而晚至真宗时代，"州纳左藏金银器物者"，仍令复验"分厘受之"。③ 但无论如何，我们至少可以相信，乾德元年以前的两税租籍帐尾，乃多用分、毫、合、勺、铢、厘、丝、忽等零细单位。其中称量金银的单位，则至"钱"以下而计及"铢厘"甚或可能至毫；称量丝绵的单位，亦至"两"以下而论及"钱""铢"或分毫。

乾德元年，上距后周禅宋仅三载。它所针对的地方帐尾书写方式，显然是入宋以前的旧日"祖籍"。从《会要》和《长编》等文献的同类记载及其前后各节文字看，该诏正是作为革除五代弊政的措施而颁降的。由此可见，不仅是乾德以前的帐籍，就是入宋以前的五代税帐，也已然计及分毫铢厘等。如果当时没有相应的精巧小秤，税赋征收中的这类计量是不可想象的。

既然钱以下的分厘毫单位不始于刘承珪，也不始于宋，那么，使用这种精细单位的毫厘小秤，也极有可能在入宋前即已问世。

顺便指出，五代两宋以前，早已有过为改定礼乐而制作乐斗、乐秤的事。其乐秤规格，远比日常用秤为小。唐代贞观年间张文收铸的铜乐秤，每三两当日用大秤一两。其乐秤一两，即相当大秤后来的3.3钱，约当今

---

① 《宋会要·食货》70之3，系于乾德元年四月。
② 《长编》卷4，乾德元年四月辛亥。李焘自注说："此据本志在此年三月。"
③ 《宋会要·食货》51之22，大中祥符五年十一月诏。

14克左右。① 其乐秤精度，可能更在一钱以下而计及铢累。这就难怪武延秀做太常卿时，将它视若"奇玩"而献与武后。②

此外，战国时期称量金银货币的小型衡器，其较小的铜环权（砝码）仅为一铢，今重约0.69克。③ 汉晋以来的药秤和金银丝绵秤，"分一斤为二斤"，"一两为二两"；南朝时期的药秤与丝绵秤等，另以六铢为一分。④ 其一分，即相当后来唐代小两的1/4，或小两制下的2.5钱，约当今3克多些。这类小型药秤与乐律秤，其实也可以算作是一种"等子"的前身。正是它们那种制作上的灵巧和计量上的精细，为等子的创行准备了技术方面的条件。

三 等子的称谓及行用意义

（一）宋人语汇中"等子"的含义

关于等子的称谓，清人赵翼曾经有过考订性的论述。他指出："今俗，权货物者曰'秤'，权金银者，曰'等子'。宋初皆谓之秤；刘承珪所定铢二十四遂成其秤是也。元丰以后，乃有'等子'之名。李廌《师友谈记》：刑（邢）和叔谓秦少游文章铢两不差，非秤上称，乃等子上等来也。宣和中又有玉等子。"⑤

宋人张世南在他的《游宦记闻》中，曾提到过两种等子："大观中……宣和殿有玉等子：以诸色玉次第排定，凡玉至，则以等子比之；高下自见。今内帑有'金等子'，亦此法。"⑥

"等子"一语，原来并非专指小型秤衡。宋代的"玉等子"，便是用来鉴识玉石品色等级的标准比照器物，即把不同品级的标准玉样依次摆列在一起，作为"等子"，以备"比之"。这种"玉等子"，曾见于"大观中"之"宣和殿"（这里，赵翼误把"宣和"殿名当作了徽宗后来的年号"宣和"）。所谓"金等子"，则是用来鉴识金子等级品色的标准参照物。这两种"等子"虽与戥秤一样具有准则的含义，但毕竟不可同戥秤混为一谈。

---

① 参阅拙文：《关于唐代斤两轻重的考订》，载《中华文史论丛》第48辑。
② 《通典》卷144，《乐·权衡》。
③ 《中国古代度量衡图集》第159图"钩益铜环权"。
④ 《永乐大典》卷11599，巧韵，《本草》。
⑤ 《陔余丛考》卷30，《忽丝毫厘分钱》。黄汝成《日知录集释》转引时颇多删节。
⑥ 张世南：《游宦记闻》卷5。

只是，它们两者间的关系，特别耐人寻味。

实际上，"金等子"并非仅见于南宋的内库。早在北宋初年，京师内库、左藏库和文思院中，已有其踪迹。真宗景德四年（1007）八月给文思院的诏令，就曾要求该院在"销熔金银"时，特别注意金银的等级成色。具体些说，即既要先"赴左藏库看拣一等金银，封样归院，监官当面看验"，又须"置帐别贮七等样，每内降到金银，各差行人看验，即不得支次金，杂白银"①。

景德诏令中的文思院别贮"七等金样"，与张世南所说的"今内帑有金等子"，大致属同类物事。其"七等金样"，也就是七种金"等样"，亦即"金等子"。

与"金等子"、"玉等子"相类似的，还有一种招兵时测量身高是否合乎尺寸的"等样"。这种"等样"，起初是用真人充当——称为"兵样"；后来改用木梃代替，所以也称为"等杖"②，或"招拣等杖"③。宋初以来的招拣"等杖"或"等样"，按不同规格分为几类：如"五尺七寸五分等样"，"五尺六寸五分等样"，"五尺五寸五分等样"④，以及其他"元等样"或"旧等样"⑤。凡合格者，称为"及等"或"及等样"，"及××等样"。⑥

从史籍记载来看，宋代有过各种各样的"等子"，这些"等子"均各有所用，不可混为一谈。宋人语汇中的"等子"，有一个共同的含义，即喻指具有法定规格和比照鉴识功能的标准样器。等者，比也，同也。正如"金等子"、"玉等子"、"招拣等样"是用于鉴识金玉和兵士身材的标准器物那样，权衡中"等子"或"等秤"的本意，似亦指用于检秤验权的标准比照器物——即最准确的小型样秤。

刘承珪制作两秤的一个重要目的和特色，是将两套不同的权衡计量单位放在一起加以比照——特别是以"一钱半"的分厘秤为准，用铢两秤与之比照，以期获得铢、累、黍相当于分厘毫丝忽的量值。二秤制作中反复称道的"等"比原则，即表明了这一点——如云"第一毫，等半钱"；

---

① 《宋会要·职官》29 之 1。
② 《宋史》卷 193，《兵志》；参阅王曾瑜：《宋代兵制初探》，第 210—212 页。
③ 《通考》卷 154，《兵》。
④ 《宋会要·职官》19 之 17、18。
⑤ 《长编》卷 467，卷 142。
⑥ 《长编》卷 235；《宋史》卷 193、卷 194 等。

"出一星,等五累,则四十八星等二百四十累";"每星等一累","星等二累","星等五钱";"等一钱半者以取一秤之法","等一两者亦为一秤之则";等等。而惟其如此,该秤又被称为"等秤"——"谓皆定一钱之则,然后制取等秤也"。①

刘承珪秤及其后继者被称为"等秤"或"等子",其名之由来,亦与此有关。

"等子"之名,未必在熙丰以后才有;不过,"等秤"的广泛行用,却或许是在北宋熙宁四年(1071)以后。其所以如此,大约同量衡管理体制的改革有关。

(二)宋代等秤的广泛行用

自刘承珪以后制作等秤的情况,史籍中所见极少。大中祥符二年(1009)太府寺制作的"一斤秤",型制较小,接近于等子。② 景祐三年(1036),邓保信、阮逸、胡瑗等人制作了几种乐秤。其分度值可至1小铢,约当今0.583克;其最大称量,或古2小两,即约14克左右,或古半小斤、古2小斤等。③ 皇祐三、四年(1051、1052)间阮逸与胡瑗又一次制作了"铢秤",最大称量为38.4铢或1/10斤,约当今32克左右,尚不足今一两。其最小分度值为2.4累,即1宋分,约当今197.4毫克。④ 这些秤的实际规格,大致上介于刘承珪"一两"秤与"一钱半"秤之间,该属于"等子"之列;但可惜是乐律秤,非日用秤。

宋代等子的广泛制作虽缺乏载录,但有关"等子"的其他资料,却在熙宁四年(1071)开放民制斗秤之后日渐增多。⑤ 前引赵翼关于《师友谈记》的转述,即为一例:

秦观在元丰二年(1079)结识苏轼以后,苏轼曾极口称赏他的"文章如美玉无瑕",其"琢磨之功殆未有出其右者"。有一次,邢恕也当面夸赞秦观用语准确。他居然说:"子之文,铢两不差;非秤上称来,乃等子上等来也!"⑥

---

① 《宋会要·食货》69 之 2、3;《宋史》卷 68,《律历志》。
② 《宋会要·职官》27 之 2。
③ 《宋会要·乐》2 之 8;2 之 14、15。
④ 参阅拙文:《略议宋代的权衡器物》,1991 年北京国际宋史研讨会论文。
⑤ 参阅拙文:《宋代度量衡的行政管理体制》,1990 年《中日宋史研讨会中方论文选编》,河北大学出版社 1991 年版。
⑥ 李廌:《师友谈记》,不分卷。

在北宋后期的官私文书中，"等子"常常被简称为"等"，有时与普通秤合称为"秤等"；有时又分别专称。比如左司员外郎阎孝悦在宣和七年（1125）的奏疏，就时而说"斗升秤等尺"，时而又说"斗升秤尺等"。①而湖北仓臣张动在政和三年（1113）的奏疏，也或说"民间所用斗升秤等尺子"，或又说"斗升秤尺等"。②孟元老记述汴京市民育子风习——让周岁小儿"抓周试晬""应用之物"，也说"笔、研、算、秤、等"。③《夷坚志》记述临安拍户沈一对妻子发话，亦说："速寻等秤来，我获横财矣！"④

在另外一些场合与情况下，官方文书对等子与一般秤的区别似乎又显得颇为郑重：如前引张动奏疏，把等子放在后面专说——"斗、秤、升、等子"，或"斗、升、秤及等子"⑤；绍兴二年（1132）高宗诏令也说：官造"省样升、斗、秤、等子"与民间"私置升、斗、秤、尺、等子"。⑥民间称呼也有类似情况：如吴自牧记述杭州市民"育子""抓周试晬"之物，又与孟元老记述汴京同一风习略异：谓"秤、尺、刀剪，升、斗、等子"。⑦

随着"等子"的广泛行用，"秤等"一语的含义也变得更为丰富和生动。有时候，它也泛指某些较为精确的称量活动；或者，甚至转化为专指精细称量的动词。朱熹自述他注释经书的严谨态度，即以此为喻："某释经，每下一字，直是秤等轻重，方敢写出。"⑧他赞誉周敦颐的著作，也说"大率周子之言，秤等得轻重极是合宜"。⑨

"等子"与"秤"并称，以及"等秤"一语含义的发展变化，表明"等子"已经在社会上普遍行用，并引起人们的密切关注：它在计量活动中的精确程度，使它在杆秤群中显得特异不凡，以至人们不能不将它视为一种特殊的权衡器物，同传统的一般杆秤比肩并论。

---

① 《宋会要·食货》69 之 9、10；41 之 34。
② 《宋会要·食货》41 之 32；69 之 7、8。
③ 《东京梦华录》卷 5，《育子》。
④ 《夷坚志补》卷 7，《丰乐楼》。
⑤ 《宋会要·食货》41 之 32；69 之 7、8。
⑥ 《宋会要·食货》69 之 10，41 之 34。
⑦ 《梦粱录》卷 20，《育子》。
⑧ 《朱子语类》卷 105，《朱子·论自注书》。
⑨ 《朱子语类》卷 94，《周子之书》。

(三) 等子创行的背景与意义

"等子"的创制和行用，有着深刻的背景和不容忽视的意义——在中国古代权衡史上，尤其如此。

具体些说，等子的创行是权衡器物及其计量单位精密化的反映。而权衡器物及其计量单位的精密化进程，一方面与统治者贪欲的膨胀和厚敛苛索有关；另一方面——也是更重要的方面，与科学技术的发展和交换经济的活跃相伴而行。从后唐敛取1%至5%的"秤耗"，到后周、宋初租赋帐尾的计及毫厘丝忽，无不反映了这两种情况。从一定的意义上说，正是商品交换频繁和货币经济的活跃，刺激了上层统治者和下层市井商民的贪欲，从而也暗蕴了权衡细密化的历史趋向。

作为称量金银和贵细物品轻重的专用衡器，等子的创行自会同金银有特别密切的关联。以往关于宋代纸币的讨论，远较金银的考察为多。人们对宋人使用金银的数量，一般也估计较低；其实际情况，可能比人们想象得更高些。即如刘承珪制作"等秤"的最初动因，便是内库、外府的旧秤过于粗疏，不能适应频繁的黄金出纳计量，并屡次导致纠缠不清的讼案。

金银等贵金属的计量，需要比称量薪炭谷米更精确得多的权衡器物和更为方便易行的计量制度。不规则的传统铢累制趋于衰落，并让位于十进位的分厘毫丝制，其主要原因之一即在于此。而刘承珪两副等秤的制作特征与配合默契，恰恰是为适应这一进程而设。这一进程，是古代权衡史的一个重要转折。它始自唐五代时期，至宋初刘承珪制作等秤和改革秤法之际，大致完成。

刘承珪的"等秤"，尽管未必是"等子"的首次问世，但他制造"等秤"所花费的劳动，显然在很大程度上属于一种创造性的劳动。更何况，他的制作毕竟是史籍所见最早的等子。"钱"以下的分厘毫丝忽制虽然并不始自于刘承珪之手，但刘承珪的"等秤"，却为该制的推广和最终取代铢累制创造了条件。

等子的出现和行用，标志着计量科学技术的巨大进步；甚至可以说，那是当时应用技术和竹木金属加工工艺学高度发展的一个标志。即使仅就权衡器物而论，等子的创行也意味着杆秤的发展进入了比较成熟的阶段。近年来，一些颇有见识的计量史学者，已经有过类似的议论。

以等子为代表，宋秤在多样化的特征之外，又呈现出精密化的发展趋向。这种发展，既以当时货币交换经济的活跃为背景，又反转来促进该经济的进一步活跃。包括等子在内的各种宋秤，曾为交换活动提供过前所未有的便利和较为精密的计量数据，从而在社会生活中产生了深远的影响。唯其如此，连等子自身的地位也迅速提高起来。元明以降，直至清代，"等子"更备受青睐——诸如"行等"，"布政司等"或"布政司戥"、开封戥、昆明十分戥，等等，纷然各出；专司等戥者，称为"司等"。

顺便指出，《中国古代度量衡图集》著录的今存较早戥秤，为两副明代万历年间（1573—1620）的象牙等子。其中一副戥秤为两纽，第一纽最大称量为20两，分度值为一钱；第二纽最大称量为5两，分度值为2分，另一副戥秤为三纽，三纽的最大称量，分别为60两、20两和5两，其分度值，分别为1两、1钱和2分。① 此外，山西运城古盐池畔，迄今还保留着一副古香古色的精巧戥秤，大约也属于古代某个时期与食盐有关的等子。兹将两副万历戥秤与刘承珪等秤的称量与分度值，按宋明斤两折为今重，并略加比较：②

表 1—6　　　　　　　刘承珪等秤与今存万历戥秤比较表　　　　　　（单位：克）

折今重 秤别	秤量与分度值	第一毫纽		第二毫纽		第三毫纽	
		最大称量	分度值	最大称量	分度值	最大称量	分度值
刘承珪一钱半秤		6	0.04	4	0.04	2	0.04
刘承珪一两秤		40	0.83	20	0.33	10	0.167
万历戥秤之一		730	3.65	182.5	0.73		
万历戥秤之二		2148	35.8	716	3.58	179	0.716

由表 1—6 可知，两副万历戥子的最大称量和分度值，都远比刘承珪等秤粗笨。其中一戥的最小分度值，也高于刘承珪等秤，而相当刘秤最小分度值的9倍以上。这两副万历戥子的精度，或许并不代表明朝等秤的最高水平。但至少也说明一点，即北宋"等秤"的精密程度，曾在古代权衡器物群中达到了惊人的地步。

---

　① 《中国古代度量衡图集》234 图、235 图。
　② 刘承珪等秤称量与分度值，按 1 宋斤当今 640 克折计；万历戥秤称量与分度值，分别按 1 明斤当今 584 克、572.8 克折计。详见表 1—5 注。

第二章　汉魏至宋元时期的权衡计量

第一节　汉魏六朝的权衡计量与斤两轻重

一　汉魏六朝时期的权衡计量

（一）累黍制和几种古衡单位

中国古代常用的权衡计量单位，曾有过石、钧、秤、衡、镒、裹、斤、锾、举、锊、钩、镮、两、锤、锱、铢、累、分、黍，等等。某些较为古老的计量单位，其准确量值与进位关系在隋唐之际便已失传而难于稽考。惟其如此，李淳风才说："古有黍、累、锤、锱、镮、钧、锊、镒之目；历代差变，其详未闻。"他在《隋书·律历志》中著录和讨论的古衡计量单位，仍不外是《汉书·律历志》所说的"铢、两、斤、钧、石"。

《汉书·律历志》所反映的"五权"关系，显然是中国古代最为盛行的权衡计量制度："权者，铢两斤钧石也……本起于黄锺之重。一龠容千二百黍，重十二铢；两之，为两，二十四铢为两；十六两为斤；三十斤为钧；四钧为石。"那意思是说，在一个标准规格的乐器——律管中，盛放1200粒北方黍子。这些黍子的总重量是12铢。两倍这样多的重量，是一两，也就是24铢。如此等等。

《汉书·律历志》在"五权"之外，还提到累："权轻重者不失黍累。"东汉应劭解释说："十黍为累，十累为一铢。"这样，《汉书》所反映的主要权衡计量制度便是——

1 石 = 4 钧

1 钧 = 30 斤

1 斤 = 16 两

1 两 = 24 铢

1 铢 = 10 累

1 累 = 10 黍

累黍的"累",《汉书》古体作"絫",唐人也有写作"参"的。据沈括等人考订,在北宋中叶,"今蜀郡亦以十参为一铢,恐相传之误耳"①。这一说法,曾被另一位宋人叶大庆引录。② 至清人阮元时,亦以为"参者,累之误"。③

在汉代刘向的《说苑》中,曾于铢黍之外提到另一种重量单位"豆":"十六黍为一豆,六豆为一铢,二十四铢为一两,十六两为一斤,三十斤为一钧,四钧重一石。"④

《汉书·艺文志》著录的古书《小尔雅》,也记述了鼓、秤、衡、锊、锾、举、捷等单位及其权衡计量关系:

> 二十四铢曰两,两有半曰捷,倍捷曰举、倍举曰锊,锊谓之锾,二锾四两谓之斤,斤十谓之衡,衡有半谓之秤[旧注:秤,十五斤],秤二谓之钧[旧注:钧,三十斤]钧四谓之石,石四谓之鼓。⑤

这里所说的权衡计量关系即——

1 鼓 = 4 石（480 斤）

1 石 = 4 钧（120 斤）

1 钧 = 2 秤（30 斤）

1 秤 = 1.5 衡（15 斤）

1 衡 = 10 斤

1 斤 = 2 锾 4 两（16 两）

1 锾（1 锊）= 2 举（6 两）

1 举 = 2 捷（3 两）

1 捷 = 1.5 两（36 铢）

---

① 《梦溪笔谈》卷 4,《辨证》。
② 叶大庆:《考古质疑》卷 3。
③ 阮元:《仪礼注疏》卷 28,《既夕》校勘记。
④ 《说苑》卷 18,《辨物》。
⑤ 见《孔丛子·小尔雅十一》;《太平御览》卷 830 引《孔丛子》。另见胡承珙:《小尔雅义证》卷 13,《广衡》。原文"斤十"二字下,衍一个"二"字。今据《太平御览》等正之。

1 两 = 24 铢

东汉许慎的《说文解字》，在说明"十黍为絫，十絫为铢"的同时，还述及锱、锤、镒、锊等单位："六铢为锱"，"八铢曰锤"，"十铢二十五分之十三为一锊"，"二十四两为镒"。关于锾和锊，《说文》的两种解释都与《小尔雅》有所不同：即锊为十一铢二十五分之十三；或曰二十两为一锊（锾），而不是六两。

这里说"锱"、"锤"、"镒"之重，是否带有普遍意义，以及"锊"与"锾"是否为同一重量单位的不同名称，都属于长期争议的问题。比如史籍中载录的另一说法，即以一锱为八铢，一镒为二十两，一锊为六两又大半两。"锾"与"锊"的含义和它们所代表的重量，或也各异。——如有些古器铭文表明，"爰"是一种比"孚"更重得多的衡名。锾、锊之外，还有另一种计重单位"斤"。

近人根据实物考较"锊"、"镒"之轻重，已颇见成效；但目前的结论尚不一致。如王树伟据三晋"斤"与"孚"（即锊）铸文货币测定，一锊约当今 16.35 克。① 曹锦炎等人则以为该当今 1400 克至 1600 克。② 丘光明据东周铜钫等考订，认为每"孚"在 1200 克左右。③ 日本林奈已夫的考订，以为当今 1230.3 克。④ 关于一"镒"之重，裘锡圭考订为 271 克至 359 克；丘光明考订为三百七八十克左右。⑤

从近人这些实测考订情况分析，战国时期的一"镒"之重，或当汉代十七八两，或当 20 两，或当 24 两——如同文献中的几种说法一样参差不定。其大"孚"之重，似约当秦汉的五斤左右。

（二）分制与絫制

前已述及，陶弘景曾断言"古秤唯有铢两而无分名"。赵翼等人也认为权衡中的"分"单位名称，是宋代刘承珪创行的。但是，事实并非如此。在魏晋以前，至少有过一种十二粟一分和一铢十二分的"分"制。这种分制，见于西汉刘安《淮南子》的载述：

---

① 王树伟：《爰斤两考》，载《社会科学战线》1979 年第 3 期。
② 曹锦炎、吴振武：《关于〈爰斤两考〉一文的商榷》，载《社会科学战线》1980 年第 4 期。
③ 丘光明：《试论战国衡制》，载《考古》1982 年第 5 期。
④ 参阅上注丘光明文之转引。
⑤ 同上。

> 律之数十二，故十二蔈而当一粟，十二粟而当一寸……其以为量（重），十二粟而当一分，十二分而当一铢，十二铢而当半两……①

其权衡进位法为：

0.5 两 = 12 铢

1 铢 = 12 分

1 分 = 12 粟

《淮南子》的这一说法，曾被南朝科学家何承天采入《宋书·律历志》。此后，赵宋王朝蔡元定编著《律吕新书》，清人顾炎武编《日知录》等书，也都予以征引。② 其中的"蔈"字，有时也写作"穮"，意指其轻如秋禾之穗芒。③

这里所说的，是一种十二进位制。它与《说文》中"十黍为累，十累为铢"的黍累十进位制不同，也与《汉书·律历志》所说的1200黍重12铢之制不完全相同——只有其中一龠的重量数，与此处半两的重量数，均为12铢。所以，蔡元定把一两释为"两龠"④，也不无道理。

《淮南子》所谓"一分"的重量，仅当其一铢的十二分之一。高诱为《淮南子》作注说："分，言其轻重分铢也。"⑤ 如其一铢与秦汉百黍之铢的铢相同，则其一分，仅为百黍之铢的8.33黍，约当今0.05克左右。而宋代以"十分为一钱"之"分"，约当今0.4克左右。明清之际的一分，约当今0.37克左右。惟其如此，顾炎武才说该分"小于今之为分者多矣"！⑥

顾炎武还认为《史记·大宛传》中"善市贾，争分铢"的"分"与"铢"，可能就是《淮南子》所说的分铢制，因而将其附录在他所引的

---

① 《淮南鸿烈解》卷3《天文训》。"其以为量"的"量"，《宋书》卷11《律历志》作"重"。今从《宋书》，于括号中标出。

② 蔡元定：《律吕新书》卷2，《度量权衡》；《日知录》卷11，《十分为钱》。

③ 《淮南子》卷3《天文训》说："秋分蔈定，蔈定而禾熟。"高诱为此语作注曰："蔈，禾穗，粟孚甲之芒也。定者，成也，故未（禾）熟。"见《淮南鸿烈解》卷3。

④ 《律吕新书》卷1，《谨权衡》。

⑤ 《淮南子》卷3《天文训》说："秋分蔈定，蔈定而禾熟。"高诱为此语作注曰："蔈，禾穗，粟孚甲之芒也。定者，成也，故未（禾）熟。"见《淮南鸿烈解》卷3。

⑥ 《日知录》卷11，《十分为钱》。

《淮南子》分铢制后面，作为注文。① 除此之外，这里还不妨举出唐代宗大历十一年（776）太府少卿韦光辅奏疏中的一段话："今以上党羊头山黍，依《汉书·律历志》较两市时用斗，每斗小较八合三勺七撮，今所用秤，每斤小较一两八铢一分六黍……"② 韦光辅在其有关奏疏中所说的"一两八铢一分六黍"，极其可能是"一两八铢一累六黍"，即手民将絫或"参"字的草体误为分。但其称量单位排列次序，多少令人忆起《淮南子》中的分粟制，从而肯定它与后面将要说到的另一种"分"制不同。只是，这种分制在古代权衡史上的应用情况，尚有待进一步查考。

不论《淮南子》所说的"分"制在实际生活中的应用情况怎样，它毕竟不是魏晋南北朝时期的新事物。这一时期在权衡计量方面值得注意的新事物，大约要算六铢一分制了。关于六铢一分制的较早资料，见于陶弘景的《本草经集注》。兹将其引录如次：

> 古秤惟有铢、两，而无分名。今则以十黍为一铢，六铢为一分，四分成一两，十六两为一斤。虽有子谷秬黍之制，从来均之已久，正尔依此用之。③

陶弘景生于南朝刘宋孝武帝孝建三年（456），卒于南朝萧梁武帝大同二年（536）。他所说的"今则""分名"等，显然是南朝盛行于药秤中的权衡计量单位。在这则资料所反映的权衡进位法中，"十黍为一铢"之说大约是"十累为一铢"和"十黍为一累"之误。这一点，后文将详为考辨。文中除提到"六铢为一分"之外，还说，"四分成一两"，④ 其两、分、铢的进位关系是：

1 两 = 4 分 = 24 铢

1 分 = 6 铢 = 0.25 两

南朝药秤中的"分"制，似乎还可以追溯得更远一些：至迟在魏晋时

---

① 《日知录》卷11，《十分为钱》。
② 《唐会要》卷66，《太府寺》。
③ 陶隐居：《本草集注》第一，"序录"，罗振玉《吉石庵丛书》影印敦煌出土卷子《本草经集注》甲本。《永乐大典》卷11599所载《政和本草》中转引这同一资料，文字略异。如"无分名"，作"无名分"；"以十黍为一铢"之"以"，脱漏不书。
④ 贾嵩：《华阳陶隐居内传》卷上；姚察：《陶弘景传》，参阅《陶隐居集·附录》。

代,它就与日常秤衡的累铢制并用兼行。正如陶弘景所说的:"虽有子谷秬黍之制,从来均之已久,正尔依此用之。"今考陶氏此论,不妨另以葛洪的著作引为佐证。在葛洪的《肘后备急方》中,曾大量使用"分"的计量单位,将其与斤两单位并列。比如"治卒中五尸"一方中,有"龙骨三分,梨芦二分,巴豆一分";另一方中,则有"雄黄一分";再一方中,更有"干姜、附子各一两,桂二分",等等。①

葛洪大约生于西晋武帝司马炎太康四年(283),卒于东晋哀帝兴宁元年(363)左右。② 其《肘后备急方》中的分两制,当反映三四世纪西晋与东晋药秤中的权衡计量制度。

比葛洪《肘后备急方》更早的一部医书——张机(张仲景)的《金匮要略》中,也可见使用"分"作为权衡计量单位的情况。如"侯氏黑散方"用"菊花四十分","白术十分";"薯蓣丸方"用"薯蓣三十分","人参七分"等。③ 但该书由晋人王叔和编,经宋人王洙抄录,已夹杂不少后世资料而非原貌——如有"白术七钱五分"④ 等字样。其所云之"分",似已混同于后世钱分制下的分。

药秤分铢制究竟始于何时?不大清楚。孙思邈说:"六铢为一分,四分为一两,十六两为一斤,此则神农之秤也。"⑤——直将此制追溯到远古时代。这种论断,似乎还缺乏充足的根据。但不论该分铢制起于何时,它在南北朝药秤中的盛行,乃至隋唐之际的沿用,总是事实。

除以上两种"分"制之外,还有一种介于斤和秤之间的权衡计量单位——"䘺",也应引起注意。迄今有关"䘺"单位的应用,可以举出宋元人著述中的实例。其中,有关"䘺"制的计量关系资料,陈元靓的《事林广记》说得比较清楚。《事林广记》载录道:

十黍为一累,十累为一铢,六铢为一分,四分为一两,十六两为

---

① 《肘后备急方》卷1;另见《永乐大典》卷910尸韵引录。
② 郭霭春编《中国医史年表》,将葛洪卒年系于兴宁元年(363),而其生年系于太康五年(284)。《晋书》卷72《葛洪传》,则称其享年81岁。由此可见,《中国医史年表》生年,误迟一年。或者,其生卒为284—364年。
③ 《金匮要略》卷5,《中风历节》;同书卷6,《血痹虚劳》。
④ 《金匮要略》卷2,《痉湿暍》。
⑤ 林亿等校正:《孙真人备急千金要方》卷1,《论合和》。

一斤，二斤二两为一裹，十五斤为一秤，三十斤为一钧，四钧为一石。①

"二斤二两为一裹"的"裹"，大约是"裹"的异体字。与《事林广记》几乎同时或稍后的数学著作中，便载有沉香、粉等以"裹"论计的事，并标明每裹沉香和粉的价格，以及每裹的两数。有关这方面的情况，我们在本章第三节宋元裹制中还要专述。

《事林广记》载录"二斤二两为一裹"之制，与"六铢为一分，四分为一两"制同时叙述。可见其行用之际，大约也与陶弘景所说"分"制差不多同时，或相去不远。（元代裹法，或为二斤四两。）

（三）药秤"分"重与"十黍为铢"的讹误

据传世本陶弘景《本草经集注》说，南朝药秤"分"制的特征，不仅在于"六铢为一分，四分成一两"；而且，在这之前或同时，还有一种与"古秤"迥异的进位法："十黍为一铢。"② 鉴于这一进位法为历代《本草》学著作反复征引，人们就不免猜测乃至于推断：在南朝前后，中国权衡制度史上曾出现过一种与百黍为铢不同的衡制——其铢、两之间既多一个"分"的层次，其每铢每两的轻重，又仅当百黍为铢制每铢每两的 1/10。若把当时的大小斤两制估计在内，这该是又一种崭新而又特异的衡制了。

实际上，"十黍为一铢"的特殊轻型药秤并不存在。

首先，中国古代权衡史的发展规律告诉我们：秦汉时期的铢两斤秤，至东汉末、魏晋南北朝、隋唐时，的确发生了变化，出现了大小两套斤两制度——一斤相当于斤半或二三斤的大斤两，和一两半或二三两才当一两的小斤两。但此后，由魏晋南北朝一直沿用下来的隋唐药秤，仍是相当于大秤 1/3 的小秤，而不见相当于铢两小秤 1/10 的特殊轻型药秤之踪迹。比如，嘉祐间林亿等校正东汉末张仲景的《伤寒论》时指出："今以算法约

---

① 《事林广记·别集》卷6，《算法类》，中华书局1963年影印元至顺建安椿庄书院刻本；《事林广记·辛集》卷上，后至元刊本。我国所见上述两种版本的《事林广记》，在载录这则资料的"裹"字时，或模糊不清，或有残脱。著者借国际宋史会议之便，烦托森田宪司先生查核日本内阁文库藏至顺本，及宫内厅藏后至元刊本。确证其不误。在此，谨向森田宪司先生致谢。

② 见前引《本草集注》第一"序录"。"十黍为一铢"之说，不仅见于中国和日本所藏各种版本的《本草经集注》——包括1908年桔瑞超等发现并携往日本的敦煌卷子本《本草经集注》；而且，也见于唐人《千金要方》、宋人《政和本草》、明人《本草纲目》各种本草学医籍——包括《道藏》和《永乐大典》的转录在内。除医书外，唐人注《荀子》也沿袭此说。

之，二汤各取三分之一";"以算法约之，桂枝汤取十二分之五，……麻黄汤取九分之二";"今以算法约之，桂枝汤取四分之一。"① 这就是说，东汉末秤斤两大致仅当宋秤斤两的 1/3 左右。又如，北宋名医庞安时在其著作《伤寒总病论》中也说："按古之三两，准今之一两；古之三升，今之一升。若以古方裁减以合今升秤，则铢两升合之分毫难以从俗，莫若以古今秤均等，而减半为一剂，稍增其枚粒，乃便于俗尔。且仲景方云：一剂尽，病证犹在者，更作减半之剂。此古方一剂，又加其半，庶可防病未尽而服之也。有不禁大汤剂者，再减半亦得。《肘后》所谓或以一分为两，或以二铢为两，以盏当升可也。"②

庞安时在这里表述的思想，与林亿等人不尽相同。他虽然也泛谈古秤当宋秤 1/3，但实际上，他却主张按"古今秤均等"的原则"减半"为量，以达到古方今用的目的。这种关于"古今秤均等"或相同的见解，在《伤寒总病论》的另一处讲得更明白："古方升两太多或水少汤浊，药味至厚……其水少者，自是传写有舛，非古人本意也。"他根据"积三十年稍习其事"的丰富经验，"故为裁减升两"——"或一方而取半剂，或三分取一，或四分取一，或五分取一，或增其水。"这些意见无一不是"从俗而便于行用"，并非认定古秤当今药秤 1/3。他写道："或云古升秤，有三升准今一升，三两准一两；斯又不然。且晋葛氏云：附子一枚准半两；又云：以盏当升，以分当两。是古之升秤与今相同，许人减用尔。"③ 庞安时没有考虑魏晋权衡的复杂变迁而笼统讨论古今秤异同，自难获得确切的认识；但他从葛洪说起而断定某些古秤"与今相同"，这一看法却十分可贵。其"葛氏"以来"秤与今相同"，显然包括陶弘景药秤在内。后者绝非比古秤更轻十倍，不言而喻。

其次，唐代药秤不仅直接承袭自南北朝药秤，而且仍沿用百黍为铢的传统"累黍之法"。可见，南朝药秤亦以百黍为铢而非十黍为铢。孙思邈在其《千金要方》中援引陶弘景的意思说："古秤惟有铢两而无分名，今则以十黍为一铢，六铢为一分，四分为一两，十六两为一斤。此则神农之秤也。……今依四分为一两秤为定。"④ 孙思邈关于他使用"神农之秤"

---

① 《永乐大典》卷 3614，寒，《张仲景〈伤寒论〉辨太阳病脉证并治》引录。
② 庞安时：《伤寒总病论》卷 1，《太阳证》；另见《永乐大典》卷 3614 引录。
③ 庞安时：《伤寒总病论》卷 6，《辨论》。
④ 《备急千金要方》卷 1，《医学诸论·论合和第七》。

和"今依四分为一两秤为定的声明,又被王焘采入《外台秘要》,予以重复。① 宋代林亿等人更明确指出:"陶隐居撰《本草序录》,一用累黍之法、神农旧秤为定。孙思邈从而用之。孙氏生于隋末,终于唐永淳中,盖见《隋志》、《唐令》之法矣。则今之此书,当用三两为一两,三升为一升之制。"②

孙思邈、王焘和林亿等人所说的四分一两制唐代药秤,正是传统"累黍之法"制的一部分,也就是唐玄宗开元九年(721)敕格所说的:"诸权衡,以秬黍中者百黍之重为铢,二十四铢为两,三两为大两……调钟律、测晷景、合汤药及冕服制用之外,官私悉用大者。"③

为了查证唐代医方中的斤两是否确为大秤的1/3,而不是用更轻得多的十黍为铢之秤计量,著者曾依据《千金要方》所说"枣之大小,以三枚准一两"为率,实地检测三枚中等红枣的重量,证实其为13克左右,恰与唐代大两的1/3或小两一两相符。

既然唐代的分铢药秤即是南朝的分铢药秤,而它们又都"一用累黍之法";那么,其四分一铢之铢,亦即百黍之铢。

再次,后世医家对"六铢为一分"的注释,也只把它当作一两的1/4,即十分一钱制下的"二钱半";而绝不考虑其铢为常秤的1/10——从而将该"分"视为普通两的1/4。《本草纲目》引金代名医李杲对陶弘景药秤的注释说:"杲曰:'六铢为一分,即二钱半也。二十四铢为一两。古云三两,即今之一两;云二两,即今之六钱半也'。"④ 李杲上述注释中的一部分,又为顾炎武的《日知录》所征引:"李杲曰:'六铢为一分,即今二钱半也'。"顾炎武接着又补充说:"此又以二钱半为分。"⑤

南宋许洪订注《太平惠民和剂局方》,也注意到古方中四分一两制与铢两制的关系。他解释说:"古方药味多以铢两,及用水,皆言升数。年代绵历浸达(远),传写转见乖讹。今则加减合度,分两得中。其方中凡言分者,即二钱半为一分也。凡言两者,即四分为一两也。凡言斤者,即

---

① 《外台秘要》卷31,《用药分两煮汤生熟法则一十六首》。
② 高保衡、林亿等校正:《备急千金要方·凡例》。四库全书本。
③ 《唐会要》卷66,《太府寺》。
④ 李时珍:《本草纲目序例》第一卷上,《陶氏〈别录〉合药分剂法则》。李时珍此处引录金人李杲的注语,后来被吴承洛先生误当作唐人苏恭的话,并作为论证唐初已有钱衡名制的论据。见《中国度量衡史》,商务本,第110页。
⑤ 《日知录集释》卷11,《十钱为分》。

十六两为一斤也。凡言等分者,即该药斤两多少皆同也。凡煮汤云用水大盏者,约一升也。一中盏者,约五合也。一小盏者,约三合也。"①

关于陶弘景所说的药秤分铢制,李时珍还有一段注释。他在"陶氏《别录》合药分剂法则"的标题下,先引录了苏恭和李杲的注语;然后,在"时珍曰"中明确标出是"十累曰铢",而不是"十黍曰铢"。他又说:"六铢曰一分,去声,二钱半也。四分曰两,二十四铢也。"②

许洪所作的注释,一方面告诉人们——古方中"四分为一两"的"两",正是古秤一般铢两之两;另一方面,他所说"年代绵历浸达(远),传写转见乖讹",不啻是对古医书方的尖锐批评。其中当也包括陶弘景的《本草经集注》在内。而李时珍以"十累曰铢"等语注释"陶氏《别录》合药分剂法则",实际上已等于用某种方式纠正了陶氏所说的"十黍为一铢"。

第四,南宋陈元靓编《事林广记》时,曾特别记述过包括分铢制在内的权衡计量法。他写道:"十黍为一累,十累为一铢,六铢为一分,四分为一两,十六两为一斤……"③ 这里记述的,显然就是陶弘景所说的分铢制。而这种分铢制,原来只是传统累黍制的一部分罢了。

综此四点,足以说明陶弘景所云分铢制,仍属于"累黍之法";所不同的,只是在"铢"与"两"之间增加一个层次,作为药秤权衡计量单位。这个单位,即名之曰"分"。而所谓"十黍为一铢",大约是传世本《本草经集注》或《名医别录》的"传写转见乖讹",如复原其本来面目,南朝前后这种分铢制的进位法如下:

　　十黍为一(累,十累为一)铢,六铢为一分,四分成一两,十六两为一斤。

——这才是陶弘景《本草集注》所述分铢制的原来模样。《事林广记》的载录,基本上与它一致。千余年来各种医书转辗引录的所谓"十黍为一铢,六铢为一分"云云,不过是原文前两句发生脱漏所致,即脱漏"累,

---

① 《永乐大典》卷11599,草,《政和本草》引录。
② 《本草纲目序例》第一卷,《序例上》。
③ 《事林广记·别集》卷6,《算法类》,中华书局1963年影印元至顺刊本。

十累为一"五字,或脱漏"一累,十累为"五字而导致的"乖讹"。

陶弘景所说分铢制的一"分",既然是"百黍为铢"制下的"六铢",而不是"十黍为铢"的"六铢";那么,其重量便确实相当累黍古秤的1/4两。以汉唐黍秤一两14克左右计,其药秤一分重,约当今3.5克左右。与此相比,宋代"十分为一钱"日用秤制下的一分,仅约当今0.4克左右——差不多只有南朝药秤之"分"的1/8。

顺便指出,南朝分铢制既用古黍秤,其传至唐代便归于小斤小两之列;与大斤大两不同。金人李杲和南宋许洪所说的古方"六铢为一分,即今二钱半",或"二钱半为一两",显然都是指药用小秤,而不是指一般日常用秤。正像李淳风说"梁陈依古秤",其实亦仅指汤药、丝绵、金银用的分铢小秤。医家自述,固然不言而喻,但对一般人来说,区分药秤与常用秤的分、钱单位却具有重要意义。比如顾炎武引录李杲注语后感叹说:"此又以二钱半为分",大约就把南朝药秤之"分",误与他论述的宋以来"十钱为分"之分混为一谈。按宋衡一钱重,约当今4克左右;若依其"二钱半为分"之意,则该"分"重可达10克左右——比南朝药秤之"分"竟增重近三倍!

二 汉魏六朝时期的斤两轻重

汉魏六朝时期的斤两,也同其他时期的斤两一样,其规格随时间与地域之异而有别。即令是同为官秤,其斤两标准也不尽相同。因此,我们所谈的斤两轻重,只能就其大略而言。

近年以来,学者们在秦汉权衡考订方面作出了许多贡献。比如,万国鼎考订秦汉每斤约240克,每两约15克;同时批评了吴承洛推算的秦汉斤两数据。[①] 又如,丘光明据出土资料考订:战国时期秦、楚二国的一斤约250克,一两约15.6克,1朱约0.65克至0.69克;燕国的一斤约248.4克,一两约15.524克,一朱约0.647克;赵国的一斤约217.46克,一两约13.59克,一朱约0.566克。秦始皇统一后,西汉斤为235—258克,新莽斤为220—264克,东汉斤为215—230克。[②]

---

① 万国鼎:《秦汉度量衡亩考》,载《农业遗产研究集刊》第2册,中华书局1958年版。
② 丘光明:《试论战国衡制》,载《考古》1982年第5期;《我国古代权衡器简论》,载《文物》1984年第10期。

兹将吴承洛、万国鼎和丘光明关于秦汉斤两的考订列表如次：

表2—1　　　　　　战国秦汉斤两考订表　　　　（按折合今克数计）

			吴承洛		万国鼎		丘光明		
			1斤	1两	1斤	1两	1斤	1两	1朱
东周	西周								
	春秋								
	战国	楚					250	15.6	0.65—0.69
		燕	228.86	14.93			248.4	15.524	0.647
		赵					217.46	13.59	0.566
		秦					250	15.6	0.65—0.69
秦			258.24	16.14	240	15	253		
西汉			258.24	16.14	240	15			
新莽			222.73	13.92					
东汉			222.73	13.92					

关于三国两晋南北朝时期的斤两轻重，以往缺乏系统的考订。迄今为止，大家仍沿用吴承洛30年代提供的数据——如梁方仲的《中国历代户口田地田赋统计》一书，所附《中国历代两斤之重量标准变迁表》，亦是如此。

依据本书前述出土实物资料和文献记载，著者对魏晋南北朝时期的斤两轻重重新作了一些考订。兹将这些考订数据列表如次：

表2—2　　　　　魏晋南北朝时期斤两考订表　　　　（按折合今克数计）

		1斤	1两	1铢
三国	魏蜀吴	400	25	1.04
	西晋	217—258（古秤） 347（尚方新秤）	13.6—16.1 21.7	0.57—0.67 0.9

续表

		1斤	1两	1铢
南朝	东晋刘宋南齐	240（古秤）	15	0.625
	萧梁陈	480（新秤）	30	1.25
北朝	北魏	240（古秤）	15	0.625
		480（新秤）	30	1.25
	东魏北齐	240（古秤）	15	0.625
		480（新秤）	30	1.25
	北周	231（古秤）	14.4	0.6
		693.1（加斤秤）	43.3	1.8
		630（足秤）	39.4	1.64

第二节 五代两宋金元时期的秤制

隋唐宋元时期常用的权衡计量制度，主要包括秤制、斤制、两钱制和分厘毫丝忽制等。这里先讨论秤制。

一 十五斤秤和以秤论重

（一）十五斤一秤的衡制

五代宋金时期的秤制，以每秤15斤之制较为引人注意。前面提到马令在其《南唐书》中，曾记述过这样一则故事：

> 张宣，字致用，少事吴……及镇鄂州，会雪中炭肆有斗者，录问之，言市炭一秤而轻不及数。宣使称之，信然；乃斩卖炭者，枭首悬炭于市。自是，卖炭者率以十五斤为秤，无敢轻重。[1]

鉴于《南唐书》的上述载录，清代学者俞正燮断言说："十五斤秤，

---

[1] 马令：《南唐书》卷18，《苛政传十四·张宣》，见《墨海金壶》、《述古丛钞》等本。

五代时始见之。"① 南唐时武昌城炭贩在冬雪中因"一秤"炭"轻不及数"而被斩，反映了在此之前卖炭"及数"额，即"率以十五斤为秤"。然而，这种十五斤秤，或以十五斤为一秤的计量制度是否始于五代，却很值得研究。

在《汉书·艺文志》著录的一部古书——《小尔雅》中，早就有过"十斤谓之衡，衡有半谓之秤"的载录。② 其"衡有半谓之秤"一句之下，另附六个字的夹注说："旧注：秤，十五斤。"可见十五斤为秤的计量关系出现较早。实际上，所谓"十五斤秤"，大抵皆最大称量为15斤的提系杆秤。在杆秤中，这种结构的秤型极为普通：一副使用五斤秤砣的四分衡梁杆秤，同时也就是一副以15斤为最大称量的秤。

杆秤的创行，不晚于东汉末至三国两晋，最大称量15斤的普通杆秤，断不至于经历六七百年的岁月，才在五代时期被人发明。估计这种15斤秤的出现，当与四分衡梁杆秤的制作差不多同时。前文曾经讨论，北周和隋代"以三两为一两"的大秤，即反映四分衡梁杆秤的问世盛行。③ 若这一判断不误，15斤秤的始见，亦当在北周和隋代。

今检史籍中明确记述"十五斤秤"的资料虽不太早，但与"十五斤秤"有关的记载，似未必为"五代时始见之"。即如《道藏》载录隋唐前后炼丹的方术中，便不乏其例。兹略举数则如次：

其一，《孙真人丹经内伏火雌黄法》：

叶子雌黄半两，硇砂二两；右为细末，用鸡子清调匀，入鸡子壳内，合之……然后用黄丹一斤入合子内铺底，中坐雌硇，上用丹盖头为匮，用盐泥固济干，用半秤炭火煅之……④

其二，《张子厚草见宝丹术》：

松萝、地榆、白花菜、阴地蕨，右四味各二两，为末，用生蜜拌

---

① 俞正燮：《癸巳存稿》卷10，《宋秤》。
② 《孔丛子·小尔雅十一》，《说郛》本；另见胡承珙：《小尔雅义证》卷13，《广衡》。《太平御览》卷830引录此文之"斤十谓之衡"，于"十"后衍"二"字，误为"斤十二谓之衡"。
③ 参阅本书第一章第三节。
④ 《诸家神品丹法》卷5，载《正统道藏》第32册。

和……铺底，安砂于其上……固济口缝……先下炭五斤，从顶发火，煅过一半，再添炭五斤，又过一半，又添炭五斤……①

其三，《孙真人丹经内伏胆矾法》下，另有《伏砒法乃太上伏火白英丹法》：

太虚丹经内伏硫二两，……入在大锭锅子内，……就地坐着，离锅四指已来，排炭一秤，……从上烧之。②

其四，《罨朱砂法》：

解盐一两半，胆矾一两三钱，白矾四钱，青盐七钱半……入在瓶子内……金十两者，用火二十斤；五、七两者，用火一秤；三五两者，用火十斤；一、二两者，用火五斤。③

此外，《白朱砂法》、《八石法》、《济世术》用炭也论秤。以上几则炼丹法中，不仅燃料"火""炭"的计重用"秤"为单位；而且，其"一秤"的重量，明确地介于"二十斤"与"十斤"之间，其用炭的斤数，又常以"五斤"为一组。显而易见，每秤炭的重量，正是15斤。

除《南唐书》上述鄂州炭秤一则资料已为清人留意外，五代及其前后，另有两则不大为人所注意的资料，也与十五斤秤制有关。其一，是南宋陈元靓《事林广记》中载录的权衡计量关系中，也包括"十五斤为一秤"，且与南朝以来的"六铢为一分，四分为一两"制并列记述。④ 其二，为后周广顺二年（952）以前炭以"秤"论的实例，见于李元懿的谏奏：

李元懿前为北海令，广顺二年投匦献六事：其一，臣为北海令时，夏秋苗上每亩麻、农具等钱，省司元定钱十六，刘铢到任，每亩

---

① 《诸家神品丹法》卷4。
② 《诸家神品丹法》卷5。
③ 《诸家神品丹法》卷6。
④ 《事林广记·别集》卷6，《算法类》，中华书局1963年影印至顺刊本；《事林广记·辛集》卷上，日本宫内厅藏本。

上加四十五，每顷配柴五围，炭三秤……①

北海令的治所，即今山东益都。李元懿揭发刘铢在当地额外配征的钱物，包括"炭三秤"。从这则资料和《事林广记》所载来看，十五斤秤的行用，为时甚久。而以秤论重的风尚，则在五代尤为盛行。

（二）宋金时期的以"秤"论重之俗

关于五代宋金时期以"秤"为重量单位的论计风俗，俞正燮曾作过极为认真的考订。就宋金时期而言，他也举述了近十种资料，来作为证明。诸如《宋史·职官志》所载俸禄的给炭若干秤；《青箱杂记》中杨亿写信给王旦说"山栗一秤"；《梦溪笔谈》中尸毗墓出土"千余秤炭"；《侯鲭录》载汝阴作院"有炭数万秤，酒务有余柴数十万秤"；《墨庄漫录》中炼丹炉每日"供炭五秤"；《清波杂志》载蔡京库贮蜂"三十七秤"；《大金吊伐录》所载"人参二十秤"；《金史·百官志》"俸给麴自五十秤至一秤"；以及元人李志常《西游记》中"昌八喇城西瓜，其重及秤"等。他据此总结说：以秤论重，"是在宋见于官文书，流为常谈也"。

俞正燮不仅举述了以秤为计重单位的众多事例，而且还胪列了三条关于每秤十五斤的明确规定：如《宋史·律历志》所云"景德中以御书真行草三体淳化钱较定……二千四百得十五斤，为一秤之则"；《皇祐新乐图记》中阮逸胡瑗所言"今十五斤秤乃古三十斤一钧也"。沈括在《梦溪笔谈》中所说"今两"之秤，他也断为"以宋斤十五为则"。②

除了俞正燮举述的资料之外，这里还可以略事补充：

北宋太平兴国八年（983）三月，太宗根据张齐贤的奏议调整饶州征购炭价，原来每"秤为钱十，增三钱"。③ 大中祥符元年（1008）正月，真宗诏文思院打造银器"每百两，给木炭七秤"。④ 大中祥符五年（1012）十二月雪灾，三司减半价卖炭 40 万秤；其"常贮炭，五、七十万秤"。⑤《长编》载录同一资料，省去"秤"字，只说"四十万"、"五七十万"。⑥

---

① 《册府元龟》卷547，《诤谏》。
② 《癸巳存稿》卷10，《宋秤》。
③ 《长编》卷24，太平兴国八年三月乙酉条
④ 《宋会要·职官》29之1。
⑤ 《宋会要·食货》68之34，68之35。
⑥ 《长编》卷79，大中祥符五年十二月己巳条。

天禧元年（1017）十二月，"置场减价鬻官炭十万秤"，起初每户有定量，"限以一秤"，后来放宽限量，"一斤以上咸鬻之"。① 建炎四年（1130）十一月高宗诏令，要保障逃难至江西的隆祐太后一行宫眷柴炭供应："月供隆祐皇太后洗头炭一百八秤，内人贤妃已下月料炭九百八十一秤，岁供隆祐皇太后入冬炭一千五百秤，并一半支本色，余折支价钱。"②

以上是宋代炭重以秤论计之例。

南宋袁采说，浙东放债约取倍息：如"衢之开化，借一秤禾，而取两秤"。③ 方回记述江浙一带稻米产量时说："亩收大小谷二十秤。"④ 方澄孙到福建邵武军教书时，用旧楮三万二千为学校"买田七百余秤"。⑤

这是宋代田产禾稻之类以秤论计之例。

北宋诗人陈舜俞在一首咏橘诗中介绍：太湖洞庭山人卖干橘皮，"岁不下五六千秤"。⑥ 金章宗承安元年（1196）泗州榷场的栀子贸易额，为"九十秤"。⑦ 金国租赋中征敛的秸秆，每"束十有五斤"；若远距离输送粟麦，可以折纳禾秸而略予优减："粟折秸，百秤者，百里内减三秤，二百里减五秤，不及三百里减八秤，三百里及输本色稿草，各减十秤"。职田俸"草一秤"等。⑧

这是宋金时橘、栀、草及秸秆重量以秤论计之例。

苏轼在熙宁间写信给韩绛说：京东密州（今山东青岛及其附近沿海等地）的盐课，每年"一百八十余万秤"。⑨ 而《临汀志》载录福建汀州上杭县绍定（1228—1233）间运潮州盐，"每一纲计一千七百秤"。⑩

这是宋代盐重以秤论计之例。

此外，反映北宋社会生活的戏文《张协状元》等，其中也可见商人道白："小客肩担五十秤，背负五十斤"云云。⑪

---

① 《长编》90，天禧元年十二月庚辰；《宋会要·食货》68 之 36。
② 《宋会要·后妃》2 之 2。
③ 《袁氏世范》卷 3，《假贷取息贵得中》。
④ 方回：《续古今考》卷 18，《附论班固计井田百亩岁人岁出》。
⑤ 刘克庄：《后村先生大全集》卷 90，《记·邵武军军学贡士庄》。
⑥ 《都官集》卷 14，《山中咏橘》。
⑦ 《金史》卷 50，《食货》。
⑧ 《金史》卷 47，《食货》；卷 58《百官》。
⑨ 《苏东坡集》卷 29，《上韩丞相论灾伤手实书》；《长编》卷 287，系于熙宁八年。
⑩ 《永乐大典》卷 7890，引录《临汀志·盐课》。
⑪ 参阅钱南扬：《永乐大典戏文三种校注》，"张协状元"第八出。

以上15例，连同前引五代北海地区配征柴炭论秤之例，以及俞正燮所举诸例，的确证实了宋金时期人们以秤论重的习俗。而且，如果稍试分析这些事例，还可以进一步看出：在北宋和北方金国，此风尤盛。这种情况，显然反映了15斤为一秤的衡制，曾是何等地深入人心。

不过，有一点值得注意，即以上所举之"秤"，是否无一例外地都以15斤为法？据俞正燮考订，不仅"宋人盛行此数"，就是"金元亦沿此数"。① 他这一论断，虽不无道理，却又略觉把宋元之际的秤制估计得过于简单了些。

二　多种秤则的杂用及论秤风衰

（一）十六斤秤和多种秤则之杂用

且不说十五斤一秤的秤制之下，尚有16两一斤、20两一斤和22两一斤等差异——宋秤炭多22两一斤；即令就相同斤制下的北宋秤则而言，俞正燮的结论也嫌过于武断。他似乎未及留意如下两点：其一，在北宋盛行十五斤秤的同时，是否还盛行或行用其他种类的宋秤？其二，北宋关于每秤之斤两的规定，是否始终和一概都为15斤？

当阮逸和胡瑗谈论"今太府寺十五斤秤"的时候，由太府寺制造的另外两种杆秤——一斤秤和五斤秤，早已经由商税院出卖，在"市肆使用"了将近半个世纪。而除了十五斤秤和一斤秤、五斤秤在市肆交错飞舞之外，至少还有另一种太府寺十六斤秤——或许还有其他种类杆秤，也加入其间，参差并用。

所谓十六斤秤，即每秤最大称量为16斤，或以16斤为其一秤。既然十六斤秤与十五斤秤等交错杂用；那么，昔日每秤15斤的统一标准，便已成为不合时宜或并无实效的规定。如何更改秤则制度，迟早会提到议事日程上来。而事实上，太府寺的章程也果然改为每秤16斤了。

太府寺昔日的十五斤秤则，如何改变为每秤16斤的秤法？至今仍未知其详。笔者仅仅从宋祁的文集中发现了一则值得注意的有关资料。这则资料，反映了景祐二年（1035）或宝元二年（1039）以前的太府寺秤则，已与旧十五斤秤迥然不同。

景祐二年四月，奉命监铸大乐编钟的李照，曾造成"今古权量律度

---

① 《癸巳存稿》卷10，《宋秤》。

式"七件标准器物进呈仁宗。据李照说,其中"乐秤"的规格,是以一乐升水的重量为一斤,"一斗水之重为一秤"。① 但他依此而制定的乐律,很快遭到韩琦、宋祁等人的猛烈抨击。宋祁写道:"其秤,以一升水之重为一斤,十斤为一秤,谓之律秤……"——请注意,在"十斤为一秤"几个字下,宋祁曾特别添写了另外十个字的夹注。他说:

  今太府以十六斤为一秤。②

  宋祁自景祐元年(1034)即出任礼院同知官。③ 他不仅"于太常乐器粗知本末";而且,"亲见李照重定律度",并"将《景祐广乐记》看详,备见实纪"。他的记述,该是可信的。宋祁此文写于宝元二年。④ 他所谓"今太府以十六斤为一秤"之"今",当指景祐元年至宝元二年间(1034—1039),或者可能包括在此以前的一段时期。

  假如宋祁的记述不误,那么,仁宗前期的太府寺,已经放弃了15斤为一秤的旧制,改行16斤为一秤的新法。太府寺既为全国度量衡主管部门,其秤法自当通行各地。这样看来,景祐、宝元以后的宋人以"秤"论重资料,其每秤已不复为15斤;至少已不都是15斤之数。俞正燮征引的一条论据——《皇祐新乐图记》所云"今十五斤秤乃古三十斤一钧也",只能说明15斤秤型的存在,并不反映每秤15斤的统一秤则。至于沈括《梦溪笔谈》中述及的"今"秤,更不能随意断为"以宋斤十五为则"。

  不仅太常礼院的景祐乐律秤、太府寺法秤未必都以15斤为一秤;而且,民间日用之秤,也往往不再株守那一旧则。这种情况,至南宋更为常见。正如方回所说,在南宋东南地区的乡村里,民田"收谷,一秤十六斤……或十五斤,十四斤,糯谷一秤十三斤,所至江浙不同"⑤。

  方回首述的"民田""收谷一秤十六斤",大约承袭自北宋太府寺法;而且,这种16斤一秤的秤则,看来大约比较普遍。只是,这时与官定秤

---

 ① 《宋会要·乐》1之5。
 ② 宋祁:《景文集》卷27,《议乐疏》,四库全书本;另见《国朝诸臣奏议》卷96,《礼乐门·议乐》。
 ③ 《长编》卷116,景祐二年四月戊寅条。
 ④ 见《景文集》卷27《议乐疏》题下案语。
 ⑤ 《续古今考》卷18。

则不同的各种"乡原"则例,已杂然纷呈,方回不得不特别解释一句:"所至江浙不同。"也就是说,每秤究竟为多少斤,并不固定,依地域习惯和称量对象而各异。

关于北宋四川地区茶秤的秤则,吕陶在熙宁十年(1077)曾经述及。他转引彭州九陇县园户石光义、党元吉、牟元吉等人的诉状说:堋口镇一带官府收购园户新茶,"每秤十八斤";其中包括茶袋在内,即"每一秤,和袋十八斤"。假如除去袋重,其每秤茶的净重,似也在16斤左右。不过,代官府征敛茶货的牙侩们,往往侵剋园户,将18斤"只称得十四斤"或"十四五斤";若遇"薄弱妇女卖时,只称作十三、四斤以来,每秤约陷著一二斤"。① 熙宁末元丰初吕陶丢官罢职,即与奏诉此案有关。

所谓"每秤十八斤"而"只秤得十四五斤",或"陷著一二斤",大约经由两种办法所致:一是在称量时做手脚,二是使用大秤。元祐初年苏辙评论蜀茶榷法,也谈及"大秤侵损园户"②,和"压以大秤"等事。③

除了"茶牙子"使用"大秤"之外,食盐流通中的"大秤"、"重秤"也不乏见,并沿袭至元代。④ 绍兴间汀州"经界""约禾概以三贯二百钱重为一秤",其禾秤,当每秤为20斤,后来汀州运销潮盐每纲1700秤。从该州县邑盐纲情况看,其每秤斤数,似也在15斤以上。⑤ 至于朝廷内衣物库奉诏颁赐衣物,也有将20两只称给14两的"大秤"之弊,则实为轻秤。⑥ 清代安徽黟县等地的每秤20斤之俗,或许还可以追溯到更早些时候。⑦

(二) 统一秤则的破坏与论秤风衰

这里所谓"大秤",实际上说的是"重秤";而不是法定大小秤制中的大秤。其含义,仅指每秤的实际重量超过标准规定。如以十五斤秤为法秤,那么,十六斤秤、十八斤秤、二十斤秤等,均可相对地视之为重秤或大秤。只有当某种重秤长期稳定下来并为大家所公认或普遍接受的时候,

---

① 吕陶:《净德集》卷1,《奏为官场买茶亏损园户致有词诉喧闹事状》。
② 《长编》卷369,元祐元年闰二月丙午条。
③ 苏辙:《栾城集》卷36,《论蜀茶五害状》。
④ 参阅拙著:《宋代盐业经济史》第三章第二节。
⑤ 《永乐大典》卷7890,引录《临汀志》。另见开庆元年(1259)本《临汀志·丛录》,引录雷衡陈《经界钞盐利害》。
⑥ 《宋会要·食货》51之24。
⑦ 《癸巳存稿》卷10,《宋秤》。

它才可能成为新的法定大秤制度——正如五代时期的"加饶"、"秤耗"后来转化为公认的加秤、加斤那样。

与"重秤"相对的，是每秤的斤两不足于标准规格的轻秤或小秤。若就每秤15斤的标准规格而论，十四斤秤、十三斤秤、十斤秤等，亦可相对地视为轻秤或小秤。

一般地说，古代度量衡新器制的创行和发展，常常是经由民间约定俗成，而后为官府所确认并改造。太府寺十六斤秤则的确定，大约也反映了同类的事实，即超越十五斤秤则的"大秤"曾在民间普遍行用，以至连太府寺也不得不加以确认。

当南唐张宣以峻法制止鄂州市肆违反十五斤秤则的卖炭行为时，他或许不曾料到，半个多世纪以后，比他更有权威的宋廷京东西路都漕，竟公然不顾规定秤法，向民间强行预购"大秤炭"，并屡购不烦，损"亏车户"。① 他更不会料到，同类的活动后来又曾在江浙禾谷市场上反复出现，甚至为当地民众所认可——这就是本来"收谷一秤十六斤"的秤法，在乡原惯例中却衍为"或十五斤，十四斤"，乃至"糯谷十三斤"等等。

"十五斤为一秤"的衡制虽然久已有之，并一度在五代宋金盛行；但它独霸秤行的局面，却未必像前人估计的那样长远。在五代宋金之际，这种局面大约只存在了不太长的时期。入宋以后不久，太府寺的新秤则便将它取而代之。至于杆秤的最大称量突破15斤限制，当然要比这更早得多。

十五斤"秤法"的突破和被取代，并不意味着十五斤秤作为衡器而退出市场——那完全是另外一回事。该秤不仅仍作为一种古老的秤型而被广泛使用，甚至，人们出于传统观念，有时还会在某些场合下偶尔沿用其秤法旧俗。比如杨辉《算法》中，仍载有"物一百三十八秤，每秤十三贯二百文，问钱几何"的例题。② 只是，这种对古代"钧秤斤两"制的偶尔沿用，已不一定直接反映现实的秤则体制；犹如在钱分厘毫制盛行以后，秦九韶《数书九章》中还列出铢累制的算题一样。

随着各种非十五斤秤、非十六斤秤的自由使用，以及每秤斤两的差异日趋悬殊，"秤"，作为全国统一计量单位的确切含义已渐消失。人们以"秤"论重的说法，也愈来愈少。

---

① 《长编》卷356，元祐八年五月甲辰条。
② 《法算取用本末》卷下。

当初人们习惯于以"秤"论重的商品，以柴炭为多。然而，南宋人记述建炎三年（1129）两浙漕臣为高宗卫士们安排的肉炭供应，便没有像朝廷为隆祐太后规定的柴炭旧制那样以秤论计，而是说"炭一千二百斤"，或"炭千百斤"。① 韩元吉记述临安"炭贾"的贩易情况，只称其"以万斤入市"。② 南宋末杨辉《算法》中的有关例题，亦云"木炭七千五十六斤"。③

另外一种情况，是某些领域或地区一仍旧惯，以"秤"计重；但该"秤"法未必是昔日全国通行的 15 斤或 16 斤一秤，而是按当地的民俗或部门性惯例，选定某种相对稳定的斤数。比如南宋江浙等地的糯谷秤，通常每秤为 13 斤；太湖流域的粳稻和占稻秤，多为每秤 16 斤；有些地方，另以 15 斤为秤；别一些地方，又以 14 斤为秤。

这就是说，尽管宋人时或以"秤"计重，我们切不可妄断"宋秤"之"定数"皆为 15 斤。宋人所说各"秤"之斤数多寡——特别是南宋各地区每秤的轻重，尚须作具体的考订，不能一概而论。

（三）金元两代的秤制

金代的秤则，似与南宋不尽相同。15 斤一秤的传统秤法，大约在那里比较盛行。前引《金史》载录的税秸和泗州榷易栀子以"秤"论计，已经反映了这种情况。此外，宣和五年（1123）宋徽宗派人送给金太宗的礼单，也说"计重二十五万九千五百斤，准一万七千三百秤"。依其斤数折计，亦为一秤 15 斤。载有上述秤斤的礼单，见于当年"大宋皇帝致誓书于大金圣皇帝阙下"的《誓书》。④《誓书》作者用此秤法计数，或许出于尊重金俗，讨好金主之意。（参阅〔图版十一〕）

俞正燮说，十五斤一秤，"金元亦沿此数"。这话当然不无其道理 —— 特别是金代秤法及其对于元代的影响，不容忽视。

关于元代的秤法，似乎极不统一。就所见极其有限的资料看，它虽有沿用金制的一方面，更有沿用南宋秤法的一方面。前引方回所说"东南"地区民田"收谷一秤十六斤，……或十五斤，十四斤，糯谷十三斤，所至江浙不同"，并不限于南宋，而是包括了元初的情况。在此话之前，他说

---

① 李正民：《乘桴记》；李心传：《建炎以来系年要录》卷 29，建炎三年十二月癸酉条。
② 韩元吉：《南涧甲乙稿》卷 21，《朝奉大夫军器监丞魏君墓志铭》。
③ 杨辉：《法算取用本末》卷下。
④ 不著撰人名氏《大金吊伐录》卷 1，《南宋誓书》。

的"吴中田今……一亩收大小谷二十秤",显系指元初苏杭湖嘉一带的稻谷秤,每秤以十六斤计。近年出土的元代秤权,其自刻秤重有15、25、35、26、45、55斤秤等,尤多25斤秤和35斤秤。① "盐牙行大秤"也一度在许多"行盐地面路府州县"使用。②(参阅[图版八、十])

元代稻谷之类秤法既无定则,其以秤论重之事亦远不若五代北宋盛行。如元代《画塑记》叙元帝造像用料说:"元贞元年正月,水和炭八千八十斤。大德三年,黑木炭三千个,水和炭五万二千七十六斤。延祐四年八月十一日,木炭四百八十六斤。泰定三年三月,石炭一万一千斤,黑木炭一万二千一百三个,木炭十三万五千九百一十五斤。"③ 元代学者揭傒斯在述及重修济州会通河闸时也说:"重修济州会源闸用石工一百六十人,……铁二万斤,石灰三百多万斤。"④

这些木炭、石炭、铁、石灰等用料数额甚巨,却全然不以秤计,反映了以秤论重的风习,自宋至元渐呈衰微之势。至于李志常《西游记》中说"昌八喇城西瓜其重及秤",大约是指今新疆昌吉一带当年高昌回鹘人种的西瓜,都个大而分量很重。⑤ 所谓"及秤",即每个西瓜的重量都近于一秤左右。

值得注意的是,元代十五斤秤法的行用虽承宋之势而衰微,却又有特殊情况。在当时一部佚名的数学著作《透帘细草》中,便开列有几则麻重论秤之题。如云:

> 今有麻一秤,直钱八百九十四文,问一两直钱多少?
> 答曰:三文七分二厘五毫。
> 法曰:置一斤之钱在地,以一秤之两二百四十除之,得两价也。
> ……
> 今有麻七十九秤五斤十二两,共直钱七十三贯三百五十文二分,问一两直钱多少?……法曰:置都钱于上为实,又置七十九秤,以十

---

① 刘幼铮:《元代衡器衡制略考》,见《元史论丛》第3辑。
② 《元典章二十二·户部》卷8,《盐课》。
③ 《元经世大典五种·元代画塑记》,见《广仓学宭丛书》本。
④ 《揭文安公全集》卷12,《重修济州会源闸记》。
⑤ 参阅冯承钧原编,陆峻岭增订:《西域地名》丁部。

五通之……①

至正十五年（1355）成书的《丁巨算法》，更载有丝、蜡、铜、胡椒、甘草、药等以秤论重的题例。如云：

今有钞八千五百三十一两二钱五分，买丝一石二钧三秤一十八斤一十二两。欲其斤率之，问价若干？
……

今有蜡五秤一十四斤一十二两，每斤价二两三钱五分，问钞几何？
……

今有药八秤九斤十二两，每秤八十四两，问共多少？②
……

今有买药钞七百二十六两六钱，每秤价八十四两，问买几何？
……

今有铜一百二十三秤，问为几斤？
答曰：一千八百四十五斤。
……

今有胡椒二十四秤八斤，每斤价二两三钱六分九厘，问总价若干？
……

今有甘草二千九百七十斤，每秤重一十五斤，问为几秤？
答曰：一百九十八秤。③

此外，还有一部大约也属于这一时期的数学著作《锦囊启源》。其中也说：

今本郡库内收讫净花一十万三千四十五驮一钧一秤一十一斤一十

---

① 佚名《透帘细草》，《知不足斋丛书》第27集。此书在《中国丛书综录》中列入宋人著作，以笔者考订，当系元人著作。
② 此处"每称八十四两"，系指药价，而非指一秤之重量。
③ 《丁巨算法》，见《知不足斋丛书》第27集。

三两，只云每花地七亩带加耗纳著二斤一两，问该地几顷？……

法曰：置收到净花在地驮数，内加二，见一千二百三十六万五千四百斤，加入钩秤斤两，两用斤分，共见一千二百三十六万五千四百五十六斤八分一厘二毫半……

……

今有上号三梭布三百六十五匹，共得净花四千五百六十二斤八两，匹法二丈四尺，只有净花五千三百六十八驮四十四斤一两，每驮一百二十斤，该三梭多少？

以上十一题中的"秤"，均指十五斤；而且，有时又同"钩"连用。不知当时的权衡计量中是否存在着某种程度的沿用古制之风。此风，或同金制有关。不过，这种情况，毕竟多见于数学教科书中；其在多大程度上反映现实生活中的权衡计量状况，仍值得考虑。《丁巨算法》述及权衡之数时，一方面说"起于黍，十黍为一累，十累为一铢，六铢为一分，四分为一两，十六两为一斤，十五斤为一秤，二秤为一钧，四钧为一硕"，另一方面又在注文中说明："今从省数者两下止言钱分厘毫丝忽……"这就表明该《算法》所列"秤"，不过是讨论古制的常识，未必是代表"今从省"的现行计量制度。《锦囊起源》时而用"秤"，时而自"钧"下直言"一百二十斤"，也表明"秤"制的间或使用。《丁巨算法》中"一石二钧三秤一十八斤一十二两欲其斤率之"，更显然有以古制折今制之意。

所以，元代秤制虽时而沿袭古十五斤之法，但与五代金代的论秤之风已不可同日而语。至明代程大位述及秤法，便明确指出："秤，原十五斤，今二十斤或三十斤。"[①]

以上所述，主要是五代两宋和金元之际的秤制概况——特别是十五斤秤法的变迁。确切些说，十五斤秤法的创制、变异和影响，并不限于唐五代和宋金元。但这种秤型和秤法的重大变迁，主要发生在宋金时代。伴随这种秤型和秤法的，不仅有以"秤"论重之风习的由盛转衰，而且，还有十五斤秤以外的其他杆秤，以及 16 斤一秤、25 斤一秤等多种秤法的出现。每秤 15 斤或 16 斤的秤法规格被突破，一方面使"秤"这一权衡计量单位

---

① 《算法统宗》卷之一《衡》；《算法纂要》卷之一《衡》，安徽教育出版社 1990、1986 年校释本。

失去确定含义和普遍价值；但另一方面，又为杆秤的自由发展开辟了道路。

表 2—3　　　　　　　　　五代两宋金元时期秤制表

时　期	地　域	秤　别	秤法（每秤斤数）
五代	江南鄂州等地	官秤、私秤	15
北宋初	北方等地	官秤	15
北宋中期	全国	太府秤	16
北宋中期	四川彭州等处	征购袋茶官秤	18
南宋元初	东南（江浙）	民用稻谷秤	16
南宋元初	东南（江浙）	民用稻谷秤	15
南宋元初	东南（江浙）	民用稻谷秤	14
南宋元初	东南（江浙）	民用糯谷秤	13
金代	北方	官秤	15
元代	某些地区	丝、麻、净花、胡椒、蜡、甘草、药、铜等	15，16，25，35 等
清代	安徽黟县	民秤	20

第三节　隋唐宋元时期的斤制与特殊衡名

一　隋唐宋元时期的几种斤两制度

（一）隋唐五代的十六两制与廿两制

以往讨论隋唐的斤两制度，大都只分为两种，即日用大秤的大斤大两，分别相当小秤的三小斤和三小两。如同史籍中关于隋唐大小秤使用范围的载录并不能全面反映当时的实际情况那样，仅分大小两种斤两的说法，也不足以代表当时的斤两制度。

概括地说，隋唐时期的斤两制度至少有四种：天文、礼乐、医药等小秤，在计量中只用一种斤两制度，即"百黍之重为铢，二十四铢为两，十六两为斤"。[①] 这是第一种斤两制。

以小秤"三两为大两一两"的日用大秤，通常以"十六两为斤"。这是第二种斤两制。

---

① 《白孔六帖事类集》卷13，《权衡》。

以上两种斤两制，在《唐会要》、《白孔六帖事类集》、《唐六典》、《通典》、《旧唐书》、《唐律疏议》等书中均有载录。① 它们是隋唐时期较为普通的两种斤两制度。

以小秤"三两为大两一两"的日用大秤，有时另以 20 两为斤。这是隋唐时期的第三种斤两制。

在日用大秤以 16 两或 20 两为一斤的基础上，还有一种以若干斤两为一"大斤"的特殊斤制，既不同于小秤，又不同于一般大秤的"大斤"——所谓"茶大斤"制。这是第四种斤制。

20 两为一斤之制，主要见于茶赋和铜砂的征购。

据《新唐书》载称：穆宗长庆初年（821），王播从四川被召回京师，代替柳公绰为盐铁使，"乃增天下茶税"，"天下茶加斤至二十两"。② 这是唐代茶赋中的 20 两一斤制，属于当时的一种"加斤"。

另据《五代会要》载录五代后周显德四年（957）二月十一日宣命指挥："限外有人将铜器及铜于官场货卖，支给价钱。如是隐藏及使用者，并准元敕科断。其熟铜，令每斤添及二百，生铜每斤添及一百五十收买。所有诸处山场野务采炼淘汰到旧例铜每二十两为一斤，今特与一十六两为一斤，给钱一百三十收买。兼知高丽多有铜货，仍许青、登、莱州人户兴贩，如有将来中卖入官者，便仰给钱收买，即不得私下买卖。"③

这道指挥所反映的政策，是继续禁绝民间国内市场上铜的流通，而由官府以优惠条件征购。生熟铜每斤的价格，分别提高到 150 文和 200 文。如以 20 两一斤制计，其每两价格分别为 7.5 文和 10 文。如以 16 两一斤制计，则每两分别为 9.375 文和 12.5 文。矿区铜砂的价格虽仍为每斤 130 文，却将原来的 20 两一斤制改为 16 两一斤制。这样，铜砂的实际购价，就从每两 6.5 文提高到 8.125 文。

这是五代铜矿征购中的 20 两一斤制和 16 两一斤制。

除了铜砂之外，五代时期的鱼肉、稻谷之类秤，大约也以 20 两为一斤。其根据，是方回记述宋代"民间买卖行用鱼肉二百钱秤"，"收谷一秤

---

① 《唐六典》卷 3，《金部郎中员外郎》；《通典》卷 6，《食货》；《旧唐书》卷 48，《食货志》；《唐会要》卷 66，《太府寺》；《唐律疏议》卷 26，《杂律》。

② 《新唐书》卷 54，《食货》；《唐会要》卷 87，《转运盐铁总叙》；《新唐书》卷 167，《王播传》。

③ 《五代会要》卷 27，《泉货》。

十六斤，二百足铜钱为一斤"。估计宋代斤制，大多袭自于五代时期。这些情况，后面还要述及。

后周官府征购民铜的政策，并非自行创始；而是从唐代旧法沿袭而来的。《唐六典》载录说："凡州界内有出铜铁处，官未采者，听百姓私采。若铸得铜及白镴，官为市取；如欲折充课役，亦听之。"①《旧唐书》也曾引录元和十五年（820）中书门下奏疏说："或请收市人间铜物，令州郡铸钱，……欲令诸道公私铜器，各纳所在节度、团练、防御、经略使，便据元敕给与价直，并折两税。……其收市铜器期限，并禁铸造买卖铜物等，待议定便令有司条流奏闻……"此奏由皇帝览而"从之"。②

由此推断，后周收购铜砂时所谓"旧例铜每二十两为一斤"，其"旧例"可能指唐例，或来自于唐时之例。这种"旧例"虽一度在后周铜矿征购中被放弃，但"每二十两为一斤"的斤制，却在其他方面沿袭下去。诸如宋代鱼肉行所用的"足秤"，明代某些领域中的"私秤"，乃至清代四川井盐业中所用之秤，都保留着20两一斤之制。兹将唐五代的几种斤两制度列为表2—4（见下页）。

值得注意的是，《新唐书》著录20两为斤之制，使用了"加斤"二字。如云"天下茶，加斤至二十两"。这一用语，表明每斤20两之制已属于"加斤"，而每斤16两之制，当为通常的"足斤"或"足秤"。五代的20两为斤之制是否仍属"加斤"，不大清楚。但宋代情况已与唐不同。其20两为斤仅为"足秤"或"足斤"，另以22两为斤之制称"加斤"，以16两为斤称"省斤"。

20两为斤的斤制，不仅后来长期行用，而且，似乎还有着古远的渊源。

据南宋吕祖谦援引颜师古和孟康等人的议论说：周代黄金的计量，多以"斤"为单位——"黄金方寸而重一斤"；至秦乃"改周一斤之制，更以'镒'为金之名"，以"二十两为镒"。③清人赵翼引西晋傅瓒注《汉书》等话指出："秦以一镒为一金，汉以一斤为一金。然则，古之一金，乃一斤耳。"④

---

① 《唐六典》卷30，《士曹司士参军》。
② 《旧唐书》卷48，《食货》。
③ 吕祖谦：《历代制度详说》卷7，《钱币》。
④ 赵翼：《陔余丛考》卷30，《一金》。

程大昌的说法，与吕祖谦等人有所不同："周人之金，以镒计；镒，二十两也。汉人之金，以斤计；斤，方寸而重一斤也。"①

不论周代与秦、汉黄金的计重单位究竟谁为"镒"，谁为"斤"；也不论古代"一金"的含义究竟如何，但有一点是可以肯定的，即所谓"镒"和"斤"，曾不止一次地被认为是古代相同或相近重量的五金单位。事实上，即令它们不是重量相同的五金单位——前者以 20 两为一单位，后者以 16 两为一单位；那么，镒制与斤制，也仍属于并列出现或递递而生的两种十分相近的五金衡制。

从一定的意义上说，古代的"二十两为镒"，也不妨看作是唐五代时期 20 两一斤制的前身。

表 2—4　　　　　　　唐五代大小秤中的斤两制度表

时间	斤两制度	每斤之两数		诸秤行用情况
		大两制	小两制	
唐五代时期	大两制	16	48	一般日用官秤和民秤
长庆年间（821—824）	加斤制	20	60	茶赋专用之秤
显德四年（951）以前	加斤制	20	60	征购矿区铜砂用秤
唐至两宋	加斤制	20	60	鱼肉行交易及东南地区收谷用秤
唐代	小两制		16	天文、音乐、礼仪、医药等专用秤，黄金等物偶用秤

（二）宋元之际的加斤、足斤和省斤

方回曾在他的《续古今考》中谈到过三种斤制。他写道：

> 有定秤二百文铜钱重，有二百二十钱秤。民间买卖行用，鱼肉二百钱秤，薪炭粗物二百二十钱秤。官司省秤十六两，计一百六十钱重。民间金、银、珠宝、香药细色，并用省秤。
>
> 今大元更革……秤只用十六两秤。②

---

① 程大昌：《演繁露》卷 15，《千金》。
② 《续古今考》卷 19，《附论唐度量衡·近代尺斗秤》。

他在另一处又写道：

> 吴中田，今……山田好处或一亩收大小谷二十秤……
>
> 东南斗，有官斗，曰省斗；一斗，百合之七升半。有加一斗、加二斗、加三斗、加四斗。民田收米用加一斗。收谷一秤，十六斤，二百足铜钱为一斤，或十五斤、十四斤；糯谷十三斤。所至江浙不同。①

唐宋之际的铜钱，先后有过几种不同的规格和重量标准——诸如每贯重六斤四两的"开元通宝"钱或"开通元宝"钱，和每贯六斤或六斤以下的其他唐钱，② 以及每贯四斤或四斤半左右的宋初铜钱，宋太宗与宋真宗年间每贯五斤的官钱等。③ 其中，属于标准足钱重量者，在唐为"开元通宝"或"开通元宝"钱的每贯六斤四两，每十钱重一两，每一文重一钱；在宋为每千文重五斤，每十文重八钱，每一文重八分。

那么，方回所说"二百文铜钱重"、"二百二十钱"重、"二百足铜钱为一斤"者，究竟指哪一种铜钱呢？显然是指唐标准重量铜钱，即每一文重一钱、每十文重一两之钱。这一点，从下文"省秤十六两，计一百六十钱重"一语，便可以断定。

这也就是说，方回所谓200文铜钱重的秤，或二百钱秤，即以20两为一斤。"二百二十钱秤"，即以22两为一斤。其"二百二十钱秤"中的"钱"字，具有双重含义：一层含义指标准唐钱币重，另一层含义指斤两以下的计重单位"钱"。

前面曾述及唐代茶赋"加斤至二十两"，后周铜砂亦以20两为一斤。从方回所述可知，宋代20两一斤的斤制，则多用在民间鱼肉行业的交易方面，也用于稻谷秤。22两一斤制，多用于薪炭粗物的交易。而16两一斤的斤制，则多用于民间贵重"细色"物品——如金银、珠宝、香药等交易。

方回所说以标准足重的铜钱来确定秤斤轻重的做法，具有十分重要的意义。它很可能反映斤以下权衡计量关系的巨大变革——传统"铢累制"

---

① 《续古今考》卷18，《初为算赋·附论班固计井田百亩岁入岁出》。
② 参阅《新唐书》卷54，《食货志》；《唐会要》卷89，《泉货》。
③ 参阅《宋史》卷180，《食货志》；《宋大诏令集》卷183，《禁江南私铸铅锡恶钱诏》、《禁细小杂钱诏》等。

下"两钱制"最初创行的情景。此外，它也令人想起宋太宗端拱至淳化年间，刘承珪详定秤法时的实验活动："以御书真、行、草三体淳化钱较定，实重二铢四累为一钱者，以二千四百得十有五斤，为一秤之则。"①

刘承珪使用"淳化钱"，还唯恐其不够标准，乃"磨令与开元通宝钱轻重等"，即每一文实重，确为二铢四累；每十文实重，确为一两。这样，与标准开元钱等重的淳化三体钱 2400 枚，恰为 2400 钱，即为 240 两、为 15 斤。其 15 斤，即 160 钱为一斤重之 15 斤，亦即方回所说的"官司省秤"斤制。

南宋福建地区的盐箩，也以足钱定重。如《临汀志》载录，绍定五年（1232）汀州运广东潮州盐，"每纲一十船，共搬盐四百箩，每箩二十贯足钱重。每一贯钱重，官支买盐……等钱共三百足。……本州从来盐价，每斤一百六十钱重，卖钱一百八十文足。……长汀县……每纲一十船，每船载盐六十箩，每箩二十贯足钱重。……宁化县运福盐，……中纲，计七百一十七箩，每箩净盐一十七贯二百文重。……上杭县，每一纲一千七百秤"②。

这里所说"每箩二十贯足钱重"，或"每箩净盐一十七贯二百文重"，究竟以唐钱六斤四两为一贯重，抑或以宋钱每贯五斤重为标准，颇费斟酌。从下文"每斤一百六十钱重"一语来看，是以唐开元钱为标准。也就是说，南宋汀州官盐，通常是以"省秤"斤制来计量。其每箩"二十贯足钱重"，即以 125 斤为一箩。

（6.25 × 20 = 125）

"每箩净盐一十七贯二百文重"，即以 107.5 斤为一箩。

（6.25 × 17.2 = 107.5）

顺便指出，拙著《宋代盐业经济史》中，曾将上述汀州"每箩净盐一十七贯二百文重"，释为每箩盐重 86 斤；即以其铜钱的标准重量，为《宋史·食货志》所载真宗朝官铸"钱千重五斤"为率，而不是以唐开元钱的标准重量为率。现在看来，那可能是错误的。③ 明清泉州茶秤，抑或"其权以钱为之，每大钱一百六十文为一斤"。

---

① 《宋会要·食货》69 之 2, 69 之 3。
② 《永乐大典》卷 7890，引录《临汀志》。
③ 拙著：《宋代盐业经济史》，人民出版社 1990 年版，第 218 页。

除了方回《续古今考》和《临汀志》曾述及几种秤斤制度外，南宋数学家杨辉的著作中，也载录过"足秤"与"省秤"展兑的例题：

> 足秤二百三十二斤，问展省秤多少？答曰：二百九十斤。
> 足秤八斤，即是十斤省秤；合用八归。足秤一百二十六斤，问为省秤多少？答曰一百五十七斤半。①

杨辉所谓"省秤"，就是方回所说三种斤秤中的最后一种——以16两为一斤的"官司省秤"。而杨辉所谓"足秤"，当即方回所云第一种斤秤——以200钱或20两为一斤之秤。方回所谓"定秤"，或许便是杨辉所云"足秤"之刊误。足秤与省秤每斤的重量比例，为20:16，或10:8，或5:4。反过来说，足秤8斤，便是省秤10斤。以此类推，我们还可以说，足秤10斤，等于省秤12.5斤；足秤8两，等于省秤10两；足秤16两，等于省秤20两；足秤8钱，等于省秤10钱或1两；足秤1两，等于省秤1.25两。

杨辉没有提到方回所说的第二种斤秤——以22两或220钱为一斤之秤。按照宋代量制中"省斗"、"足斗"、"加斗"的分类，这种比"省秤"、"足秤"更重的秤，当属于秤斤制中的"加秤"。而杨辉指明的宋代"足秤"与"省秤"比例关系，还可以启发我们进一步分析"加秤"与足秤、省秤的关系：

以22两为一斤的"加秤"，如与以20两一斤的"足秤"相比，其重量比例关系是，前者当后者1.1倍，即加秤10斤，等于足秤11斤。反过来，足秤8.8斤，等于加秤8斤；加秤10两，等于足秤11两；加秤16两，等于足秤17.6两；加秤1两，等于足秤11钱。

加秤与省秤的比例关系，是22:16；或11:8，即加秤8斤，当省秤11斤；加秤16两，当省秤22两；加秤1斤，相当省秤1.375斤；省秤1斤，约当加秤0.7272余斤。如此等等。

实际上，不论是方回还是杨辉，他们所谈论的，并非秤制，而是斤制。确切些说，他们所谓"省秤"，实指"省斤"——仅以16两为一斤。其200钱重的"足秤"，则实指"足斤"；也就是前述唐代茶税和后周铜砂征购中

---

① 杨辉：《法算取用本末》卷下。

所用的 20 两为一斤制——《新唐书》曾称此为"加斤";至宋人时,又以其为"足斤"——如杨辉在题解中所云,而另以 22 两为斤者作"加斤"。

宋代实为"省斤"的"省秤",在唐时似为足斤或足秤。如与 20 两为斤的宋代"足斤"相比,它比"足斤"减重 25%。这正如容积七升半或 75 合的"官仓收支用省斗",是比百合足斗减量 25% 一样。至于方回所说 220 钱重的"加秤",同样地,也实指一种"加斤"——比"足斤"加重 10%,比"省斤"加重 37.5%。

以上解释,颇为重要。不如此,便难于理解宋元时人关于斤秤的习惯用语,甚至可能误解其真意而导致某些混乱。为了便于了解这几种斤制,兹将宋代加斤、足斤与省斤的对应关系胪列如次:

表 2—5　　　　　宋代加斤足斤省斤关系对应表

省斤 (1 斤 = 16 两)	足斤 (1 斤 = 20 两)	加斤 (1 斤 = 22 两)
1.25 两	1 两	0.909 余两
13.75 钱	11 钱	10 钱
1 斤	0.8 斤	0.7272 余斤
22 两	17.6 两	16 两
10 斤	8 斤	7.2727 余斤
11 斤	8.8 斤	8 斤
12.5 斤	10 斤	9.0909 余斤
13.75 斤	11 斤	10 斤

以上"省斤"、"足斤"与"加斤",是宋代日用秤衡中常见的三种斤制。此外,宋仁宗景祐年间,李照还试制过一种十进位的乐秤:"以一合水之重为一两,一升水之重为一斤,一斗水之重为一秤"[①]。就斤制来说,是以十两为一斤。

元代的斤制,据方回说是统一使用"十六两秤",即"省秤"或"省斤"。其言外之意,20 两的"足斤"和 22 两的"加斤"均已废弃。但事实上,这也不过是官府的规定。民间用秤情况,恐未必如此。明人朱载堉

[①] 《宋会要·乐》1 之 5。原文"一升水之重为一斤"之"斤"字,误为升。另见《景文集》卷 27,《议乐疏》。

在其《律吕精义》一书中，就曾说到20两一斤的"私秤"与16两一斤的"时秤"或"平秤"。① 至如清代四川乐山等地井盐场区的盐秤，索性以"二十两秤"为准。

近年广东省海南黎族苗族自治州乐东县出土的"崖州天后宫会馆槟榔马"，原铭"秤重一百斤"，实测今重159市斤；平均每斤约当今795克。比一般清斤的597克重得多②。据笔者估计，大约也是某种22两为一斤的"加秤"，或宋代20两为一斤的"足斤"遗制。

表2—6　　　　　隋唐五代宋元日用斤制表（附明清部分斤制）

时期	地域	秤别	称量对象	每斤相当两数
隋唐五代	各地	日用官秤	一般日用物品	16
唐代长庆初（821）	江淮等产茶地区	茶税加斤官秤	茶	20
后周显德四年（957）以前	中原	官秤	铜矿砂	20
宋代	各地	民用加斤秤	薪炭粗物等	22
宋代	江南等地	民用足斤秤	鱼肉、稻谷等	20
宋代	各地	官司省秤	金银珠宝香料等细贵物品	16
元代	各地	官秤		16
附　明代		私秤		20
附　明代		时秤（平秤）		16
附　清代	四川井盐区	商盐秤	井盐	20
附　明清之际	海南崖州	天后宫会馆槟榔秤	槟榔	22
附　清代	各地			16

二　唐五代宋元时期的茶大斤与特殊衡名

（一）唐宋茶大斤制

在唐宋日用大秤中，不仅有区别于16两制的20两为斤之制；而且，

---

① 《律吕精义·内篇》卷10，《嘉量》。
② 这枚大型槟榔砝码，现藏海南黎族苗族自治州文化馆。承蒙史树青先生赐告有关资料，在此谨致谢忱！

还另有一种以若干斤两为一"大斤"的特殊斤制。茶秤中专用的茶大斤制或茶团模制，即属此类。

前曾述及，唐穆宗长庆初（821），"天下茶加斤至二十两"一斤。此外，《新唐书》、《文献通考》、《玉海》等书又都称：中唐时"江淮茶为大模，一斤至五十两"。至唐后期才改增"剩茶钱"而"斤两复旧"。①

五代至北宋时期的茶模大斤，以湖南潭州等地区的大方茶茶斤为最重：史载每棬模30片，"初以九斤为一大斤，后益至三十五斤"。② 这里说潭州方茶大斤制"后益至三十五斤"，究竟是五代时期已然，抑或是入宋以后所增呢？

宋太祖的《赐潭州造茶人户勅榜》，在谈到该州搬运开宝五、六年（972—973）"独号大方茶稍重"时，曾诏令当地"自今并依旧棬模制造茶货。旧日每三十片重九斤者，不得令过十斤。……若是场司受纳人员及州府固违勅命指挥邀难人户，须令送纳重茶要及十斤以上，并许人户上京论告……干系官吏并当重断，其论告事人仍支赐赏钱二百贯文，兼与放免本户下差税"。③

这则勅榜，见于《宋大诏令集》的著录。其发放时间，该书却失载。查《宋会要辑稿》和《长编》，知为开宝七年（974）闰十月癸亥（十九日）诏。当时，"有司"以潭州新茶"斤片厚重"，颇"异于常岁"，请提高其价格。太祖说："茶则善矣，无乃重困吾民乎！"当即否决，并严令"依旧样模制造，无辄增改"④。

开宝七年诏敕告诉我们，开宝五六年前潭州"独行"号大方茶的"常岁"定制，以"每三十片重九斤"为一大斤。开宝五、六年间一度突破十斤以上似亦未必至35斤。开宝七年至太祖死前，似仍维持旧制，"不得令过十斤"。显而易见，当地"民输茶""后益至三十五斤"一大斤，乃是太祖死后，即太宗朝以来"辄增改"的新制。

我们固然不能排除这样一种可能，即入宋以前马氏据楚时已突破九斤之制。但在没有确切资料证明之前，作这类推想并无意义。事实上，潭州

---

① 《新唐书》卷54，《食货志》。《文献通考》卷18，《征榷》；《玉海》卷181，《食货·唐税茶法》。
② 《长编》卷47，咸平三年四月乙未条；《宋史》卷324，《李允则传》。
③ 《宋大诏令集》卷183，《财利上·赐潭州造茶人户敕榜》。
④ 《长编》卷15，开宝七年（闰）十月癸亥；《宋会要·食货》30之1。

茶以外的"三税"负担，就包括潘美任潭州防御使时所新添。

正是由于开宝七年已有"不得令过十斤"的勅限，而太宗朝又公然背弃这一限令，李允则至真宗咸平三年（1000）知潭时，才敢于大胆奏请："茶以十三斤半为定制"；于是乎"民皆便之"。而《长编》著录这则资料，却说是"茶以三十斤半为定制"。① 看来，《宋史·李允则传》载述13斤半之数，比较接近太祖《赐潭州造茶人户敕榜》当初的规定，而《长编》的"三十斤半"之说似误。另据华镇在北宋后期代曹辅作的奏劄说："潭州方茶每一大斤，权以省秤，得九斤之重。"则九斤之制后又恢复。②

除潭州大方茶卷模的大片之外，宋代其他地区的茶色，也有"大斤小斤不同"之说。

庆历三、四年间（1043—1044），宋廷曾拟岁赐元昊五万大斤茶色，借此与西夏议和。此案引起臣僚们纷然抨击，甚至被指责为"谋虑不审"——不该向元昊言明"大斤"。在这场反对茶"大斤"案的争议中，田况和欧阳修的奏论特别值得注意。

欧阳修在一篇奏疏中指出："中国茶法，大斤小斤不同。……若五万斤大斤，是三十万小斤之数。如此，则金帛二十万，茶三十万，乃是五十万物。……三十万斤之茶，自南方水陆二三千里方至西界……元昊境土人民岁得三十万茶，其用已足……今西贼一岁三十万斤，北虏更要三二十万，中国岂得不困？"③

田况的奏疏则说："许茶五万斤……欲与大斤，臣计之，乃是二十万余斤。兼闻下三司取往年赐元昊大斤茶色号，欲为则例。……若彼岁得二十余万斤，榷场更无以博易，……北敌……闻元昊岁得二十余万斤，岂不动心？……"④

欧阳修的奏疏，不仅见诸他的《奏议集》，而且也见于《长编》的著录。其中反复提到的大小斤数据，校勘无误。依欧阳修的说法，"五万斤大斤是三十万小斤之数"，则每一大斤，当六小斤。至于田况的奏议，先说五万大斤乃是"二十万余斤"，后来又说是"二十余万斤"，则每大斤约当四五小斤。

---

① 《宋史》卷324，《李允则传》；《长编》卷47，咸平三年四月乙未条。
② 华镇：《云溪居士集》卷26，《湖南转运司申明茶事劄子》。
③ 《欧阳永叔奏议集》卷9，《论与西贼大斤茶札子》。
④ 《长编》卷149，庆历四年五月甲申条。

从欧阳修和田况的奏议中可知，他们所说的"中国茶法有大小斤不同"，主要是指"南方"之茶，即江淮两浙茶中的大小斤制。

福建地区的铐截茶和片挺茶，原来也曾是"并以十六两为一斤"。自乾道七年（1171）以后，为优润茶商而顿加"乡源斤重：铐截茶，以五十两为一斤；片挺茶，以一百两为一斤"。合同场出茶时，甚至还不按此"乡源斤重称制"，"额外加饶，增添斤重"，"违法过数"。①

以上茶秤中特殊大斤制的形成，情况颇为复杂。其间，茶赋的增敛加耗，无疑是十分重要的因素。此外，茶大斤制的形成，或许也同茶叶加工器具与包装体制有关。

陆羽的《茶经》述及唐人制茶方法，包括蒸、捣、拍、焙、穿、封等工序。茶叶经过蒸、捣之后，即须放入固定形制的模具之中，并置于稳定的石板承台上"拍"压成茶团或茶饼，然后再焙干，封存。陆羽把制茶饼的模具统称为"规"。他解释说："规，一曰模，二曰棬，以铁制之，或园，或方，或花。"②

宋代的片茶，一般也是"蒸造"之后，"棬模中制之"。③唐末五代四川临邛的"火番饼"茶，"每饼重四十两"。④《新唐书》所谓唐江淮茶"大模一斤至五十两"，显然是指用铁制大模"拍"制的茶团饼；并以其一模或一饼团的茶重，作为一大斤。

宋代片茶加工后的饼团，也被官府用来作为征"买茶额"或"卖茶额"的计量单位。如《中书备对》载录"常平免役坊场河渡经略司"熙宁九年（1076）帐云："应在：……茶，一百五十团；盐，一千三百九十席……"又如《国朝会要》载录"卖茶场""税租之数"帐，将茶斤、茶团两种计量单位并用："……利州路：夏，三万七千二十八斤；秋，一百七十斤。夔州路：夏，七千九百九团。"《中兴会要》曾载录绍兴间夔州客贩团茶"每团二十五斤"。⑤

据笔者统计，熙宁间夔茶7909团，约当48935斤。平均每一茶团重量，约99两，或6.187255斤，或约6斤3两，即差不多接近于100两。

---

① 《宋会要·食货》31之25，31之13。
② 陆羽：《茶经》卷上，《二之具》。
③ 黄儒：《品茶要录》；《宋史》卷183，《食货》略同。
④ 《太平寰宇记》卷75，《剑南西道》。
⑤ 《宋会要·食货》31之25，31之13。

这与欧阳修所说的茶五万大斤折合三十万小斤，以及乾道间福建"片挺茶以一百两为一斤"，大致相符。由此可见，宋人所说的茶"大斤"，原也是各指茶一"团"或一饼或一模棬的重量；即以一"团"饼或一模棬之茶重，为一茶"大斤"。至于所谓"小龙团茶"，其团饼规格则轻巧得多，且亦有大小之分：或以40饼为一斤，或以20饼为一斤，或8饼为一斤；与各种茶大斤制不同。

表 2—7　　　　　　　　唐五代两宋茶大斤制表

时期	地域	秤别	称量对象	每大斤相当之斤两数
唐代长庆初（821）	江淮等茶产区	茶税加斤秤	茶	20两
唐代中期	江淮等茶产区	茶税大斤秤	茶模	50两
五代楚国（927—962）	湖南潭州等地	官茶大斤秤	茶棬模	9斤
宋开宝五、七年（972、974）	潭州	官茶大斤秤	茶棬模	9斤至10斤
太宗朝（977—997）	潭州	官茶大斤秤	茶棬模	10斤至35斤
咸平三年（1000）	潭州	官茶大斤秤	茶棬模	13.5斤（或作30.5斤）
北宋后期	潭州	官茶大斤秤	茶棬模	9斤
北宋庆历间（1041—1048）	茶产区	官茶大斤秤	茶	6斤
北宋熙宁九年及南宋绍兴间	四川	卖茶场官茶秤	茶团	（25斤为一团或99两为一团）
南宋乾道七年（1171）	福建	官茶大斤秤	铐截茶	50两（3.125省斤）
乾道七年	福建	官茶大斤秤	片挺茶	100两（6.25省斤）

（二）宋元裹制

与茶叶饼团的"大斤"制相近，唐宋人还使用一种"裹"制，即所谓"二斤二两为一裹"之制。南宋人陈元靓编著百科知识性读物——《事林

《广记》时，将这种"裹"制列入最常见的权衡计量制度中叙述。这一点，我们在讨论魏晋南北朝权衡时曾经提及。为了便于讨论，这里作更为全面的引录。陈元靓写道：

> 斤秤数轻重之法谓之衡［起于黍，黍者，轻之末也。］
> 十黍为一絫，十絫为一铢，六铢为一分，四分为一两，十六两为一斤，二斤二两为一裹，十五斤为一秤，三十斤为一钧，四钧为一石。①

这里的"裹"，当即"裹"的俗体字。② 而元人朱世杰《算学启蒙》载录的裹法，则是二斤四两，或 36 两。③

从《事林广记》与此同时著录的"六铢为一分，四分为一两……十五斤为一秤"等制来看，这种"裹"制，大约颇有些来历。即令单就宋元时代而言，也可以找到它实用的踪迹。

秦九韶的《数书九章》中，曾开列过这样一则问题：

> 问：推（榷）货务三次支物，准钱各一百四十七万贯文。先拨沈香三千五百裹，琥珀二千二百斤，乳香三百七十五套。次拨沈香二千九百七十裹，琥珀二千一百三千斤，乳香三千五十六套四分套之一。后拨沈香三千二百裹，琥珀一千五百斤，乳香三千七百五十套。欲求沈、乳、琥珀裹斤套各价几何？
> 答曰：沈香，每裹三百贯文。
> 　　　　乳香，每套六十四贯文。
> 　　　　琥珀，每斤一百八十贯文。
> 术曰：……
> 草曰：置准钱一百四十七万贯为三次拨钱，为三行积数。次置先

---

① 《事林广记·别集》卷 6，《算法类》，中华书局 1963 年影印元至顺刻本。日本内阁文库藏至顺本，及宫内厅藏该书后至元刻本"辛集"上，"裹"字清晰。

② 宋人孟要甫辑录的《诸家神品丹法》卷 2、卷 4、卷 5，载录《吕洞宾述长生九转金丹》云："用新净熟白绢一尺裹定砂子如毡相似"；《伏乘结砂丹法》云："用霜粉一两将绢子裹……"；《铄伏朱砂为至宝药法》云："以庚箔二重裹入瓷合子"，等等。

③ 朱世杰：《算学启蒙》卷上，道光十九年扬州刻本。

拨沈香三千五百裹……又列次拨沈香二千九百七十裹，……次列沈香三千二百裹……沈得一万一千八百八十裹……沈得一百四十裹，……七百九十二裹，……六十四裹……

今验干图右行段数，只有沈香四十二万八千七百五十裹，以为法……得三百贯，为沈香一裹价……①

在《数书九章》开列的另一题例中，也说到"有海舶赴务抽毕，除纳主家货物外，有沈香五千八十八两"等等。② 看来，宋代沈香或以"两"计，或以"裹"计。《事林广记》中述及的"裹"制，很可能反映了包括沈香在内的计重情况。

不过，《数书九章》中虽然开列了沈香以裹、两计重的例题，却并未说明每一裹的两数究系多少。假定《事林广记》载录"二斤二两为一裹"准确无误，并与《数书九章》之裹完全相符，那么，南宋后期榷货务支拨沈香价格"每套三百文"，折计每两 8.8235 贯余。这一官府征购价格的尾数甚繁，或许未必与事实尽符。

"裹"制不仅见于宋人的记述，它同时也见于元人的著作。除大德三年（1299）成书的《算学启蒙》外，至正十五年（1355）成书的《丁巨算法》，即又一例。该书写道：

今有买粉钱二百三十四两，每裹三两二钱，问买几裹？
答曰：七十三裹四两二钱半。
下钱裹价除之裹下分裹法乘为两［裹法，三十四两］。
……
今有粉一百二十三裹一十七两，每裹价八钱半，问共多少？
答曰：一百四两九钱七分半。
裹下两，裹法除以分，以价乘之。
……
今有粉二百三十四裹，问为几两？

---

① 《数书九章》卷17，《市物类·推求物价》。本题开端"问榷货务三次支物准钱"，商务印书馆据宜稼堂丛书排印本误作"问推货务三次，支物准钱"。不仅以"榷"为"推"，而且标点失误。

② 《数书九章》卷17，《市物类·均货推本》。

答曰：七千九百五十六两。

裹见两，裹法三十四乘之，除还元。①

以上三题中的"粉"，皆以"裹"论计。其"裹法"，又皆标明为"三十四两"，这与《事林广记》中的"二斤二两为一裹"完全一致。《丁巨算法》上距《算学启蒙》，为期不算太远。二者又都是一脉相承的应用数学著作。不知《数书九章》中沈香的"裹法"，究竟是三十四两，抑或是《算学启蒙》所说的三十六两。

"裹"制的由来，大约同沈香等物的加工包装规格有关；正如茶大斤制来自于茶叶加工包装的模棬或饼团一样——尤其是在50两或三斤二两为一裹的情况下。

《数书九章》不仅反映了南宋官府强购海商舶来的沈香时以"裹"为单位计重作价，而且，同时还反映了胡椒以"包"为计重单位，象牙以"合"论重等等。每包或每合，都有其固定的斤两规格。这类计量法将在后文中另述。

（三）宋代的特殊衡名

与"裹"、"团"、"饼"等单位类似，宋代还有一系列的特殊衡名与权衡计量关系。其中常用的，如担、篝、笼、箩、席、袋、囊、包、则、合、畚等。

1. 担

古代的担，有时与重量之"石"通用，代表120斤重，或相应的权衡单位。后世的担，则主要指一种肩担容器的总重量。如通常说"一人所负为担"，北宋汴京每日有生鱼"数千担"入市，等等。

每担的重量，依不同场合与对象而异。南宋初期的四川井盐，官府规定"每百斤为一担"。南宋中期民间大担盐，每担可达160斤。② 南宋后期邛州收纳井盐，每担60斤。③ 近代溆浦海盐每担亦160斤。④ 而自贡一带井盐之担，又多以容量折计——如一标担为为140公升，一井担或为240

---

① 《丁巨算法》，知不足斋丛书第27集。
② 李心传：《建炎以来朝野杂记》甲集卷14，《蜀盐》。
③ 魏了翁：《鹤山集》卷78，《朝奉大夫太府卿四川总领财赋累赠通奉大夫李公墓志铭》。
④ 阿英：《盐乡杂信》，见《夜航集》，上海良友图书印刷公司1935年版。

碗，或为345碗，或为396碗，随时随地不同。①

宋元之际的茶担，北宋时多见"八十斤以上成担"。《严恭通原算法》中，则反映担茶90斤和担茶一百二十斤之制。② 宋人土木建筑工程中的担，如"诸土干重，六十斤为一担"，琉璃瓦等件"每重五十斤为一担"。③ 此外，南宋末纸币贬值，新发行的会子，"每五千贯为一担"。④

2. 箩

箩，也称箩箪。它本是盛行于广南、福建等处的容器，后来，也演变为衡重单位。装盐的大箩，通常"每箩一百斤"。⑤ 小盐箩为25斤。⑥ 福建盐箩亦有125斤为一箩者。⑦ 以箩盛稻谷之类，抑或不作衡重单位，而作为容量单位。如淳熙初台州城"每箩容谷一斛"。⑧

3. 笼

笼，也属于盛装米谷、蔬果和盐等物的容器，逐渐演化而为衡名。两浙等地盛装柑橘的笼，通常每一百斤为一笼。⑨ 福建盐笼，亦以100斤为一笼。⑩

4. 筹

筹，原本是古代的一种计算工具，称"算筹"，后来也用作一种计量单位，譬如盐卤或食盐，或以筹计重。据一位南宋盐商介绍，淮东盐场的盐筹，"每筹，计盐一百斤"。⑪

5. 席

席，本写作蓆，原系盐货的包装用具，以固定尺寸为一领。宋代解池盐多以席计。这种盐席，分为大小两制。小席，每席116.5斤，有时也略为116斤。大席，"一席率重二百二十斤"。北宋前期畦户收缴池盐的数

---

① 参阅彭久松、陈然主编：《四川井盐史论丛》，四川省社会科学出版社1985年版，第43页。
② 《永乐大典》卷16343，翰韵引录。
③ 李诫：《营造法式》卷16，《壕寨功限·总杂功》。
④ 《数书九章》卷11，《钱谷类·折解轻赍》。
⑤ 周去非：《岭外代答》卷5，《广西盐法》。
⑥ 参阅拙著：《宋代盐业经济史》，第117—218页。
⑦ 参阅本书本节。
⑧ 洪迈：《夷坚志·支戊》卷6，《天台士子》。
⑨ 《都官集》卷14，《山中咏橘》。
⑩ 《北溪大全集》卷44，《上庄大卿论鬻盐》。
⑪ 参阅拙著：《宋代盐业经济史》，第117—218页。

额，多以小席论计。北宋中期以来，由商人转销的钞引盐，多以大席论计。史籍中有关"席百六十斤"的记述，属于刊误，并非宋代席制。金代池盐一席，或为250斤。

6. 袋与囊

袋、囊，包括蒲草编织的袋囊与布袋囊等。宋代淮浙海盐中的钞引盐袋，在相当长的时期里是按"六石为一袋"计，即"每袋以三百斤装为限"。这是钞盐大袋制。钞盐小袋制，以每袋60斤计。南宋初福建钞盐中，还实行过另一种小袋制：以80斤为一袋。河北海盐的袋囊制，是每"囊毋过三石三斗"，以当地习惯每斗盐重六斤计，其盐囊每囊重198斤。

值得注意的是，以上盐袋囊制，有时也被破坏。如300斤一袋的淮浙钞盐，或许就被人用300斤以上的盐货代替——有每袋"盐三百六十八斤"者，亦有四百斤者。为了优惠商贩以解救盐法危机，南宋后期的浙盐"每百斤加十四斤为袋"，即由每袋300斤改为每袋342斤。后又改为320斤一袋。①

7. 包（裹，则）

包，即广泛使用的一种包装，大致有相对稳定的重量或数额。南宋后期市舶司抽买海外舶来的胡椒，每包以40斤为率。福建建州的盐包，有"以斤包者"，有"以两包者"。与后世淮盐包规格不同。

前面提到34两或36两为一裹的裹制，大约同生活中固定斤两的包裹有关。宋代建州官卖的小盐包，多用芦叶或箬叶包裹，操作时"或为则，或为裹"。"裹"是否必为34两或36两，不大清楚。但每裹斤两数不多，则可以肯定。

所谓"则"，含义较为复杂。建州盐仓此处的"则"，指标准规格的盐包裹。时人称为"盐则"。其规定斤两，估计在100斤以下，11斤以上。②

8. 畲

畲簺之类，亦未必有固定容量，但南宋广西的盐马交易，通常是盐百斤为一畲，有时候又"脧减至六十"斤为一畲。③

---

① 参阅拙著：《宋代盐业经济史》，第218、262页。
② 同上。
③ 《建炎以来朝野杂记》甲集，卷18，《广马》。

第四节 隋唐宋元权衡中的精细计量制度

一 十钱一两制及其创行

（一）几种不同的"钱"衡创行时间说

斤两以下权衡单位及计量制度的重大改革，首先是以"十钱为一两"之制创行；接踵而来的，是同样十进位的分、厘、毫、丝、忽制，取代不规则的传统铢累制。

这是两种繁简迥异的计量制度。在中国权衡发展史上，它们的遭递兴替具有划时代的重大意义。

1 两 = 10 钱　　　1 两 = 4 分（= 24 铢）
1 钱 = 10 分
1 分 = 10 厘　　　1 分 = 6 铢
1 厘 = 10 毫
　　　　　　　　1 铢 = 10 累
1 毫 = 10 丝
　　　　　　　　1 累 = 10 黍
1 丝 = 10 忽

鉴于"钱"衡制在权衡计量史上的重大影响，人们对它的创始时间格外留心。迄今有关"钱"衡创行的时间，至少已有三种不同的说法：一种说法，以为它出现于唐初；第二种说法，认为它创行于宋代；第三种说法，以为它创行于晚唐至宋初。

"钱"衡制出现于唐初说的首倡者，大约是晚清民国初年的吴大澂。他在考订唐初的开元钱币时指出："古权论铢，不论钱。以十钱为一两，自开元始。"[①] 此"开元"，指武德四年（621）铸"开元通宝"之际。

吴大澂的说法，后来为吴承洛接受并加以发挥。吴承洛也将唐高祖武德四年铸开元通宝（开通元宝）之时断为"命十钱为一两"之始，他说："唐铸钱计重，改称十钱为一两。"但与此同时，他又认为钱分厘制取代铢累制，是宋朝的事："宋废铢累制，而称钱、分、厘、毫。"[②]

---

① 吴大澂：《权衡度量实验考·权之类·较唐开元钱之轻重》。
② 吴承洛：《中国度量衡史》，第 219、386 页。

认为"钱"衡制的创行当在宋代的说法，见于明末清初顾炎武所著《日知录》，以及稍后时期赵翼著的《陔余丛考》。《日知录》中曾专辟一节，论列"以钱代铢"："古算法，二十四铢为两。……近代算家不便，乃十分其两，而有'钱'之名。此字本是借用钱币之钱，非数字之正名。……唐代武德四年铸开通元宝，径八分，重二铢四累，积十钱重一两。……所谓二铢四累者，今一钱之重也。后人以其繁而难晓，故代以钱字。……《宋史·律历志》：太宗淳化三年……以御书真草行三体淳化钱较定，实重二铢四累为一钱者，以二千四百得十有五斤，为一秤之则。……自忽、丝、毫、厘、黍、累、铢，各定一钱之则。……是则今日之以十分为钱，十钱为两者，皆始于宋初所谓新制也。"[①]

黄汝成在为《日知录》上述有关章节作注时，也指出改"铢"为"钱"的重大意义，在于以方便的十进位制代替了不便的累铢进位制。他认定，这一改革发生在宋代："赵朱（宋）改铢为钱，十钱为两。"[②]

《日知录》的另一位注者沈彤，似乎不完全同意顾炎武的论断。他注意到《通典·选举》述及"长垛"射箭考核时，曾附有一注："弓，用一石力；箭，重陆钱。"[③] 即将此例列于《日知录》中。[④]

赵翼在《陔余丛考》中回答"十分为钱未详所起"的问题时，也说"此事见《宋史》……唐开通元宝每文重二铢四累，积十钱恰重一两。故后人即以钱为两中之十也"。[⑤]

把钱制创行归于唐宋之交者，如乾隆间《清朝文献通考》的编修者——嵇璜、刘墉等，以及当代数学史家钱保琮等。嵇璜、刘墉等人虽奉命同修《清朝文献通考》，其学术见解似未必一致。该书一方面袭用顾炎武的结论——"是则十厘为分，十分为钱之计数，始于宋代"；另一方面，却又宣称"十分其两而代以钱字，盖宋之前已然"[⑥]。这种矛盾牴牾，或许反映了编者并无定见。

钱保琮的观点，是把钱制的实际应用和官府确认分为两说：前者，他

---

① 《日知录集释》卷11，《以钱代铢》。
② 同上。
③ 《通典》卷15，《选举》。
④ 《日知录集释》卷11，《以钱代铢》。
⑤ 《陔余丛考》卷30，《忽丝毫厘分钱》。
⑥ 《清朝文献通考》卷13，《钱币》。

断在晚唐；后者，他断在宋初。他写道："晚唐时期，人民以一钱作为等于十分之一两的单位名称，北宋初，政府明令规定钱分厘毫丝忽为衡制单位，与铢累黍制参用。"①

（二）初唐说之误与中唐"钱"衡名的出现

"钱"作为斤两以下的权衡计量单位，究竟是否创行于唐初？吴大澂当初似乎只以唐初铸钱时每十文钱重一两为说。此外，则未及详述其他有力论据，来证实这一论断。

今考唐高祖武德四年废"五铢"而铸行开元通宝，仅属于一种钱币改革，并未涉及权衡制度。这一点，从《通典》、《新唐书》、《唐会要》等有关载录中不难看出。②

吴承洛接受并发挥吴大澂的钱衡唐始说，曾经补充了一则论据。他写道："陶弘景《别录》云：'……古无分之名，今则以十黍为一铢，六铢为一分，四分成一两。'唐苏恭注曰：'六铢为一分，即二钱半也'。于此可见钱字在唐时已用为重量之名。""是以十钱为一两，以钱为重量之名，实自唐为始。故苏恭注分之重不误，而分之进位犹尚未确定。"③

苏恭，于唐显庆四年撰成《新修本草》，即《唐本草》。④ 陶弘景的《名医别录》，系陶氏补注《神农本草》之作，亦称《本草经集注》。所谓苏恭注《别录》者，盖指苏恭《新修本草》（《唐本草》）中补注《名医别录》或《本草经集注》的内容。⑤

苏恭注《别录》，若果真有以"二钱半"释"六铢为一分"之语，那对于论证当时"已用钱为重量之名"倒也不为虚妄。可惜这一论据本身属于伪误。苏恭的《唐本草》一书，今已失传；其部分内容残存在《永乐大典》等书中。陶弘景的《名医别录》或《本草经集注》，则有敦煌、吐鲁番发现的几种藏本传世。不论是残存的《唐本草》，抑或是传世本《名医

---

① 钱保琮：《中国数学史》，科学出版社1964年版，第127页。
② 参阅《通典》卷9，《食货·钱币下》；《唐会要》卷89，《泉货》；《新唐书》卷54，《食货》等。
③ 《中国度量衡史》，第110页。
④ 《唐会要》卷81，《医术》。苏恭，原名苏敬，唐高宗显庆二年（657）上书重修《本草》并获准。
⑤ 苏颂：《苏魏公集》卷65，《补注神农本草总序》。

别录》或《本草经集注》，均杳然不见苏恭"二钱半"等注语。① 唯有《别录》那段原话——"古秤惟有铢两而无分名……六铢为一分"云云，仍赫然在目。②

前曾述及，顾炎武著《日知录》时，曾征引过陶弘景的这段话。而同时被引录的，还有金代李杲注《别录》之语——"李杲曰：六铢为一分，即今二钱半也"。③ 此话与《中国度量衡史》所引苏恭注《别录》语几乎完全相同，但它却出自金人李杲，而不是唐人苏恭。

《中国度量衡史》没有采用《日知录》征引的李杲注《别录》语，而是把该注视为苏恭之语。究其来源，大约是李时珍的《本草纲目》。

《本草纲目》的"序例"中，首列"陶氏《别录》合药分剂法则"一节。该节先转载陶弘景《本草经集注·序录》那段名言，其次引录"苏恭曰"；再次引录"杲曰"；末列"时珍曰"等等——

> 古秤……无分名，今……六铢为一分……[苏恭曰] 古秤皆复……水为殊少矣。[杲曰] 六铢为一分，即二钱半也……[时珍曰] 蚕初吐丝曰忽……④

"六铢为一分，即二钱半"一句，乃"杲曰"，而非"苏恭曰"。这一点，也同《日知录》一样。看来，吴承洛是将李杲的话误为苏恭的话；从而把五百年后金代的"钱"衡名，误当作唐世前期已用"钱""为重量之名"的依据。

尽管如此，吴承洛与吴大澂把唐初钱币改革同"钱"衡出现一事联系起来思索，仍颇有价值。苏恭虽不曾用"钱"作为重量之名来补注《别录》，但唐人在稍后的实际生活中，确也渐有以"钱"计重之例。比如杜佑的《通典》叙述"列坐引射，名曰'长垛'"的"课试之制"，即附一"原注云"："弓，用一石力；箭，重陆钱。"这一点，前引沈肜注《日知

---

① 罗振玉从日本影印的敦煌出土卷子《本草经集注》，是现存该书较好的一个版本。现藏德国普鲁士学院的新疆吐鲁番出土《本草经集注》首尾残缺。清代名医陈念祖父子编《陈修园医书》所辑《名医别录》，似残缺更多。以上诸本，及《永乐大典》卷11599草韵所存陶弘景《名医别录》，均未见苏恭"二钱半"注语。
② 《本草经集注·序录》。
③ 《日知录集释》卷11，《十分为钱》。
④ 李时珍：《本草纲目序例》第1卷，《序例上·陶氏〈别录〉合药分剂法则》。

录》时已经指出。又如日僧圆仁叙述开成三年（838）在扬州易金之事，也说"会交易，市头秤定一大两七钱，七钱准当大二分半，价九贯四百文"。① 此外，今本《道藏》某些"丹法"中，也有以"钱"计药味轻重之例，惜其多有后人增补之迹。如有出土实物铭重为证，将更有说服力。②

杜佑的《通典》，作于"大历之始"，"累年而成"。其正文内容，"上自黄帝"，下"至于有唐天宝之末"。③ "肃代以后间有沿革，亦附载注中"。④ 其所谓"箭重陆钱"之注语，即当反映"肃代以后"用"钱"计重之例。圆仁开成三年记扬州论钱秤金，已入于文宗朝。《道藏》中某些与"钱"衡有关的"丹法"记录，估计也多在晚唐前后。可见，以上文献中论"钱"计重之例，均属中唐以后或晚唐之事。

上述几例固属于凤毛麟角，难得多见，却不可等闲视之。它反映了以"钱"作为1/10两重的衡名和衡制，大约是中晚唐民众首先创行的。当钱保琮在《中国数学史》中说"晚唐时期人民以一钱作为等于十分之一两的单位名称"时，他未及举述资料来证实自己的判断。那么，以上三例，正可以为他的意见补作依据。

其实，这种用钱币作权锤的事，可以追溯到很早。近年西汉墓出土的"称钱衡"，正是"以钱为累"的。这种权钱，即所谓"砝码钱"，⑤ 吴大澂当年收藏的古权中，也有"秦四两权泉"。⑥ 所以，唐人把标准的开元钱拿来作为杆秤的"钱"权，十钱当一两权用，是顺理成章的事。这种用法，至入宋以后仍相沿成风——前述宋人以"二百文铜钱重"为"足秤"一斤，或"收谷一秤十六斤，二百足铜钱为一斤"，以及明人茶秤"其权以钱为之"等，即此遗制。

初唐铸开元钱时规定的标准重量——每十钱重一两，虽在当时并未立即导致一种新衡制的出现，却在客观上为新"钱"衡制创行准备了条件。

（三）宋初说之误与五代"钱"衡定制

中唐以后出现的十钱一两计重法，究竟在几时被官府确认为定制？包

---

① 圆仁：《入唐求法巡礼行记》卷1。
② 近年西安丹徒等地发现唐代后期银器铭重似见有"钱"。
③ 李翰：《〈通典〉序》。
④ 《四库全书总目提要》卷81，《史部·政书类·〈通典〉》。
⑤ 晁华山：《西汉称钱天平与砝码》，载《文物》1977年第11期；杜金娥：《谈西汉称钱衡的砝码》，载《文物》1982年第8期。另见《中国古代度量衡图集》第206图。
⑥ 吴大澂：《权衡度量实验考·权之类·秦四两权泉》。

括顾炎武、钱保琮等诸贤在内，大都认为"十分为钱，十钱为两者，皆始于宋初"；或者说，"北宋初，政府明令规定钱分厘毫丝忽为衡制单位"。其根据，又大抵都是《宋史·律历志》所载太宗淳化间刘承珪改定秤法时的新秤则。①

事实上，十钱为两、十分为钱之制，早在刘承珪改革秤法之前已然存在。它们被官府确认为权衡定制，大约是五代时期的事。

五代时期有关"钱"衡制的确切载录，迄今未见。不过，宋初的几则资料，却足以弥补这一缺憾。端拱元年（988）改革秤法前，刘蒙正、刘承珪曾在奏疏中指出："太府寺旧铜式，自一钱至一十斤，凡五十一。……"② 这里所谓"太府寺旧铜式"，指赵匡胤以宋代周的那一年——建隆元年（960）诏令制作的新权。而该诏明令"有司，案前代旧式作新权衡以颁天下"。③ 权衡虽"新"，却实属"前代旧式"规格。这就是说，在赵匡胤称帝之前，其后周太府寺"旧式"权衡中，已有一"钱"重的铜权。

北宋建国第四年，即乾德元年（963）四月的诏令，也说到诸路州府受纳民租税赋的帐籍，"自今不得称分厘合勺、铢厘丝忽；钱必成文，金银成钱……丝绵成两……"④ 这就是说，在北宋建国前的后周王朝，乃至更早些时候，官府税赋及其帐籍中的金银，都正式以"钱"计重，甚至计及"钱"以下的"分厘"或"铢厘"。丝绵计重，也常见"两"以下的"畸零"单位。

由此可见，十钱为两之制，在五代时已成定制。

十钱为一两的新衡法定制于五代，并不是偶然的现象。实际上，这属于五代时期度量衡制发展变迁的一个重要方面——即权衡计量趋于细密的历史进程。这方面的情况，前文讨论五代权衡特征及"等子"的创制时已经述及，兹不赘叙。

二 字分制与分厘毫丝忽制

两、钱以下的权衡计量单位，古代曾有铢累和"分"——包括《淮南

---

① 前引《日知录》卷11，《以钱代铢》；《中国数学史》，第127页。
② 《宋会要·食货》41之27。
③ 《长编》卷1，建隆元年八月丙戌条；《宋会要·食货》69之1。
④ 《宋会要·食货》70之3。

子》引述的"十二粟为一分",及南朝丝绵秤、药秤中的"六铢"为一"分"等。这种"铢分"制,与后来"十分为钱"的分厘毫丝之"分"不同。隋唐以来,除六铢为分的分制之外,药秤中又另有一种"字"制。至五代宋初,便出现了十进位的分厘毫丝忽制,并日益取代了铢累制。

(一)铢分之分及其与钱折计

区别于十进位钱分厘毫制的六铢为一分制,主要在南北朝时期的药秤和丝绵秤中盛行。但其遗风,一直影响至隋唐之际。生活在隋唐之交的医家孙思邈、甄立言,以及稍后时期的王焘等人,都曾在药方中使用过这种分制。如孙思邈《备急千金要方》所载"治症坚水肿"用"蜥蜴园"丸,"大附著散","小附著散";甄立言《古今录验方》所载治"疗妇人绝不复生"之方;王焘《外台秘要》所载"疗诸尸疰方"的"五尸丸"等,其中多以"分"为计量单位。①

孙思邈异乎寻常的高龄或许令人难于置信,但他那部医学名著——《备急千金要方》,则大约成书于唐高宗永徽二年(651)。②《古今录验方》的作者甄立言,卒于太宗贞观年间。③《外台秘要方》成书后的作者自序,写于唐玄宗天宝十一载(752)。④ 这就是说,在隋代至中唐时期的药秤中,还不时地沿用着铢分制。但其使用情况,似远不若南朝风行。

隋唐医书在使用铢分制同时,并不将所有六铢以上的药量一概折计为"分"。其中"六铢"、"十铢"、"十八铢"等药量,亦所在多见。⑤ 这种情况固然表明铢分制已不如南朝那般盛行,但同时也可以帮助人们划清它与钱分厘毫制的界限。

这里说隋唐医书中的"分"并非"十分为一钱"之"分",还另有一个依据,即《千金要方》、《古今录验方》、《外台秘要》诸方用约,并不

---

① 《千金要方》"蜥蜴园"丸20味药中,有朴消七分,巴豆七分,款冬花三分。治飞尸的"大附著散",其中有附子、乌头、雄黄、朱砂、干姜、细辛、人参、莽草、鬼臼各七分,芫青八分。"小附著散",有甘草、天雄各一分,桂心三分等。《外台秘要》"五尸丸"中有芍药、桂心各八分,川芎、乌头、干姜各四分,栀子人五分。"瓜蒂散"有瓜蒂、赤小豆各一分,雄黄二分等。《古今录验方》"疗妇人绝不复生"方中,有矾石、五味子各三分,等。皆系唐代药秤行用六铢为分的分制之例。
② 参阅清人刘毓崧《通义堂文集》卷11,《千金方考·中篇》。
③ 《旧唐书》卷191,《方伎传》。
④ 王焘:《〈外台秘要方〉原序》。
⑤ 见《永乐大典》卷14949,卷1033引录《千金要方》、《古今录验》、《外台秘要》诸方。

以"钱"作为通用计重单位——这也是"钱"衡在中唐尚未盛行或未成定制的又一旁证。如果说,这些医书诸方中偶或也可见"钱"字,那多半是被用作撮药勺之类的工具性钱币,或者干脆作为药味或增效性辅助药味,而不是十分一钱、十钱一两那样的钱衡计量单位。如云"右一十二味,捣散,酒服,半钱匕,日再";"一钱匕,日三";"一服五分匕,稍增,至半钱匕";① 等等。

用钱币作为撮取药物的工具,是一种由来已久的习俗。至迟在晋人葛洪的《肘后备急方》中,已常见"一钱匕"、"方寸匕"等撮药用具。陶弘景解释说:"方寸匕者,作匕正方一寸,抄散,取不落为度……"② 孙思邈解释说:"钱匕者,以大钱上全抄之。若云半钱匕者,则以一钱抄取一边尔。并用五铢钱也。钱五匕者,今五铢钱边五字者,以抄之。亦囗不落为度。"③ 敦煌出土的古"医方"残片中,也有类似的说明。④

以钱币入药治病的事,似多见于小儿科治惊风之类。杨士瀛的《直指方》和演山省翁的《活幼口议》,都载有一种"七宝妙砂丹":"其方,乃一文开元通宝钱。其钱背上下,有两月子(字);只有一个月子(字)者不用。钱色淡黑,颇小诸钱。将钱顿铁匙头,于炭火内烧,霎时,四维上下各出黄白珠子,遍弦都是。将出,候冷,倾放茶盏中,入朱砂末少许。只作一服,煎金银薄荷汤送下。"⑤

元人陆友,也曾在《研北杂志》中就此作过议论。他写道:"唐开元钱,烧之,有水银出,可治小儿急惊。"⑥

以上所说,是药用铜钱和盛药工具之钱。药方中正式以"钱"作为1/10两重的计量单位,大约是唐末至宋初以来的事。淳化三年(992)成书的《太平圣惠方》,载有"治飞尸在人皮中"的《细辛散》,要求将"右件药捣细,罗为散,入研了,药令匀。每服不计时候,以暖酒下一钱"。《朱砂散》则要求每服"调下二钱"。⑦ 北宋中期医家钱乙著《小儿

---

① 前引《千金要方》"大附著散",《外台秘要》"瓜蒂散"等方。
② 《本草经集注·序录》。
③ 《备急千金要方》卷1,《医学诸论·论合和第七》。《道藏辑要》第12册《孙真人千金方》略同。
④ 《敦煌宝藏》第36册,第118页,斯4433号背面。
⑤ 见《永乐大典》卷981,二支,儿部转引。
⑥ 陆友:《研北杂志》卷下。
⑦ 见《永乐大典》卷910,二支,尸部。

方》，其中有一种《凉惊丸》，用"鹏砂各一钱，粉霜一钱，轻粉一钱"等等。① 北宋后期医家许叔微，在《普济本事方》中开列过一种《雄朱散》，也要求"每服二钱"。② 此后，杨仁斋《直指方》等用"钱"计重之例，更不胜枚举。③

以上这些药秤中使用的计重"钱"名，通常似指小两秤制，即每十钱相当一小两或24铢，而不是日用大秤相当三小两的一大两——除医方中特别标出"大斤""大两"者例外。这样，当时药秤的一"钱"，通常即相当2.4铢或24累。若折为铢分制下的"分"，则一钱相当0.4"分"；而一"分"，相当2.5钱。

从"钱"衡创行，到铢分累制被钱分厘毫制取代，经历了一个过渡时期。在这段时期中，人们既用"十钱为两"之制，又不能不用"四分为两"之制。于是，两套权衡的折计，就常常令人感到困惑。后世的医家，显然也注意到这种情况；因而在校订古方时特予注释和说明。前引南宋许洪订注《太平惠民和剂局方》，就曾在"总论"中指出：古方"言'分'者，即二钱半为一分也；凡言'两'者，即四分为一两也"④。

与许洪这种清晰的解释相比，金人李杲的说明略觉含糊。李杲曾为陶弘景《名医别录》作注说："六铢为一分，即二钱半也。二十四铢为一两。古云三两，即今之一两；云二两，即今之六钱半也。"⑤ 这段话的前一句，是指小秤，与许洪所说一致。其后一句中的"今之一两"，"今之六钱半"，则均指大秤。其"六钱半"之"钱"，不可与前半句的小秤"二钱半"之"钱"混淆起来，而是相当其三倍——犹如古方三两当大秤一两那样，前句"二钱半"之"钱"三钱，才当后句"六钱半"之"钱"的一钱。

以上所说，多限于药秤中的"分"制计量。现在，在读过许洪与李杲的说明之后，让我们来看一段当时人关于十钱为两制与"四分为两"制在日常生活中并用的真实记录。唐文宗开成三年，即日本承和五年，日本僧

---

① 见《永乐大典》卷975，二支，儿部。
② 见《永乐大典》卷910，二支，尸部。
③ 见《永乐大典》卷981，二支，儿部。
④ 见《永乐大典》卷11599，十四巧，草部。
⑤ 见《本草纲目序例》第1卷，《序例上·陶氏〈别录〉合药分剂法则》；另见顾炎武《日知录》卷11，《十分为钱》引录。明人陈嘉谟的《本草蒙荃》，也在"总论"中采用了这一说明，惟未注出自李杲所言。

人圆仁在扬州开元寺"求法巡礼"时，留下了一份珍贵记述。圆仁写道：

>（八月二十六日）……即沙金小二两充设供料。留学僧亦出二两，总计小四两以送寺衙。……寺僧等共集一处秤定，大一两二分半……
>
>（十月十四日）砂金大二两于市头令交易。市头秤定一大两七钱。七钱，准当大二分半；价，九贯四百文……①

圆仁说到在扬州秤易黄金的事时，涉及了"大两"、"小两"、"钱"、"分"或"大分"等制。其先以四小两被秤定为"一大两二分半"；尔后，又以"大二两"被"市头秤定"为"一大两七钱"。这段记录，不仅告诉我们日僧所谓"四小两"，即略当其二大两——其一大两，稍多于其二小两，不足扬州市秤之一大两；而且，尤为重要的是，他说到当时扬州的"大二分半"，相当于"七钱"。圆仁所谓"七钱准当大二分半"，即表明当时大秤中"钱"与"大分"这一比例关系。其小秤中的同类关系，由此亦可窥知。

前已讨论，"四分为一两"与"十钱为一两"制折计，其一"分"，大于一"钱"而相当"二钱半"。以此率，七钱相当2.8分，或反过来说，二分半相当6.25钱。圆仁所说"钱""分"折计比例，大致与此相符。可见他所谓"分"或"大分"，正是"四分为一两"之"分"；其"钱"，乃是"十钱为一两"之"钱"。

兹将"四分为一两"与"十钱为一两"这两种权衡制度的诸般折计关系，胪列如次：

表 2—8　　　　　　　四分为两制与十钱为两制之比较

四分为两制	十钱为两制
1 两 = 4 分 = 24 铢 = 240 累	1 两 = 10 钱
1 分 = 6 铢 = 60 累 = 0.25 两 = 2.5 钱	1 钱 = 0.1 两 = 0.4 分 = 2.4 铢 = 24 累
1 铢 = 10 累 = 0.04167 两 = 0.1667 分	

---

① 圆仁：《入唐求法巡礼行记》卷1。

(二) 字制及其与两套分制的折计

继"十钱为一两"之后出现的,是一种以"字"命名的衡制。这种衡制,主要见于药秤和医方中,或也用于其他精细计量。

北宋中期的儿科名医钱乙,曾经在他的处方中多次使用"字"衡单位。如"剪刀股丸"中,有"朱砂一分,牛黄、脑子,各一字,麝香半钱,地黄半两……右为末,共二两四钱……"① 南宋朱瑞章所著的《卫生家宝》,载述过一种"天竺黄丸"。其中有"天竺黄二钱,蛇肉一分,……麝香一字。"② 《和剂局方》中的"定命丹",也用"麝香一字"。③ 如此等等。

上述权衡单位的"字",究系何义?代表多重?未见宋元人注释。从诸方有关的用量来看,每"字"的重量,似介于二分与五分之间。如沈括《灵苑方》一书所载"牛黄散"的用法说明:"右为末,常服一字,小儿半字……中风涎甚及心疾,每服一钱,小儿一字。""朱砂散"的用法为:"二岁已下每服半字,四五岁已下每服一字强,六七岁半钱,十三五岁加至一钱。"④《刘氏家传》载录"朱砂散"的用法说:"量大小,下一字,或半钱,或三字。"⑤《吉氏家传》所载"活脾散"也说:"每服半钱、一钱,小者一字。"⑥

由上述药量用法可知,"三字"之重,多于半钱;而一字之重,则轻于半钱;"半钱"即五分,"三字"重于5分;故知每一"字"之重必在2分以上。这是就钱分厘之分而言。

明确阐释"字"的含义、由来及轻重者,可以举出明人郎瑛在《七修类稿》中不大为人注意的一段论述。郎瑛写道:

> 药方中一大两,今之三两也。盖隋合三两称一大两。
> 一字者,即钱文之一字;盖二分半也。⑦

---

① 《永乐大典》卷975,二支,儿部,引录钱乙《小儿方》。
② 《永乐大典》卷976,二支,儿部,引录《卫生家宝》。
③ 《永乐大典》卷978,二支,儿部,引录《和剂局方》。
④ 《永乐大典》卷975,二支,儿部,引录《灵苑方》。
⑤ 《永乐大典》卷975,二支,儿部,引录《刘氏家传》。
⑥ 《永乐大典》卷981,二支,儿部,引录《吉氏家传》。
⑦ 《七修类稿》卷22,《辨证类·端正大两一字》。

这里说的"钱文",指钱币上刻铸的文字。中国古代的钱币,大都环绕其方孔而刻铸四字——如"开元通宝"之类。四字的位置,按等距离安排。犹如把该钱肉一分为四;每字占全钱的四分之一。从《七修类稿》所释可知,药秤中的"字",原本是由钱币上刻铸的文字演化而来:一"钱"共为四"字";一"字"之重,当一钱的1/4;按一钱为十分制计,每字重二分半。

这种"四字为一钱"或一钱分为四字的衡制,颇有点像当初"四分为一两"或一两析为四分的"分"制——都是将某个单位重量一分为四。所不同的,是每字重"二分半"的"分",乃是"十分为一钱"之分。而"四分为一两"的"分",则是"六铢为一分"之分。如果说,分铢制下"四分为一两"之"分"相当于古秤6铢;那么,"四字为一钱"之"字",仅当0.6铢,又当十钱为分制下的二分半。而这"十分为一钱"之分,仅当0.24铢,或2.4累。换句话说,分铢制下"四分为一两"之"分",其重量相当"十分为一钱"之"分"25倍!

区别古秤分铢之"分"与"钱分厘"制下之"分"——这两种截然不同的"分",具有重要的意义。兹将这两种截然不同的"分",及与它们相关联的铢累、钱字等"衡"名进位情况,图示如次:

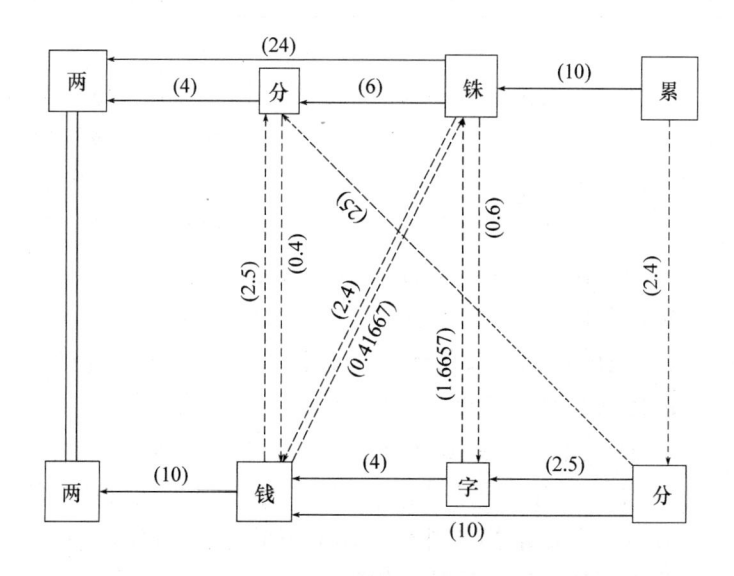

图示4　两钱字分制与两分铢累制示意图

为了便于了解旧式的两分铢累制与新型的两钱字分制这两套权衡计量制度的折计关系，再将其列表如次：

表 2—9　　　　　　　　两分铢累制与两钱字分制折计表

单位重量	相当重量数值							
（铢累制）	两分铢累制				两钱字分制			
	两	分	铢	累	两	钱	字	分
1 分	0.25	1	6	60	0.25	2.5	10	25
1 铢	0.041667	0.1667	1	10	0.041667	0.41667	1.667	4.1667
1 累	0.0041667	0.01667	0.1	1	0.0041667	0.041667	0.1667	0.41667

表 2—10　　　　　　　　两钱字分制与两分铢累制折计表

单位重量	相当重量数值							
（钱分制）	两钱字分制				两分铢累制			
	两	钱	字	分	两	分	铢	累
1 钱	0.1	1	4	10	0.1	0.4	2.4	24
1 字	0.025	0.25	1	2.5	0.025	0.1	0.6	6
1 分	0.01	0.1	0.4	1	0.01	0.04	0.24	2.4

药秤中"字"衡的由来，不仅反映了钱币同医药权衡的密切关系——如撮药用的"一钱匕"、"半钱匕"、"钱五匕"等，即以整钱币、钱币半边、钱币少半边或1/4部分作为定量撮取工具；而且，也反映了"字"衡单位的出现，似在"钱"衡单位问世之后，或伴随着以"钱"计重制而创行的——至少未必在以"钱"为计重单位之前。这一点，或许还有待出土实物资料来加以验证。

"字"衡单位的行用，又仿佛是一种标志。它意味着分铢制的"分"与"铢"，开始从药秤计量单位中逐渐隐退，代之而来的，是以"钱""字""分"为衡重单位的新型计量关系。前引宋人医方中的"字"正是伴随着"十分为钱"制下的"钱"与"分"相关联而同时使用的。

鉴于"钱字分"制取代"铢分"制的历史进程比较隐蔽和复杂，因而它往往不大为人所知。特别是其中的两种"分"制，更易于被人混淆。李时珍在《本草纲目》中关于"字"、"分"等制的解释便是一例。

李时珍写道：

> 蚕初吐丝曰忽；十忽曰丝；十丝曰厘；四厘曰累，音垒；十厘曰分；四累曰字，二分半也；十累曰铢，四分也；四字曰钱，十分也；六铢曰分，去声，二钱半也；四分曰两，二十四铢也；八两曰锱；二锱曰斤；二十四两曰镒，一斤半也，准官秤十二两。……①

李时珍这一解释，曾被吴承洛采入《中国度量衡史》，并特加图示。但吴承洛似亦未敢苟同其说，只称"历来未有用之"，"以备参考"。其实，李时珍是试图将古来几种截然不同的权衡计量制度，综合为一套有机连缀的权衡体系。他的失败是不可避免的。该体系不仅违背了史实；而且，其所列关系之间也多自相牴牾。

他既说"四累曰字"，又说"四字曰钱"——这样，一钱仅当 16 累，一两仅当 16 铢；比下文一钱为 24 累和一两为 24 铢，短缺 1/3。既说"四字曰钱，十分也"，又说"六铢曰分……二钱半"——这样，一"钱"之重，或为一分的 10 倍，或为一分的 1/4。同为一钱，轻重相差 40 倍。按"四字曰钱，十分也，六铢曰分"，计，其一钱为 60 铢，一字为 15 铢或 150 累；则又与前文所称"四累曰字"相悖。同为一"字"，或当 4 累，或当 150 累，相去竟 37.5 倍之差。中间虽加"去声"二字，仍难免令人混淆不清。

不难看出，李时珍既未严格区别"两钱字分"制之"分"与"两分铢累"制之分，又把后来出现的"字"衡单位强拉入古代的铢累制之中。他所提供的计量关系，非但不足以注解陶弘景的古秤铢分制，反而带来新的混乱。

（三）十进位分厘制不始于宋

如果说，以十钱为一两的权衡计量法是对古老铢累制的一大突破，那么，这一突破所带来的连锁反应，或许比它本身更有意义。十钱一两制的出现，势必给人们许多有益的启发：既然积钱为两的递进关系，可用其方便的十进位法代替不规则的积铢为两法，那么，"钱"以下的重量关系，为何不能同样地加以简化呢？难道权衡以外的尺度与斗升量制等十进位关

---

① 《本草纲目·序例》第 1 卷，《序例上·陶氏〈别录〉合药分剂法则》。

系不是极明显的先例吗?

钱分厘毫等权衡进位制的出现,固然有其深刻的社会原因——比如交换关系的频繁与活跃,就要求度量衡制的发展与之相适应;但是,度量衡制度自身的结构调整,毕竟有它内在的规律。古老的铢累制发展到唐宋之际,早已变得过分成熟:随着大小秤制的并行和多层次、多单位、不规则进位制的杂用,权衡计量与折算,愈来愈成为十分复杂的事情。有时候,某些计量单位的折兑还导致极大的混乱——比如大小"两"、大小"钱"、"字"以及"分铢"之"分"与"钱分"之"分"等折计,往往给人们带来很多麻烦。

与当时客观历史的需要相比,铢累制已经愈来愈不能有效而方便地为人们效命了。它的发达和演化,也使它自身陷入了绝境。铢累制由钱分厘毫制所取代,已经成为迟早必行的事。问题只在于这一转变的发生究竟在何时。

如同对十钱一两制创行时间有种种误解一样,以往把分厘制出现的时间,也多误当作宋太宗淳化三年(992)。在这方面,赵翼那篇权威的论述可以作为代表。这篇论述中与"钱"衡有关的一少部分,前面曾经约略提及,这里就有关分厘毫制部分另作一番引录。赵翼写道:

> 王西庄谓:分寸丈尺分,本度之名。今人乃以为权之名,不知起于何时?又,十忽为丝,十丝为毫,十毫为分,十分为钱,皆未详所起。
>
> 按:此事见《宋史》……分与厘毫丝忽,本亦度之名。……宋太宗诏更定权衡之式,崇仪使刘蒙、刘承珪等乃取乐尺积黍之法,移于权衡。于是,权衡中有丝忽毫厘分钱之数。此近代两钱分厘毫忽丝之所由起也。[①]

"西庄",是王鸣盛的号。王鸣盛是乾嘉时期以博洽著称的学者。在他

---

① 赵翼:《陔余丛考》卷30,《忽丝毫厘分钱》。"分寸丈尺分",《十七史商榷》原作"分寸丈尺引也,分本度名"。"十毫为分",原文作"十毫为一分",似中有脱漏。"刘蒙",《宋会要》原文为"刘蒙正"。这段话的后半部分,亦见于《日知录集释》卷11《十分为钱》"赵氏"注。

的《十七史商榷》中，确实载有这类问题，准备"再考"。① 他所谓权名"分"，显然是指"今人"所用"分"，即十分为一钱之"分"。前已述及，王鸣盛（和赵翼）似乎未曾留意过《淮南子》中1/12铢重的"分"，和陶弘景所说的六铢重之分。所以才径说"分本度之名，今人乃以为权之名"。

在赵翼看来，他有把握慨然为王鸣盛解惑。于是，征引《宋史·律历志》刘承珪更定权衡的事，断言"今人"以分为"权名"，肇始于刘承珪"取乐尺……之法移于权衡"。这不仅抹煞了《淮南子》之"分"与六铢之"分"在权衡中长期应用的历史，而且，也否定了刘承珪以前那段时期十分为钱之"分"的存在。

赵翼的这一论断，影响至广。吴承洛著《中国度量衡史》，亦袭此说："《宋史·律历志》取乐尺积黍之法，命名于权衡中，于是重量名称中，始有分厘毫丝忽五名……"② 他不仅袭用赵翼旧说，而且还进一步发挥，就宋代创用分厘衡名的社会历史背景作了阐述："考南北朝以前出纳赋税，均为粟帛，故以斛斗丈尺计量。后改为钱粮之制，乃用金银出纳，故以权衡计重。计金银之重量，必及小数，而铢累计两非十进，计算又不方便，故宋氏'就成二术，因度尺而求厘'。"③

这番阐述，固然很有些道理，但却忽略了南北朝以来，已开始增征麻与丝绵等计重税赋的事实；宋以前权衡计量的精密化成果，也被弃置无遗。吴承洛袭用赵翼的上述论断，至今尚为学术界所采用。

当赵翼把钱分厘毫制的创始完全归功于刘承珪的时候，他没有料到，包括刘承珪本人在内的宋人，都并不那样认为。刘承珪的确同另一位内库使臣刘蒙正（不是刘蒙）一起，参与鼓动那场秤法改革活动。然而，恰恰就在秤法改革之前的一道奏疏中，他们揭发了如下一种令宋太宗十分难堪的现象："外府岁受黄金，必以毫厘计之"，而其所用之太府秤，"或自钱始，则伤于重"！④

这里所说的黄金"以毫厘计"，其毫厘当然不会是斗尺度量单位，而只能是比"钱""分"更轻的权衡单位。也就是说，在刘承珪改革秤法并

---

① 王鸣盛：《十七史商榷》卷11，《汉书五·度权量等名》。
② 《中国度量衡史》，第111页。
③ 同上书，第235页。
④ 《宋会要·食货》41之27。

创行某些新衡制之前，那种作为权衡计量所用的"毫厘"等单位名称，早已被人发明，并在朝廷库仓业务中广泛使用起来。"毫厘"如此，介于"毫厘"与"钱"间的"分"制权名，更不在话下。

事实上，以钱分毫厘等权名计量税赋物品的事，何止不起于太宗朝和刘承珪，前引太祖乾德元年限禁"分毫合勺铢厘丝忽"等畸零称谓入账的诏书，已表明其来历还要早得多——至迟在五代后周时期的税赋征敛所用权衡计量中，就已有"钱"以下的分厘制度了。①

乾德元年的诏令，一方面限禁税账用"分毫合勺铢厘丝忽"，另一方面，又要求"钱必成文，金银成钱"。这一限令，似乎很快就成为一纸空文。太宗朝"外府岁受黄金"，不但未以"钱"计，甚至连"分"制也觉得粗疏，而"必自毫厘计之"。唯有太府寺的秤权例外——其最小的权式并非分厘，乃"自钱始"。不论这种权衡的粗疏是出于工艺水平所限，抑或同乾德元年诏令有关，它同受纳时的精密要求总显得极不相称。解决这类矛盾的方法，当然不会是"外府"蠲弃"钱"以下的分厘毫零头，而只能是要求各路州县将不足一"钱"的"分""厘""毫"部分添凑成"钱"，从多送纳。刘承珪所谓"外府"受纳"伤于重"，即指这种有损朝廷声誉的做法。

（四）累铢制衰微和分厘毫丝制确立

权衡计量中的"分厘"制虽非创始于宋太宗时代，但"分厘"或"分厘毫"以下的十进制权衡单位——诸如"毫""丝""忽"等，则大约是在刘承珪秤法改革时才出现的。而尤为重要的是，分厘制乃至毫丝忽制超越铢累制地位而确立起来的局面，与宋太宗时的秤法改革密切关联。

宋太宗之所以下决心改革秤法，主要是鉴于内库和外府因受纳"伤重"而屡次发生的称量黄金讼案。而这类讼案"动必数载"不得解决的根由，又在于五代以来的分厘制尚未在宋太府寺的标准权衡法物中得到相应的确认和施用。

刘承珪的主要贡献，不是创始了权衡中的分厘制，而是在于他制造了两种极为精巧灵便的新型小秤——"等子"，将当时权衡计量方面业已行用的分厘毫等权名，自觉地应用到这两种等秤上，并把尺度中分厘毫以下的单位名称，也一律引入权衡，将它们同传统的铢累黍制进行了比兑。这

---

① 《宋会要·食货》70 之 3；《长编》卷 4。

样，他就不仅大大发展了分厘毫制，使之臻于完善，而且，为在权衡计量中正式确立分厘毫丝忽制的主导地位奠定了基础。铢累制让位于分厘毫丝忽制的历史进程，从此也得以较快地完成。

古代权衡历史上虽然有过几种"分"制，但"十分为钱"或十厘为分的衡制单位，的确是从度名借用过来的——只是这种借用早于宋太宗时代。就分厘"本度之名，今人乃以为权之名"这一论断而言，王鸣盛和赵翼都没有说错。在他们之前，顾炎武也曾有过同样的认识。顾炎武征引《孙子算术》的话说："《孙子算术》：蚕所吐丝为忽，十忽为秒，十秒为毫，十毫为厘，十厘为分，十分为寸。"①

值得注意的是，顾炎武在这里所征引的十进位制尺度单位，并没有"丝"，却另有一种"秒"。《隋书·律历志》引录《孙子算术》有关内容，亦是如此。②但传世本《孙子算经》这两处，则刊作"十忽为一丝，十丝为一毫"，即是"丝"而不是"秒"。③再检南宋陈元靓《事林广记》所载，亦与传世本《孙子算经》相同："十忽成一丝，十丝为一毫，十毫成一厘，十厘成一分，十分成一寸。"④

五代宋初借用度名来创行分厘毫丝忽衡名时，人们所参考的尺度计量单位，大约是《事林广记》或传世本《孙子算经》中的分厘毫丝忽制，不是《隋书·律历志》和顾炎武《日知录》所引的分厘毫秒忽制。这一点，从刘承珪改革秤法的规定中还可以进一步得到证实。

刘承珪制作的两种小型等秤，一种是分厘毫丝忽制之秤，其三根毫纽的最大秤量，分别为半钱、一钱和一钱半。另一种秤，是两铢累黍秤，其三纽的最大秤量，分别为二钱半、五钱和一两。两秤分别以乐尺 1.2 尺和 1.4 尺的长度来制作衡杆，并按各自的进位法刻划秤量分度。这些方面的细节，前文已经讨论。

当刘承珪把代表两种权衡计量制度的小型等秤放在一起的时候，分厘制十进位法的优势和铢累制进位法的朴拙，便判然可鉴了。刘承珪或许已预料到两种计量制度即将面临的不同前景。他甚至可能已猜想到，人们从采用旧制过渡到使用新制所必然遇到和迫切需要解决的难题，即两种权衡

---

① 《日知录集释》卷11，《十分为钱》。
② 《隋书》卷16，《律历志》。
③ 《孙子算经》卷上。
④ 《事林广记·别集》卷6，《算法类》。

计量制的折兑问题。他所设计的标准等秤，已然为解决这类难题提供了方便；人们可以从两种小秤上毫不费力地读出分厘与累黍折兑的数据——他的"等秤"，之所以为"等秤"，或许正同这一特征有关。

且看史籍中有关分厘毫丝忽制与两铢累黍制折兑数据的载录和说明：

> ……秤合黍数：则一钱半者，计三百六十黍之重。列为（十）五分，则每分计二十四黍。又，每分析为一十厘，则每厘计二黍十分黍之四。以十厘，分二十四黍，则每厘先得二黍，余四黍，都分成［四］十分，则一厘又得四分，是每厘得二黍十分黍之四每四毫一丝六忽有差，为一黍。则厘、黍之数极矣。
>
> 一两者，合二十四铢为二千四百黍之重；每［分］百黍为铢，十黍为累。二铢四累为钱，二累四黍为分。一累二黍重五厘，六黍重二厘五毫，三黍重一厘二毫五丝。则黍、丝之数成矣。①

以上是《宋会要》的有关载录。这些载录，很可能来自刘承珪本人的说明——所谓《新定权衡法》，或者是根据他《新定权衡法》的说明整理加工而来。②

这里，拟将刘承珪二秤及其说明中两套权衡计量制度的进位折兑情况，综合排列如次：

表2—11　　　　　刘承珪二秤中的两套权衡及其折兑关系

分厘毫丝忽制	1两 = 10钱 = 100分 = 1000厘 = 10000毫 = 100000丝 = 1000000忽
	1钱 = 10分 = 100厘 = 1000毫 = 10000丝 = 100000忽
	1分 = 10厘 = 100毫 = 1000丝 = 10000忽
	1厘 = 10毫 = 100丝 = 1000忽
	1毫 = 10丝 = 100忽
	1丝 = 10忽

---

① 《宋会要·食货》41之29。《宋史》卷68《律历志》，《文献通考》卷133《乐》略同。《会要》"每分百黍为铢"之"分"字，为衍。十黍为累，《宋史》误作二百四十黍为累。又，"列为五分"，"五"前脱一"十"字。"都分成四十分"，"四"字为衍。

② 《宋会要·食货》69之5。

续表

铢累制	1 两 = 24 铢 = 240 累 = 2400 黍
	1 铢 = 10 累 = 100 黍
	1 累 = 10 黍
分厘制与铢累制的折计	1 钱半 = 3 铢 6 累 = 36 累 = 360 黍
	1 钱 = 2 铢 4 累 = 24 累 = 240 黍
	1 分 = 24 黍
	1 厘 = 2.4 黍
	5 厘 = 1 累 2 黍
	2 厘 5 毫 = 6 黍
	1 厘 2 毫 5 丝 = 3 黍
	1 黍 = 4 毫 1 丝 6 忽有差（= 4.1667 毫）
	(1 铢 = 0.41667 钱 = 4.1667 分)
	(1 累 = 0.41667 分 = 4.1667 厘)

分厘毫丝忽制在宋代以来的应用及其取代铢累旧制之势，至南宋与元代已比较显著。这种情况，在某些数学著作中也略有反映。秦九韶的《数书九章》，仅谈及"七分五厘金"、"八分五厘"等"三色金"成分，未涉"厘"以下单位。[①] 而《锦囊启源》一书，已采用至毫丝以下单位。如该书讲到"今本郡库内收讫净花……共见一千二百三十六万五千四百五十六斤六分一厘二毫半"，已精确到"毫半"；又如该书述及"今有赤金三厘七丝二忽"，更精密至"忽"。[②]

宋元之际的这些资料表明，古老的铢累黍等单位，从此已日渐退出历史舞台；晚唐五代以来出现的钱分厘制，和经由刘承珪等人补充而完善起来的钱分厘毫丝忽制，已逐渐被人们广泛行用。

分厘毫丝忽制取代铢累制而确立，标志着我国古代权衡计量制度，在精密化的进程中大大跨越了一步。这一变化的开端虽在入宋以前，但其转折、过渡与完成阶段，却是在宋代——其中刘承珪改革秤法的努力，发挥了极为重要的作用。

---

① 《数书九章》卷 18，《炼金计直》。
② 《永乐大典》卷 16343，翰部。

第五节　出土钱物与唐代斤两的轻重

在历代权衡的轻重变化中，唐代斤两轻重曾经是一个谜。由于缺乏传世和出土的权衡器实物，人们无法确知当时的一斤究竟有多重。① 在中国古代权衡史的研究领域，类似的难题已为数不多。为了解决这一难题，许多学者呕心沥血，进行各种尝试：从清初的沈彤、晚清学者吴大澂，到20世纪30年代的吴承洛；从"开元"铜钱的重量推算，到出土银铤等器物的实测，有关的研究已历时两个世纪左右。

一　开元铜钱与推测唐衡的初步尝试

（一）清代学者的开拓性贡献

用铜钱来推测权衡的重量，的确不失为一种奇妙而有价值的联想。据说，"开元通宝"大都有固定的重量。既然如此，后人考订失传的唐代权衡，便正好利用其轻重进行间接推算。这种研究方法的创行，至迟不晚于晚清学者吴大澂。吴氏曾广泛搜集历代钱币和权衡器物，并将它们综合起来进行研究。其中最著名的是用楚"郢爰"、铲布、鼻蚁钱、秦半两泉、四两泉、新莽泉，以及秦斤权、钧权、石权等实物检测数据，推算了春秋战国至秦汉时代的斤两轻重。但他关于唐代斤两的推算，却苦无权衡实物，而仅以开元钱币为凭。

吴大澂将自己收藏的数十枚开元钱，分为三组进行实测。第一组，"以开元通宝轮廓完好者十枚平之，重，今湘平一两四分；适合库平一两"。第二组，其背刻有京、洛、洪、福等字者，"武宗会昌时所铸"，"十四枚共重，湘平一两四钱"。第三组，其背别刻广、桂、荆、宣等字者，"九枚共重，湘平九钱七分"。②

这里的"湘平"、"库平"，指清代不同规格的天平。"库平"，也称"部库天平"，原为清初户部颁降的诸库专用天平，光绪末（1908）统一度量衡时重加较定，广泛行用；每库平一两重，等于37.301克。依吴大澂上述三组开元钱的轻重计算，唐一两重，分别为37.301克、35.86克、

---

① 《善斋吉金录》虽著录开元三年权（[图版廿六、廿九]），各地唐权衡实物却难得一见。
② 吴大澂：《权衡度量实验考·权之类十·较唐开元泉之轻重》。

38.6 克左右。

值得注意的是，在吴大澂之前，清初几位学者已开始了类似的研究工作而鲜为人知。比如康熙间举博学鸿词的阎若璩，乾隆初举博学鸿词的沈彤等。从今天保留在《日知录集释》中的校注文字来看，沈彤曾以布政使司等秤"亲较"汉权。对开元钱的实重，他也写过如下的检测结论："开元钱完好者，每一枚或重至一钱一分，或一钱一分有奇，或八九分不等。总十枚，重一两零三分。或云，却当今布政司等一两。"这一折衷式的结论，与吴大澂后来的实测结果大致相近。

沈彤、吴大澂等关于唐开元钱折合清衡的轻重实测，虽不及今日最新成果精确，其筚路蓝缕之功却不容抹煞。

（二）近代学者的重大疏忽

吴大澂关于开元钱轻重的初步实测，后来被人当作唐衡的权威性认识，并长期为学术界所尊奉。20 世纪 30 年代吴承洛著《中国度量衡史》时，便以此为据，断言"唐之一斤已与清库平一斤相等"。① 该书至 1957 年再版，由程理濬先生修订。但原书内容并无实质性修正，只"用语体文将原书重新译编一遍"。② 有关唐衡的结论，仍赫然如故，而且更为通俗："唐代的斤两同清代的库平斤两相等。"③

值得注意的是，《中国度量衡史》不仅奉吴大澂之说为圭臬，而且，在沿袭其旧说的同时，发生了两个较大的失误。

失误之一，是吴承洛征引了清初《古今图书集成》中的一段话，以此当作确认吴大澂结论的新证，从而制造了清初以来关于唐衡研究的混乱印象。吴承洛说："或以为当时衡制不应有如此之重，清《古今图书集成》曰：'唐开元钱重二铢四累，今一钱之重'；则唐之衡重，当已与清制相等。"④

《古今图书集成》此话，见于该书《经济汇编·考工典》卷16。其原文如下：

> 古算法，二十四铢为两……近代算家不便，乃十分其两而有

---

① 吴承洛：《中国度量衡史》，第43页。
② 程理濬修订：《中国度量衡史》序，商务印书馆1957年版。
③ 《中国度量衡史》，商务印书馆1957年版，第37页。
④ 同上书，第43页。

"钱"之名。此字,本是借用钱币之钱……今人以入文字。可笑。《唐书》武德四年铸开通元宝……重二铢四累,积十钱,重一两。……所谓二铢四累者,今一钱之重也。后人以其繁而难晓,故代以"钱"字。

度量皆以十数起,惟权则……今人改铢为钱……而权之数亦以十起矣。①

该书另外两处还说:

今之一两,即古之二十四铢;计一钱,则二铢半以下……凡造一钱,用铜一钱。此开元通宝所以最得轻重大小之中也。②

今日之十分为钱、十钱为两,皆始于……所谓新制也。③

显而易见,这里说的唐人"所谓二铢四累者,今一钱之重",并非比较唐、清两朝之衡重,而是在讨论古今权制及其单位名称的演化。原文的意思是:今天所说的"一钱",原本代指古时一两的十分之一(二铢四累)重。唐宋人把古代 24 铢为一两的旧制,改成 10 钱为一两的新制,这就将原来繁琐的权衡进位制纳入了度量十进位的统一制度中。

今考《古今图书集成》上述议论,大多录自顾炎武的《日知录》,许多话几乎只字不差。④ 在道光十四年(1834)黄汝成叙录的《日知录集释》本中,这一段名之曰《以钱代铢》。在上引"所谓二铢四累者,今一钱之重也,后人以其繁而难晓,故代以钱字"一句下面,该书还特别添入了一个注释:"〔沈氏曰〕:今一钱之重,当古七铢二累。"这显然也隐含着某种担忧,怕人误将"今一钱之重"同唐代的"二铢四累"混为一谈。不料,这种误会终究未能避免。

吴承洛既根据吴大澂之说,断言"唐之一斤已等于清库平之制",便大胆推论权衡史的发展逻辑,是"五代至明,合唐制"。于是,在该书有关唐、五代、宋、元、明、清等历代斤两演变表中,一律标出如下的标准

---

① 《古今图书集成·考工典》卷 16,《度量权衡部·杂录》。
② 《古今图书集成·食货典》卷 355,《钱钞部》。
③ 《古今图书集成·考工典》卷 16,《度量权衡部·杂录》。
④ 《日知录集释》卷 11,《以钱代铢》。

数据：每斤596.82克，每两为37.3克。① 在他看来，古代衡重的演化轨迹，是由轻至重的一条直线。既然吴大澂说唐衡已与清库平等重，那么，自唐至清千余年间的衡重，便绝无波澜曲折变化了。这种推论，是吴著《中国度量衡史》的又一疏误。而这一失误的影响，至今仍颇为广泛。包括近年出版的某些有关图书，几乎全都照抄吴著，说"宋元明清各代的度量衡都沿用唐制，基本上是统一的"；② 唐至清代一斤均为596.82克。③ 一两重37.301克。④

殊不知，另一位清代学者俞正燮，早在一个半世纪前就提出过不同于吴大澂的见解："宋秤比今平大！"⑤ 其言外之意，唐衡也重于清秤。

（三）以开元钱推测唐衡的局限性

《中国度量衡史》之所以会出现上述误断，主要原因有二：其一，是将清人推测的唐衡，夸张成中国唐以后千余年间历代衡重的标准规格，从而放弃了宋元明历朝历代衡重的具体研究；其二，是过分相信开元钱币的标准化程度，却忽略了它铸造的复杂情况。

以往盛行的观念，多认为唐人铸"开元通宝"大都是比较标准的"十钱一两"制，不似其他铜钱那样滥恶。然而，事实远非如此。且不谈中唐以后妄铸的开元钱，即以初唐和盛唐而论，其几度开炉铸造"开元通宝"，也无不经历"精好"、"稍善"、"渐恶"和极滥等变化。

唐高祖武德四年始铸开元通宝，规定每枚重"二铢四参，积十钱重一两"。可是，不久之后"盗铸渐起"。至高宗显庆五年（660），已是五枚恶开元钱换一枚善开元钱。⑥ 这是初唐开元钱滥恶的情况。

从中宗神龙（705—707）至玄宗先天（712—713）之际，"两京用钱尤滥"。开元六年（718）重"行二铢四参钱"，虽"禁恶钱"而江淮滥恶如故。——甚至有"官炉"钱、"偏炉"钱、"棱钱"、"时钱"等数色并

---

① 《中国度量衡史》，第74页；修订本，第60页。
② 国家计量局等主编：《中国古代度量衡图集》前言，第4页。
③ 《常用计量辞典》，计量出版社，第238页。
④ 傅振伦：《隋唐五代物质文化史参考资料》，见《历史教学》1955年第1—2期；梁方仲：《中国历代户口田地田赋统计》附录二《中国历代度量衡变迁表》，丙，《中国历代两斤之重量标准变迁表》，上海人民出版社1980年版。
⑤ 俞正燮：《癸巳存稿》卷10，《平》。
⑥ 《唐会要》卷89，《泉货》。

陈。① 开元十一年（723）"诏所在加铸"，钱币差异愈大。开元二十年（732）乃重申规格："千钱，以重六斤四两为率，每钱重二铢四参。禁缺顿、沙涩、荡染、白强、黑强之钱！"至开元二十六年（738）设置宣、润等州钱监，两京用钱才稍善。其后钱又渐恶。凡产铜之处皆"置监铸开元通宝钱，京师库藏皆满"。② 这是开元年间开元钱滥恶的情况。

至迟从天宝中期起，盗铸开元通宝者愈来愈多，广陵、丹阳、宣城一带尤甚。京师权豪，几乎年年用车船到那里贩运铜钱。江淮地区私铸的偏炉钱，多达数十种。这些偏炉钱竟然与公铸的官炉钱并行兼用，一枚官炉开元钱，相当七八枚偏炉钱。就是"两京钱"，亦有"鹅眼"、"铁锡"、"古文"、"线环"之别，"每贯重不过三四斤"，仅及规定标准之半。③ 而此后全国钱炉达99处，岁铸额227000余贯。④ 这是天宝年间开元钱伪滥的情况。

开元钱在当时既已多数不合标准，后世取以为法，亦往往为其所误。不仅清代学者用实测开元钱推算的唐代斤两过于粗疏，就是近人对开元钱的实测，也有重蹈覆辙之虞。比如有人将开元钱分为早、中、晚期三类，凡早、中两期之钱，均被视为标准的二铢四累重；其实测结论，为每10枚36克。⑤ 这种分类观点，显然有悖于开元钱各时期的混杂情况。以唐代一两为今日之36克，则更为不妥。

在众多的开元钱研究者当中，胡戟是比较特殊的一位。他利用西安鱼化寨等地出土的开元钱进行实测，挑选十枚制作精好者为第一组，测得总重为42.5克，即唐一两之重。唐一斤，合680克。他挑选的第二组开元通宝钱，10枚重38.6克。第三组属于伪滥恶钱，不取。⑥ 这里第一组的研究结论，同本书用其他方法测得的结果大体一致。

二　出土银铤等物与唐衡的重新检测

日本学者加藤繁在20世纪二三十年代曾说：唐宋时期的银铤，"在中

---

① 《旧唐书》卷48，《食货志》。
② 《新唐书》卷54，《食货》。
③ 《旧唐书》卷48，《食货志》。
④ 《通典》卷9，《食货》。《新唐书》卷54作327000贯。
⑤ 朱活：《古钱》，载《文物》1982年第4期。
⑥ 胡戟：《唐代度量衡与亩里制度》，载《西北大学学报》（社科版）1980年第4期。

国书籍中已不容易看见",同样,"唐宋时代金铤的图样,在中国书籍中已不见其形影";这两者,"惟在日本"的珍稀文献中,"尚见有从中国传入"之图样。①

加藤繁在这里说的,恰是吴承洛著作《中国度量衡史》时的情况。既然如此,我们实在不能苛求前贤用银铤实物来检测唐代斤两。只是,加藤繁所掌握的情况也不尽然。比如,罗振玉在20年代就看到过一枚50两重的唐代银铤——崔慎由端午进奉银铤,并详载其形制与铭文,惟"恨此银在春明估人手,不能知其厚薄及以今权一较唐衡轻重耳"。② 他的《贞松堂集古遗文》一书,和黄濬的《尊古斋所见吉金图》,也辑录了几枚唐宋银铤。③

关于那枚崔慎由端午进奉银铤的下落,不得其详。但罗振玉的遗恨,如今却差可告慰:自50年代以来,我国又陆续出土了大批唐宋银铤,"一较唐衡轻重"的活动,从此进入一个新的阶段。

（一）与唐衡有关的新实物资料

近年出土的唐代银铤、金铤及其他对权衡研究有价值的器物,至少可以举出近二十次,兹将这些出土金银铤饼资料扼要辑述如次。

1. 1956年西安大明宫遗址出土50两银铤四枚:

天宝二年（743）朗宁、怀泽郡（广西南部）贡银一铤,2031.3克（今市秤65两）;

天宝十年（751）信安郡（浙江衢州一带）税山银一铤,2100克（今市秤67两2钱）;

天宝十年宣城郡（安徽宣城一带）和市银一铤,2115.6克（今市秤67两7钱）;

南海郡（广州一带）进奉银一铤,1950克（今市秤62两4钱）。④

---

① 加藤繁:《唐宋时代金银的研究》上册,第236—243页。
② 罗振玉:《崔慎由端午进奉银铤影本跋》,见《辽居稿》1929年版。
③ 罗振玉《贞松堂集古遗文》卷16,还辑录了宝庆三年、绍定元年达州大礼银铤,潭州善化县银铤,以及其他一些元代银铤。黄濬:《尊古斋所见吉金图·初集》卷4,民国25年版。该书除辑录崔慎由、达州银铤外,还另辑了另三枚唐宋银铤,即刘铎50两买盐银铤,夏政、赵赞印记23两银铤,及铅山银场50两银铤。
④ 李问渠:《弥足珍贵的天宝遗物——西安市郊发现杨国忠进贡银铤》,载《文物参考资料》1957年第4期;万斯年:《关于西安市出土唐天宝间银铤》,载《文物参考资料》1958年第5期。

2. 1958年，南京出土中唐以后银锭银饼（缺乏数据资料）。①

3. 1958年，西安南郊后村发现唐银铤、银器（无铭重）：

杨存实打作银铤（残银）2382克；

无字银铤（形不整）250克；

无字银铤（形整）146.75克。②

4. 1961年，西安东北郊出土开州贡银50两残铤，440克。③

5. 1962年，蓝田发现崔焯广明元年（880）由容州（今广西容县一带）进奉20两贺冬银铤一枚，805克或806克。④

6. 1963年，长安县发现宣城郡天宝十三载（754）50两丁课银锭，2100克。⑤

7. 1970年，西安南郊何家村发现大批古长安兴化坊窖藏金银：

"太北、朝"字5两砝码银板2块，206克，210克；

"太北、朝"字10两砝码银板一块，417.1克（一作417.6克）；

"朝"字5两银板53块，204克至211克不等；

开元十九年（731）广东游安县10两庸调银饼3枚，435.9克；

开元十年（722）广东怀集县10两庸调银饼1枚；

墨书"东市库郝景五十二两四钱"银饼；

墨书"东市库赵忠五十两半"银饼等。⑥

8. 1970年，洛阳唐宫遗址出土银铤与银饼：

天宝十二载（753）安边郡（河北蔚县一带）50两和市银一铤，2055克；

无铭银铤，2050克；

"云"字通州（今四川达县）纳官23两税口银饼，940克。⑦

9. 1975年，浙江长兴县发现三枚无铭银铤：

---

① 叶庙梅等：《南京北阴阳营发现唐代银锭》，载《文物参考资料》1958年第3期。
② 《西安南郊发现唐"打作匠臣杨存实作"银铤》，载《考古与文物》1982年第1期。
③ 周伟洲：《陕西蓝田出土的唐末广明元年银铤》，载《文物资料丛刊》1977年第1期。
④ 同上。
⑤ 朱捷元：《长安县发现唐丁课银铤》，载《文物》1964年第6期。
⑥ 陕西省博物馆、文管会：《西安南郊何家村发现唐代窖藏文物》，载《文物》1972年第1期；秦波：《西安近年来出土唐代银饼之研究》，载《文物》1972年第7期。
⑦ 苏健：《洛阳隋唐宫城遗址中出土的银铤和银饼》，载《文物》1981年第4期。

一枚完整银铤，1795 克；另一截过残铤，1300 克；另一残铤 915 克。①

10. 1977 年 4 月，西安南郊唐东市遗址出土两枚无铭金铤，一重 1215.98 克，另一枚重 1191.44 克。②

11. 1977 年，西安征集到岭南 50 两商税银铤二笏，分别为 2107 克和 2115 克。③

12. 1979 年，山西平鲁县出土一批金铤、金饼：

朝臣进奉乾元元年（758）岁僧钱 20 两金铤，807.8 克；

张通儒进奉金铤，467 克；

员外同正 20 两金铤，283 克；

"万"字金铤，126 克；

参军裴氏金铤，982.65 克；

其余无铭金铤 77 枚，枚重 65 克至 1091.22 克不等；

金饼 4 枚，631.5 克，多有被截割痕迹。④

13. 1980 年，丹徒出土窖藏银铤 20 笏：

其中墨书 51 两银铤 3 笏，有两笏各重 2050 克和 2060 克。⑤

14. 1980 年，蓝田出土窖藏银铤三枚，其一重 1825 克：

其二为截半银铤，重 950 克；另一船形铤，1800 克。⑥

此外另将出土金银器物有权衡价值者胪列如下：

1. 西安西郊出土"宣徽酒坊"咸通十三年（872）造银酒注，铭重 100 两，缺盖实测 3245 克，缺盖及提梁实测 3224 克。⑦

2. 铜川出土"信永禄六两三分"银盘，重 255 克。⑧

3. 蓝田出土咸通七年（866）造内园供奉银盒，铭重 15 两 5 钱，实测 500 克；"桂管臣李杆进"银盘，铭"七两半"、8 两，实测

---

① 夏星南：《浙江长兴县发现一批唐代银器》，载《文物》1982 年第 11 期。
② 晁华山：《唐长安城东市遗址出土金铤》，载《文物》1981 年第 4 期。
③ 刘向群等：《西安发现唐代税商银铤》，载《考古与文物》1981 年第 1 期。
④ 陶正刚：《山西平鲁出土一批唐代金铤》，载《文物》1981 年第 4 期。
⑤ 刘建国：《江苏丹徒丁卯桥出土唐代银器窖藏》，载《文物》1982 年第 11 期。
⑥ 樊维岳：《陕西蓝田发现一批唐代金银器》，载《考古与文物》1982 年第 1 期。
⑦ 朱捷元等：《西安西郊出土唐"宣徽酒坊"银酒注》，载《考古与文物》1982 年第 1 期。
⑧ 卢建国：《铜川市陈炉出土唐代银器》，载《考古与文物》1981 年第 1 期。

262 克。①

4. 丹徒出土凤纹鎏金银盒，铭重 54 两 1 钱，实测 2060 克；银酒瓮，铭重 264 两 7 钱；残银舀水器，铭重 13 两 9 钱，实测 260 克。②

5. 西安南郊何家村出土大批金银器物中，9 两半金碗，实重 392.8 克；17 两金锅，实重 684.9 克；12 两银铛，实重 540.1 克；1 大斤丹砂，实重 746 克。③

6. 西安唐长安平康坊遗址及耀县出土 10 两 8 钱银茶托，97 两 5 钱银茶托，4 两 3 钱银茶托，9 两 5 钱银茶托。④

7. 除此之外，笔者见浙江省博物馆藏开元八年（720）赵仪等造洪钟，刻明"用铜一十三斤半"；据该馆曹锦炎先生函告，实重 18.2 斤，即 9100 克。

（二）近人对唐衡的重新检测

50 年代以来唐代金银铤器的纷然出土，为研究唐代权衡开辟了新的途径。当文物工作者们将一些银铤过秤实测之后，他们立刻惊异地发现，这些银铤所代表的唐衡轻重，与迄今流传的定论大相径庭。于是，一场重新测定唐衡的研究活动，便吸引了众多的学者，特别是文物考古工作者。比如陕西省博物馆及文管会、临潼县文化馆、山西省考古所、国家计量局等单位，以及李问渠、胡戟、陶正刚、苏健、邱隆、卢建国、樊维岳、刘向群、李国珍、陆九皋、刘建国、朱捷元、赵康民、韩伟、尚志儒等诸位，都曾利用他们接触的某些文物资料，进行过唐衡考订。这里，将他们的主要研究结论概括如次：

陕西省博物馆、文管会关于西安何家村窖藏金银器的实测研究，曾制为图表；他们的结论是，唐一两重 42.798 克，唐一斤重 684.768 克（相当今 1.37 市斤）。⑤

国家计量局有关专家对何家村出土银板的分析，亦制为图表；其结论为唐一两重 41.755 克，唐一斤合 668 克。⑥

---

① 樊维岳：《陕西蓝田发现一批唐代金银器》，载《考古与文物》1982 年第 1 期。
② 陆九皋、刘建国：《丹徒丁卯桥出土唐代银器试析》，载《文物》1982 年第 11 期。
③ 《西安南郊何家村发现唐代窖藏文物》，载《文物》1972 年第 1 期。
④ 参阅朱捷元：《唐代白银地金的形制、税银与衡制》，见陆九皋、韩伟编《唐代金银器》，文物出版社 1985 年版。
⑤ 《文物》1972 年第 1 期。
⑥ 《中国古代度量衡图集·附录》14。

李问渠对西安大明宫遗址四银铤的分析认为："唐时京城的五十两，折合今市秤六十七两。"① 如将此话略加折计，即唐一两重 41.875 克，唐一斤重 670 克。

胡戟根据何家村及铜川出土金银器数据和他本人对开元钱的实测，以及其他分析而获得的结论，是"唐一斤可试定为 680 克，一两为 42.5 克"。②

陶正刚综合对山西平鲁出土金铤测计及前人意见认为，唐代权衡确分大小制，大制一两约当今 43 克左右。③

苏健对洛阳出土银铤、银饼分析的结果是，唐大秤一两为 41 克，一斤为 656 克左右。④

卢建国对铜川银盘实测后说，唐一两约 40.5 克。⑤

樊维岳对蓝田出土的咸通内园供奉银盒实测的结果是，一唐两折 32.23 克。他怀疑这"是晚唐衡制发生变化，抑或唐人标重不确"。⑥

刘向群、李国珍实测西安征集的两笏岭南税商银铤，将一唐两折今 42.14 克，或一唐两折今 42.3 克。⑦

陆九皋、刘建国实测丹徒丁卯桥银铤的结论是，一唐两 40 克左右；实测银盒的结论则是一唐两 38 克。⑧

赵康民、韩伟、尚志儒等人也认为，唐代大制每两重 40 克。⑨

邱隆认为唐宋金元时期衡重，大都为一两 40 克。⑩

朱捷元综合各地金银铤器实测结果认为，唐代一两的克重数值，在 40.3 克至 43.59 克之间。⑪

以上各说，有些比较接近，有些差异颇大。若将清代以来的意见包括

---

① 《文物参考资料》1957 年第 4 期。
② 胡戟：《唐代度量衡与亩里制度》。
③ 《文物》1981 年第 4 期。
④ 同上。
⑤ 《考古与文物》1981 年第 1 期。
⑥ 《考古与文物》1982 年第 1 期。
⑦ 《考古与文物》1981 年第 1 期。
⑧ 《文物》1982 年第 11 期。
⑨ 赵康民、韩伟、尚志儒：《关于陕西临潼出土的金代税银的几个问题》，载《文物》1975 年第 8 期。
⑩ 邱隆：《衡重单位制的演变》下，载 1981 年 9 月 12 日《中国财贸报》。
⑪ 见前引《唐代白银地金的形制、税银与衡制》一文。

在内，那么，迄今有关唐衡大制一两的说法，至少可以归纳为如下 14 种，即 32.23 克，36 克，37.3 克，38 克，40 克，40.5 克，41 克，41.755 克，41.798 克，41.875 克，42 克，42.5 克，43 克和 43.59 克。

上述各种意见，虽未尽符合唐代的实际情况，却大都各有其合理性，因而不容忽视。至于如此繁杂的唐两数据说法纷然并陈，则一方面反映了唐衡研究的活跃，早已打破清代以来的冷落沉寂局面；另一方面，又表现出有关的研究尚未作出令人信服的阐释，至今没能形成为各界学人所接受的定论。

三 唐衡特征与唐秤斤两的轻重

（一）唐代权衡的规律性特征

近年来人们借出土银铤等物研究唐衡的活动，虽取得了很大的进展，却也存在着不少缺欠。比如，有些不具有典型价值的实物资料，被当作具有普遍意义的实物资料；再如，将性质、含义不同的数据资料平等看待，或者笼统地求其平均数值；又如，单纯凭靠出土实物为据，忽略了结合文献资料的综合考察。

中国历代度量衡演变的常识告诉我们，各个时期和地区的标准度量衡值，往往多所差异；即便是同一时期、同一地区的量衡，也因官斗与私秤之类差异而存在不同的计量标准。甚至同属官秤官平，亦因其服务于不同的收支职任而有所区别。唐代虽号称有定期平校制度，但其实际执行情况也极为复杂。鉴于此，为了获得比较客观而又全面的认识，我们必须把握唐代衡制演变的规律性特征。

唐代权衡的规律性特征，前已述及。概括地说，这些特征至少反映在五个方面：一是官秤斤两与私秤有异；二是贡税、征购类用秤与出售之类及一般官秤未必相符；三是小斤两与大斤两二制并行，或者说古今两套斤两并用；四是唐代前期与后期的衡重标准未必一致；五是唐代各地的习惯用秤或有差异。

唐代秤衡中的官私秤斤两规格，固不可一概而论。但就售货私秤而言，则往往轻于官秤。前引杜牧所说的"为工商者"，"纳以大秤斛，以小出之"，恰好反映了这种情况。① 而这种情况，又不独限于唐代一朝和个别

---

① 《樊川文集》卷 7，《杭州新造南亭子记》。

地区。诸如东魏"私民所用之秤",南唐鄂州市肆私贩的炭秤等,均"轻不及数"。① 宋代黄石出土银锭用的"市秤",也轻于官足秤。② 民用私秤的这种特征,同时也影响到被派作类似用场的官秤。

与这种情况相反,一般官秤不仅重于普通私秤,而且,其中官府收入所用之秤,又重于支付之秤——如同"为工商者"的"纳以大秤""以小出之"那样。前述长安市北司吏之所以"违约""私制"权量而被柳仲郢"杀而尸之",大约就在于他"入粟"时使用了特制的重秤大斗。③ 若干年后"后蜀官仓纳给用斗"也分二等:"受纳斗,盛十升;出给斗,盛八升七合。"④ 这时的黄州租赋,还公然加敛"耗物":过秤时每两另"耗其二铢","斗耗其一升"。⑤ 在其他地区,多"每斛加二升耗"⑥。这种加耗,后来发展为加秤、加斗。

就大斤大两制的发展变迁而言,其数百年间的官秤标准,亦难免略有变异。从今天出土资料分析,大致情况如下:隋初之秤最重——每斤可达693.1克以上;宋代官秤一斤,多在640克左右,明显轻于隋代;金元以来一斤又多在640克以下。自隋至宋元时期的官秤大斤既呈渐轻之势,唐代前后期的官定大秤,或许也有由重变轻的趋向。史籍中有关这种趋向的某些踪迹,似乎隐匿于唐衡的几次检测活动间。

大历十一年(776),曾"以上党羊头山黍""较两市时用斗"和"今所用秤"。其结果,发现"今所用秤每斤,小较一两八铢一分六黍",⑦ 即"今所用秤"小于标准斤两8.375%。

关于这次校定活动,胡戟曾作过分析。他计算当"时用秤一斤,仅合新较秤一斤之384分之351.84,即91.62%,古一斤按240克计,合唐一斤为659.7克"。对于新旧秤如此明显的差异,他从三个方面加以解释:第一,唐代较量用黍,与古黍未必一致;第二,旧秤在长期使用中失实;第三,他推测初唐权衡可能是"依据嘉量定制","以黍计量的方法,在唐

---

① 《魏书》卷110,《食货》;《南唐书》卷18,《苛政传》。
② 程欣人:《湖北黄石市西塞山发现大批宋代银锭》,载《文物参考资料》1955年第9期。
③ 《新唐书》卷163,《柳仲郢传》。
④ 《长编》卷6。
⑤ 《樊川文集》卷14,《祭城隍神祈雨文》。
⑥ 《夏侯阳算经》卷下,《求地税》。
⑦ 《唐会要》卷66。

初也未必见得应用过"。①

上述解释的第三点，可能性很小。因为太宗时张文收"依新令累黍尺定律校龠"——用累黍法制作两套乐律斛、秤、尺等，既有实物"藏于太乐署"，又有"斛铭"载述其累黍之事。开元十七年（729）考校大乐，太乐署还奉命取出。当时"以常用度量校之"，其"量衡皆三之一"。②

所谓"量衡皆三之一"，即太宗时"积秬黍"制作的乐律斗秤，其三斤相当中唐时常用大斗秤的一斤。从"常用"二字看，大约中唐以前的唐衡官秤，轻重变化不大。

胡文分析的第一种情况，或许的确有之。但即令如此，当时还能见到张文收制作的贞观黍秤，以及高宗总章年间所造的"一斛一秤"。③ 这些黍秤实物，足以校正累黍的误差。

这样，大历十一年的校验结果，该实实在在反映着"今所用秤"的斤两规格，明显地轻于昔日的标准官秤。而新秤每斤比旧秤轻8.735%的差异，只能解释为官秤因"行用已久"而"失实"——特别是开元以来至大历年间的规格变异。

中唐后期"所用秤"轻于初唐规定标准的现象，是太府少卿韦光辅在校量后奏报的。为了扭转和纠正这种秤斤渐轻的趋向，他要求进行一次大规模的改造度量衡活动，并以包括误差在内的新较斗秤为准。这一建议曾被代宗批准。然而，"改造铜斗斛尺秤等行用"的措施，却在执行中遭到反对和抵制。至第二年二月二十九日，代宗不得不另行宣布一项决定，令新造斗秤一律停用："公私所用旧斗秤，行用已久，宜依旧；其新较斗秤，宜停。"④

这样，中唐以后的秤斤，便沿着低于规定标准的方向继续发展下去。至晚唐时期，情况更糟。大和五、六年（831—832）间，甚至不得不更改"斗秤旧印"；面对违章斗秤一筹莫展。⑤

当然，这里说唐代前后期秤衡标准的差异大致呈渐轻的趋向，只是就总体趋向而言。至于其前后期的具体情况，则又千差万别；并非说前期所

---

① 见前引胡文《唐代度量衡与亩里制度》。
② 《通典》卷144，《乐·权衡》。
③ 同上。
④ 《唐会要》卷66。
⑤ 同上。

有官秤的标准，都一律无例外地高于后期官秤。

唐衡的规律性特征，还表现在地域性参差不齐方面。比如中原、内地与边远地带，富庶区域同贫困区域，盛产银金地与缺乏矿产资源地，其秤衡标准，彼此未必一致：或多见足秤，或减斤省两。

根据以上唐代权衡的规律性特征，我们对各种唐衡资料的认识，尚须注意如下三个原则：一是格外注重那些在反映唐衡规律方面意义重大的典型资料，而不应将各种资料等量齐观；二是注意区分官秤与私秤的不同标准；三是在官秤中又留意鉴别不同时期和地域的斤两标准，将那些大量反映一般地区和前期情况的资料，同偶然反映特殊地区和后期情况的资料区分开来。

（二）从银板资料看唐秤轻重

古长安兴化坊遗址（何家村）近年出土的窖藏银板，在研究唐衡方面具有特别重要的意义。

加藤繁在讨论砝码形古银板时指出，"所谓地金，是注入模型之后冷却凝固所得的东西"；而东京帝室博物馆所藏的古银板和奈良兴福寺中发掘的银板，都是长方形或秤锤形——"就是砝码形"，"它们已不是普通的地金。"[①]

前人已经考订，何家村出土的"太北、朝"字十两、五两银板，薄而长，主要用作朝廷支付；由于经过精细秤量，它们也具有秤权的作用。稍后时期刘承珪重定秤法，也铸过 20 枚铜牌，连同 32 副"铜式"及 2400 枚标准铜钱"授太府"使用。[②] 正因为如此，《中国古代度量衡图集》将何家村出土的部分银板资料收录，当作研究唐衡的重要依据。

何家村出土的银板，共计 60 枚。《中国古代度量衡图集》收录其中 15 块；陕西省博物馆、文管会发表这些资料时，原举出两块的数据。从同时出土的开元庸调银饼等物看，这些银板，大约是中唐前后朝廷左藏等库收藏之物。为了清楚起见，这里将上述两处披露的银板资料综合胪列，并将其折合唐代斤两的克数略加计算列入表内（见表 2—12）。

这里测算的结果是，唐代一两折今重 41.7 克，其 1 斤，今重 667 克，如仅以二三块"太北、朝"字砝码银板测算，唐一两重 41.5 克，1 斤重

[①] 《唐宋时代金银的研究》上册，第 236—247 页。
[②] 《宋会要·食货》69 之 4。

664克。《中国古代度量衡图集》测算的数据，是唐一两重41.755克，唐一斤重668克。看起来，中唐前后大制官秤的标准一两，大略在41克与42克间，其一斤，似在656克与672克间。

表2—12　　　　　　　　　唐代银板轻重表

序号	银板类型	铭重	实测今重	唐1两今重	唐1斤今重	资料来源
1	太北朝字板	10两	417.6克	41.76克	668克	《图集》
2	太北朝字板	10两	417.1克	41.71克	667.4克	《文物》1972.1
3	朝字板	5两	211克	42.2克	675.7克	《图集》
4	朝字板	5两	210.8克	42.16克	674.6克	《图集》
5	朝字板	5两	210.2克	42.04克	672.6克	《图集》
6	朝字板	5两	210克	42克	672克	《图集》
7	朝字板	5两	209.5克	41.9克	670.4克	《图集》
8	朝字板	5两	209.5克	41.9克	670.4克	《图集》
9	朝字板	5两	209.5克	41.9克	670.4克	《图集》
10	朝字板	5两	209.5克	41.9克	670.4克	《图集》
11	朝字板	5两	209.3克	41.86克	669.8克	《图集》
12	朝字板	5两	209克	41.8克	668.8克	《图集》
13	朝字板	5两	207.7克	41.54克	664.6克	《图集》
14	朝字板	5两	207.5克	41.5克	664克	《图集》
15	太北朝字板	5两	206克	41.2克	659.2克	《图集》
16	朝字板	5两	205.1克	41.07克	656.3克	《文物》1972.1
17	朝字板	5两	204克	40.8克	652.8克	《图集》
17板总计		95两	3962.3克	（平均）41.7克	667.2克	

（三）各地实测唐两的轻重趋向

各地关于唐代出土金银铤器物的实测数据，固然如上所述那样差异颇多，但若对这些参差数据略加综合分析，便不难发现其中存在着一种普遍的趋向——即较多见的数据，表明唐两在四十一二克；这恰与砝码银板提供的数据相符。兹将这些资料分为三组，略加综析。

1. 反映唐两为41克的实物资料

（1）洛阳唐宫遗址无铭银铤，2050克（以50两铤计）一两41克。

（2）长安县出土宣城郡天宝十三载50两丁课银锭，2100克，一两41.17克。

（3）洛阳唐宫遗址出土天宝十二载安边郡50两"和市"银锭2055克，一两41.4克。

（4）古长安兴化坊窖藏九两半流花金碗，392.8克，一两41.347克。

2. 反映唐两为42克的银锭器物资料

（1）天宝十年信安郡50两税山银锭，2100克，一两42克。

（2）岭南50两税商银2铤，铭文特别标注为"伍拾两官秤"者，分别重2107克、2115克，其一两分别为42.14克和42.3克。

（3）天宝十载宣城郡50两"和市"银铤，2115.6克，一两42.31克。

（4）山西平鲁出土"员外同正"小制20两金铤，283克，小制一两14克，折合大制，一两42克。

（5）铜川出土"信永录"6两3分银盘（6.0125两），255克，一两42.4克。

（6）平鲁出土"参军裴氏"金铤，982.25克，以23两铤制计算，一两42.72克。

（7）浙江省博物馆藏开元八年赵仪13斤半洪钟。曹锦炎实测为9100克。其一两，为42.13克。

此外，"张通儒"金铤467克，以11两计，一两42.4克；平鲁出土数量众多的无铭金铤，大者1091.22克，若以26两一铤计，一两亦为42克。但这类折计仅可作为参考。

3. 反映唐两接近41克的资料

（1）天宝二载朗宁怀泽郡贡53两银铤，2031.3克，一两40.625克。

（2）洛阳唐宫遗址"云"字通州23两税口银饼，940克，一两40.9克。

这两则资料，均可视为反映唐两41克或接近41克的资料。这样，连同上述资料一起，反映唐两41克至42克的资料已在12则以上。其中主要是金银铤饼之类。

在迄今出土的金银铤饼中，这类反映唐两为41克至42克的资料已占居多数。综合砝码银板与大多数金银铤的实测结论，唐代一般地区官秤大制每两的轻重已然比较明确：至少唐代中期前后的官秤大制一两，当在41

克至 42 克左右。

（四）关于特殊唐衡资料的认识

从银板及大多数金银铤器物测定的一般地区官秤唐两既为 41 克至 42 克左右，那么，与此差异较大的唐衡资料，似可考虑从如下三方面加以解释：一是非官府足秤或私秤；二是唐代后期或早期的秤衡标准；三是特殊地区或特定条件下的官秤。兹缕析如次。

1. 反映民间秤衡的资料

（1）唐长安东市遗址出土无铭金铤两枚，1215.98 克、1191.44 克；这两枚金铤不像平鲁出土的许多金铤那样，它没有铭文，又出于东市遗址，估计是民间流通的金铤。其折合唐两重，一为 40.5 克，一为 39.7 克。

（2）丹徒丁卯桥出土窖藏银铤，亦无铭文，仅墨书"重伍拾壹两"，实测 2050 克、2060 克，合一两 40.2 克、40.4 克。

（3）平鲁出土"乾元元年岁僧钱两金" 20 两金铤，虽有铭文，其每两重仅 40.4 克。或为市秤，或非官足秤。

（4）古长安兴化坊遗址出土单流金锅，墨书 17 两，实测 684.9 克，合一两重 40.288 克。

（5）丹徒丁卯桥出土鎏金凤纹大银盒，铭刻"伍拾肆两一钱贰字"，实测 2060 克，折一两为 38 克。

以上几则资料实测的唐衡较轻，每两仅 38 克至 40 克左右。这大约反映了民间秤衡标准低于官府足秤的情况。

2. 反映唐代后期官秤的资料

（1）蓝田出土"桂管经略使进奉广明元年贺冬银壹铤重贰拾两"者，实测 805 克，其一两为 40.25 克。该铤既为边师崔焯进奉，又多铭文，似不像市秤斤两。广明元年（880）为唐僖宗年号，时已近晚唐。

（2）蓝田出土另二银铤，1800 克、1825 克。合一两重 36 克、36.5 克。发现者断为咸通年间（860—874）之物。

（3）蓝田出土咸通七年（866）内圆银盒，铭重"一十五两五钱"，实测 500 克，合一两仅 32.2 克。

（4）蓝田出土"桂管臣"进奉的鸳鸯绶带纹银盘，铭重"七两半"，又刻"捌两"，实测 262 克。合一两 36.5 克，或 39 克。

以上资料，似反映晚唐官秤渐轻的情况。

3. 反映重秤及特殊地区或特定条件下的唐衡资料

迄今较重的唐衡数据，有根据兴化坊遗址出土之开元庸调银饼测定的，其每两重 43.59 克。

开元庸调银饼出于浒安、怀集县，证明《新唐书·食货志》"非蚕乡则输银"一语并非"妄增"。对于其银两重于一般官秤，似可从两方面加以解释。一方面，它可能反映了唐代前期斤两较重或初唐的此类遗风。尽管开元庸调银绝非初唐之物，但在迄今出土的唐代具铭银饼银锭中，毕竟未见比它更早的唐衡资料。前面曾述及历史博物馆收藏的一枚隋代铁权。该权 693.1 克重，被断为一斤权。其一两重 43.3 克，与开元庸调银两类似。据此亦有理由推论，每两 43 克以上的标准，或许正是初唐袭隋之制。但这一认识，尚待进一步确证。

从另一方面看，开元庸调银两的偏重，还可以特殊地区或特定条件来加以解释。它可能反映广东产银区敛取庸调时加征用秤的情况。所谓"诸州送物，作巧生端，苟欲副于斤两，遂则加其丈尺；至有五丈为匹者"，在开元八年前已然。① 诸州既可将绢帛一匹的尺寸扩大 1/4 而增量，庸调银每斤两略增重其秤，又何足为奇。

庸调银以外的重斤重两实物资料，还有兴化坊遗址同时出土的鎏金档和大粒光明砂。其墨书重量，分别为 12 两和一大斤，实测重则为 540.1 克和 746 克，即每两 45 克和 46.6 克。这类情况，或由当时标重失实所致，或与年久变异有关。究竟是否也反映唐衡之低昂，尚待研究。

（五）试定唐衡的斤两轻重

以上在前贤基础上综合考察的唐代斤两标准，不妨作如下的具体表述：

唐中期及其前后的时代，大部分地区的日用官秤，一两约当今 41 克至 42 克左右；其一斤，约当今 656 克至 672 克左右。医药等小秤制一两，约当今 13.8 克至 14 克左右，一斤约当今 219 克至 224 克左右。

唐代民间惯用秤及唐后期的一些日用官秤，通常略轻于唐代前、中期，其一两约 40 克左右，一斤约 640 克左右，或者更轻些。

唐前期以及特殊地区和特殊条件下的日用官秤较重，比如广东开元间庸调银的征敛，每两可达 43 克以上，每斤可达 688 克以上。

---

① 《通典》卷6，《食货·赋税下》。

这里，将新定与旧定的唐衡斤两标准略加比照，胪列如次：

表 2—13　　唐衡斤两轻重考订表（附隋衡及清衡轻重量值）

时期	旧说一两重	旧说一斤重	新定一两重	新定一斤重
隋代前期	41.76 克	668.19 克	约 43.3 克（大秤）	约 693.1 克
隋代后期	13.92 克	222.73 克	约 14.43 克（小秤）	约 231 克
唐代前期	37.3 克	596.82 克	（官秤大制） 42 克至 43 克左右	672 克至 688 克左右
唐代中期	37.3 克	596.82 克	（官秤大制） 41 克至 42 克左右 （官秤小制） 13.8 克至 14 克左右 （私秤大制） 42 克至 40 克左右	656 克至 672 克左右 219 克至 224 克左右 640 克左右
唐代后期	37.3 克	596.82 克	（官秤大制） 40 克左右	640 克左右
清代（库平）	37.3 克	596.82 克	37.3 克	596.87 克

从古泉为权，到唐币为钱（斤两钱之"钱"），货币与权衡，曾在交换经济史上屡结善缘。如今在缺乏传世权衡实物的情况下，唐衡轻重问题靠大量出土银钱器物而间接获得解决，这又为货币与度量衡关系平添了一段佳话。在枯燥乏味的社会经济史研究中，亦不失为一件趣事。

第六节　宋衡的斤两轻重

宋代标准官秤的一斤究竟有多重？这也是历来引人关注的一个问题。迄今包括《中国古代度量衡图集》和《常用计量单位辞典》在内的专书，无不沿用吴承洛《中国度量衡史》的旧说——以为宋代一斤，当今 596.82 克；宋代一两，当今 37.3 克。其实，这一旧说并不符合实际的宋衡轻重。宋代标准官秤一斤，大致相当于今天的 640 克左右；其一两，则约当今 40 克左右。也就是说，宋代的斤两，比旧说和今秤都要重许多。

一　宋人对当时权衡与古秤轻重的考校

关于宋衡轻重的最初研究，首推当时人的各种考校活动及其结论，特别是宋人对古秤与"今秤"的比较性检测意见。这类检测，或曾与天文、礼、乐器制相关，或同古器的收藏鉴定牵涉。其详情细节虽已难于洞悉，而某些大略数据，却仍可从散见的史籍载述中加以稽考。

（一）刘敞和沈括等人的检测古器活动

1. 皇祐间阮逸、胡瑗等人的检测活动

宋仁宗皇祐三年（1051）前后，阮逸、胡瑗等人曾依照古制，用上党中黍特制过三种"乐秤"：一为"石秤"，一为"钧秤"，一为"铢秤"。这些仿古的"乐秤"或"黍秤"，皆"以铜为权，以木为衡"。阮逸和胡瑗记述它们与现行秤衡的关系时说道："以太府寺见行秤法物校之"，则皇祐乐秤一斤，"得太府寺秤七两二十一铢半弱"；或者说："黍秤十六两，比太府寺八两尚少二铢半强。"① 这就是说，仿古的皇祐黍秤一斤，只相当同时太府寺秤的 0.43 斤，而不足其半斤。或者，反过来说，当时太府寺秤一斤，等于仿古黍秤的 2.03 斤弱。根据这一检测结果，阮逸和胡瑗认为，隋初的大秤，系"以古秤二斤为一斤"；并不像杜佑《通典》所谓"以古秤三斤为一斤"②。

按照阮、胡的意见，宋代太府寺秤与古秤的比较，也该是两倍多些。不过，他们制作的仿古黍秤，毕竟不能等同于古秤本身；何况，所谓"古秤"，又有先秦秤、秦秤、西汉秤、新莽秤、东汉秤等差异。究竟皇祐黍秤接近于哪一时期的古秤，亦不得而知。阮、胡等人的制作和检测秤衡活动，虽不能提供切实的宋秤数据，但在古秤研究方面，仍不失为有益的尝试。

2. 嘉祐间刘敞的鉴定古器工作

刘敞，字原甫，或作原父，是北宋文物考古学的先驱者之一。他在仁宗嘉祐五年（1060）出知永兴军，于长安故城附近搜集了大量古器，并展开了一系列鉴定考校活动。他对于一件西汉谷口铜甬的研究，尤其值得注意。据欧阳修的《集古录跋尾》记述：

> 右汉谷口铜甬，原父在长安时得之。其前铭云："谷口铜甬容十"：其下灭两字，"始元四年左冯翊造"。其后铭云："谷口铜甬容十

---

① 阮逸、胡瑗：《皇祐新乐图记》卷上，《皇祐权衡图》。
② 同上。

斗，重四十斤，甘露元年十月计掾章平左冯翊府……"下灭一字。原父以今权量校之，容三斗，重十五斤。始元、甘露，皆宣帝年号……①

这件"铜甬"原藏于刘敞家，后来因为欧阳修热衷于搜集古文，刘敞乃将其铭文摹送给欧阳修。赵明诚说"模其铭文以遗欧阳公"者，即指此事②。所谓"谷口铜甬"，即敞口铜斛。始元四年（前83）、甘露元年（前53），分别为西汉昭、宣二帝时期。西汉时铭重40斤的铜斛，至北宋时"以今权"校测，仅"重十五斤"，这表明宋代一斤的重量，相当西汉一斤的2.7倍。

以上《集古录》所载刘敞考校汉甬的事，南宋张表臣曾采入《珊瑚钩诗话》之中。③清赵翼使用此条资料，仅转引张表臣诗话，既未留意其原始出处，又未订正诗话转录的失误。④

3. 熙宁间沈括的考订意见

沈括曾说："予考乐律及受诏改铸浑仪，求秦汉以前度量斗升：计六斗当今一斗七升九合；秤，三斤当今十三两；[一斤当今四两三分两之一，一两当今六铢半。]……"他又说："今人乃以粳米一斛之重为一石。凡石者，以九十二斤半为法，乃汉秤三百四十一斤也"；"百二十斤，以今秤计之，当三十二斤。"⑤沈括提举司天监，约在熙宁五年（1072）左右。其上浑仪、浮漏、景表《三议》并完成浑仪的改铸任务，在熙宁七年（1074）七月。⑥按他提供的几组数据计算，宋代一斤，约当秦汉及其以前秤的3.7倍，或3.75倍。在这里，沈括没有将"汉秤"、"秦秤"及"秦汉以前"秤区别开来。

南宋初李石编《续博物志》，仍采用与沈括相近的说法："今之所谓石，九十二斤法为准，汉秤三百四十一斤也。"⑦

---

① 欧阳修：《集古录跋尾》卷1，《前汉谷口铜甬铭》。
② 赵明诚：《金石录》卷12，《古器物铭》。
③ 张表臣：《珊瑚钩诗活》卷2。
④ 赵翼：《陔余丛考》卷30，《斗秤古今不同》。
⑤ 沈括：《梦溪笔谈》卷3，《辩证》。
⑥ 李焘：《续资治通鉴长编》卷254，以下简称《长编》。
⑦ 李石：《续博物志》卷5。

(二) 吕大临等人的考订意见

1. 元祐间吕大临的考校活动

吕大临的《考古图》，成书于元祐七年（1092）三月。① 他收集并考较的古权量，包括秦汉及新莽等不同时期的实物。其中记述较为明晰者，有如下几种：

其一，是两枚标有"平阳斤"的秦权，吕氏断为秦二世时斤权；实测结果，当宋秤六两。② 也就是说，宋斤当秦斤重量2.67倍。

其二，是四盏西汉宫廷灯器。一盏，为成帝"水（永）始四年"（前13）造的"蒲坂首山宫雁足灯"，铭重六斤。第二盏，是宣帝五凤二年（前56）"甘泉上林宫行灯"，铭重六斤十两。以上两灯重量实测，共为宋秤三斤十四两。第三盏，是宣帝元康二年（前64）造的"甘泉内者灯"，铭重廿五斤十一两，实测为宋秤十斤四两。第四盏，为五凤四年（前54）造的车宫承烛铜盘，铭重三斤八两，实测为宋秤一斤五两。吕大临考校四灯之后说："以上四灯，皆汉宣帝时器……以今权校之，首山、上林二灯，五两奇，内者灯，六两半有奇，车宫盘，六两，当汉之一斤。数皆不同。"③ 这就是说，西汉斤两的轻重，并不统一。从蒲坂（今晋南永济县一带）那两盏宫灯的轻重看，大约是一汉斤相当宋秤五两多；从少府阉人内者灯看，则一汉斤当宋六两半多些；从车宫灯盘看，一汉斤当宋六两。宋斤相当汉斤的轻重，分别为3.25倍、2.67倍和2.5倍。

其三，是"好畤共（供）厨鼎"，即咸阳东郊长乐宫御厨供食所用之鼎。吕大临说："刻云，重九斤一两，今重三斤六两。今六两，当汉之一斤。与车宫盘之法同。"吕大临此处所说比例，仅是略数。若认真些说，其宋秤相当汉秤的轻重，为2.68倍，即稍高于"车宫盘之法"。而这一统计数据，并未包括鼎盖在内。

其四，是两件汉代容器。一件汉代三年造的轵家釜，铭重十斤一两九铢，实测为宋秤廿一两六铢［郭按：这一组数据，与吕氏结论中所说之比例不符。疑有讹误］。另一件轵家甑，铭重四斤二十铢，实测重一斤四两。吕氏总结说："釜、甑，皆汉器也；以今权量校之，釜四两七铢、甑五两

---

① 吕大临：《考古图后记》。
② 同上。
③ 吕大临：《考古图》卷9；《续考古图》卷1，四库全书本。

十八铢，当汉之一斤。……二器亦不同。"这就是说，从汉釜来看，宋秤四两七铢当汉秤一斤，宋秤为汉秤重量的 3.7 倍。若从汉甑来看，宋秤五两十八铢当汉秤一斤，则宋秤为汉秤重量的 2.78 倍。

其五，是一枚西汉武安侯家的铜钫。其铭重，四十二斤；以宋秤实测，为十六斤。即宋秤一斤当汉秤一斤的 2.625 倍。

其六，汉宣帝神爵四年（前 58）造的一枚铜熏炉。"铭云重五斤六两"，实测一斤三两。吕氏说："以今权校之，三两一八铢，当汉一斤。"① 所谓"三两一八铢当汉之一斤"，即宋秤约当汉秤的 4.27 倍。这也是略计。若以汉秤五斤六两与宋秤一斤三两为比例，原宋秤该当汉秤 4.5 倍。

以上吕大临考校的秦汉权衡，至少有两大特点。其一，是各器"数皆不同"。这既反映了古器古秤的参差和讹错，同时，也与吕大临当时的条件有关，不足为奇。其二是吕氏所考各器与宋秤的比较，出现了许多相近或相同的数据。这些大致相近的比率数据，显然具有十分重要的意义。它至少反映了古秤与宋秤的一般状况。

吕大临《考古图》、《续考古图》中的珍贵资料，曾引起后世学者的重视。明代王圻、王思义父子编《三才图会》，就采取了《考古图》卷九中的汉代熏炉资料，连同吕氏的考校结论在内，一并予以抄录；惟独不注明资料出处和考校者姓名。这种作法，颇易让人误会是汉秤与明秤的比较，从而可能造成极大的混乱。② 顾炎武在《日知录》中转用《好畤官厨鼎》及其权衡考订结论，即与《三才图会》不同。他明确指出，那是吕氏《考古图》所云。③

2. 北宋后期陈师道的记述

差不多与吕大临同时，陈师道在《后山谈丛》里记述了一次宋秤与古秤的考校活动。据他说，"畔邑令周阳家金钟，容十斗，重三十八斤；以今衡量校，容水三斗四升，重十九斤尔"④。

汉家重三十八斤的一枚金钟，以宋衡校，仅 18 斤。其宋秤一斤，略当汉秤二斤。这一轻重比例，与一般宋人测定的数据相去甚远，唯接近阮

---

① 吕大临：《考古图》卷 9；《续考古图》卷 1，四库全书本。
② 王圻、王思义：《三才图会·器用卷》中册，上海古籍出版社 1985 年版，第 1086 页。
③ 《日知录集释》卷 11，《权量》。
④ 陈师道：《后山谈丛》卷 2。

逸与胡瑗之说。

3. 大观间王黼等人的考订

北宋末有关古衡轻重的考订，集中反映在《宣和博古图》中。洪迈的《容斋随笔》和钱曾的《读书敏求记》，都以为该图书乃宣和年间之物。① 然而，据蔡絛说，那是大观年间仿效李公麟《博古图》而制作的。其书名之"宣和"，并非指年号，而是指这一年号出现之前的宣和殿名。惟其如此，该书又称为《宣和殿博古图》。② 该图的说明文字，大约出于王黼等人之手。尽管这些说明文字，多"附会古人，动为舛谬"；甚至被讥为"荒谬而可笑"；③ 但其中有关权衡的数据，仍有重要的参考价值，不可因人而废言。兹就《宣和博古图》有关资料略举数端如次。

其一，汉成帝绥和元年（前8）的一枚铜壶，铭重十二斤八两，《宣和博古图》考说："重五斤有半。"④ 即宋秤一斤，当西汉秤2.27斤。其二，汉哀帝建平四年（前4）造的"长安厨孝成庙铜鼎"，铭重二十六斤，宋秤九斤，即宋秤当西汉秤2.89倍。其三，吕大临《考古图》已录的汉好畤供厨鼎，在《宣和博古图》中载述更详：鼎盖铭重，一曰"二斤十一两"，一曰"二斤十两"。以鼎盖与鼎器的原铭重合计，共十一斤十一两，或十一斤十二两。考订说："共重四斤。"⑤ 即宋秤当西汉秤2.9倍。其四，汉定陶鼎，铭重九斤二两，考订说，重三斤。⑥ 宋秤当西汉秤三倍。其五，汉宣帝元康元年（前65）的梁山锏，铭重十斤，考重二斤十三两。宋秤当西汉秤3.5倍。⑦ 其六，汉汾阴宫鼎盖，铭重三斤八两，器身铭重十斤，考订说，"共重三（？）斤"。⑧ 以此率计，宋秤当汉秤4.5倍。疑其有误。

以上所列资料的后几则，疑其或有不确之处。但从多数情况来看，不能视为虚妄。宋秤当汉秤三倍以下的比率数据，该多少反映北宋末期人考订的结论。

4. 南宋朱熹与周应合等人的意见

---

① 洪迈：《容斋随笔》卷14。
② 蔡絛：《铁围山丛谈》卷4。
③ 永瑢等：《四库全书总目提要》卷115，《子部·谱录类》。
④ 《宣和博古图》卷12。
⑤ 《宣和博古图》卷5。
⑥ 同上。
⑦ 《宣和博古图》卷21。
⑧ 《宣和博古图》卷5。

南宋时期对宋秤与古秤的比较，可以朱熹与周应合所述为代表。朱熹说："今之一两，即古之三两。"① 周应合的《景定建康志》也说：魏晋权量，"历宋齐梁陈，皆因而不改，……秤则三两当今一两"。②

与北宋人对古器的收集、鉴定和考校相比，南宋人在这方面的活动已日趋寥落。朱熹和周应合关于今秤三倍于古秤的说法，其实也不是他们自己考订的结论；那不过是抄袭前人成见罢了。唐代杜佑在《通典》中，就曾指出东晋敛赋的轻重标准，"历宋齐梁陈皆因而不改……其度量，三升当今一升，秤则三两当今一两"。③

值得注意的是，赵翼在《陔余丛考》中曾引录下述记载："陈无择曰：二十四铢为一两，每两古文六铢钱四个，开元钱三个，至宋，以开元钱十个为一两，今之三两，得古之十两。"这段话大约有两层含义。其一，是说唐代三枚开元钱的重量，已当古秤的一两。其二，是说宋代的一两，当古秤的三倍以上。据此，赵翼便推断："是宋之斗秤，较唐又大矣！"④

"陈无择曰"一段话的不妥，主要是混淆了唐代大小斤两制，并忽视了唐宋衡制的大致相同。按，"以开元钱十个为一两"，并非"至宋"始然；而是初唐以来的旧制。⑤ 在这一点上，唐宋两代并无异制。但"开元钱十个为一两"的两，系指大两。至于大两之外的小两，其轻重略与古秤相近。这就是所谓"二十四铢为两，三两为大两"。⑥ 确切些说，开元钱三个，仅重7.2铢；尚不足一小两或一古两。每一小两，或古秤一两，为唐秤八铢。"陈无择曰"既忽略了这一误差，又忽略了唐宋同制，从而夸大了宋秤的重量。

（三）由宋人考校权衡看宋秤轻重

宋人对古今权衡的研究和比较，具有多方面的意义。仅就本节所论宋代斤两轻重的考订而言，当时人所提供的许多数据资料，迄今仍有重要的参考价值。宋人关于古今秤斤的考校意见，以宋秤三倍于古者较少，而以宋秤不足古秤三倍的数据资料较为多见。兹将这些数据资料列表如次（见

---

① 《朱子语类》卷138，《杂类》。
② 周应合：《景定建康志》卷40，《田赋》。
③ 杜佑：《通典》卷5，《食货·赋税》。
④ 赵翼：《陔余丛考》卷30，《斗秤古今不同》。
⑤ 《通典》卷9，《食货·钱币》。
⑥ 《通典》卷6，《食货·赋税》。

表2—14）。

表中参差各异的比例数据，主要反映了秦汉及其他古秤的标准斤两，轻重并不统一。若就宋人用以考校古器的秤衡来说，则大多是较为标准的太府寺秤或文思秤。其误差似不致太大。从今日出土的古代权衡资料看，秦秤每斤或轻至 235 克，或重达 274 克。以 37 种秦权平均统计，每斤 247.3 克。西汉秤每斤的轻重，亦在 235 克至 258 克之间，平均每斤 246.5 克。①

表 2—14　　　　　　皇祐至大观间考校古秤轻重表

每宋秤1斤相当古秤之斤数	古器依据
2.03	皇祐复制古黍秤
2.27	绥和元年（前8）铜壶
2.50	元康二年（前64）铜灯
2.625	西汉铜钫
2.67	秦二世斤权
2.67	五凤四年（前54）灯盘
2.68	汉厨鼎
2.70	始元四年（前83）、甘露元年（前53）铜甬
2.89	建平四年（前4）铜鼎
2.90	汉厨鼎
3.00	汉定陶鼎
3.25	永始四年（前13）、五凤二年（前56）宫灯
3.50	元康元年（65）锏
3.70	汉三年釜甑，沈括所用古器
3.75	沈括所用古器
4.50	神爵四年（前58）熏炉，汉鼎盖

据表中所列前 10 项资料统计，每宋秤一斤相当秦、西汉秤之斤数，平均为 2.59。即宋秤的轻重，差不多等于秦汉秤的 2.6 倍。若将沈括所考

---

① 参阅丘光明：《我国古代权衡器简论》，载《文物》1984 年第 10 期。这里在丘文基础上稍加计算。

订的两种情况包括在内，每宋秤一斤该当秦汉秤之斤数，平均为 2.74。据此，宋秤约略可当秦汉秤的 2.7 倍。假如从表 2—14 所列参差数据中进一步分析，把宋人考校古今权衡的代表性意见，归结为宋秤相当秦汉秤的 2.6 倍至 2.7 倍左右，那么，以秦汉秤平均每斤 247 克作计，宋秤每斤轻重，当在 642 克至 667 克之间；其每两轻重，则在 40 克至 41.6 克间。

表 2—14 所列宋秤与古秤的比较数据资料中，有两个数据资料显得非常重要，即吕大临《考古图》引录的秦二世"平阳斤"，与欧阳修《集古录》所载、刘敞考订的始元四年及甘露元年的"谷口铜甬"。这两器的资料表明，宋秤与秦汉秤的轻重比例，分别为 2.67:1 和 2.7:1。由于这两则资料的可靠程度较高，它们所反映的比例也当受到特别的重视。

这里试以上述比例为率，参较近年出土的同类或相近古器——比如以上海博物馆所藏的秦代美阳斤权，同《考古图》中的平阳斤权对照考察；另以西安文物商店所藏五凤元年上林苑铜升，与《集古录》中的铜甬对照考察，那么，美阳斤权重 240 克，其 2.67 倍，为 640.8 克；上林苑一斤二两铭重的铜升，实重 267.3 克，每斤实重 237.6 克，其 2.7 倍，为 641.5 克。略而言之，宋秤一斤约 640 克，宋秤一两为 40 克。

不论是宋人考校权衡的代表性意见，抑或是其中较为可靠的典型实物例证，其所反映的宋秤与秦汉秤比较结论，都大略相近。由此而考知的宋秤每斤两轻重，也大致相同。

二 近年出土的宋衡实物资料及其研究

目前所见有关宋代权衡的实物资料，可以大致分为两类：一类是宋代的权衡实物，另一类是标有宋代权衡数据的其他实物——诸如银铤、银锭，以及标有轻重数字的金属器物等。

（一）近年出土的宋代权衡实物

近年以来我国大陆出土和征集的宋代权衡实物，1984 年版的《中国古代度量衡图集》仅收录两种。这里另加补充，举出 5 项确为宋衡的实物资料：

1972 年 12 月浙江瑞安出土的"永丰熙宁百斤铜砣"。这是北宋中叶江浙等路铸钱司及发运司等处专用的一副标准秤砣。其铭重为 100 斤，铸造时间为熙宁后期，铸造地点为池州永丰监（今安徽省贵池县）。以今秤计，其实重为 62500 克，或 125 市斤。该砣制作精良，雕饰考究，腹部分 15 行铭刻 164 字，现藏于浙江省瑞安县文化馆。① 其铭文见节末附录。

1973 年四川大邑县安仁镇出土的两枚铁权。这是两枚窖藏宋代铁权，均未见铭文。其中一枚葫芦形铁权，今重 925 克；另一枚铁锤形权，今重 825 克。②

1975 年 2 月湖南湘潭烟塘出土的"嘉祐百斤铜则"。铜则铭文清晰，铸造时间为嘉祐元年（1056），重 64000 克，或 128 市斤。其制作亦较为讲究，一面刻曰："铜则重壹百斤黄字号"，另一面刻曰："嘉祐元年丙申岁造"。该权现藏湖南省博物馆。③ 其既称"铜则"，显系标准权式。

1958 年秋山西垣曲发现的"垣曲县店下样"。这是北宋运盐业中设置的大型标准石权。其置立时间为元祐七年（1092）置立地点，在垣曲县；以今秤计量，重 140 公斤，无铭重。该"店下样"呈八棱形。其八个平面上，分 38 行镌刻 293 字。前六字较大，题曰"垣曲县店下样"。该权现藏垣曲县博物馆。④ 笔者曾有专文考订该石样之重量，认为它原系解州池盐一大席，即 220 宋斤；或者除去二斤"脚耗"，即 218 宋斤。⑤ 该石样铭文亦见节末附录。顺便指出，宋初解池畦户间，曾盛行过 116.5 斤的小席制。从范祥推行钞法后，商盐一般都用大席计数。这里为慎重起见，还可以假设店下样的标准斤两为 2 小席，即 233 宋斤，或者再除去二斤脚耗，为 231 宋斤。

近年苏州征集的三枚宋代铁权。这是三枚从未正式公布的宋权。其中较大的一枚，分两面铭刻，一面曰："宗二哥六□"；另一面残留"大□□"三字。从后二字残余笔画看，似为"大观式"。以今秤计量，重 793 克。第二枚中等的铁权，底残，今重 540 克。第三枚小型铁权之铭文，残见一"国"字，今重 227 克。这三枚铁权，均藏于苏州博物馆。

以上五则资料中，一、三两则铭文比较清晰，可径以今秤求知宋秤轻重。第四则资料，经笔者考订后亦可利用。惟二、五两项资料，情况显得复杂些。兹将借第一、三、四则确凿资料实据，列为下表：

---

① 俞天舒：《浙江瑞安发现北宋熙宁铜权》，载《文物》1975 年第 8 期。
② 胡亮：《四川大邑县安仁镇出土宋代窖藏》，载《文物》1984 年第 7 期。
③ 周世荣：《湘潭发现北宋标准权衡器——铜则》，载《文物》1977 年第 7 期。
④ 王泽庆、吕辑书：《"垣曲县店下样"简述》，载《文物》1986 年第 1 期。
⑤ 参阅拙文：《关于宋代垣曲县店下样的几点考释》，载《文物》1987 年第 9 期。

表 2—15　　　　　　　　　　北宋权衡实物轻重实测表

权衡器名	铸造时间	地域	权衡类型	宋秤一两	宋秤一斤
黄字号百斤铜则	嘉祐元年（1056）	荆湖南路	千字文铜则	40 克	640 克
永丰监百斤铜砣	熙宁后期（1075—1077）	江浙等路	标准官秤砣	39.06 克	625 克
垣曲县店下样	元祐七年（1092）	陕西、河东路	解盐民用契约样权	39.8—40.1 克（37.6—37.9 克）	636.4—642.2 克（601—606 克）

苏州地区征集的"宗二哥"铁权，有"大"字之铭。该字下一字，似为"斤"。从表 2—15 实测结论推断，该权或许是廿两或廿二两权。其今重 792 克，以 20 两计，每两恰为 39.6 克。以此推计，宋秤一斤为 634 克。若以 22 两权计，每两重 36 克，每斤重 576 克。上述大邑县安仁镇的两枚铁权，若分别以 22 两和 25 两计，其每两今重为 37 克和 37.5 克。但这类情况终属于推断，不似表 2—15 所列之数据那般可靠。

（二）近年来宋代银铤的出土与研究

权砣之外有关宋衡的实物资料，以银铤、银锭等物较为重要。历来被认为是研究唐宋金银铤锭的最早论著，当推 20 世纪二三十年代加藤繁的《唐宋时代金银的研究》。加藤繁本人亦十分自信地断言：唐宋时期的金铤和银铤，"在中国书籍中已不见其形影"，或"已不容易看见"；惟在日本，"尚见有从中国传入之图样"。[①] 然而，在事实上，唐宋金银铤的"形影"，不仅没有在中国书籍中绝迹，而且，"图样"之外的金银铤实物资料，还是首先在中国书籍中出现的。

加藤繁《唐宋时代金银的研究》一书，初刊于大正 15 年（1926）。在此六年以前，我国学者罗振玉已编辑了《海外吉金录》。他那载有四枚唐宋银铤实物资料的《贞松堂集古遗文》，虽刊行于 1930 年，但有些银铤资料，在此以前已经发表。据作者说，他"遍览所储，编为金文著录，发表于时"的准备工作，还包括"三十余年搜集之劳"在内。这类编著工作，正是"乾嘉以降"直至晚清吴大澂等人活动的继续，更是"治宋贤之旧"

---

① 加藤繁：《唐宋时代金银的研究》上册。

的一种古老传统活动,"拟将前人未著录者会为一编,以补前人之未备"者也①。此外,继罗振玉之后,黄濬的《尊古斋所见吉金图》,也著录了五枚唐宋银铤。②罗振玉等人虽然著录了晚清以来出土的一些银铤,却很少将实测轻重标出。特别是有的银铤流传在商人之手,很难进行实测。比如唐代崔慎由端午进奉的50两银铤,罗振玉就说:"惜此银在春明估人手,不能知其厚薄,及以今权一较唐衡轻重耳。"③

20世纪50年代以来,宋代银铤银锭的出土大约不下十余次。每次出土银铤锭,大都进行了实测鉴定。兹将这些银铤锭所反映的宋衡资料汇辑如次:

1955年5月湖北省黄石市西塞山前发现一坛宋代银锭。内有淳祐六年(1246)从连州(今广东连山壮族瑶族自治县一带)运交湖广总领所的大批经制银,铭刻着押解人、鉴定人、经手人、制作人等姓名、起交地点及总银数、每锭银轻重等,如云:"帐前统制官张青,今解到银柒仟陆百两,每锭系市秤伍拾两重,匠人张焕、扈文炳、宋国宁、何庚";"连州起淳祐六年经制银锭。"这枚银锭,今秤60两。另有铭重25两和十二两半之银锭,今秤分别为30两和14两。其余未铭重之银锭,尚有今秤7.5两与3.5两者。④将以上前两种银锭之今秤重量折为克或千克,则宋代市秤50两、25两,分别为今秤1.875千克,937.5克。平均每一宋两,当今37.5克;每一宋斤,当今600克。今秤7.5两者,或许为宋秤6两银锭;若然,即每两当今39克。

1955年西安南郊出土两枚船形银铤锭,今秤分别重2000克与1656克;⑤按宋代用银习惯分析,似为50两铤与40两铤。这样较计,宋铤一两,今重40克,或者41.4克。

1956年西安东郊出土一枚银铤,今秤1716克重。⑥如以40两铤计,每两当今秤42.9克。

1958年湖北荆州发现又一批窖藏宋代银锭。较大者,"重叁十两",

---

① 罗振玉:《贞松堂集古遗文自序》,见《罗雪堂先生全集》初编,第十册。
② 黄濬:《尊古斋所见吉金图》初集,卷4。
③ 罗振玉:《辽居稿》,《崔慎由端午进奉银铤影本跋》。
④ 程欣人:《湖北黄石市西塞山发现大批宋代银锭》,载《文物参考资料》1955年第9期。
⑤ 朱捷元、黑光:《西安南郊出土一批银锭》,载《文物》1966年第12期。
⑥ 同上。

或二拾五两。其铭文，有"府东门"、"黄将仕宅"、"广东转运"、"销铤银""淳祐十一年押人林崧英"、"猫儿桥东"、"吴松铸"等。可惜未见实测轻重数据。①

1958年内蒙古巴林左旗毛布力格村附近出土 50 两银铤五件。其一，为"福州进奉同天节伍拾两铤"，铭文 4 行 20 字，今重 1993.75 克，平均每两重 39.875 克。其二，为"杭州都税院买发转运衙大观元年郊裡银壹阡两"中的一铤"伍拾两"，铭文 4 行 34 字，今秤 2000 克，平均每两 40 克。其三，为"虞州瑞金县纳到政和四年分奉进天宁节银"铤，铭文 4 行 45 字，今秤 2003.125 克，平均每两 40.0625 克。其四，为潭州浏阳县永兴场进奉银伍拾两铤，正反两面分 5 行刻 36 字，今秤 2006.25 克，平均每两 40.125 克。其五，为信州铅山场伍拾两银铤，已损为两段，今秤 2006.25 克，平均每两 40.125 克。②

1960年西安南郊出土 14 件无铭船形银铤，其今重分别为 1940 克、1907 克、1812 克、1840 克、1531 克、1840 克、1840 克、1807 克、1812 克、1656 克、1907 克、1907 克、1656 克、1625 克。或有"田"或"田口"字样，亦略见残损痕迹。③ 如以 40 克一两计，最重者达 48.5 两。如以 50 两一铤计，较重者每两当今 38 克左右。似为"市秤"标准之铤锭。

1975 年河南方城县出土六枚南宋银铤。其间三枚完整的银铤中，有一枚铭刻 4 行 50 字，系"广州经总制起发"的绍兴二十六年（1156）春季经总制 50 两银铤，并砸印着"北张铺"款识，实测今重 1950 克，即每两折今 39 克。另二枚"真花铤银"，今重均 245 克。④（约以六两银计，每两当为 40.8 克）

1976 年河南方城一带有人拾得"聂北铺""出门税"银铤一枚，铭重 50 两，今秤亦重 1950 克。⑤

1976 年湖北襄樊羊祜山出土两枚银铤。其一，是潮州发"赴广州提举衙交纳"的绍兴三十年（1160）分钞价银，今秤重 2000 克。其二，是刻有"阆州通判"和"天七"、"霜"等标识的"兴元县团并到银"铤，铭

---

① 程欣人：《荆州城外发现宋代银铤》，载《文物》1960 年第 4 期。
② 李逸友：《内蒙古巴林左旗出土北宋银铤》，载《考古》1965 年第 12 期。
③ 朱捷元、黑光：《西安南郊出土一批银铤》，载《文物》1966 年第 12 期。
④ 刘玉生：《河南方城县出土南宋银铤》，载《文物》1977 年第 3 期。
⑤ 同上。

重 50 两，今秤重 2030 克。① 从这两枚银铤的实测轻重来看，南宋潮州钞价银所用秤衡，每两当今 40 克，四川阆州及兴元县银用秤，每两当今 40.6 克。

1979 年江苏常州茅山（茍容）出土的南宋"王周铺""出门税"等 12 枚银铤，及张铺、周四郎等"出门税"金牌 29 枚。银铤共重 1647.2 克，大铤今重 487 克，小铤今重 225 克至 229 克。金牌共重 113.7 克，每枚今重 3.1 克至 4.1 克。② 其大银铤若以 12 两半之铤计，每两折今 39 克。小铤若以六两计，每两折今 38 克左右。1980 年前后，陕西扶风还出土 375 克和 982 克重宋金银铤。

1981 年四川双流县出土一批银铤③。其一，大约系金代"解盐使司入纳银" 50 两铤，今重 1850 克，即每两折今 37 克。其二，是南平军（今四川南川、綦江一带）庆元二年（1190）夏季的经总制银铤，今重 873.7 克，原铭重 25 两，即每两当今 35 克；后补刻云 26 两 6 铢，约每两仅 33 克多些。其三，为"张家信实记"，"留侯世家"铤，今重 998 克。其四、其五、其六，亦为张氏银铤，今分别为 918 克、935 克、988.5 克。这后四铤，似均为 25 两铤，即每两分别当今 29.9 克、36.72 克、37.4 克、39.54 克。

1981 年山东平邑县出土一枚亚腰形银铤，正面铭刻"宋伍拾两，使司行人朱甫守甫杨原"等字，今重 2000 克。④ 其每两，当今 40 克。

1985 年安徽六安县出土 12 枚宋银铤锭。其铭文有"真花银"、"出门税"、"京锭银"、"买到绍兴二十一年秋季"等字。今重分别为 500 克、490 克、490 克、490 克、480 克、245 克、240 克、240 克、235 克、230 克、200 克。⑤ 500 克重者，边缘残留"伍拾两"字样，显系切割剩余部分。以伍拾两铤的四分之一计，即 12.5 两，每两亦当今 40 克。其余各铤，似分别为 12.5 两、12 两、6 两、5 两等铤，每两相当今秤，约 39 克至 40 克。

内蒙古赤峰市发现五件宋代银铤。其一为京西北路提举学事司进奉崇

---

① 崔新社：《湖北襄樊羊祜山出土宋代银铤》，载《文物》1984 年第 4 期。该文发表时，"钞价银"误作"纱价银"，经笔者函询该市文物管理处杨力先生复告，证实确系抄写之误。借此对杨力先生的协助谨致谢意。
② 詹婉容、朱蕴慧：《苏南茅山出土南宋金牌银铤》，载《考古与文物》1982 年第 6 期。
③ 张肖马：《四川双流县出土的宋代银挺》，载《文物》1984 年第 7 期。
④ 刘心健、李常松：《山东平邑出土银铤》，载《考古》1984 年第 4 期。
⑤ 邵建白：《安徽六安出土南宋银铤》，载《文物》1986 年第 10 期。正文排印，脱一 490 克。

宁四年天宁节的50两银铤，今重1925克，每两当今38.5克。其二、其三、其四、其五，分别为毛伯元铤、王公全49.9两铤、郭用章49.8两铤，潭州酒务抵当所支常平坊场积剩钱买到的50两银铤。①

兹将以上银锭所铭刻的宋衡轻重与今秤比较，综合列表（见表2—16）。

表2—16　　　　　　　出土宋银铤锭铭重与今秤比较表

序号	出土银铤锭名	铭重或原重	今重（克）	每两当今（克）	每斤当今（克）
1	襄樊出土兴元县团并银铤	50两	2030	40.6	649.6
2	巴林左旗出土永兴银场进奉铤	50两	2006.25	40.125	642
3	巴林左旗出土信州铅山场锭	50两	2006.25	40.125	642
4	巴林左旗出土虔州政和四年进奉天宁节铤	50两	2003.125	40.0625	641
5	巴林左旗出土杭州税院买发大观郊禩铤	50两	2000	40	640
6	襄樊出土绍兴三十年潮州钞价银铤	50两	2000	40	640
7	平邑出土使司银铤	50两	2000	40	640
8	西安南郊出土银铤	(50两)	2000	40	640
9	巴林左旗出土福州进奉同天节铤	50两	1993.75	39.875	638
10	方城出土绍兴二十六年广州经总制铤	50两	1950	39	624
11	方城拾得聂北铺出门税银铤	50两	1950	39	624
12	赤峰发现京西北路学司进奉崇宁天宁节铤	50两	1925	38.5	616
13	西塞山出土淳祐六年连州经制银铤	50两（市秤）	60两（1875克）	37.5	600
14	西塞山出土银铤	25两（市秤）	30两（937.5克）	37.5	600
15	双流出土解盐使司入纳银铤	50两	1850	37	592
16	双流出土南平军经总银铤	25两	873.7	35	560
17	西塞山出土银铤	12.5两	14两（437.5克）	35	560

---

① 项春松：《内蒙古赤峰市发现五件宋代银铤》，载《文物》1986年第5期。

表 2—16 所列铤锭，大抵皆有铭重，或者原重较为可靠。浙江省博物馆藏宋代银铤一枚。据该馆曹锦炎赐告，该锭今重 2067.2 克。[①] 以常制 50 两一锭计，每两当今 41.3 克。此外，其余的出土铤锭，还有一些亦能大致判定其原重。这种断定虽未必十分确凿，亦约略可备参考。兹将这部分铤锭所反映的宋衡，另与今秤比较，列为表 2—17。

表 2—17　　　　　　　部分宋银铤锭原重与今秤比较表

序号	宋代银铤锭名	宋衡重量	今重（克）	每两当今（克）
1	浙江博物馆藏宋代银铤	约 50 两以上	2067.2—	41.34—
2	方城出土真花银铤	约 6 两	245	40.8
3	六安出土宋代银铤	约 12.5 两	500	40
4	双流出土张家信实记银铤	约 25 两	998	39.92
5	双流出土张家信实记银铤	约 25 两	988.5	39.54
6	双流出土张家信实记银铤	约 6 两	(7.5 两) 234.4 克	39.06
7	茅山出土王周铺出门税银锭	约 12.5 两	487	38.96
8	西安南郊出土银锭	约 50 两	1940	38.8
9	西安南郊出土银锭	约 40 两	1531	38.3
10	茅山王周铺出门税银锭	约 6 两	220	38.2
11	西安南郊出土船形银锭	约 50 两	1907	38.14
12	茅山王周铺出门税银锭	约 6 两	225	37.5
13	双流出土张家信实记银铤	约 25 两	935	37.4
14	双流出土张家信实记银铤	约 25 两	918	36.72

三　宋衡的斤两究有多重

从吴承洛提出宋衡旧说以来，于今已过去半个世纪。在这五十多年中，有关宋衡的出土实物，已较前大为丰富；学术界对度量衡史的研究，也有了一定的进步。每次宋衡实物出土之际，考古工作者们都据以进行实测，为研究一般宋衡轻重积累了大量的资料。在这种情况下，重新倡立宋衡新说不仅必要，而且也有此可能。

---

① 此铤由笔者委托曹锦炎先生代为实测，曹先生于 1987 年 4 月 22 日复函赐告实测结果，谨此鸣谢。

本节关于宋代标准官秤轻重的考察结论是：每两通常为 40 克左右，每斤通常在 640 克左右。这一结论，不妨作为关于宋衡轻重的一种新说法提出来供大家讨论。概括地说，我对这一新说法所作的论证，主要集中在如下三个方面：

其一，上述结论的依据，首先是各种出土宋衡实物的铭重，与今秤检测之结果，而不是某些宋代钱币的秤量。本节表 2—15 所列几种宋权显示，当时官府标准秤衡的一两，大致在 39 克至 40 克之间。

其二，除宋衡实物之外，上述结论还依据了大量出土宋代银铤锭的铭重、原重，与今秤检测结果。本节表 2—16 所列 17 项银铤资料中，每两今重 40 克者，已占一半以上。如将表 2—17 所列数据估计在内，则每两今重 39 克至 40 克左右者，约占银铤锭数据总量的 2/3。这样大量的实物数据资料，竟然显示着相同的结果，足见它反映了当时官秤的一般情况。

其三，关于这一结论的另一依据，是文献中宋人对当时权衡与古秤轻重的比较记录。以宋人这种比较性的检测记录，与今日同类古秤的实重相照验，我们可以间接地证实：宋衡一两，恰当今 40 克左右。

值得注意的是，宋代的秤衡，曾有各种不同的规格。而不同规格的宋秤，其斤两标准也各异。所以，讨论宋衡轻重时，必须作具体的分析，不能一概而论。大致说来，宋秤有官秤与民秤之分，又有足秤与省秤之别，还有地方性用秤等差异。西塞山出土的宋代银锭铭文，称"每锭系市秤"云云，即指一种轻于标准官秤的秤。其每两当今 37.5 克，即表明了这一点。本节所考察的宋衡，其实只是以标准官秤为代表的一般宋衡。

[附录一] 池州永丰监熙宁百斤铜砣铭文：

> 池州永丰监准州帖指挥准州置［署］衙牒，取到广德军建平钱库省样铜砣壹副，前来本监依样铸造壹百斤铜砣贰拾副。今已铸造讫。熙宁□□正月□日。
>
> 铸铆匠宁照、汪吉；秤子刘衡；池州防御推官知池县事较定蒋；西头供奉官兵马监作权监曹；太子右赞善大夫监永丰监同较定吕；尚书屯田郎中通判军州事汪；尚书驾部员外郎知军州事刘；江浙等路提点铸钱尚书度支郎中刘；江淮制置发运副使张；江淮制置发运使罗。

郭按：此铭文原载《文物》1975年第8期，后为《中国古代度量衡图集》转录，见该书第226图说明。但《文物》与《中国古代度量衡图集》原文中"州置衙牒"之"置"，似为"署"字之误。

[附录二] 垣曲县店下样铭文：

垣曲县店下样

今为自来雇发含口、垣曲两处监货，沿路□户多端偷取斤两，不少地头不肯填培；又虑勾当人并不两平秤盘，乱有阻节，别无照验，有妨雇发；今来与众同共商议，各依元发斤两，相度地里远近，节次饶减，起立私约石样叁个，于安邑、含口、垣曲等处各留壹个。含口比安邑减壹斤，垣曲比含口又减壹斤，充沿路摆撼消折。所贵断绝弊倖，各尽明白。今后每遇装卸盐货，各依所立石样比对秤盘。其石样周遭完平，并无缺损，常在秤下存放。又虑主事人作弊，不依石样卸车装船，别有增减斤两，许诸色人画时封记下盐席，各赴本客处陈白，立支茶酒钱伍拾贯。□□所置石样叁个仰逐处勾当人等不得借与别客使用，□虑斤两不同，恐惹争讼，各令知悉。元祐七年七月初七日置。

孟州助教贾，延州助教严，延州助教赵，张浩书，程克俊刊。

郭按：此铭文原载《文物》1986年第1期，关于铭文的考释和分析，可参阅《文物》1987年第9期拙文，以及《中州学刊》1987年第3期拙文《宋代黄河中游的商人运输队——略论"垣曲县店下样"的社会经济意义》。

第三章 隋唐宋元之际的尺度与亩步

本章的考察，是在前人成果的基础上展开的；而且，并未就秦汉前后的古尺进行专门的论析。因此，在讨论隋唐宋元用尺之前，有必要对前人的研究状况略加评述。

第一节 汉唐迄今的古尺研究

在中国古代度量衡史的研究中，尺度史的研究特别显得源远而流长。这不仅是由于它牵涉到历代君主和国家的政治、法律、宗教、军事、天文等各个方面的典章制度，而且，更因为它同全社会日常生活中的标准计量息息相关。且不说司马光与范镇争论"尺生于律"或"律生于尺"究竟谁是谁非，至少就度、量、衡三者而言，尺度乃是计量的基础。

概略地说，有关中国古代尺度的比较和研究活动，大致可分为前后两个时期：第一个时期，是汉唐到明清之际；第二个时期，是20世纪20年代至今。

一 晋隋至明清的古尺研究

从司马迁、班固，到蔡邕、郑玄、杜夔等人，几乎都留意过古尺问题。然而，对历代尺度长短进行认真的比较和研究，那还是东汉以后、魏晋以来的事情。导致这种研究勃兴的直接原因，是由尺度日趋增大所造成的音律不协和天文测影失准——出于礼乐和天文活动的需要，人们呼吁有一种相对稳定的标准计量尺度。

据载，曹魏景元四年（263），刘徽注《九章算术》之际，曾以当时的魏尺与王莽铜斛尺比较，说明王莽铜斛尺短于魏尺四分五厘。① 至西晋武帝泰始十年（274），中书监荀勖等人又考察和比照了七种古尺，为的是制造一种接近于古代周尺标准长度的律尺。尽管这一工作曾受到阮咸等专家的讥讽，但他毕竟在很大程度上获得了成功——泰始间按《周礼》新制的"晋前尺"，实际上成为新莽标准尺的出色复制品，在东汉、三国以来通用的尺度中，格外显得傲岸不群。

继荀勖之后制造和比较过尺度的学者，又有祖冲之、钱乐之、李淳风等人。其中以唐初李淳风的成就最值得注意。李淳风不愧是一位卓越的天文数学家。他考察和比较了 15 种古尺的长短差异——包括刘曜的土圭尺、钱乐之的浑天仪尺、梁表尺等天文用尺在内，一一记述了它们同"晋前尺"的长度比例。他撰写的《隋书·律历志》，也因此而屡为后人所称道。

五代两宋在古尺考校方面，也不乏其人。从后周显德六年（959）到宋太祖乾德四年（966），从宋仁宗景祐二年（1035）到皇祐五年（1053），有关乐尺的长短，一直争议不休。诸如燕肃、宋祁、丁度、韩琦、范镇、司马光等人，都曾卷入这些争议。而当时致力于尺度比较研究和实地制作的，则主要是和岘、李照、邓保信、阮逸、胡瑗、高若讷、沈括、房庶、刘几、范镇等人。其中的高若讷，曾参照李淳风《隋书·律历志》的载述，复制了当年的十五等古尺。②

南宋时期研究古尺者，如程大昌、蔡元定、潘仲善、赵与时、朱熹等。其中成绩较大的，是蔡元定。③ 在他的《律吕新书》中，不仅重新讨论了十五等古尺，而且总结了五代至北宋的六种尺度。程大昌着重阐述了宋尺与唐尺的关系。④ 赵与时则转述了朱熹与潘仲善关于省尺、浙尺、布帛尺长短的分析。⑤

宋末元初的方回和马端临，以及元代天文学家郭守敬，也曾在尺度研究方面作出贡献。方回多留意于宋尺与元尺的关系，并介绍了几种地方用

---

① 《晋书》卷16，《律历上》；《隋书》卷16，《律历上》。参阅《九章算经》卷5，《商功》刘徽注。
② 《宋会要·乐》1之1至3之15；《玉海》卷7、卷8，《律历》等。
③ 蔡元定：《律吕新书》卷1，《审度》；卷2，《度量权衡》。
④ 程大昌：《演繁露》卷16，《度》。
⑤ 赵与时：《宾退录》卷8；朱熹：《家礼》。

尺的情况。① 马端临则将前朝尺度沿革，概括地采入他的《文献通考》之中。② 郭守敬对元代观象台圭表的改进，显示了他谙熟历代天文尺的知识素养；而元代圭表的精密程度，正是在宋代沈括等人改善仪表尺的基础上完成的。

明代在治度量衡史方面，出现了一位巨星，即朱载堉。此人讨论了黄帝、虞舜以来的夏、商、周、秦、汉、唐、宋尺，并考校了历代尺度长短的因果关系。③ 他关于早期尺度的考订，大约为有史以来所仅见。其间得失参半，影响也极为复杂。④ 但不论如何，其卓越的考订才能和大胆的创新精神，理应受到后世的尊崇。

朱载堉的才华，仿佛是一颗划空而过的流星。它的消失，如同其出现一样倏然。连与他几乎同时代的李之藻、徐光启等人，似乎也不曾对他作出明确的响应。直到明末清初考辨学风行之际，类似的思索和考察才较为认真地进行。这些考辨学者中与尺度有关的突出人物，前有顾炎武，后有孔继涵、赵翼、俞正燮等人。在他们那些众所周知的著作中，大都有关于历代尺度的考校论述。只是，这些考校活动往往限于文献资料，不如前代那样注重实际的检测和制作。⑤

二 20 世纪以来的尺度研究

20 世纪以来，研究尺度史的学者，首推钱塘和吴大澂。其代表著作分别为《律吕古谊》和《度量权衡实验考》。前者的主要成果，如据曲阜颜氏所藏尺，以验羊子戈及《考工记》所载尺寸，从而将该尺断定为周尺。后者，则依据传世的圭璧而制作了周镇圭尺。⑥ 不论这些考断和制作究竟在何种程度上接近史实，他们以文献和考古资料相结合的方法来研究古代

---

① 方回：《续古今考》卷 19，《附论三代尺不同寸》、《唐代度量权衡》、《近代尺斗秤》。
② 马端临：《文献通考》卷 131 至卷 133，《乐》。
③ 见朱载堉《律吕精义·内篇·审度第十一》，见《乐律全书》卷十；《嘉量算经》"凡例"，宛委别藏本。
④ 吴承洛以朱载堉之说为据，在《中国度量衡史》中正式列开了黄帝、虞、夏、商、周、秦、汉尺度的长短数据，失误颇多。参阅万国鼎：《秦汉度量衡亩考》，见《中国古代度量衡论文集》。
⑤ 参阅顾炎武《日知录》、孔继涵《同度记》、赵翼《陔余丛考》、俞正燮《癸巳存稿》有关篇章。
⑥ 参阅马衡：《中国金石学》第三章，"度量衡"部分。该书原系 1927 年前北京大学讲义，见民国间北京大学铅印本。

尺度，毕竟揭开了近代度量衡史科学研究的序幕。可惜当时的出土古尺尚少；而利用古钱币等为据测定尺长，其误差亦较大。此外，吴大澂未能将10枚开元钱径长为一尺的唐代小尺，同12枚径长为一尺的大尺区分开来；又误把古籍中的"秬黍"当作高粱米。然而，这些开拓性工作中的疏误，并不影响他们在尺度史研究领域的崇高地位。

近代尺度史研究的第二批代表人物，可举出王国维、马衡、刘复、藤田元春等。他们的研究，主要集中在20世纪20年代。其特色，是充分注意并利用新发现的古尺实物资料。1924年故宫新莽铜斛量的发现，以及罗振玉等人多年搜集的珍贵古尺资料，则为这一时期的古尺研究提供了方便。

王国维曾整理了他所见到的16种汉唐宋明古尺实物或拓片与摹本资料——其中包括前人误作真"晋前尺"者，经他考订乃是高若讷所制十五尺之一。他用清代工部营造尺和英尺检测这些古尺，又间接推算出魏晋时代八种古尺的长短，并分析了古尺由短而长的演化规律。①

马衡、刘复、藤田元春等人的研究，与王国维大致相近。刘复检测新莽斛量所反映的古尺之长，当今公尺23.08709875厘米。② 藤田元春检测了26件唐尺的实长。③ 马衡曾以八种有年号文字的古尺和汉唐货币，测定了新莽、东汉、蜀汉、曹魏及唐宋明尺长度，依莽量及《隋书·律历志》而重新复制了十五种古尺，存于北京大学；又根据商鞅量铭拓本，考订其尺当与新莽铜斛尺一致。④

这一时期研究的不足之处，在于大多数古尺的确切年代和地域难以判定；秦汉尺度方面的空白尚须填补；其测算技术也略欠精密。

近代研究尺度的第三批代表人物，如罗福颐、唐兰、吴承洛、杨宽等人。他们的研究，起初主要集中在20世纪30年代；而后，罗福颐和杨宽又在50年代将其研究继续深入一步。

罗福颐在搜集、整理古尺资料方面，承袭了乃父罗振玉的家风。就收

---

① 王国维：《王复斋锺鼎款识中晋前尺跋》、《记现存历代尺度》等，载《观堂集林》卷十九《史林十一》。另见其《中国历代之尺度》，载《学衡》第57期，1926年9月号（已收入《中国古代度量衡论文集》）。

② 刘复：《新嘉量之较量及推算》，载《辅仁学志》第1卷第2期，1928年。

③ 藤田元春：《尺度综考》。转引自曾武秀《中国历代尺度概述》，文载《历史研究》1964年第3期。

④ 马衡：《中国金石学》第三章，及《隋书律历志之十五等尺》、《新嘉量考释》等。

藏和著录古尺而言，他在同时代人中几乎是无与伦比的。这些特征，集中反映在他的《传世历代古尺图录》中。该书包括正图 57 幅，附录 15 幅，各附图版。其中商、周尺各一件，战国两汉新尺 18 件，魏宋梁尺 7 件，唐宋尺 22 件，明清尺 8 件，《隋书》十五等尺各一件。此外，还按原尺寸制作了《历代古尺长短比较图》长卷，全长达五尺以上。

1935 年 2 月，唐兰有机会观赏并实测了合肥龚氏收藏的商鞅量。通过这次实测，他确证了马衡当年的推断，即商鞅量所代表的战国秦尺，与新莽时期的刘歆铜斛尺一致。他又在前人基础上搜集了 23 种古尺实物和文献资料，开始填补战国、秦、汉尺度研究的空白。其主要结论是：不仅战国、秦尺与新莽尺一致，而且，福开森博士 1932 年得到的洛阳古"周尺"，也与刘歆铜斛尺等长。①

继唐兰之后，吴承洛于 1937 年出版了《中国度量衡史》一书。这是我国第一部系统论述度量衡通史的专著，也是迄今大陆上唯一的度量衡通史专著。该书在尺度史方面综合了前人的许多成果；同时，也过多地承袭了吴大澂用古钱、古器测算古尺的方法和结论。与同时代的其他研究者相比，《中国度量衡史》的著者似乎更侧重于文献资料的依据和推算，对实物检测方法及其成果，则略觉忽视。至于该书所列古尺长短的数据，虽然或有疏误，未可尽信，却也不宜苛责——自 30 年代迄今，它毕竟第一次向人们提供了历代尺度长短的系统数据；有关的研究从中获得多大方便，是不言而喻的。

继吴承洛《中国度量衡史》之后出版的古代尺度史研究专著，是杨宽的《中国历代尺度考》。该书收集、检测了 14 种汉尺；又用敦煌出土的标准规格印文汉縑进行校量，重新确定了汉尺的长度为 0.23 公尺。在这一基础上，作者又推定了魏晋尺度。此外，该书还收集了七种唐、三种宋尺实物及有关文献资料；考校了唐代大小尺、宋尺及明清尺的长度，批评了王国维关于唐宋尺的某些论断——比如他以为巨鹿出土的宋尺，并非如王国维所说为淮尺，而只是三司布帛尺。

杨宽的研究和结论，虽然也存在着很多缺欠——比如他关于浙尺、淮尺及巨鹿尺为三司布帛尺等论断，并不妥当，但他在尺度研究方面的成就，已远在吴承洛及其《中国度量衡史》之上。

---

① 唐兰：《商鞅量与商鞅量尺》，《北大国学季刊》5 卷 4 号，1935 年。

近代以来尺度史研究的第四批代表人物，可以举出矩斋、万国鼎、曾武秀等人。其主要研究成果，多在20世纪四五十年代以后。

20世纪40年代，河南嵩县出土了一柄唐铜尺。此事，立即诱发了尺度史研究的热潮，并引起激烈的争议。孙次舟断言该尺为唐小尺，同时指责王国维关于唐尺袭自于隋尺之说为误。① 而孙次舟的论断，很快又被万国鼎指为舛误。②

1957年，矩斋撰文综述了古尺概况，并将他搜集的71种古尺资料胪列排比，提出与前人不同的历代尺度长短变化数据。③

万国鼎在50年代末发表的《秦汉度量衡亩考》，批评了吴大澂所定"周尺"和吴承洛所定秦汉尺长度的失误。他的《唐尺考》，则从实物到文献资料的比例关系出发，计算了两种唐尺的长短，从而在前人基础上又进了一步。④

曾武秀1964年发表的《中国历代尺度概述》，分上下两篇，系统考述了历代常用尺度和乐律用尺的长度。他利用简牍、车轨等资料综合分析，认为先秦的大小尺尚待证实，目前可以确定的是，战国时期各国的尺度大体均为22厘米至23厘米。他检测21件汉尺实物的结论是，汉尺长约23厘米至24厘米。此外，三国两晋常用标准尺为24.2厘米；南朝尺25厘米；北朝尺长29.6至30.1厘米；隋及初唐尺约29.6厘米；中唐至五代、两宋尺约31厘米；明清营造尺长32厘米，量地尺34厘米，裁衣尺35.5厘米；辽金元尺不详。⑤

1978年元明"量天尺"残存刻度的发现，为进一步提高古尺检测精度准备了条件。伊世同的《量天尺考》认为，该尺虽系元、明铜圭所用，实乃宋代和岘景表尺之遗制。而和岘用的景表尺，又是唐天文尺，乃至是南朝刘宋太史令钱乐之尺。于是，他以元量天尺24.525厘米为准，校订了刘复所测莽量的尺度，并重新折算了《隋书·律历志》中汉魏以来15种古尺的长短数据。⑥

---

① 孙次舟：《嵩县唐墓所出铁剪铜尺及墓志之考证》，载《齐鲁华西金陵三大学中国文化研究汇刊》1卷，1941年。
② 万国鼎：《唐尺考》，见《中国古代度量衡论文集》。
③ 矩斋：《古尺考》，见《文物参考资料》1957年第3期。
④ 万国鼎：《秦汉度量衡亩考》，见《中国古代度量衡论文集》。
⑤ 曾武秀：《中国历代尺度概述》，载《历史研究》1964年第3期。
⑥ 伊世同：《量天尺考》，载《文物》1978年第2期。

继《量天尺考》一文之后，天石、西云、邱隆、王云、丘光明等人都分别发表文章，讨论历代尺度。① 有些文章还举出了汉墓出土的另一支袖珍式铜圭表，以及它所反映的东汉尺度，② 乃至清代复制的新莽嘉量尺长。

各家考订的历代尺度长短数字，是属于结晶性质的研究成果；不论其正确与否，都有重大参考价值。这里先将其中上古至隋代的尺度长短综合列为两表（见表 3—1、表 3—2）。至于唐、五代及宋、辽、金、元时期的尺度长短，将在后文中另外列表说明。

三 尺度史研究中尚待解决的若干问题

尺度史的研究，如果只从荀勖考察古尺变异算起，迄今也已逾一千七百余年之久。大体上说，这项研究所取得的成绩，无疑是辉煌的。至少，从历代古尺到今尺的发展脉络和长短演化，基本上已接近于查明；某些曾经是争论不休的问题，也在不同程度上获得了解决。不过，有些疑难课题，至今尚无令人满意的答案；某些长久争讼的公案，则依旧让人感到困惑。

这些尚待进一步解决的问题，至少有如下几个方面：

1. 中国的古尺究竟起源于何时？夏、商时代的用尺情况如何？
2. 中国古尺中的大小制并用始于何时？周代是否已大小尺并用？
3. 魏晋南北朝时期各地用尺的实际情况如何？其间诸尺的差异是否像学者推算的那样？
4. 自南北朝至隋唐之际的"步法"，是怎样发生变化的？不同"步法"与"亩法"中的用尺情况如何？
5. 唐尺是否只有大小两种？其大尺的长度标准是否始终如一？
6. 五代各国用尺的差异何在？其与宋尺关系如何？
7. 宋尺究竟有多少种？它们彼此之间的关系怎样？今存宋尺实物各系何尺？

---

① 参阅天石：《西汉度量衡略说》，载《文物》1975 年第 12 期；西云：《尺的由来》、《尺的量变》等，载 1981 年 3 月 28 日、4 月 11 日《中国财贸报》等；王云：《魏晋南北朝时期的度量衡》，载《计量工作通讯》1980 年第 2 期；邱隆：《唐宋时期的度量衡》、《明清时期的度量衡》，载《计量工作通讯》1980 年第 3、4 期。

② 南京博物院：《江苏仪征石碑村汉代木椁墓》，载《考古》1966 年第 1 期；南京博物院：《东汉铜圭表》，载《考古》1977 年第 6 期。

表 3—1　历代尺度考订表之———黄帝至东汉

（每尺长厘米数）

	黄帝	虞舜	夏	商	周	战国	秦	西汉	新莽	东汉
吴大澂					19.6					23.56
王国维					23.1 29.2				23.07	23.6
刘复					23.1			23.087	23.089—23.088	23.797
马衡					23.1		23.1		23.1	23.65
唐兰								27.65	23.1	
吴承洛	24.88	24.88	24.88	31.10	19.91		27.65		23.04	23.75
杨宽				(16.79)		23	23	23	23	23.2
矩斋				16.9		22.9—23.1		23.3—23.38	23.1	23.5—23.9
万国鼎					23.1	22.5—23.1	23.1	23.1	23.1	23.68—23.809
曾武秀					22.5	22—23	23		23.1	24
西云						23	23.1	23		24
邱隆、丘光明				15.8		23		23—23.6	23.03—23.328	22.9—23.8

表 3—2　历代尺度考订表之二——三国至隋

（每尺长厘米数）

	三国	西晋	东晋	南朝刘宋	南朝萧梁	后魏 前	后魏 中	后魏 后	东魏北齐	北周	隋 开皇	隋 大业
王国维	24.13		24.4475	24.5	24.765	27.728	27.94	29.56	34.6			
吴承洛	24.12	24.12 23.04	24.45 （前赵24.19）	24.51	24.66 23.20 23.55		27.81	27.90 29.51	29.97① （太和19年大尺）	29.51 26.68 24.51	29.51 24.51 27.19	23.55
杨宽	24.1733		24.52015	24.56632	24.72794	27.868	27.96036 29.57656	29.51	30.03372	29.57656	29.57656	
矩斋	24.1—24.2	24.5	（刘赵24.4）	24.5—24.7	23.6—25.1	25.5—29.5			30	26.7		27.3
曾武秀	24.2	24.2	24.5	24.6	24.7	27.9	28	29.6	30.1	29.6	29.6	
伊世同	23.133 (24.174)		24.479 (24.520)	24.525 (24.566)	24.686 (24.728)	27.821 27.868	27.913 27.960	29.527 29.577	29.983 (30.034)	29.527	29.527	24.525

① 吴著：《中国度量衡史》第192页第43表此处"备考"栏中附注说："此为太和十九年所颁之大尺，东后魏用之。太和十九年所颁之尺，原是'废长尺'之后改行的小尺，吴著误以为改用大尺。该书第204页亦误。

8. 辽金元代的用尺情况如何？其与宋尺的关系怎样？

9. 明尺究竟有多少种？各地"亩法"之异与用尺有何关系？

第二节　隋唐五代时期的尺度与步亩

关于隋唐时期的尺度与步亩，前人已作过认真而卓越的研究，并取得了某些比较一致的认识。大略而言，隋代先后行用大小两种尺度——开皇宫尺（后周市尺）和后周铁尺；唐代同时行用大小两尺，小尺用于礼乐、天文和医药方面，大尺为日常用尺。隋唐小尺的长度，都在 24.5 厘米至 24.6 厘米左右，其大尺，亦均当小尺的一尺二寸，长约 29.5 至 29.6 厘米左右。步亩之法，则是五尺一步，240 方步为一亩。①

这里拟就前人不大留意的某些情况，继续考察隋唐五代时期尺度与步亩的若干问题，供进一步研究作参考。

一　隋唐时期的尺度与步亩

（一）唐代的步亩制度及其特例

关于唐代的步亩制度，通常都以武德七年（624）和开元廿五年（737）令为准。如"武德七年始定律令，以度田之制：五尺为步，步二百四十为亩，亩百为顷"②；或者说："凡天下之田，五尺为步，二百有四十步为亩，百亩为顷。"③除《旧唐书》、《唐六典》之外，《通典》、《夏侯阳算经》、《新唐书》、《册府元龟》、《山堂群书考索》等书也都载述了这同一内容的律令。④

杜佑的《通典》不仅著录了上述"开元二十五年令"，而且，还在该

---

① 参阅王国维：《日本奈良正仓院藏六唐尺摹本跋》，见《观堂集林》卷19；杨宽：《中国历代尺度考》，商务印书馆1938年版，1955年重版；罗福颐：《中国历代古尺图录》，文物出版社1957年版；傅振伦：《隋唐五代物质文化史参考资料》，载《历史教学》1955年第1—2期；陈梦家：《亩制与里制》，载《考古》1966年第1期；万国鼎：《唐尺考》；曾武秀：《中国历代尺度概述》；胡戟：《唐代度量衡与亩里制度》，载《西北大学学报》1980年第4期；闻人军：《中国古代里亩制度概述》，载《杭州大学学报》1989年第3期。

② 《旧唐书》卷48，《食货志》。

③ 《唐六典》卷3，《户部郎中员外郎》。

④ 参阅仁井田陞原著、栗劲等编译《唐令拾遗》"田令"第二十二部分，长春出版社1989年版；另见《新唐书》卷51，《食货志》。

令文下加了一段注语:"自秦汉以降,即二百四十步为亩,非独始于国家。盖具令文耳。国家程式虽则俱存,今所在纂录不可悉载。但取其朝夕要切,冀易精详,乃临时不惑。"① 今检敦煌文书中的《田积表(步水畦解)》,绘有"半亩一百一十八步"、"三亩半一百一十步","四亩半一百四步"等田图格;其半亩至一亩间的零畸步数,无过一百二十步者。② 足见当时敦煌地区的亩法,每亩也不过二百四十步。

饶有意味的是,在上述不同版本的相同载录之外,唐时还另有一种奇特的步亩之法,迄今尚不大为人注意。那就是姑苏松江一带的"吴田"亩法。这种亩法,见于陆龟蒙写的《甫里先生传》。他写道:

> 甫里先生者,不知何许人也。人见其耕于甫里,故云。〔甫里,松江上村墟名。〕……先生之居,有地数亩,有屋三十楹,有田奇十万步,〔吴田一亩,当二百五十步。〕有牛不减四十蹄,有耕夫百余指;而田汙下,暑雨一昼夜,则与江通色,无别己田、他田也。……先生嗜茶荈,置园于顾渚山下〔山在吴兴郡岁贡茶之所〕,岁入茶租十许薄,为瓯牺之富。……人谓之江湖散人。③

陆龟蒙,字鲁望,号"天随子",是武则天朝宰相陆元方的七世孙。他不仅祖籍苏州吴县,而且,一生中大部分踪迹都在苏、湖一带;晚年更隐居于苏州华亭县的松江甫里笠泽之滨,人称"甫里先生"。④《甫里先生传》,实际上是一篇自传性质的散文。他虽然自视孤傲而"不喜与流俗交",却极度重视社会生产和经济制度。著名的《耒耜经》便出自他的手笔。

陆氏自传所谓有田"十万步",主要是指华亭松江的水田。此外,他还"有地数亩"——大约包括其吴兴郡(湖州)顾渚山下的茶园,一旦水田受灾,还有"岁入茶租十许薄"的收入而不致冻馁。南宋洪迈在《夷坚志》中,记述了一位等候接任隆兴府(洪州,今南昌一带)通判之职的贫士,在梦中会晤陆龟蒙的事,其中也提到"吴中"那特殊的亩法:

---

① 《通典》卷2,《食货·田制下》。
② 《敦煌宝藏》第120册,伯2490号,第80—82页。
③ 陆龟蒙:《甫里集》卷1,《甫里先生传》,四库全书本。
④ 《新唐书》卷191,《隐逸传》。按,华亭:唐时属苏州;五代与宋代隶于秀州。

乾道六年，木蕴之待洪府通判缺，居乡里。火焚其庐，生事垂罄；作《忍贫诗》曰："忍贫如忍灸，痛定疾良已……诵经作饥面，伟哉天随子。九原信可作，我合耕甫里。"逾年，梦一翁衣冠甚伟，来言曰："若识我乎？我则天随子也……予昔有田四顷，岁常足食，惟遇潦则浸没不得获……"既寤，……偶整比夜所阅书，而《笠泽丛书》一策适启置案上，视之，乃《甫里先生传》，前日固未尝取读也。篇中有云："先生有田十万步〔原注：吴田一亩，二百五十步。〕有牛（不）减四十蹄，耕夫百余指……"①

木蕴不像甫里先生那样既"有田十万步"，又有牛、耕夫和茶园之类，因而一旦遭到火灾，便难忍贫困。那么"十万步"之田产究竟是多少呢？如以240步为一亩计，当为416.667亩多些。若依250步一亩计，则为400亩，这后一种计法，刚好同宋人理解的"四顷"一致。陆龟蒙特意在该句之下加一附注，显然在于说明"吴田"的亩法，与一般的亩制不同。

据陆龟蒙自己说，他"自乾符六年春卧病于笠泽之滨〔笠泽，松江之名〕"。可见，其《甫里先生传》的写作，当即在此唐僖宗乾符六年（879）前后。而他所说的"吴田一亩当二百五十步"之制，似乎在这以前已经推行了一个不短的时期。

陆龟蒙特意留下的注脚，清楚地告诉我们，《旧唐书》、《通典》所载录的武德七年和开元廿五年律令，并没有自始至终地贯彻下去；而《唐六典》所谓"凡天下田""二百有四十步为亩"之制，也未必能概括李唐天下各地的情况。至少应该说，中晚唐时代苏州地区的亩制，就是一个例外。何况，"吴田"之"吴"既不限于苏州，其亩法之盛行也未必仅在中晚唐一段时间。

一般认为，"吴"指苏州。这当然不错。但在中国古代，又有"三吴"之说，即吴兴、吴郡、会稽。② 也就是说，三吴包括唐宋时期的湖州、苏州与越州。甚至有时候，杭州也可称"吴"。比如陆游寓居山阴（会稽），

---

① 洪迈：《夷坚丁志》卷11，《天随子》。原文"有牛减四十蹄"，"减"字前显系脱一"不"字。

② 《水经注》卷40，《渐江水》。

诗中常有"思吴"、"归吴"之句。① 姜夔从会稽到杭州西湖之畔赏梅,亦云"自越来吴"等等。② 大抵当时太湖流域及其东、南毗邻地区,风习均约略相近。

顺便指出,宋代苏、湖等地区的步里之法,也与一般的五尺为步有所不同,而盛行五尺八寸和六尺一步等制。③ 当地短于他处的浙尺,更不限于宋人使用,明代亦仍沿用。④ 至于清代"吴田一亩",则又多有"不敷二百四十步"而七、八折扣等情况。看来,江苏一带的特殊步亩制自有它的来龙去脉,值得认真研究。而唐代"吴田"之所以行二百五十步一亩之法,大约又同当地用尺的长短有关。

(二) 隋唐尺度的种类及其使用情况

隋唐尺度的种类,通常都认为只有大小两种;大尺当小尺一尺二寸。事实上,这是仅就其总体而言。在一般情况之外,还存在着一些特殊的尺度——比如山东的大尺和江苏的小尺等。

隋唐之尺,原本是袭自于南北朝尺。南北朝虽都各有大小尺,但大略地说,江东尺短,北国尺长;北朝尺中,尤以东魏后尺和北齐之尺更长——据李淳风考订,相当"晋前尺"一尺五寸八毫⑤,即 34.668 厘米左右,或者说是 34.7 厘米左右。

(23.1 厘米 × 1.5008 = 34.668 厘米)

即令按《宋史·律历志》转引《隋书》的说法——"当晋前尺一尺三寸八毫"⑥,东魏、北齐尺也在 30 厘米以上,而长于隋唐官尺之标准长度。

(23.1 厘米 × 1.3008 = 30.048 厘米)

北周平齐之后,虽将较短的后周铁尺"颁于天下",但原属北齐的山东一带民间,未必都尽将大尺毁弃。正如隋炀帝大业三年(607)宣布"诸度量权衡并依古式"之后,较长的开皇官尺并未被"古式"小尺完全

---

① 《剑南诗稿》卷3,《初入西州境述怀》;卷79,《闻吴中米价甚贵二十韵》;卷80,《排闷》等。
② 《全宋词》第3册,姜夔:《莺声绕红楼序》。
③ 见秦九韶《数书九章》卷1,《大衍类·推计土功》;卷13,《营建类·计浚河渠》。
④ 见谈迁《枣林杂俎》下册;徐光启:《农政全书》卷4,《田制》。
⑤ 《隋书》卷16,《律历志》。
⑥ 《宋史》卷71,《律历志》。马衡在其《隋书律历志十五等尺》一书中,以《宋史》为是。曾武秀赞同此说。而陈梦家却以为宜从《隋书》。参阅本章前引曾、陈论文。

取代而仍"在人间或私用之"一样。① 李唐武德四年（621）七月的诏书，又宣布"律令格式且用开皇旧法"②。但其诏文口气似不如后周建德诏与隋大业令强硬坚定。这就难怪《旧唐书》在总叙度量权衡制度时，特别说明"山东诸州，以一尺二寸为大尺，人间行用之"③。言外之意，这大尺与一般用尺情况不同。

《旧唐书》所说的山东诸州民用大尺，究竟是相当黍尺的一尺二寸，抑或是相当唐大尺一尺二寸？这是一个耐人寻味的问题。以往的说法，多以为是黍尺的一尺二寸——如《唐六典》、《唐律》等所云："凡度，以北方秬黍中者，一黍之广为分，十分为寸，十寸为尺，一尺二寸为大尺。"④ 可是，既然此大尺乃各地通行的大尺，《旧唐书》又何须特别标明那是"山东诸州""人间行用之"尺，而不是全国通用的官尺呢？这一点，正是上述说法所难于解释的。

与上述说法不同，陈梦家以为那不是相当黍尺一尺二寸的大尺，乃是相当唐代大尺一尺二寸的另一种长尺，即东魏和北齐的旧尺。其长度约为34.6848厘米。⑤ 今以陈梦家所说山东大尺的长度为率，与其相当的一尺二寸之尺，该是28.9厘米左右——约略与唐大尺相符。

（34.6848厘米÷1.2＝28.9厘米）

如陈梦家的上述论断不误，那么，自北朝至隋唐，山东一带的用尺始终与他处不尽相同。即令该尺不像陈梦家所说那样大——如按《宋史》所载数据推算为30厘米以上，也比初唐官尺略长一些。换句话说，那里曾长期盛行使用大尺的传统习俗，并不依改朝换代而遽废。这种习俗，甚至可能沿袭到更晚的时期。

山东诸州民用的大尺，显然是唐代一般大小尺之外的第三种尺度。

与山东惯用长尺的习俗相反，太湖东岸、吴松江流域一带，可能流行着某种较短的尺度。这种苏州短尺，虽未见唐文明确载述，其踪迹却可以从陆龟蒙所说的吴田亩制中窥知一二。

当"天下之田"皆以240步为亩之际，"吴田之亩"何以必欲增加十

---

① 《隋书》卷3，《炀帝纪》；《隋书》卷16，《律历志》。
② 《册府元龟》卷83，《帝王赦宥》。
③ 《旧唐书》卷48，《食货志》。
④ 《唐六典》卷3，《金部郎中员外郎》；《唐律疏议》卷26，《杂律》。
⑤ 陈梦家：《亩制与里制》，载《考古》1966年第1期。

方步而为 250 步一亩呢？莫非是那里田旷人稀而宜行大亩之制？今考苏湖一带的人口，自东晋以来即日趋稠密。中唐时期江南东道每县平均户口数之多，已居全国各道之首。① 足见那里的耕田比别处更显得紧张。何况亩积大小，还牵涉到国家赋税摊派是否合理，岂容随意参差。其每亩步数虽多，面积却未必增大。这样，唯一合理的解释，便在于尺度的长短不同了。

尺度史的研究不该孤立地进行。即使是某一断代和地区的用尺，也应置于总体发展的环境中加以考察。如果我们把目光移后稍许，便不难发现，自北宋至明代的长时期间，吴地不仅始终盛行着略短于官尺的地方用尺——即所谓"浙尺"，而且，其步里之法也不以"五尺一步"为准，或用六尺为步之古制，或另以五尺八寸为一步。② 这种"浙尺"和特殊步法的源头虽迄今尚未查明，但它同唐代吴中田亩的特殊制度，似乎不无关系。或许，唐代吴田用尺正是宋代"浙尺"的前身。

假如这一判断不误，那么，唐代"吴田"一亩与其余"天下之田"一亩的步数差异，该是反映其量地尺度长短和步法的差异。换言之，以"吴田"尺步所计的 250 方步，只相当以一般官尺官步所计量的 240 方步面积。今且以唐代"吴田"步法即宋时浙田的五尺八寸为步，而一般五尺为步之官尺长 29.6 厘米，并设吴田尺长为 X 厘米，那么，"吴田"每亩之面积即如下式：

$(X \times 5.8)^2 \times 250 = (29.6 \times 5)^2 \times 240$

解此式，$X^2 = (29.6 \times 5)^2 \times 240 \div (5.8^2 \times 250)$

$X^2 = 625.884$

$X = 25.017$

若以中唐以后官尺长 30.6 厘米计，则

$(X \times 5.8)^2 \times 250 = (30.6 \times 5)^2 \times 240$

$X^2 = 30.6^2 \times 5^2 \times 240 \div (5.8^2 \times 250)$

$X^2 = 668.03329$

$X = 25.85$

---

① 参阅梁方仲：《中国历代户口田地田赋统计》甲表 25，上海人民出版社 1980 年版。
② 关于宋代苏、湖等地的步法，秦九韶在《数书九章》卷 1《大衍类·推计土功》和卷 7《营建类·筑埂均功》中都曾述及。参阅本章第三节。

以上推计之唐代吴田尺度，大约在 25 厘米至 26 厘米之间。宋代浙尺的长度，则又长于此，大体在 27 厘米以上，或 27 厘米半左右。①

必须指出，这里所作的推计，并非要考订唐代吴尺的长短——如就认真的考订而言，甚至连此处推计的前提都未必可靠。这种推计的用意，仅仅是想说明，唐代"吴田"亩法所反映的地方用尺，可能带有很大的特殊性。如上述判断和推计能够得到进一步证实，则唐代确实还存在着第四种用尺——地方性的吴尺；而宋明时期的浙尺，也找到了它的前身或源头。

讨论了山东、江苏等地方用尺之后，以往有关唐代大小尺的称谓，便显得过分笼统和含糊不清了。为了比较客观地反映唐尺的一般状况，并有助于区别不同性质和行用范围的唐尺，似乎应该将以往的唐代大小尺改称唐官尺和黍尺；山东诸州袭自东魏北齐的大尺，称唐山东大尺或山东长尺；"吴田"尺，则称唐代吴尺。

关于唐代官尺和黍尺的不同用途，一般都以《唐六典》和《唐会要》所述为准，即"调钟律、测晷景、合汤药及冕服制用之外，官私悉用大者"。② 实际情况或许也有例外。

唐太乐署所藏贞观黍尺，开元十七年（729）前已亡佚。但尺匣中"其迹犹存"。从尺迹来看，当日常用尺的"六之五"长。这说明唐初的乐尺是比较标准的。不过，乾元元年（758）时，已有人发觉"太常诸乐调皆下，不合黄钟"。③ 此后，唐肃宗亲自指挥乐工"磨刻"锺磬等乐器。④ 这反映了肃宗朝乐律已与隋末唐初略有差异。另据《宋史·乐志》载述，范镇"以所收开元中笛及方响合于仲吕，校太常律，下五律；教坊律，下三律"。这就是说"开元之仲吕"比宋仁宗皇祐大乐低五律。或者，反过来说，宋仁宗皇祐年间的太常乐"比唐之声犹高五律"。⑤

今考皇祐大乐，是以"中黍尺"为准而制作的。⑥ 该尺长 24.5 厘米左右，即与唐黍尺差不多等长。⑦ 以此律尺为准，该乐"比唐之声犹高五

---

① 参阅前引杨宽：《中国历代尺度考》与曾武秀《中国历代尺度概述》等。
② 《唐六典》卷 3，《金部郎中员外郎》；《唐会要》卷 66，《太府寺》。
③ 王应麟：《玉海》卷 7，《律历·律吕》。
④ 《通典》卷 143，《乐·历代制造》。
⑤ 《宋会要·乐》2 之 28，2 之 29；《玉海》卷 7，《律吕》引《范镇乐书》。
⑥ 《长编》卷 174，皇祐五年四月乙未条。
⑦ 参阅本章第三节。

律"，可见范镇所说的"唐之声"乐尺，显然比唐黍尺或宋"中黍尺"长许多。该唐乐尺究系何尺，有待于进一步研究。

古代礼乐方面的用尺，固然常参究"古制"而屡以黍米累尺；然而，不以黍尺为准者亦不乏见。或者，人们先从实际出发，确定一个大略和谐的标准音，然后再设法让它同累黍之数相近——包括使用大、中、小粒黍类，和累黍时采用纵、横、斜等不同的方法，也未尝不可。宋代景祐乐中的李照律尺，元祐乐中的范镇律尺，乃至徽宗大晟乐中的"指尺"等，都不是黍尺，而是太府常用布帛尺，或接近太府尺的长尺。从这些事例看，唐代乐尺大约也有类似的情况。否则，便无法解释与唐黍尺等长的皇祐乐尺，怎么会制造出"比唐之声犹高五律"的皇祐太常乐来。

黍尺是否在规定范围之外使用过——比如是否曾用于量地？这也是一个尚未彻底查明的问题。杨宽曾以历史上几个不同的苏州城周长数字，来说明"唐时尺有大小，里程亦有大小之别，里数以小程小尺计者居多"[①]。他所说的《吴越春秋·阖闾内传》、《越绝书》及《吴地记》三书载录苏州城周长里步数差异，或许未必能有力地论证他的结论，但否认唐代曾用小尺量地的意见，亦同样缺乏有力的论证。

(三) 唐代尺度的长短

前人在唐尺研究中的另一歧议，是如何解释出土实物中长于29.6厘米的唐尺。一种意见以为，"由于地主阶级的剥削榨取，大尺还是不断在加大，有长到公尺〇·三一五的"[②]；或者说"官定尺度"在"中唐以后微有延伸，至唐末五代，达到31厘米左右"[③]。另一种意见，认为"公私常用的尺度是在有意无意中放长"[④]。第三种意见，则否认官定唐尺规格的放长改制，以为"唐代度量衡前后是统一的"[⑤]。

实际看来，把一部分稍长的唐尺笼统归结为"地主阶级的剥削榨取"，以至于达到妄改官尺的地步，确"似缺乏根据"。不过，说唐代尺度前后有统一规格，那也主要是指朝廷颁降的官尺，并不包括民间和地方用尺在

---

① 见前引杨宽：《中国历代尺度考》，第76页。
② 见前引杨宽：《中国历代尺度考》1955年"重版后记"。
③ 见前引曾武秀：《中国历代尺度概述》。
④ 见前引万国鼎：《唐尺考》。
⑤ 见前引胡戟：《唐代度量衡与亩里制度》。

内。而隋唐五代乃至宋元之际用尺的参差纷呈，往往同地方和民间的习惯用尺有关。

目前大家常见和近年出土的唐尺实物，已接近或超过30种，（〔图版十二、十三、十四〕）这些唐尺实物当初在何时何地行用，已难于一一查明。不过，即令如此，我们仍能对其中某些唐尺的有关情况大略地作些考察。通过这种大略考察，便可发现一种明显的迹象：属于唐代前期之尺，一般短于后期之尺。

为着说明上述迹象和它所反映的历史趋势，这里将一些有关的唐尺实物资料——包括前人已用和近年才发现的19种唐尺情况，综合列表如次：

表3—3　　　　　　　　唐尺实物资料表之一

编号	尺名	一尺长度（厘米）	传世与出土情况	资料来源	收藏者
1	人物花卉铜尺	29.67	铭："此尺大吉度作"。其纹饰风格为隋至唐初	《图集》43	故宫
2	宋怀喜雕花木尺	29	1966年新疆宋怀喜墓出土永徽六年（655）墓	《图集》46	新疆博物馆
3	吐鲁番日用木尺	29.3	1973年吐鲁番出土，同时出土有永隆二年（681）、文明元年（684）文物	《图集》47	新疆博物馆
4	吐鲁番木尺	29.5	1973年吐鲁番出土，同时出土有永隆二年（681）、文明元年（684）文物	《图集》48	吐鲁番文管所
5	龙纹铜尺	29.71	1953年武昌唐早期墓出土	《图集》44	历史博物馆
6	陕县铜尺	29.6	1956年河南陕县出土	《考古通讯》1957.4	

续表

编号	尺名	一尺长度（厘米）	传世与出土情况	资料来源	收藏者
7	长沙铁尺	29.5	1955年长沙出土	《文物参考资料》1956.2	
8	纯素石尺	28	1956年西安出土，同时出土唐开通元宝钱等物	《古尺图录》28	
9	绿牙尺（乙）	29.45 (29.7)		王国维《尺度》（《古尺图录》31）	日本奈良正仓院
10	红牙尺（甲）	(29.56)		王国维《尺度》	日本奈良正仓院
11	白牙尺	29.6		《古尺图录》29	日本奈良正仓院
12	红牙拨镂尺	29.7		《古尺图录》30	日本奈良正仓院
13	鎏金铜尺	29.9		《古尺图录》32	
14	刻花铜尺	29.97		《图集》51	历史博物馆
15	陕县铜尺	30	1956年河南陕县出土	《考古通讯》1957.4	
16	红牙尺	30 / 30.08		杨宽《尺度考》万国鼎《唐尺考》	日本法隆寺
17	鎏金镂花铜尺	30.1	1956年西安东郊出土	《古尺图录》33	

表 3—4　　　　　　　　唐尺实物资料表之二

编号	尺名	一尺长度（厘米）	传世与出土情况	资料来源	收藏者
18	花鸟亭宇牙尺	30.23		《图集》45	上海博物馆
19	红牙尺	30.25		《古尺图录》35	日本奈良
20	绿牙尺	30.4		《古尺图录》36	日本奈良
21	鎏金铜尺	30.4		《古尺图录》38《图集》49	历史博物馆
22	腊银残铁尺	30.6		《图集》54	故宫
23	残铜尺	30.67	1956年西安东郊出土	《图集》50	陕西博物馆
24	敦煌绢尺（图本）	30.8	辛酉（961）年陈宝山贷绢契所附图样	张弓据原件实测	伦敦
25	残鎏金铜尺	30.81	1964年洛阳出土	《图集》53	洛阳博物馆
26	桃花流水铜尺	31	1956年西安出土	《图集》52	历史博物馆
27	镂牙尺	31.1		《古尺图录》39	日本嘉纳氏
28	嵩阳铜尺	31.05	河南嵩县房从会墓出土贞元十二年（796）年葬	万国鼎《唐尺考》	
29	鎏金镂花铜尺	31.35		《古尺图录》41	日本嘉纳氏

　　表中所列 1、2、3、4、5、8 号尺，大都属于隋唐之际或唐代早期之物。这一点，有关资料已经表明，并约略反映在表中。这些唐尺的共同特征之一，即长度在 28 厘米至 29.7 厘米左右。除一枚纯素石尺作为特例不予计入外，其另五尺的平均长度，为 29.56 厘米。表之一其余九尺的平均长度，为 29.63 厘米。

　　表中所列 16—29 号尺的平均长度，为 30.68 厘米。其中第 24 号尺，是英国伦敦博物馆所藏敦煌文献的一幅绢尺图样，即陈宝山贷绢契书背面绘制的绢尺标准长度图。原件断为两截，经张弓先生在赴英考察期间拼合实测，赐告于著者。著者后来亦亲赴伦敦观看此尺图样。这则资料，今已收录于《英藏敦煌文献》。① 该绢尺图，是当事人为检测绢匹是否合乎规定长阔尺寸用的，以备贷偿时发生争讼。该尺在当地民间绢帛实际丈量中的标准计量作用，是毋庸置疑的。为着说明这一点，兹将原贷绢契文转抄如下。

辛酉年九月一日陈宝山贷绢契

辛酉年九月一日立契。便于弟师僧张坚面上，贷生绢壹匹，长叁仗玖尺，福壹尺玖寸。其绢利□见还旧绢□，其绢限至来年九月一日填还本绢。若是宝山身东西不在者，一仰口承人男富长袛当，于□数还本绢者，切夺家资充为绢主。两共对商，故勒此契，用为后凭。其量绢尺，在文书辈上。为记。

贷绢人　男富长（押）

贷绢人兄　陈起山（押）

知见人　兵马使陈流信（押）

贷绢立契的"辛酉"年，或为武宗会昌元年（841），或为昭宗光化四年，即天复元年（901），或为北宋建隆二年（961）。张弓认为，可能是天复元年。不论如何，该绢尺属于唐后期五代至宋初用尺。该绢幅阔一尺九寸，比唐代官定标准长一寸；其长 39 尺，则比官定标准短一尺。② 不过，在实际上，该绢的长度仍超过唐前期的标准。这是因为绢尺的长度大于唐前期之尺。③

除上述绢尺外，表 3—4 所列第 28 号尺，也很值得注意。该尺出土于河南嵩县的房从会夫妇墓。墓主葬于德宗贞元十二年（796）。这把唐代后期用尺，竟长达 31.05 厘米。

唐廷虽十分重视度量衡的管理，但民用度量衡器的违例现象毕竟难于

---

① 《敦煌宝藏》第 44 册，斯 5632 号。著者亲赴伦敦检阅此卷，却发现该契右半页之左侧边缘，已有约 6 厘米被折叠，并入与左半页之缝合处。因而，已无法测计。基失去边缘的尺痕，长仅 27.6 厘米。

② 唐"武德二年之制"及开元廿五年令，都规定绢帛长四丈、阔一尺八寸为匹。见《通典》卷 6，《食货·赋税》；《新唐书》卷 51，《食货志》。

③ 唐前期尺 29.6 厘米，其 40 尺一匹之绢长，当今 11.84 米；此绢尺长 30.8 厘米，其 39 尺一匹之绢长，当今 12.012 米。

杜绝。特别是中唐以后，以河北三镇和淄青、淮西两镇为代表的地方割据势力，日益猖獗。连户口贡献都处于半独立状态，其所用尺斗秤的标准，显然也无视朝廷的规定。大历十一年（776）"改造铜斗斛尺秤等行用"的半途而废，正是因为"旧斗秤"等"行用已久"，不得不"宜依旧"。①文宗大和五年（831），居然将"本是真书"的太府寺"斗秤旧印"，更换为篆文新印，原因是"近日已来假伪转甚"。②伪造尺斗秤官印的现象，竟达到如此猖獗的地步。第二年否决"金部所奏条流诸州府斗秤等"活动，仍是怕"徒事扰人"而"宜并仍旧"；索性只将"每年较勘合守成规"和"所在长吏切加点检"之类的话，在敕令中重申一番③，勉强维持现状而了事。斗秤如此，尺度亦不问可知。

凡此种种，都表明有唐二百八九十年间，各时期、各地区实际用尺的情况，与"太府寺先颁下"的官尺标准不尽相符；而且，随着时间的推移，日用民尺愈来愈多地偏离了原官颁太府尺标准。这种情况发展到一定程度，即到了官府对此不得不采取默认态度的时候，业已增大的民尺便有可能充当或取代官尺——至少在某些地方会如此。

综上所述，可见当年唐人日用官尺的标准，并非始终固定为 29.6 厘米左右；中唐以后的官尺，即多在 30 厘米以上。

二　五代时期的尺度

（一）五代用尺与唐尺的关系

关于五代时期的尺度情况，明人郎瑛在《七修类稿》中说："五代世短，多相因袭，《志》亦无考也。"④ 吴承洛则一律"以唐制计"——每尺长 30.10 厘米。他认为"其世官民所行用之器，乃仍唐之旧制，必无疑义"。⑤ 这种说法，恐未尽符合事实。

据《新五代史》等书载称，后唐庄宗时的租庸使孔谦，曾独揽财权，"重敛急征"；"更制括田竿尺……天下皆怨苦之。"⑥

---

① 《唐会要》卷 66，《太府寺》。
② 同上。
③ 同上。
④ 《七修类稿》卷 27，《辩证类·历代尺数》。
⑤ 前引吴承洛：《中国度量衡史》，第 66、228 页。
⑥ 《新五代史》卷 26，《孔谦传》。

所谓"括田竿尺",即"检括"民田时丈量土地的竿尺,如"五尺度"、"丈竿"之类。"更制括田竿尺"而致使"天下皆怨苦之",显然不仅是租庸使过分揽权的行为,而且包括制作"竿尺"时更张规格之意在内。北宋政和年间,特意用略小于一般量地尺的"大晟乐尺"丈量某些地方的民田,便果然量出超过契书所载数额的"剩余"田地,没为"公田"。① 史称孔谦"自少为吏,工书算,颇知金谷聚敛之事"②。当时人孙光宪也说他"专以聚敛为意"③。既然如此,他在量地尺度上打主意的做法,显然是另有用意的。

后唐明宗即位以后,在天成元年(926),孔谦被斩于洛市。明宗敕令:"括田竿尺,一依伪梁制度,仍委节度使重申,三司不得更差使检括。"④ 这道敕令只说其"括田竿尺,一依伪梁制度"而"仍委节度使重申",并不提唐代量地的"五尺度"等旧制。其言外之意,似亦透露了包括"括田竿尺"在内的朱梁朝之制,已异于李唐时期,

后周显德五年(958)闰七月的太府寺奏言,也曾谈到该寺"见管"的"五尺铁度一条",并说明该寺升斗尺"给付诸道州府"所"收系省钱"额,与"在京货卖"的市场价格——"尺每条,支作料钱三十文;官卖,一百八十文。八十陌"。⑤

这里所说的后周尺"五尺铁度",已与朱梁、后唐竹制的"括田竿尺"有所不同。史籍中虽未明载其长短规格,但它们乃是两年后北宋量地尺的前身,则毋庸置疑。北宋多以营造尺量地,该营造尺长,或为31厘米左右,或32.9厘米左右。⑥ 由此可见,五代后周时期的日用尺或量田"五尺铁度",其规格亦不依唐制。

五代用尺不同于唐,还有一个例证,即前蜀国王王建生前所用玉带。该玉带原件虽已断残,其铊尾背面的铭文却幸而未泯。其铭曰:

> 永平五年乙亥,孟冬下旬之七日,荧惑次尾宿。尾主后宫,是夜

---

① 《文献通考》卷7,《田赋》。
② 《新五代史》卷26,《孔谦传》。
③ 孙光宪:《北梦琐言》卷18。
④ 《五代会要》卷24,《建昌宫使》。
⑤ 《五代会要》卷16,《太府寺》。
⑥ 参阅本章第三节。

火作。翌日，于烈焰中得所宝玉一团……制成大带。其胯方阔二寸，獬尾六寸有五分……①

永平五年，即公元 915 年。其所谓"六寸有五分"，实测为 19.5 厘米。折合一尺长，为 31 厘米。② 这一数据虽未必准确，但它反映五代蜀国日用官尺已与唐尺不同，则大致无误。

综上几点，已可证明五代时期中原与蜀地之尺，绝非皆"仍唐之旧制"。至于闽、南汉、荆楚等国，也都曾竞相改行新的大斗大秤；有些大斗秤，甚至沿用到入宋以后。③ 斗秤如此，尺度亦当不例外。

事实上，只须看看宋代尺度的参差纷呈，便不难明白它从五代继承了些什么。我认为，宋代形形色色的尺度，大都同五代有关。而五代用尺的情况，却未可盖"以唐制计"——其中创新之制，颇有研究之必要。这里，且以淮浙闽等地用尺试作分析。

（二）五代用尺与宋尺的关系

据宋末元初人方回说："江东人用淮尺，浙西人、杭州用省尺、浙尺。"④ 其浙西、杭州一带，原是钱氏吴越国的辖境。前已述及，吴越之地的亩制，在唐时已异乎他处，反映了那里的吴尺，该是后来宋明浙尺的前身。这样，五代时期吴越的用尺，正是唐代吴尺与宋代浙尺中间的衔接阶段用尺。其不同于一般唐官尺，自不言而喻。唐代吴尺与宋浙尺的长度，均为 28 厘米多些。吴越官尺亦当如此。

如果说，宋代的浙尺该是袭自于五代吴越，那么，宋时的淮尺，则该当是南唐及其以前吴国的遗制。方回说，使用淮尺的"江东人"，其前辈正是南唐人，或南唐居民的一部分。南唐"故国"的另一部分——长江北岸的淮南，后来并入后周和北宋。淮尺虽为"江东人"所用却又别名之以"淮"，大约正反映了它的行用范围，原同"淮"地有关。或许我们可以说，淮尺的创行，不在宋代，甚至也不在南唐后期，而在徐氏吴国或南唐保有淮南之际；而且，它是首先在淮南地区行用起来的一种尺度。

五代淮南江东等地行用较长的大尺，很可能同当地增敛绢帛有关。今

---

① 参阅冯汉骥：《王建墓内出土大带考》，载《考古》1959 年第 8 期。
② 曾武秀已作此折计。参阅前引《中国历代尺度概述》。
③ 详见本书第四章。
④ 方回：《续古今考》卷 19，《附论度量权衡·近代尺斗秤》。

考李唐王朝规定的匹帛标准长度,仍是40尺。① 而这一规定在中唐五代之际,也像北魏时期一样屡被突破。如后周显德三年(956)十月的一道敕令,就明确指出:"䌷绸绢长,依旧四十二尺。"② 洪迈的《容斋随笔》以及《宋史·食货志》等书,也都载录了后周这一敕令;并且说"宋因其旧",亦用42尺长为匹。③

唐代绢帛的匹长40尺,究竟从几时起被人突破?显德三年令只说"依旧四十二尺",可见绢匹规格的更改早在此前。值得注意的是,承袭后周的宋代绢帛规格,虽"因其旧"而宣布为42尺一匹;但在实际征敛中,却同时在某些地区另有别的规格。比如北宋的湖南辰州(今沅陵)、两浙睦州(今浙江建德)等地,仍以40尺为匹,或及"四十尺以上"即可。④ 另据南宋程大昌和方回等人说,四丈为匹的缯帛,不以官尺或省尺计量,而别以淮尺计量。⑤

宋代绢帛长度规格的差异,以前不大为人注意。著者于此,也曾百思而不得其解。近来豁然若悟:绢帛每匹40尺或42尺的长度规格差别,其源盖出于用尺之异。而这种丈量绢帛用尺之异,并非始自于宋,甚至亦非始自于后周显德三年。

不论绢帛用尺之异始自何时,这一情况都必然在事实上导致绢帛规格的变化。而历史的逻辑表明,五代匹帛规格的变化,起初或许并非明令增长二尺,而是在实际上悄悄地加长——偷弃官尺而改用长尺,表面上仍为40尺,事实上却多量出二尺左右。某处一旦如此,他处必起而效尤。如其处尺短而又不便于易尺,则非增加二尺便不足以取齐。于是,新的绢帛规格便应运而出。

从上述分析来看,首先明令修改匹帛规定者,未必即在实际中首先延长匹帛规格;而首先在实际中延长匹帛规格者,也未必首先明令更改匹帛长度规定。换句话说,后周以42尺为匹,表明其帛尺略短,而惯用长尺的淮南江东一带,大约正是首先在实际上延长了匹帛规格,而依旧在表面上沿用40尺为匹的旧制。那里用来取代唐代绢帛官尺的长尺,当即后来的淮尺。

---

① 《通典》卷6,《食货》;《新唐书》卷51,《食货》;《唐律疏议》卷26,《杂令》。
② 《五代会要》卷25,《杂录》。
③ 《容斋三笔》卷10,《䌷绸绢尺度》;《宋史》卷175,《食货》。
④ 《长编》卷18;吕祖谦:《东莱集》卷1;参阅本章第三节。
⑤ 《演繁露》卷16,《度》;《续古今考》卷19。

这一看法如得到进一步证实，则五代南唐及其以前徐氏所建之吴国，至少使用过两种尺度：一为唐官尺，一为淮尺。其淮尺长度，大约与宋代淮尺相同。关于宋代淮尺的长度，前人说法不一，或定为37厘米，或定为33厘米至34.37厘米。① 实际上，淮尺的长度应以巨鹿出土大木尺为准，即为32.9厘米左右。② 与淮尺相比，唐尺29.6厘米仅当其九寸而已。③ 也就是说，吴国及南唐创行或使用着比唐官尺延长一寸的大尺；这种大尺即是宋代淮尺的前身。

此外，宋代福州或福建地区，还长期盛行过一种短于官尺的"乡尺"。如同浙尺、淮尺的情况那样，这种"乡尺"，很可能袭自于五代时期王审知所建的闽国。其行用范围，也包括留从效所据的泉、漳二州地区。从宋代福建"乡尺"规格看，五代闽国尺的长度，大约也在27厘米左右。

以上关于五代三种尺度的意见，仅属于尝试性的分析。其正确与否，最终还须视新的文献和实物资料来确证。为了提供研究方便，兹将有关学者考订唐五代尺度的不同数据列表如次：

表3—5　　　　唐五代尺度考订数据表　　　（每尺以厘米计）

	唐官尺		唐乐尺		山东大尺	吴田尺	五代前蜀尺	五代越尺	五代南唐大尺
	前期	后期	小黍尺	大乐尺					
王国维	28.575—30.267								
马　衡	28.575—30.52								
吴承洛	31.10								
杨　宽	29.57656		24.566						
万国鼎	29.49—29.59		24.5784						
曾武秀	29.6		24.578					31	
陈梦家	29.5				34.67				
胡　戟	29.5		24.5784						
郭正忠	29.6；30.6		24.6；29.6		30—34.67	25—26	31	26左右	32.9

---

① 参阅前引杨宽《中国历代尺度考》与曾武秀《中国历代尺度概述》。
② 王国维早年就曾以为巨鹿北宋故城出土的矩尺为淮尺，但他没能进行充分的论证。后来经杨宽力驳，此说遂一蹶不振。
③ 详见本章第三节。

第三节　形形色色的宋尺

史籍中所见宋人使用的尺度，名目颇多。诸如太府尺、文思尺、三司尺、布帛尺、量地竿尺、曲尺、真尺、官尺、小官尺、省尺、衣尺、圭表尺、仪表尺、天长尺、浙尺、淮尺、京尺、闽乡尺、周尺、黍尺、乐律尺、礼器尺、指尺、王朴尺、和岘尺、邓保信尺、李照尺、阮逸胡瑗尺、丁度韩琦尺、房庶尺、刘几尺、范镇尺、温公尺、大晟尺、金字牙尺，等等。

宋尺的名目虽多，其主要类型却不过三种：一是全国各地日常通用的官尺；二是礼乐与天文等方面专用的特殊尺度；三是某些地区行用或民间惯用的俗尺。

全国各地日常通用的官尺，如太府尺、三司布帛尺、文思院尺、量地竿尺、营造曲尺等，统称为官尺与官小尺；其中亦有称"省尺"者。圭表尺、仪表尺、黍尺、礼器尺、指尺，以及王朴尺、和岘尺、邓保信尺、阮逸胡瑗尺、丁度韩琦尺、房庶尺、刘几尺、大晟尺等，都属于天文和礼乐等专用尺。淮尺、浙尺、京尺、闽乡尺等，则可以归为地方性俗尺之列。

以上三类宋尺，是就其制造发行、主要用途和通行范围来划分的。在实际生活中，某些宋尺的用法和通行范围并非固定不变，超越上述类型范围的情况，亦不乏见。如某些日用官尺被借作乐律尺用，某些乐尺或地方俗尺被当作通行官尺或省尺，等等。关于这些特例，我们还须进一步作具体的分析。

一　宋人常用的几种官尺

（一）太府尺、三司尺和文思尺

"太府尺"、"三司尺"和"文思尺"等，是宋人使用较多的通行官尺。其称谓的由来，同当时度量衡器的制造和发行机构有关。[①] 北宋初年，太府寺既是中央常设的尺斗秤制作机构，又兼有统一发下"法式"的具体

[①] 参阅拙文：《宋代度量衡器的制作与管理机构》、《宋代度量衡的行政管理体制》，分别载于《北京师范学院学报》（社会科学版）1989年第5期，及邓广铭、漆侠主编：《中日宋史研讨会中方论文选编》，河北大学出版社1991年版。

职责。由这里制作和颁发的标准官尺，即称为太府尺。宋代的太府尺，主要包括熙宁四年以前太府寺制作发出的一切官尺，如营造官尺、太府布帛尺、官小尺等。

至迟从大中祥符二年（1009）五月起，三司开始经营度量衡器的销售活动——"始令商税院于太府寺请斗秤升尺出卖"；"具帐申三司，十日一转历"。① 于是，在太府寺原发行系统之外，出现了一条新的尺斗秤发放渠道，即经由三司诸案之一的商税机构在市肆出卖官尺。凡属这一渠道流通的官尺，又被称为三司尺。

所谓三司尺，大约也是太府尺中的一种，即经三司发行使用的太府尺而已。至于三司布帛尺，既属三司尺之一种，更是众多太府尺之一。如果将太府尺之外的文思尺、南宋官尺包括在内，三司布帛尺的行用时间就越发显得有限。其盛行时代，主要在大中祥符二年（1009）至熙宁末（1077）。元丰间撤销三司后，"三司尺"之称亦渐趋于消匿。只是由于三司对布帛赋敛及度量衡等的管理实权，远大于太府寺，"三司布帛尺"之称才广为人知。如果对这种情况不作分析，甚至将宋代日用官尺归结为三司布帛尺或布帛尺，那就未免欠妥了。

名副其实的太府尺时代，是北宋初至熙宁四年（1071）十二月以前。熙宁四年十二月，"太府寺所管斗秤务，归文思院"②。从此以后，文思院或"文思院下界"制造的官尺开始行用。这就是"文思院尺"③，或简称"文思尺"。

太府尺的极盛时代虽仅至熙宁四年，该尺的广泛行用却并不以此为限。人们甚至习惯了"太府尺"的称谓，有时候，连文思院尺也沿用太府尺的旧称。而文思院尺的制作规格，也确实遵依太府寺尺之旧制，直到徽宗朝宣布毁弃旧尺和改行新尺为止。

太府尺的衰落，是在北宋末、南宋初。根据徽宗政和元年（1111）的诏令，文思院新造的大晟尺由朝廷降付诸路，并逐级给付各州郡及其属县使用，同时宣布"自今年七月一日为始，旧并毁弃"④。对于太府尺和依太府尺旧制而造用的文思尺来说，这是一次致命的打击。此后的度量衡改革

---

① 《长编》卷71；《宋会要·职官》27之35。
② 《长编》卷228；《宋会要·职官》27之8。
③ 《至顺镇江志》卷6，《赋税·常赋·税租》，引《咸淳镇江志》。
④ 《宋会要·食货》69之6。

虽又略有反复，但接踵而来的"靖康之难"和高宗南渡，终于使太府尺和北宋文思尺一蹶不振。南宋改用浙尺作为新的官尺之后，北宋遗留下来的太府尺或旧文思尺行用范围，便越发有限——乾道间徽州办理上供绢的官吏获得外迁时，其原绢匹规格仍以太府尺旧制计量。

宋代太府尺，是主要行用于北宋的官尺。继太府尺而起用的"文思尺"，则包括熙宁四年十二月起至南宋灭亡前文思院制造的一切官尺。北宋太府尺的规格特点前后变化较少。而北宋中叶至南宋的文思院尺，其规格特点则变化颇大。

概括地说，宋代文思院尺的规格至少有过三种以上：其一，是熙宁四年十二月至大观四年（1109）以前的文思尺，即按太府尺旧制而造的旧文思尺①；其二，是大观四年至政和五年（1115）前后制作颁行的大晟新尺②；其三，是南宋文思院依临安府尺样和依浙尺尺样制造行用的南宋官尺③。

鉴于文思院尺的前两种分别可称为"太府尺"和"大晟尺"，所以，宋元时人所说的"文思院尺"，通常多指南宋文思院尺，即南宋官尺。所谓"浙尺"，就是这种南宋官尺之一。关于这一点，后文还将详细阐述。

太府尺和文思尺等朝廷颁降的标准官尺，当时也称为"省尺"。其中，作为地方官府仿造时依据的样品尺，称为"省样"尺④。不过，省尺一语在实际使用时的具体含义，似乎还兼有短缺不足之意——正如"省斗"不同于"官足斗"，"省秤"不同于"足秤"那样。从一定意义上说，宋人语汇中的"省尺"和"官尺"，未必总是毫无差别的一回事情。然而，在很多情况下，"官尺"又与"省尺"通用。由于"官尺"和"省尺"较多，又彼此混称，所以有时很难区别。就连当时的学者朱熹等人，也不免产生误会。

太府尺不仅是全国通行的日用官尺，而且，还曾作过乐尺的标准参照物。宋仁宗景祐二年（1035）四月八日李照的奏疏说："伏见太府寺《石记》，云'官尺每寸十黍'；臣以今黍十二，方盈得一寸。愿望更造官尺。"这一奏议被批准后，他制作了新式尺斗秤等七种。其中的新律尺即

---

① 《宋会要·食货》69之5。
② 《宋会要·食货》69之9。
③ 《宋会要·食货》69之10。
④ 同上。

所谓"李照尺",便是"准太府尺以起分寸",比一般乐尺长出许多。① 更具体些说,他所用的太府尺即"太府寺铁尺"。② 后来范镇定律,也认为"世无真黍,乃用太府尺以为乐尺"。③

除李照乐尺"准太府尺以起分寸"外,景祐年间出现的乐律尺还有三种,即和岘尺、邓保信尺、阮逸胡瑗尺。④ 这三种乐尺与李照用的"太府寺铁尺"合起来,当时也称为"太府寺四等尺"。⑤《宋会要》中提到的"太府寺四等尺"这一说法⑥,很容易让人产生误解以为当时的太府寺尺为四种。其实,那不过是指四种乐尺、其中包括李照用的太府寺尺罢了。

(二) 官小尺与营造官尺

宋代的官尺,至少包括北宋官尺与南宋官尺两大类。北宋官尺,又有太府尺、三司尺、北宋文思尺等。太府尺或北宋文思尺中较为常用的官尺,则有官小尺、营造官尺,以及太府布帛尺或三司布帛尺等。

"官小尺",见于《玉海》的载述:

> 政和元年五月六日,颁大晟乐尺〔自七月朔日行之〕;此官小尺短五分有奇。⑦

这里所说大晟尺比官小尺短五分有奇的比例,略异于《宋会要》、《通志》所载大晟尺短于太府布帛尺四分的比例。⑧ 如果这不是《玉海》的刊误,那么,所谓"官小尺",当不是太府布帛尺的别称,而是另一种区别于三司布帛尺的太府尺或北宋文思尺。其长度,约为 31.6 厘米至 31.7 厘米。

沈括在《梦溪笔谈》中,曾说他制作天文仪器时,考订了"古尺"与"今尺"的比例——"古尺"2.53 寸,当"今尺"1.845 寸⑨。这一比例

---

① 《宋会要·乐》1 之 4,1 之 5。
② 《宋会要·乐》2 之 12;《长编》卷 119。
③ 《宋会要·乐》2 之 30,2 之 31。
④ 《宋会要·乐》1 之 1 至 2 之 19。
⑤ 《长编》卷 119,景祐三年九月丁亥条。
⑥ 《宋会要·乐》2 之 14。
⑦ 《玉海》卷 8,《律历·度》。
⑧ 《宋会要·食货》69 之 7;《通考》卷 131,卷 133,《乐》。
⑨ 《梦溪笔谈》卷 3,《辩证》。

表明，他所说的"今尺"，正是 31.68 厘米长的官小尺。

在现存宋尺实物中，至少有六七种尺的长度与上述官小尺相符。如 1973 年苏州横塘出土的浮雕五子花卉木尺，长 31.7 厘米①；中国历史博物馆藏的鎏金铜尺，长 31.74 厘米②；罗福颐《传世历代古尺图录》第 45、46 图著录的星点铜尺和镂花铜尺，均长 31.6 厘米。此外，苏州博物馆所藏江阴发掘的另一宋代木尺，长 31.8 厘米。该尺正面雕饰梅花图案，反面为云海纹饰。③ 无锡博物馆藏当地出土两枚宋木尺，一长 32 厘米，一长 31.85 厘米。前者一面半尺雕牡丹花，另一半 5 格，每格 1 寸，又标出 5 分线；后者一面刻字，一面为 5 分 10 格。④

历史博物馆藏 31.74 厘米长的鎏金鸟兽花纹铜尺，或许即罗福颐《古尺图录》第 46 图之镂花铜尺。如是，则该尺 31.74 和 31.6 厘米两种长度中必有一数不确。但不论如何，铜尺上面那精美绝伦的寸格雕饰，在现存宋尺实物中实属罕见（参阅〔图版十五〕）。而 1973 年苏州横塘出土的浮雕木尺，其所刻五名童子和折枝、缠枝牡丹等生动形象，又不禁令人想起北宋苏湖一带的僧俗雕绘风格，以及范成大《晓泊横塘》诗中的"草市"情景。⑤

宋代的营造官尺，多制成矩尺行用。矩尺，宋人也称为"曲尺"。这是一种兼有测量长度和角度两种功能的标准计量器具。1921 年在巨鹿北宋故城出土的三木尺中，有一种较短的矩尺，其长度在 30.91 厘米左右⑥。这枚矩尺，起先曾被王国维定为淮尺⑦，后又被罗福颐和杨宽定为三司布帛尺⑧。其实，它既非淮尺，亦非三司布帛尺，而是太府尺或文思尺系列中的营造官尺。

营造官尺的使用范围，包括土木工程、金石制作、田地丈量等等。司

---

① 姚世英、徐月英：《苏州出土宋代浮雕木尺》，载《文物》1982 年第 8 期。
② 《中国古代度量衡图集》第 62 图。
③ 此尺系苏州博物馆藏文物，似未见其发表。承该馆赐告这一资料，谨致谢忱。
④ 此二尺系无锡博物馆藏文物，前一枚 32 厘米的牡丹花尺，见《考古》1982 年第 4 期。后一枚尺，似未见发表。承该馆慨然协助著者测量并准予拍摄，谨致谢忱。
⑤ 《范石湖集》卷 30，《晓泊横塘》。
⑥ 矩斋：《古尺考》；《中国古代度量衡图集》第 57 图。
⑦ 王国维：《宋巨鹿故城所出三木尺拓本跋》。
⑧ 杨宽：《中国历代尺度考》1955 年重版后记。

马光述及"深衣制度"的尺寸时，曾谈到"周尺"与"省尺"的长度比例①。从南宋人校正的这种比例来看，其"省尺"，即此营造官尺。可惜，朱熹等人又将其误解为三司布帛尺②。《宋史·舆服志》中述及"官印"的尺寸规格时，也是按营造官尺计量的。这种情况，可以从现存官印与《宋史·舆服志》所载规格的比量中窥知。

《宋史·舆服志》载录的官印，依品级高下而有金印、银印、铜印之别。其大小规格，则有方二寸一分者；二寸者；一寸九分者；一寸八分者，等等。其"京城及外处职司及诸军将校等"人的官印，"长一寸七分，广一寸六分"③。据罗福颐说，他家藏有一方"宋教阅忠节第二十三指挥第三都朱记铜官印，背刻有元祐三年款识"。他以30.9厘米长的巨鹿出土矩尺比量，发现该印恰长1.7寸，宽1.6寸。④

这就是说，宋代官印的尺寸规格，确是用30.9厘米长的营造官尺计量的。可惜罗福颐误信了朱熹"省尺即三司布帛尺"的解释，将该矩尺定为三司布帛尺⑤。杨宽亦袭此误。

除了巨鹿短矩尺之外，与该尺长度相同或相近的宋尺实物，还有罗福颐《古尺图录》第43图著录的鎏金铜尺，⑥ 和1975年湖北江陵北宋墓出土的铜星木尺。其中，铜星木尺两端的棱角已磨去，清楚地反映了它被日常使用的痕迹。⑦ 这两尺的长度，分别为30.9厘米和30.8厘米，显然亦属于营造官尺。至于巨鹿出土的长32.9厘米之另二木尺，虽也被当作矩尺使用，但它却不是官尺，而是一种地方用尺，即所谓"淮尺"。

宋代土木工程营建中使用曲尺的例子，可以举出绍兴十三年（1143）青城斋宫"起盖屋宇间架深阔丈尺数目"丈量，及太庙附近"绞缚露屋，曲尺接至大次前贮廊，及大次上彩结鸱䲦"等。⑧

与曲尺配合使用的，还有一种专门确定水平的营造尺，称为"真尺"。李诫在《营造法式》中说："凡定柱础取平，须更用真尺较之。其真尺，

---

① 司马光：《书仪》卷2，《深衣制度》。
② 赵与时：《宾退录》卷8；《家礼》"木主之制"图附记。
③ 《宋史》卷154，《舆服志》。
④ 《传世历代古尺图录》第42图"宋木矩尺"。
⑤ 同上。
⑥ 《传世历代古尺图录》第43图"鎏金铜尺"。
⑦ 《中国古代度量衡图集》第58图及其说明。
⑧ 《宋会要·礼》2之7至2之9。

长一丈八尺，广四寸，厚二寸五分，当心立表，高四尺……〔其真尺身上平处，与立表上墨缘两边，亦用曲尺较，令方正。"① 这里说的真尺，有点像两副曲尺合并起来的样子——呈丁字形。所谓"用曲尺较"，即以曲尺来检验真尺的底边是否呈水平状态，以及真尺的"表"是否正直。这种水平仪之类的特殊用尺，曾公亮的《武经总要》中也曾述及。②

宋代的量地尺，也像唐、五代那样，多制成专用的量田"铁度"或"竿尺"之类，但并不限于唐人的"五尺度"等；也有以十尺为一"丈竿"的。如《景定严州续志》所载建德县民产"坊郭墓地，以丈计，得三万三千八百六十四"，即是以"丈竿"量地的反映。③ 又如方回说："今人有五尺竿、丈竿，无此竹引。"④ 他说的无此"竹引"，指宋人不大使用十丈的竹引量地。

宋代量地尺究用何尺？这是一个值得研究的问题。从目前所见若干资料看，似既有营造官尺，又有官小尺，甚至还有大晟尺。

用营造官尺丈量土地，可以举出赵汝愚记述福州西湖堤路之例。淳熙年间福州西路堤路的计量，主要用当地"乡尺"；但赵汝愚为了便于人们折算，特别标出了"官尺"与当地"乡尺"的长短比例。从这一比例看，该"官尺"即30.9厘米长的营造官尺。此外，《金史》所说"金代量田以营造尺"，⑤ 大约也多少反映宋人的情况。

量地用官小尺之例，可以举出秦九韶《数书九章》中修堤浚渠等工程丈量的步尺计法。其中，苏湖一带的五尺八寸为步，和一般五尺为步的差异⑥，当即反映量地用尺的不同。而每步5.8尺和每步5尺的用尺比例，恰同浙尺与官小尺的长短比例吻合。

从上述两例看，30.9厘米长的营造官尺和31.6至31.7厘米左右的官小尺，大约都曾被当作量地官尺使用；而且，当时用于量地的尺度，可能还不止这两种。

大晟尺被用于量地，至少见于北宋后期的某些地区。比如政和六年

---

① 《营造法式》卷3，《壕寨制度·取平》。
② 《武经总要·前集》卷7，《水平》。
③ 《景定严州续志》卷2，《建德县·民产》。
④ 《续古今考》卷19，《附论班固律历志度量权衡》。
⑤ 《金史》卷47，《食货》。
⑥ 《数书九章》卷13，《营造类》；卷1，《大衍类》。

(1116)作"公田"于汝州等地时,就以较短的大晟乐尺丈量民田,同时核查这些民田的契券。凡丈量结果超出田契文书原载数额的部分,一律没收为"公田"——"按民契券而以乐尺打量,其赢则入官而创立租课。"①

由于营造尺使用范围极广,它已在很大程度上兼有官尺和民尺两种性质。宋亡之后,原营造尺失去官尺的性质;但作为民尺,却继续行用于各地。元人所谓"今俗营造尺",即宋代营造尺之遗制。这种"俗营造尺",或被用来量地,或用于土木工程。② 有时候,连官府的"仵作验尸"也沿用此尺。③

(三)布帛尺

宋代的布帛尺,主要包括常用的布帛官尺、特殊的布帛官尺和民用及地方性布帛尺等三种。常用的布帛官尺,如太府布帛尺或三司布帛尺,文思布帛尺和南宋布帛官尺等。特殊的布帛官尺,如天长尺、大晟尺等。民用或地方性布帛尺,如淮尺、浙尺等。民用或地方性布帛尺,有时候也会作为常用布帛官尺而通行各地。总之,举凡一切用于布帛丈量的尺度,均可称为布帛尺。所谓"三司布帛尺",只是常用布帛官尺系列中的一种太府布帛尺。其作为布帛官尺的行用时间,似不及一般太府布帛尺和"缯帛特用淮尺"长久。

以往关于宋代布帛尺的认识,有两种误会。一种误会,如吴承洛沿用王国维的观点,以为宋尺本于唐尺,并以淮浙尺为代表;三司布帛尺被视成"仅为宋之三司量布帛所用","非宋代定制之尺度"。④ 这就过分贬低了三司布帛尺的用途。另一种误会,以为宋代三司布帛尺或布帛尺的长度包括31至32.9厘米,甚至认为南宋仍旧沿用与北宋同一种布帛尺;或者,颇有将宋尺归结为三司布帛尺或布帛尺之意。⑤ 这又过分夸大了三司布帛尺或布帛尺的行用时间与范围。⑥

布帛尺之所以"常用",主要是因为赋税征敛中的布帛绸绢等织物,随时都需要用它来丈量长阔和数额。据《宋会要》载录的"税租之入"帐

---

① 《文献通考》卷7,《田赋》。
② 《永乐大典》卷7385,十八阳,丧,"葬礼"四十五:《墓地禁步之图》。
③ 王与:《无冤录》卷上,《检验用营造尺》。
④ 吴承洛:《中国度量衡史》,第251页。
⑤ 杨宽:《中国历代尺度考》第八,"宋元明清之尺度",及重版后记。
⑥ 曾武秀:《中国历代尺度概述》,也有类似意向。

反映，宋廷每年"总收"布帛绸绢，常达一千多万匹左右。① 其中相当大的一部分，来源于各地税赋输纳和辗转上供。而所有这些绢帛，都须逐一检验其长阔广狭是否合格。凡"不中程式"或"不中度"者，须照例退换并接受惩罚。② 对那些上供绢匹合乎规格的有关吏员，则予以奖励。③

所谓输纳上供绢帛中"不中度"，或中"不中程式"，是指绢帛的长、阔和轻重是否合乎规定。宋代全国各地最通行的绢帛规格，是从后周沿袭下来的一种旧制："自周显德中，令公私织造并须幅广二尺五分，民所输绢，匹重十二两……河北诸州军，重十两；各长四十二尺。宋因其旧。"④ "今之税绢尺度长短阔狭，斤两轻重，颇本于此。"⑤

这里所说的税绢长 42 尺、宽 2.05 尺，虽未明言是以何种尺度丈量，但显然亦是沿用后周的太府尺，也就是北宋的太府布帛尺。这一点，可以从大观四年（1110）至政和元年（1111）大晟新尺取代旧尺的折兑"纽定"比率关系中窥知。当时臣僚举出的"纽定"实例，即以太府布帛尺丈量的绢帛规格："谓如帛长四十二尺、阔二尺五分为匹，以新尺计，……即是一尺四分一厘三分厘之二为一尺"⑥；"短于……太府布帛尺四分。"⑦

北宋太府布帛尺，属太府寺诸尺之一。前述李照"用太府寺布帛尺为法"而"起分寸"、定乐律，就是这种"太府常用布帛尺"。⑧ 南宋户部上奏说，徽州"乾道七年上供绢八万一千七百六十余匹，系四十二尺为匹"，仍是沿用这类太府布帛尺为准。⑨ 可以说，宋代税敛绢帛凡以 42 尺长为一匹的，无不是用太府布帛尺丈量。

值得注意的是，宋代的布帛尺既不止此太府布帛尺一种，其布帛长度规格也不都是 42 尺为一匹。此外，比较常见的税敛布帛规格和布帛用尺，至少还可以举出三种，即以 40 尺长为一匹，以 48 尺长为一匹，及以 43 尺 7 寸 5 分长为一匹。

---

① 《宋会要·食货》64 之 1 至 64 之 16。
② 《宋会要·食货》64 之 18，64 之 19。
③ 《宋会要·食货》64 之 34。
④ 《宋史》卷 175，《食货》。
⑤ 《容斋三笔》卷 10，《绝绸绢尺度》。
⑥ 《宋会要·食货》41 之 32。
⑦ 《文献通考》卷 131，《乐》。
⑧ 《宋会要·乐》1 之 6；《九朝编年备要》；《玉海》卷 105，《乐》。
⑨ 《宋会要·食货》64 之 34。

以 40 尺长为一匹的税绢规格，先见于北宋辰州（今湖南源陵一带）、睦州（今浙江建德一带）等地，又见于南宋许多地区。如太平兴国二年（977）董继业知辰州时，令民纳布易盐，其"布必度以四十尺"。① 又如吕祖谦追述严州（今浙江建德，即北宋睦州）北宋时的丁绢钱说，每匹绢一贯省，每丁纳绢六尺四寸，价钱 160 文省。② 从这些数字折计，其每匹绢的规格恰是 40 尺。除这两地之外，真宗大中祥符九年（1016）八月关于诸道州府上供物帛的诏令，称"并须四十尺已上"。③ 该诏所反映的上供绢帛规格很不明确，或许并非以 40 尺长为匹，而是就原 42 尺规格略予宽减。

元丰初文同寄诗书给苏轼："拟将一段鹅溪绢，扫取寒梢万尺长。"苏轼回简说："竹长万尺，当用绢二百五十匹。"又和诗曰："世间亦有千寻竹，月落庭空影许长。"万尺之绢当 250 匹，其一匹正是 40 尺。④

如果说，上述北宋税绢规格情况尚不足以证实 40 尺长为匹规格的确实存在，那么，到了南宋时，这种规格的盛行就十分清楚了。方回指出：

> 近代有淮尺，有浙尺……民间纳夏税绢，阔二尺，长四丈。淮尺。重十二两。吾徽州，十两。⑤

方回所说"夏税绢阔二尺长四丈"的规格，不仅迥异于一般地区的长 42 尺阔二尺五分；而且，与前引徽州乾道七年上供绢的皆"系四十二尺为匹"，尤成鲜明的对照。如何解释税绢规格的这种差异？尤其是同为南宋徽州的税绢，何以会有两种截然不同的规格？方回在记述"夏税绢"长阔规格后，作了两个字的说明："淮尺"。这一说明告诉我们，长 40 尺阔 2 尺的税绢，原来是以淮尺计量的规格。淮尺长于太府布帛尺，所以其规格短于太府布帛尺的规格尺寸。

40 尺为匹的绢帛规格，究竟在何等时空范围内施用？方回说："江东人用淮尺。"事实上并不止此。秦九韶在《数书九章》中讨论"复邑修

---

① 《长编》卷 18，太平兴国二年三月乙亥条。
② 《东莱集》卷 1，《（为张严州作）乞免丁钱奏状》。
③ 《宋会要·食货》64 之 19。
④ 《苏轼文集》卷 11，《文与可画筼筜谷偃竹记》。
⑤ 《续古今考》卷 19，《附论唐度量权衡·近代尺斗秤》。

赋"和"户税移割"等问题时，曾屡次指出，"以匹法四丈通之"，"各以四丈约丈积成匹"。① 嘉定六年（1213），倪千里批评"县邑催科故意存留畸欠"零头作弊，也说"户管一匹，则止催三丈八九尺"。② 足见其四丈为匹的"匹法"行用颇广。

绢帛长度以 48 尺为匹的规格，见于《杨辉算法》，也见于程大昌《演繁露》的记述。程大昌写道：

> 今官帛亦以四丈为匹，而官帛乃今官尺四十八尺，准以淮尺，正其四丈也。……官府通用省尺，而缯帛特用淮尺也。③

程大昌这里强调"官府通用省尺，而缯帛特用淮尺"，意在说明南宋"官帛"的"四丈为匹"规格，是因为"特用淮尺"而设定的；其淮尺在南宋缯帛丈量中的广泛使用，不言而喻。与此同时，程大昌又指出：当时的"官帛"也还有另一个规格，即"今官尺四十八尺"为匹。他所谓"今官尺"，指南宋时期的文思尺，也就是后文说的"官府通用省尺"。这种南宋"官尺"或"省尺"，实为"浙尺"；或者说，即以临安府浙尺为样尺而制作的南宋文思院尺。

与 42 尺为匹或 40 尺为匹相比，南宋省尺或浙尺计量的绢帛 48 尺为匹，已是第三种"官帛"规格了。而以 43 尺 7 寸 5 分为一匹，则是用徽宗大晟尺丈量的第四种官帛规格。

大观四年（1110）至政和元年（1111），徽宗下令以新制的大晟尺取代各地现行的太府布帛尺。其绢帛尺寸，一律用大晟新尺"纽定"。当时公布的新旧尺"纽定"比例如下：

> 谓如帛长四十二尺，阔二尺五分为匹，以新尺计，长四十二（三）尺七寸五分，阔二尺一寸三分五厘（十二分厘）之五为匹，即是一尺四分一厘三分厘之二，为一尺。④

---

① 《数书九章》卷 9，《赋役类·复邑修赋》；卷 10，《户税移割》。
② 《宋会要·食货》70 之 107。
③ 《演繁露》卷 16，《度》。
④ 《宋会要·食货》69 之 7；41 之 32；《通考》卷 133，《乐》。

除以上四种不同的赋税绢匹规格之外，当时或许还有其他的规格。不论各种绢匹规格如何差异，它们都同一定长短的布帛尺相适应：凡布帛尺愈长的，其匹法规定长度便愈短。四种布帛尺的长短顺序，则以淮尺为最长，太府布帛尺次之，大晟尺又次之，南宋省尺或浙尺为最短。兹列表如次：

表3—6　　　　　　宋代布帛尺及其相应绢帛匹法规格表

布帛尺名	绢帛一匹长度规格
大府布帛尺（三司布帛尺）	42 尺
淮尺	40 尺
大晟尺	43.75 尺
南宋省尺（浙尺）	48 尺

顺便指出，以往杨宽批评王国维将布帛尺误当作淮尺，几乎已成定论。其实，王国维未必皆非，而杨宽也未必尽是；淮尺未必不可以是布帛尺，布帛尺亦未必不包括淮尺。如果不查明布帛尺的种类和用途，有关的是非是永远无法辨清的。

上面所说的四种布帛尺，只是宋代绢帛税敛中常见的布帛尺。除此之外，布帛尺还包括特殊情况下使用的衣尺、衣料尺等。比如宋太宗临终前几个月，即至道二年（996）的一道诏令说：

左藏库支造衣服匹帛，并用天长尺径量给付。①

这里说的"天长尺"究属何种尺度，其行用范围如何，尚待研究。但至少有一点可以肯定，即它的长度显然不同于三司布帛尺或太府布帛尺。否则，宋太宗便无须降此诏令。

从《宋会要》载录的情况看，宋太宗晚年曾面临社会动荡和绢帛缺乏的局面。他为整顿诸库的管理，采取过一系列措施——特别是压缩和节省衣物支拨。② 这些迹象表明，作为衣料尺的"天长尺"，大约短于三司布帛尺；或许即天文院所用的"量天尺"，亦未可知。

---

① 《宋会要·食货》51 之 22。
② 《宋会要·食货》51 之 20 至 51 之 21。

几年以后，即景德二年（1005）十二月，真宗诏"新衣库所造单衣……支遣之时，须依合支长短尺寸分两，若看出退嫌者，将样赴三司看验勘断"。① 这里所说三司用于"看验勘断"单衣样品"长短尺寸"的标准量衣尺，该与"新衣库""造单衣"用尺一致。其是否为"天长尺"，也有待进一步研究。

不论"天长尺"是否即"量天尺"或影表尺，有一个事实是毋庸置疑的，那就是宋代礼仪之服的丈量多用小尺。② 有时候，甚至一般税敛布帛的丈量也用过礼乐尺——如前面所说以大晟乐尺为布帛尺那样。

二 地方用尺与南宋省尺

（一）浙尺与南宋省尺

宋代常用的地方和民间俗尺，可以举出淮尺、浙尺、京尺和闽乡尺等。至于某些占卜用的门宅匠尺，这里暂不讨论。

关于淮、浙、京尺，前引程大昌和方回的著作中都曾述及。程大昌说：

> 古帝王必用度量。后世所传商尺、周汉尺不相参同，盖世异而制殊，无足怪也。今虽国有度定，俗不一制。曰"官尺"者，与"浙尺"同，仅此"淮尺"十八；而京尺者，又多淮尺十二。公私随事致用，元无定则。予尝怪之，盖见唐制，而知其来久矣。……唐帛每四丈一匹，用大尺准之，盖秬尺四十八尺也。秬尺长短不知合今何尺。然今官帛亦以四丈为匹，而官帛乃今官尺四十八尺；准以淮尺，正其四丈也。国朝事，多本唐。岂今之"省尺"，即用唐秬尺为定耶？不然，何为官府通用省尺，而缯帛特用淮尺也。③

程大昌（1123—1195），字泰之，徽州人，是南宋孝、光时期的著名学者和朝臣。他一生的踪迹，大都集中在东南沿海地区④。他有关浙尺、官尺与淮尺的议论，有四点值得注意：其一，他说的"官尺"，或"今官

---

① 《宋会要·食货》52之24。
② 陈襄：《古灵集》卷9，《祭服之裳》；司马光：《书仪》卷2，《深衣制度》等。
③ 《演繁露》卷16，《度》。
④ 《宋史》卷433，《程大昌传》。

尺",应理解为南宋立国以后的"官尺",特别是孝宗与光宗时期的"官尺";下文"官府通行省尺",亦指此南宋官尺,而不是北宋前期的太府尺、三司尺和北宋后期的大晟尺。其二,他介绍说,南宋人称之为"官尺者",与浙尺相同。其三,"官府"虽"通用省尺",但"官帛"却例外,须"特用淮尺"。其四,淮尺与浙尺的长度比例,或为 10∶8,或为 48∶40;这种关系,酷似于唐制的大小尺关系。

对于程大昌的上述议论,王国维极为重视并曾反复征引;特别是其中宋淮浙尺本于唐大小尺的见解,他尤为赞赏。至于"官尺者与浙尺同"一语,他起初似未敢尽信:"惟谓省尺与浙尺同,则未谛也。"① 尔后,他根据赵与时《宾退录》转述朱熹的解释——"潘仲善(时举)闻之晦翁,……谓省尺者,三司布帛尺也"②,断定"程氏所云官尺、省尺,即三司布帛尺"③;并推定巨鹿出土的三木尺皆为淮尺④。

王国维把程大昌所云"官尺省尺"当作三司布帛尺,这是他的一大失误。原来,朱熹解释"省尺者三司布帛尺也",并非程大昌所云南宋省尺,而是司马光、程颐讨论"深衣制度"时说的北宋省尺。司马光说:"凡尺寸皆用周尺度之,周尺一尺当省尺五寸五分。"⑤ 潘时举在嘉定六年(1213)为《家礼》写的题识中,曾就此辨析说:"五寸五分",该是"七寸五分"之误。⑥ 但他不明白司马光与程颐所谓"省尺"的含义,于是才去求教朱熹。

潘时举问道:"程先生文集中主式,与古今家祭礼长短不同。所谓古尺当今五寸五分弱,不知当用今何尺?古今家祭礼中有古尺样,较之今尺又不止五寸五分,注云'省尺'。省尺,莫是今淮尺否?"朱熹答曰:"省尺乃是京尺,温公有图,子所谓三司布帛尺者是也。"⑦

由此可见,潘时举所问,和朱熹所答,原都指司马光、程颐论述的北

---

① 王国维:《宋三司布帛尺摹本跋》;见《观堂集林》卷 19,《史林》。
② 赵与时:《宾退录》卷 8。
③ 王国维:《记现存历代尺度》,《观堂集林》卷 19。
④ 王国维:《宋巨鹿故城所出三木尺拓本跋》,《观堂集林》卷 19。
⑤ 司马光:《书仪》卷 2,《深衣制度》。
⑥ 《家礼》"木主之制"图说明。日本元禄十年及清同治刻本。另据赵与时《宾退录》卷 8 说,"潘仲善时举闻之晦翁,谓五寸字误,当作七寸五分弱"。据此,是朱熹辨析其误。潘时举,字仲善,亦作子善。
⑦ 《朱子大全》卷 60,《答潘子善》。

宋京师省尺，绝非程大昌所云南宋省尺。不过，潘时举既然不晓得"省尺"为何尺，便不可能区别北宋与南宋省尺之异。朱熹对古尺曾比较留意。据说，他家藏一枚周尺和一枚景表尺，并曾出示给黄义刚看。然而，当黄义刚问"古尺何所考"时，他的回答是："羊头山黍今不可得，只依温公样，他考必仔细。"① 他对潘时举所作的回答，只就"省尺"的某种含义加以解释，也未就两宋的省尺加以区分。不仅如此，他实际上也误解了司马光的原意。按司马光所云"省尺"，乃30.8厘米长的北宋营造官尺，并非三司布帛尺。这一点，从《书仪》所载该尺长度可以窥知。

朱熹虽然误释了司马光所云"省尺"，其营造官尺与三司布帛尺的差异尚不算太大。而王国维既误解了潘时举、朱熹所论的省尺，又把它同程大昌所云省尺混为一谈，这便越发舛误。

王国维关于宋尺的另一失误，是他完全相信了程大昌宋代淮浙尺本于唐大小尺的猜测，甚至以为淮浙二尺代表着整个宋尺的"定制"，并断言"宋尺承用唐制"。② 这一观点，后为吴承洛全盘接受，甚而发展到贬低三司布帛尺为"非宋代定制之尺度，不可以宋尺制目之"③ 的地步。

其实，淮浙尺本于唐大小尺的猜测，连程大昌本人都不敢确定。他至少明白，淮浙尺仅是众多宋尺中的两种尺度，而且，其长度更与唐大小尺相去甚远。必须指出，唐尺旧制，早在唐末或五代之初即已遭到破坏。与其说"宋尺承用唐制"，还莫如说宋尺承用五代尺制更接近史实。

与王国维的态度相反，杨宽对程大昌的主要论点曾坚决予以否定："官尺与浙尺不同！""浙尺和淮尺是南方特殊之尺"。与此同时或稍后，他又强调三司布帛尺的地位和作用，说"到南宋，布帛尺也还是称为'官尺''京尺'的"。④ 他的这些意见，影响颇大。

那么，在程大昌和杨宽之间，究竟谁的意见正确呢？宋代浙尺与官尺、省尺的关系究竟如何？让我们看看另一位宋人方回的记述。

方回关于淮尺与浙尺、省尺的论述，前面已曾引录过片言只语。他写道：

---

① 黎靖德编：《朱子语类》卷92，《乐》。
② 王国维：《宋钜鹿故城所出三木尺拓本跋》。
③ 吴承洛：《中国度量衡史》。
④ 杨宽：《中国历代尺度考》。

近代有淮尺，有浙尺。淮尺，《礼书》十寸尺也。浙尺，八寸尺也；亦曰"省尺"。民间纳夏税绢，阔二尺，长四丈，淮尺；重十二两。吾徽州，十两。江东人用淮尺；浙西人、杭州，用省尺、浙尺。①

方回的这段记述，一方面表明浙尺和淮尺原都是地方用尺；另一方面，或许也是更重要的一方面，他又明确告诉人们：浙尺，"亦曰省尺"。这一记述，不仅为程大昌所云"官尺者与浙尺同"作了注脚，而且，也为浙尺与南宋省尺等长作了佐证。

看起来，程大昌的论述不误。而杨宽虽然正确地看出三司布帛尺与浙尺不同，但他又错误地理解了程大昌所说的"官尺省尺"，将其误当作北宋的省尺或布帛尺了。这一误解，其实与王国维之误解并无二致。因此，他也同王国维一样，既将官尺、省尺与布帛尺混为一谈，又将南宋官尺与北宋官尺混为一谈。近年某些学者的研究，亦蹈袭此误。

前面说过，宋代的官尺或省尺，既非一种，亦非固定不变。北宋前期，三司布帛尺曾经是官尺或省尺之一；北宋后期，大晟新尺也曾经被指定为新的官尺或省尺，用以取代太府布帛尺；那么此刻，从高宗南渡之后的某个时期起，文思院开始以浙尺为样尺，制作其新的官尺或省尺。

这就是"官尺者与浙尺同"，或浙尺"亦曰省尺"的真实含义。不论是程大昌，抑或是方回，他们的记述，无非反映了这样同一回事，即浙尺本来属于"地方特殊用尺"——在这一点上，杨宽是对的；但在南宋某个时期，该尺的地位和身份发生重大变化，上升为官尺或省尺——在这一点上，杨宽错了；这种由浙尺转化而来的南宋官尺或省尺，绝非北宋的官尺或省尺，更非北宋前期的三司布帛尺——在这一点上，王国维错了。

南渡之后更改度量衡的事，至迟在绍兴元年（1131）即已进行。如高宗逃难，驻跸越州（今浙江绍兴）之际，就曾一度将当地的仓斗升格为朝廷"省斗"，令各地依此标准输纳上供粮斛。后因各地嫌该斗太大，才不得不予以废弃，另觅临安府斗代之。② 可见，以浙尺为省尺的事，亦无足嗔怪。

据《宋会要》载录，绍兴二年（1132）十月，户部曾奉命拨款给文思

---

① 《续古今考》卷19，《近代尺斗秤》。
② 参阅拙文：《斛石关系考》，载《中华文史论丛》1987年第2、3辑合刊。

院，令其"依临安府秤斗务造成省样升斗秤尺等子，依条出卖"，并由此而强行取代"民间见行使"的旧尺斗秤："候官中出卖"新式省样尺斗秤之际，民用旧尺等"并行禁止，如或违犯，并依条施行"。①

这里所说的原"临安府"尺或新制"省样"尺是否即系浙尺，尚难断定。但临安府尺由此而升格为"省尺"，则毫无疑问。如同北宋的官尺或省尺不止一种那样，南宋的省尺或官尺，似亦不止一种。

在众多的地方专用尺度中，浙尺有幸而跻身南宋官尺，并非偶然。一方面，这是因为南宋定都于盛行浙尺的浙西名城杭州，新朝廷需要尊重并借助当地的传统习俗；另一方面，浙尺本身，又有相对广泛的地域基础。

据我分析，浙尺本源于唐代的吴尺，至五代时期，它又成为吴越王朝的主要用尺——宋初"江浙造短狭缣帛"之风犹存，大约即与吴越曾用短尺有关。随着钱氏攻并福州，浙尺的踪迹或许又有所扩大。

方回述及浙尺的行用范围，只说"浙西人、杭州"，而未提及浙东。仿佛浙东人与浙尺无缘似的。其实不然。今考《宝庆四明志》载录明州鄞县（今浙江宁波一带）等处，即惯以浙尺作标准丈量用具。淳祐二年（1242）陈垲据当地士民白剳子说：县城东半里的江东碶闸，"自浦口桥打量，至真君庙桥，河道东西通长二百丈三尺七寸。并系浙尺"。②

陈垲在淳祐间任庆元府（即明州）守臣，曾为当地水利事业作过一些好事。为监测郡城河滨水位而特制的"平水尺"，也与他有关。另据周道遵《甬上水利志》载录，鄞县河桥下，先立过一种"水则"——即在桥畔适当位置处刻写一个偌大的"平"字，作为启闭水闸的观测标记。后来该"水则"被水浸坏，陈垲"遂置平水尺"；"平水尺往往以入水三尺为平"，"朝夕度水增减，以为启闭。"③

（二）淮尺、京尺和闽乡尺

关于淮尺，前面讨论布帛尺与浙尺时已经提及。程大昌说"缯帛特用淮尺"，这是就南宋各地的赋税"缯帛"丈量而言。在这方面，淮尺行用范围颇广，几乎与"官府通用省尺"并行不悖。至于方回所谓"江东人用淮尺"，虽不限于"缯帛"而包括各种用途，其地域范围却嫌小些。我认

---

① 《宋会要·食货》69 之 10；《建炎以来系年要录》卷 51。
② 《宝庆四明志》卷 12，《鄞县志》卷 1，《渠堰碶闸·江东碶闸》。
③ 《甬上水利志》卷 1，《月湖》。

为，淮尺既原系南唐用尺，当亦包括江北淮南等处；甚至北方某些地区，也或以淮尺为营造尺。巨鹿木尺的出土，就反映了这种情况。

1921年，河北巨鹿北宋故城发掘出三枚木尺。"以同时掘出之庆历、政和二碑观之，是北宋故物也。"这三枚北宋木尺，曾长期由罗振玉收藏。① 今藏于中国历史博物馆。其中一尺长30.9厘米，系营造官尺；另两尺长32.93厘米和32.9厘米。② 这后两尺，当即北宋淮尺的实物遗存。（参阅〔图版十七〕）

关于巨鹿尺究竟为何尺的争议，曾引起学者们广泛的注意。当年王国维认定："此三尺盖即所谓淮尺。"他的依据，是"宋公私尺度仍用唐旧制"，而此三尺之一，"与唐开元钱尺正同"，另二尺"虽略长于唐大尺"，"盖由制作粗牺，非制度异也"。③ 这种论据连同其结论，后来一并遭到杨宽力驳。杨宽以为"浙尺和淮尺是南方特殊之尺，北宋时巨鹿未必应用"，遂将其定为三司布帛尺。④ 至此，这桩公案也似乎就算了结。

今天看来，王国维的论据显然是错误的；以长短迥异的三尺皆为淮尺，更欠妥当。但三尺中比较长的两尺，确为淮尺，亦属另一种布帛尺，而非"三司布帛尺"。这一点，从它同三司布帛尺的长度比例关系中可以窥知。至于淮尺与三司布帛尺的长短比例，后文还要专述。

关于"京尺"，宋人有几种不同的说法。

据《家礼》说："三司布帛尺即是省尺，又名京尺，当周尺一尺三寸四分，当浙尺一尺一寸三分。"⑤ 这一说法，大约来自南宋临海人潘时举。潘时举自称，他曾特地为几种尺度的关系请教朱熹："旧尝质之晦翁先生，答云：省尺乃是京尺，温公有图，子所谓三司布帛尺者也。"今本《朱子大全》中，的确也保存着"省尺乃是京尺……三司布帛者也"的"答潘子善"语。若依此说，"京尺"就是北宋官尺中的三司布帛尺。

另据前引程大昌《演繁露》说，京尺是一种比淮尺和浙尺都大得多的尺度："京尺者，又多淮尺十二，公私随事致用，元无定则。"照此看来，它又似一种地方或民间用尺——比如旧汴京等北方地区用尺（或金人占领

---

① 王国维：《宋钜鹿故城所出三木尺拓本跋》。
② 矩斋：《古尺考》，《中国古代度量衡图集》第57、59图。
③ 王国维：《宋钜鹿故城所出三木尺拓本跋》。
④ 杨宽：《中国历代尺度考》。
⑤ 《家礼》"木主全式"图附记，同治本，三分之"三"，元禄本作"二"。

下的汴京用尺)。所谓"公私随事致用元无定则"一语,表明它在某些时候也可以当作官尺使用。不论它究属民间、地方用尺,抑或为官尺,其"多淮尺十二"的长度,显然不同于三司布帛尺,而是另一种京尺,或即金尺。

以上三种地方用尺,均与官尺多有瓜葛,甚至在某些时候已兼作通用官尺。下面举述一种不大为人留意的纯粹地方用尺:福建乡尺。

福建乡尺的资料,见于《三山志》转录赵汝愚淳熙年间的一篇奏疏。在这篇奏疏中,他记述了福州西湖修筑堤路的情况。他写道:

> 西湖之路,自鹿项门北至凤池桥,长三百七十三丈二尺;自凤池桥西至鼋潭官路口,长四百六十七丈七尺;自鼋潭官路口南至水仙官周围,绕出新堤至迎仙桥,长六百二十六丈六尺;自迎仙桥东至鹿项门,长三百五丈。总计一千七百七十二丈五尺。
>
> 以上系用乡尺。若以官尺为准,每丈实计八尺七寸。维之以石,各高五尺。堤上有路,各阔二丈。水仙官堤面,各阔一丈五尺。

赵汝愚是南宋著名的将相和能臣,淳熙间"帅福建"、"守闽郡"时,还著有《诸臣奏议》。① 他所说的福建"乡尺",及其与官尺的比例关系,具有较高的资料价值。

往年传世和近年出土的宋尺实物中,有两种特别引人注意的短尺,大抵同福建有关。其一,是1974年泉州湾宋代沉船内发现的残竹尺。其五寸之长,为13.5厘米,原一尺当为27厘米。② 其二,是由金殿扬复制的仿宋石尺,长26.95厘米。③ 泉州海船竹尺,曾被认为"可能是福建地方用尺"。④ 金殿扬仿宋石尺,则先被误当作三司布帛尺,后又断为"宋浙尺"。⑤

从赵汝愚提供的数据分析,这两枚宋尺当确系福建乡尺。关于这一

---

① 《宋史》卷392,《赵汝愚传》。
② 泉州湾宋代海船发掘报告编写组:《泉州湾宋代海船发掘简报》,载《文物》1975年第10期。
③ 罗福颐:《传世历代古尺图录》第49图及其附语。
④ 陈高华、吴泰:《关于泉州湾出土海船的几个问题》,载《文物》1978年第4期。
⑤ 罗福颐:《传世历代古尺图录》第49图及其附语。

点，我们在讨论宋尺长短时还要述及。

三 天文礼乐用尺

(一) 天文尺和礼仪尺

宋代的天文尺，一般都认为只是沿用唐代洛阳的影表尺。这种说法，大约未必尽然。

宋代的天文尺，固然包括洛阳司天台铜臬尺或影表尺，但又不限于此。即如开封司天监、翰林天文院等处的天象仪器尺度，[①] 亦不可忽视。

乾德四年（966），和岘曾重测洛阳司天台的影表铜望臬和石尺，认定这一唐代东京的旧天文尺，其长度又袭自于南朝刘宋和北周及隋。[②] 宋初的天文尺，确实沿用此尺。太平兴国四年（979）张思训造新铜仪，至道中（996）及大中祥符三年（1010）韩显符铸浑仪等等，大约亦用此尺。[③]（前述至道二年左藏库支付衣料的"天长尺"，或许也即此尺。）至于南宋朱熹家藏的"景表尺"是否为此尺，则不得而知。

熙宁六年（1073）六月，沈括和陈绎指出："浑仪尺度，与《法要》不合"；并批评了现行历法、浮漏和浑仪等"旧器"的"舛戾""疏谬"。他们建议"改用古尺"，重制新仪并修改历法。这一建议得到宋神宗的批准。一年以后，沈括按照他的"新样"制成新的浑仪，并向神宗报告了"所以更改之理"。该新浑仪，被放置在翰林天文院。[④]

沈括为了"改用古尺"而制作浑仪，还曾专门研究过古今度量衡的变迁。他在《梦溪笔谈》中说："予考乐律及受诏改铸浑仪，求秦汉以前度量斗升，计……古尺二寸五分十分分之三，今尺一寸八分百分分之四十五强。"[⑤] 这里说的"古尺"，不知是否即"改铸浑仪"所用之"古尺"。若然，该"古尺"亦即"周尺"或"晋前尺"之类。其长度当在23.1厘米左右；与和岘所用影表尺比，更短一些。

不论沈括所用的"古尺"究系何尺，它不同于宋初以来的影表尺是可以肯定的。这是宋代第二种天文尺。

[①]《宋会要·职官》18之110；36之107。
[②]《宋会要·乐》1之1；《宋史》卷80，《律历志》。
[③]《山堂群书考索》卷56，《历数门·天文器类》。
[④]《长编》卷245，卷254；《宋史》卷80，《律历志》。
[⑤]《梦溪笔谈》卷3，《辩证》。

宋代礼仪、礼器用尺，如祭祀天地祖先及日月山川的祭台、祭器，吉凶仪节中的石主、木主、特制服饰等所用的尺度，多数是古制"周尺"，或"黍尺"之类小尺。当然，也有用天文尺、乐尺、指尺，乃至日常通用之"今尺"者。

宋人所说的"周尺"，即按传统的累聚黍粒之法而仿制的古尺。如程颐在讲述祭礼"作主式"时，便说"用古尺"。① 这种仿周尺式的古尺，虽然也泛称为"黍尺"，但较为正式的名称，似乎是"今太常周尺"②。诸如各时期的乐律累黍尺，即因制作情况不同而长短各异；未必皆可以23.1厘米左右的"周尺"目之。

所谓"指尺"，既不是魏汉津的发明，也不止于大晟尺一种。这是以人的手指节长短为标准而制作的尺度。通常以中指中节为一寸的长度标准。

宋真宗大中祥符元年（1008）祭祀泰山时，其"封禅"所用玉牒、玉匮、宝印和祀室等，本"当用黍累尺"为准，后来考虑到玉石"难琢刻"，改作"并以今尺为准"。③ 庆历、皇祐年间的明堂"祭玉制度尺寸"，也曾反复斟酌："若用景表尺，即与黍尺差近，恐真玉难得大者。"后来决定，一般玉石"度以景表尺"；特殊的美玉，用指尺。④ 南宋绍兴中的礼器尺，是一种非常接近大晟乐尺的尺度。⑤ 绍兴末上尊者仪礼的"玉宝"，则仍"用皇祐中黍尺"。⑥ 乾道五年（1169）"外路告谢祠庙仪"中"排办"的"币帛"，也用小尺。⑦

古代传统的礼祭服裳，是一种上衣和下裳相连为一体的"深衣"。这种深衣，被视为"古圣人之法服"。其裁造规格颇有讲究。《事林广记》等书中，迄今仍存有"深衣正图"。⑧ 据陈襄说，祭服之裳，"以今太常周尺度之"。⑨ 司马光也以为"其尺寸皆当用周尺度之"。⑩ 但朱熹及其子弟

---

① 程颐：《伊川文集》卷6，《作主式》。
② 陈襄：《古灵集》卷9，《祭服之裳》。
③ 《宋会要·礼》22之8；《长编》卷69，大中祥符元年5月壬戌。
④ 《宋会要·礼》24之8，24之10。
⑤ 《玉海》卷8，《律历·度》。
⑥ 同上。
⑦ 《宋会要·礼》2之25。
⑧ 陈元靓：《事林广记·后集》卷10，《服饰类·衣服仪制》。
⑨ 陈襄：《古灵集》卷9，《祭服之裳》。
⑩ 《书仪》卷2，《深衣制度》。

门人却主张"度用指尺",并加注说明:"以中指中节为寸。"①

关于指尺与黍尺的不同用场,宋人有时也援引前朝旧惯,如后周聂崇义《三礼图》说:"玉瑞玉器之属,造指尺璧羡以规之;冠冕尊俎之属,设黍尺嘉量以度之。"② 不过,也有人反对这样,以为"指尺之与黍尺,一也。黍有巨细,故尺有长短。先儒以黍之巨者积而为寸,则于肤指不合。于是,有指、黍二尺之辩,谓圭璧之属用指尺,冠冕尊彝之属用黍尺。岂其然乎?"③

(二) 北宋前期的乐律尺

宋代的乐律尺,前后屡有变易。即令就北宋而言,照宋人的说法:"本朝大乐,由建隆迄崇宁,凡六改。"④ 如将两宋各时期估计在内,当时有过的乐律尺至少在十余种以上:如后周王朴尺(王朴律准尺)、建隆新尺或和岘尺、李照尺、邓保信尺、景祐阮逸胡瑗尺、韩琦丁度尺、皇祐中新造中黍尺、房庶尺、元丰制乐所的铜木尺、黄钟龠尺、刘几尺、范镇尺、大晟指尺、南宋绍兴乐尺、绍兴礼器尺,等等。这些乐尺中,既有黍尺和天文景表尺,又有指尺和日用大尺。

北宋初年所用的乐尺,是五代后周的王朴尺。⑤ 建隆四年(963)嫌其声高,改用和岘乐尺。⑥ 和岘乐尺,原以洛阳景表尺的长短为准;⑦ 依此而铸造大乐诸钟磬,比王朴乐音"特减一律",⑧ 即低半音。这是北宋前期延用较久的乐尺和乐律。

北宋仁宗景祐二年(1035),李照等人奉诏改乐。李照的乐律尺,据说是以纵黍相衔累成。实际上,它略同于太府布帛尺,而长于各种乐尺。⑨ 依此尺而铸造的编钟,其音比和岘乐低得多——"下太常四律",⑩ 即低两

---

① 《朱子大全》卷68,《杂著·深衣制度》。另见《家礼》卷1,《深衣制度》,及"附录"引《丧服记》。四库全书本。另见《永乐大典》卷7393,十八阳·丧,"公卿士庶丧礼",以及谢维新编:《古今合璧事类备要·外集》卷35,《服饰·深衣》引《朱文公深衣制度并图》。
② 《玉海》卷8,《律历·度》。
③ 章如愚:《山堂群书考索》卷55,《律历门·律吕类》,引《陈礼书》。
④ 《玉海》卷105,《音乐·乐》。
⑤ 《长编》卷119,景祐三年九月丁亥。
⑥ 《玉海》卷7,《律历·律吕》。
⑦ 《宋会要·乐》2之12。
⑧ 《宋会要·乐》2之28、29。
⑨ 《玉海》卷8,《律历·度》。
⑩ 陈均:《九朝编年备要》卷10。

度。而太常歌工因其声过低,"歌不成声"乃"私赂铸工,使减铜齐"①。故宋绶说:"李照新乐比旧乐下三律。"②

继李照之后制作乐尺者,有内侍邓保信、布衣胡瑗,以及阮逸等人。

从和岘的景表石尺,到李照的太府铁尺,从邓保信尺,到阮逸胡瑗的黍尺,景祐三年(1036)间争充大乐用尺者,一时已有四家以上。这年五月,范仲淹、欧阳修等一批直臣被逐出朝廷。七月,宋仁宗命丁度、胥偃、高若讷、韩琦等人详加考订,从太府寺等四尺中选定一种。景祐五年,即宝元元年(1038)七月,停用李照之乐。③

为了做好重制新乐的工作,丁度、韩琦等人制造了几种标准参考用尺。④ 高若讷依《隋书·律历志》提供的数据,复制了魏晋以来十五种古尺。⑤ 宋祁也对古尺进行了研究。经过一番考校,丁度等人认为:李照尺、邓保信尺和阮逸胡瑗尺,似都嫌过长——邓尺比王朴尺长1.9寸强,阮胡尺比王朴尺长0.7寸强,李照尺比王朴尺长3.2寸强;不如且仍用和岘尺定律。⑥ 这场争议,暂时告一段落。

庆历、皇祐间,大乐之议再起。皇祐二年(1050),由"中书门下集两制及太常礼官与知钟律"者,专事讨论如何定乐。太常寺和宫禁中收藏的景祐各家乐尺及高若讷仿造之古尺,都被借出来参考。⑦ 但几种不同的见解,依然是"各安己习,久而不决"。仁宗乃"命诸家各作钟律考献",由他亲自裁判。结果,暂以阮逸、胡瑗的主张为"定议"。

阮逸、胡瑗在景祐中所制黍尺,主要是用大黍。其同时制造的律龠,则用小黍累成。这一矛盾作法,当时曾遭到丁度等人的批评。此次皇祐定乐,乃改用"中黍尺":"比于太府寺见行布帛尺,七寸八分六厘,与影表尺符同。"⑧《玉海》载录的皇祐四年(1052)"大乐所新定中黍连三铁尺",及皇祐五年(1053)"以景表尺均通为皇祐中黍尺",皆指此尺。⑨

---

① 《宋史》卷127《乐志》。
② 同上。
③ 同上。
④ 《玉海》卷8,《律历·度》。
⑤ 《长编》卷169,皇祐二年闰十一月丁巳条,庚午条。
⑥ 《长编》卷119,景祐三年九月丁亥条。
⑦ 《长编》卷169,皇祐二年闰十一月丁巳条、庚午条。
⑧ 阮逸、胡瑗:《皇祐新乐图记》卷上,《皇祐黍尺图》。
⑨ 《玉海》卷8,《律历·度》。

史载"律初就，以校此尺，与司天景表正合"。①

阮逸、胡瑗等人"定议"的大乐完成后，仁宗曾召集群臣，在紫宸殿相聚观赏。阮、胡等人，也因而受到嘉奖。② 其所编《乐书》，亦诏"令天下名山藏之"。可是，臣僚中不以为然者，仍大有人在。他们或责其累黍未合而制作粗疏，或指其以尺定律而有失。③ 其"弇郁而不扬"之低音，令人忆起"周景王无射钟"。刘羲叟甚至预言：此乐一奏，"圣上将有眩惑之疾"。至和三年（1056）元日大朝会奏乐，仁宗果然"疾作"病发。④

另一位音乐家房庶，还曾在皇祐三年（1051）提出自己独特的理论，并别制了律尺。可惜，他本人并未被录用于大乐的议制工作，其律尺也仅送"详定大乐所"聊供参考而已。当时，范镇对此事极为不平，后来还愤然上书，屡为申论。在这种情况下，皇祐新乐只用了四五年，便废而仍"用旧乐"。⑤

皇祐新乐的抨击者之一范镇，在元丰间又与刘几等再度议乐，并于稍后的元祐三年（1088）另外制作了乐尺。⑥ 实际上，范镇仍是以太府寺铁尺为准而定其乐尺。这种乐尺从未在元祐大乐中应用过。⑦ 朱熹以为刘几是一位"晓音律者"，而范镇"徒论钟律，其实不晓"；司马光"比范公又低"。

北宋太府布帛尺或太府寺铁尺，始终未能真正被用作改制大乐的律尺，然而，它却又常常在大乐议定时被人举出，并作为备用乐尺而屡次加以制造。不论是景祐、皇祐的议乐风潮之中，抑或是元丰、元祐的太常寺里，人们都可以找到标准太府寺铁尺的踪迹。

这种太府铁尺的功效之一，是用来作"黄钟"律管的标准长度——以太府铁尺的九寸，来制造"黄钟"律管。累黍为尺的黍律尺，多"每寸十黍"，"累百满尺"。元丰间的"黄钟籥尺一条长九十黍"，大约就是以太

---

① 《玉海》卷7，《律历·律吕》。
② 《长编》卷174，皇祐五年五月辛酉（19日）条。
③ 《宋会要·乐》2之28，2之29。
④ 《长编》卷183，嘉祐元年八月乙亥条。
⑤ 《长编》卷183，嘉祐元年八月丁丑条。
⑥ 《玉海》卷7，《律历·律吕》。
⑦ 《宋会要·乐》2之29，2之30。

府尺为准而特制的籥管九寸尺。① 以李照与范镇等人的本领，竟然能使黄钟籥尺与太府铁尺九寸凑合相符。这种做法，或许不免为乐律专家所讥，但对后世的尺度史考察来说，却绝非徒劳无益——不论他们的理论与实践有多少问题。

如今传世和出土宋尺实物中，至少有两种玉尺很像是这类黄钟尺的遗物，即九寸"金错玉尺"和九寸"碧玉尺"②（参阅〔图版十六〕）。如果这一判断不错，那么，这些以太府铁尺九寸为准而制作的黄钟尺，其十寸长度当即那时太府铁尺的原长。

（三）大晟尺和南宋礼乐尺

大晟乐尺，是北宋最后一种乐尺，其影响，较其他乐尺更大些。

崇宁三年（1104）正月，中书门下省向宋徽宗送呈了一位方士的札子，其中拟定了一种大胆的改乐方案。这方案，导致了宋代尺度史上最大的一次改革。那位方士，就是魏汉津。魏氏方案的主要内容，是以徽宗三个手指的九个指节长度，作为定律的标准长度，即以其左手中指、无名指和小指各三节之长，"合之为九寸"黄钟律管长。这一方案确定后，"先铸九鼎，次铸帝座大钟，次锺（铸）四韵清声钟，次铸二十四气钟，然后均（弦）裁管，为一代之乐（制）"。③

为了实施魏汉津的改乐方案，徽宗特命于太常寺之外，另设置一个专管新大乐的"大晟府"。实际上，大约只以徽宗的中指中节"以为三寸，三三而九，推展用之"，制造了新的指尺，即"大晟乐尺"，并以此为准而铸造景钟和鼎彝等礼器。④

改定大乐的同时，徽宗又决定将新乐尺推广为全国通用的常尺，取代现行的旧尺。为此，工部奉命由文思院下界"依样"先造一千条新尺。其中包括一百条乌木花星尺，一百条紫荆木尺。"如无紫荆木，以别木代之。"一百条乌木花星尺，"进纳"朝廷。其余新尺，"颁赐在京侍从官以下，及有司库务，外路诸司，及有库监各一条"；再由各路诸司所属"依

---

① 《玉海》卷8，《律历·度》。
② 参阅罗福颐：《传世历代古尺图录》第44图，"金错玉尺"；及《中国古代度量衡图集》第61图，"碧玉尺"。
③ 《宋会要·乐》2之31，2之32，以《宋史》卷128《乐志》校补。
④ 《演繁露》卷6，《景钟》；《通考》卷131，《乐考·历代制造律吕》。

样制造行用"。①

政和初年（1111）的诏令，不仅宣布以"大晟乐尺"为全国通用的"新尺"，"自今年七月一日为始，旧尺并毁弃"；而且，还决定斗秤等子之类也一律依新尺进行改造②——俨然要掀起一场规模空前的度量衡器全面改革运动，与铿锵合鸣的礼乐器制改革遥相呼应。

限期"毁弃"旧尺的徽宗诏令后来是否一直贯彻，这是一个值得注意的问题。从徐松辑录《宋会要》有关的资料看，仿佛确是毁旧行新。但事实上并非如此——至少不是如此简单，比如政和五年（1115）二月三日少府监的奏言，已反映出"朝旨"和"尚书省劄子"均令"新降权衡度量""权住制造"——暂时中止新尺斗秤的制造；而且，经少府监呈请徽宗同意，文思院下界又按太府"旧样"制作尺斗秤。③ 不过，已颁降行用的大晟尺，似亦未收回，并一度用于某些地区的土地丈量，直至北宋灭亡。

南宋的乐尺，近年有人以为仍是大晟新尺，"沿用未改"；甚或连元、明两代"亦沿用大晟律与乐尺"而"未尝更定"。④ 事实上，情况也不尽如此。

据程大昌考订，绍兴十四年（1144）四月再铸景钟时，有司曾呈上《崇宁指法》。两个月后，高宗又诏颁《大晟乐书》和"金字牙尺"，"令参用之"。然而，主持乐事的段拂等人，却以为《大晟乐书》所说的规格，不及皇祐乐尺，更与现存的礼器规格一致；"用皇祐中黍尺点量到太常寺见存黄钟律编钟一颗，正高九寸"；因而主张依皇祐中黍尺为准，"随宜制造"。高宗"诏亦可之"。程大昌有感于此，慨然议论道：

> 予按，大晟乐之用君指，正为古今尺度不同，无可执据，遂援黄帝之指尺与夫大禹之身度，而用徽宗皇帝御指以为一寸之始。今拂等所定，却是用太常见存九寸之钟，与皇祐黍尺参用，以为起度之本。

---

① 《宋会要·食货》69 之 5，69 之 6。
② 《宋史》卷99，《礼志》；《宋会要·食货》41 之 31、32；69 之 6。
③ 《宋会要·食货》69 之 9；41 之 34。
④ 参阅曾武秀：《中国历代尺度概述》。

是元不曾用人主君指为则也。①

程大昌发现南宋绍兴间未用大晟尺为乐尺的事，确属史实。这与《宋会要》、《玉海》等书的载录完全一致。

据《宋会要》载录，绍兴中讨论"景钟制度"时，礼官们曾有过两种不同的意见。一种意见，主张按《大晟乐书》之制，仿照崇宁旧法重铸景钟。另一种意见，则主张以皇祐中黍尺为准另铸景钟。前一种意见在先，并一度得到宋高宗的支持。但高宗对此事又有些不大放心。他让宰辅转告礼官，须"详审"后再定。② 后一种意见的代表，即给事中段拂。《宋会要》载录段拂在绍兴十六年（1146）五月十八日的上奏说：

> 礼局准降下《景钟制度》，御前降到《大晟乐书》并金字牙尺二十八量，及太常少卿李周等所主碑刻《太乐尺图》本付局参照。今详礼部太常寺讨论……及将降到金字牙尺数内用皇祐二年制造大乐中黍尺点量太常寺见管黄钟律编钟一颗，得高九寸相合……欲乞依《乐书》制度以皇祐二年大乐中黍尺为准，取高九尺，厚薄随宜钧铸。③

段拂的奏议，得到高宗批准。《玉海》载录这桩公案，与《宋会要》略同；惟比《会要》另多两段文字：

> 后，礼部效《祭祀仪式书》到，造礼器尺，比周尺一尺三寸二分。
> · 三十二年七月十一日工部言："尊号玉宝四寸九分，厚一寸二分，用皇祐中黍尺。"④

由此可见，南宋绍兴中虽屡次发下大晟乐制规格，但新铸景钟所用

---

① 《演繁露》卷6，《景钟》。
② 《宋会要·乐》4之3，4之4。
③ 同上。
④ 《玉海》卷8，《律历·度》。

乐尺，却是"皇祐二年大乐中黍尺"，并非大晟乐尺。王应麟《玉海》将皇祐"中黍尺"与"礼部颁《祭祀仪式书》"及"造礼器尺"等放在一起叙述，易于令人将皇祐中黍尺与"造礼器尺"混为一谈。实际上，所谓"皇祐二年大乐中黍尺"，即前述阮逸、胡瑗"定议"制作的"中黍尺"。其长度几乎同景表尺一样短——约24.6厘米左右。而"造礼器尺比周尺一尺三寸二分"——约30.6厘米，即比大晟尺还要略长一些。

绍兴中礼部颁发的"造礼器尺"，究竟是何种尺度呢？它既不是铸造景钟的"皇祐中黍尺"，也不是崇宁间魏汉津制作的大晟尺，而是北宋末、南宋初另外一种制造礼器的尺度。

高宗南渡不久，即拟用徽宗当年制作的礼器举办郊祀大典。鉴于"政和新成礼器独存五件"，"用政和新礼改造"一百副礼器的工作，始终未能完成。至绍兴十三年（1143）以后，礼官们才按照《宣和博古图》的"画样"，"悉从古制"，来"改造大礼祭器"，并于绍兴十六年（1146）冬竣工。于是，"如政和之仪"，"合祭天地于南郊"。① 这套礼器，即所谓"绍兴礼器"。

"绍兴礼器"的制作历史表明，它是以《宣和博古图》为蓝本而设计的。礼官们所谓"悉从古制"，即系指此。但与此同时，其中相当一部分礼器，又是"用政和新礼改造"而来。这就是说，它的实际制作规格用尺，又包括沿袭"政和礼器"的尺度。大约是原则上按"政和新成礼器制度"，施工中"随宜铸"而略有变通的一种尺度。由于是"用政和新礼改造"成"绍兴礼器"，该尺与大晟尺非常接近。或许，那就是政和礼器的实际用尺。

"绍兴景钟"和其他"绍兴礼器"既然是新旧礼器混杂在一起，并由"皇祐中黍尺"和"造礼器尺"等尺度为准新铸和改造而来，其乐音自难于谐应轰鸣。难怪著名的音乐家兼词人姜夔后来作《大乐议》说："绍兴大乐，多用大晟所造，有编钟、镈钟、景钟，有特磬、玉磬、编磬，三钟三磬，未必相应。埙有大小，箫、篪、笛有长短，笙、竽之簧有厚薄，未必能合度。琴瑟弦有缓急燥湿，轸有旋复，柱有进退，未必能合调。总众

---

① 《玉海》卷69，《礼仪·礼制·绍兴礼器》。

音而言之，……黄钟奏而声或林钟，林钟奏而声或太簇……奏之多不谐协。"①

姜夔的《大乐议》，上于宁宗庆元三年（1197）。② 他不仅指出"绍兴大乐"中礼乐器规格的参差，而且，还尖锐地批评了南宋乐律尺度的混乱："自尺律之法亡于汉魏，而十五等尺杂出于隋唐，正律之外有所谓四倍之器……今大乐外有所谓下宫调，下宫调又有中管倍五者……以意裁声，不合正律……家自为权衡，乡自为尺度，乃至于此。"他建议："凡作乐制器者，一以太常所用及文思所颁为准。"③

第四节 宋辽金元尺度的长短

一 宋尺的长短

（一）珍贵的宋尺实物资料

关于宋尺的长短，前人曾作过认真的研究。这类研究者，前有吴大澂、王国维和吴承洛等，后有罗福颐、杨宽、曾武秀等。在他们的研究成果中，或许以如下三点比较引人注目：其一，是吴承洛在缺乏实物资料的情况下，推算宋尺的一般长度为30.72厘米。④ 其二，是杨宽考订三司布帛尺长度为31厘米，浙尺长27.43厘米，淮尺长37厘米。与此同时，他否定了吴大澂、王国维等人关于三司布帛尺长28厘米和淮尺长32.9厘米的结论。⑤ 此外，曾武秀关于布帛尺与浙尺长度的考订，差不多与杨宽相符，唯以为淮尺长度在33至34.3厘米间。⑥ 近年闻人军在讨论历代里亩制度的专文中，也涉及宋尺——如他以为宋布帛尺长在31.2至31.61厘米间。⑦

---

① 《文献通考》卷130，《乐·历代乐制》。《宋史》卷131，《乐》略同。
② 《庆元会要》："庆元三年丁巳四月□日，饶州布衣姜夔上书论雅乐，并进《大乐议》一卷，《琴瑟考古图》一卷。诏付奉常……"徐献忠：《吴兴掌故集》卷3，《游寓类》。《玉海》卷105，《音乐·乐·庆元乐书》，作庆元元年五月十七日事。夏承焘以为《玉海》误。参阅夏承焘：《姜白石词编年笺校·行实考》。
③ 《宋史》卷131，《乐志》。
④ 《中国度量衡史》，第66、240—242、250—251页等。
⑤ 《中国历代尺度考》第八，"宋元明清之尺度"，及1955年重版后记。
⑥ 《中国历代尺度概述》。
⑦ 《中国古代里亩制度概述》，载《杭州大学学报》第19卷第3期，1989年9月号。

时至今日，各地出土的珍贵宋尺实物，已为数不少。因此，今日研究宋尺的长短，已有条件首先从大量实物资料出发，而后或同时，结合文献资料进行综合探索。这里，首先将目前所见20种宋尺实物资料列表如次：

表 3—7　　　　　　　　　宋尺实物资料表

编组	编号	尺名	一尺长度（厘米）	出土与发现情况	资料来源	收藏者
第一组	1	铁尺	32	1957年河南巩县北宋晚期墓出土，同时出土嘉祐四年钱币	《考古》1963.2;[①]《历史研究》1964.3[②]	
	2	鎏金镂花铜尺	31.74（31.6）		《图集》62图[③]《古尺图录》46图[④]	中国历史博物馆
	3	五子花卉木尺	31.7	1973年苏州横塘出土，浮雕为北宋风格	《文物》1982.8;[⑤]《图集》60图	苏州市博物馆
	4	星点铜尺	31.6		《古尺图录》45图	
	5	梅花云海木尺	31.8	江阴出土	著者考察获知[⑥]	苏州市博物馆
	6	牡丹花木尺	32		著者考察获知。另见《考古》1982年第4期	无锡博物馆
	7	刻字木尺	31.85		著者考察获知	无锡博物馆
第二组	8	木尺	31.4	1964年南京北宋墓出土	《文物》1982.8;[⑦]《图集》56图	南京文物保管委员会
	9	曲阜孔藏铜尺	31.4		杨宽《尺度考》[⑧]	原藏孔尚任家

续表

编组	编号	尺名	一尺长度（厘米）	出土与发现情况	资料来源	收藏者
第二组	10	九寸金错玉尺（九寸碧玉尺）	31.22（9寸长28.1）31.21（9寸长28.09）	据传河南古墓出土	《古尺图录》44图 《图集》61图	南京大学
	11	铜星刻字木尺	31.2	1965年武汉北宋墓出土，尺面刻"皇""万"等字	《文物》1966.5[9] 《图集》55图	湖北省博物馆
第三组	12	木矩尺	30.91	1921年河北巨鹿北宋故城出土，同时掘出庆历、政和二碑	《文物参考资料》1957.3;[10]《图集》57图	中国历史博物馆（原藏罗振玉家）
	13	鎏金铜尺	30.9		《古尺图录》43图	中国历史博物馆（原藏罗振玉家）
	14	铜星木尺	30.8	1975年湖北江陵北宋墓出土	《图集》58图	荆州地区博物馆
第四组	15	木矩尺	32.9	1921年巨鹿北宋故城出土	《古尺图录》47图	原藏罗振玉家现藏中国历史博物馆
	16	加三木尺	32.93（1尺3寸长42.81）	1921年巨鹿北宋故城出土	《文物参考资料》1957.3《图集》59图	原藏罗振玉家现藏中国历史博物馆
第五组	17	漆雕木尺	28.3	1975年福州发掘南宋淳祐三年墓出土	《福州南宋黄昇墓》[11]	福建省博物馆

续表

编组	编号	尺名	一尺长度（厘米）	出土与发现情况	资料来源	收藏者
第六组	18	海船残竹尺	27	1974年泉州湾宋代沉船内发现	《文物》1975.10;[12] 1978.4;[13]《图集》64图	泉州海外交通史博物馆
	19	仿宋石尺	26.95	清代乾嘉朝内廷供奉金殿扬仿制原刻"仿宋三司布帛尺"	《古尺图录》49图	

① 河南省文化局文物工作队：《河南巩县石家庄古墓葬发掘简报》，载《考古》1963年第2期。
② 曾武秀：《中国历代尺度概述》。
③ 邱隆、丘光明等：《中国古代度量衡图集》。
④ 罗福颐：《传世历代古尺图录》。
⑤ 姚世英、徐月英：《苏州出土宋代浮雕木尺》，载《文物》1982年第8期。
⑥ 苏州博物馆藏梅花云海木雕尺，及无锡博物馆藏牡丹花雕木尺、刻字木尺的有关资料，系著者1985年秋赴无锡疗养期间考察获知。承两馆友人协助测量，谨致谢忱。唯行色匆促，数据未必精确。
⑦ 管玉春：《南京市孝卫街北宋墓出土木尺》，载《文物》1982年第8期。
⑧ 此尺资料，先后为王国维等注意。但31.4厘米这一长度数据，见杨宽《中国历代尺度考》。
⑨ 湖北省文物局文物工作队（王振行）：《武汉市十里铺北宋墓出土漆器等文物》，载《文物》1966年第5期。
⑩ 此尺与16、17号木尺，原藏罗振玉处，王国维有专文考订。但这里所引的长度数据，见矩斋《古尺考》，以及《中国古代度量衡图集》。
⑪ 福建省博物馆编：《福州南宋黄昇墓》，文物出版社1982年版。
⑫ 泉州湾海船发掘报告编写组：《泉州湾宋代海船发掘报告》。
⑬ 陈高华、吴泰：《关于泉州湾出土海船的几个问题》。

表3—7所列20种宋尺，可依其长短相近情况划分为六组。其中数量较多者，首先是第一组七尺。这七尺中的后六尺，其长度均在31.6厘米至31.8厘米左右。其次，第二组五尺的长度，均在31.2厘米至31.4厘米左右。再次，第三组三尺的长度，在30.8厘米至30.9厘米左右。第四、六两组虽仅各二尺，其长度却分别集中在32.9厘米和27厘米左右。

以上几种宋尺实物的数量多寡和分组次序，固然未必代表宋尺在当年的使用状况；但揆之常理，昔时使用较多的宋尺，同其今存实物之间，绝非毫无关联可寻。比如第三组三尺和第四组两尺中的某些尺，其一端有榫口，因而可确定为曲尺或矩尺，即宋代的营造尺。那么，数量较多的第一、二两组，必包括非营造性的质日用官尺——如"太府布帛尺"或"官小尺"之类。

兹据表3—7和史籍中有关资料，就宋代几种尺度的长短情况试析如次。

（二）布帛尺与淮尺的长度

在表3—7的第二组尺中，两枚九寸的玉尺特别值得注意——10号金错玉尺和碧玉尺。这两枚玉尺，似即前述北宋中期"长九十黍"的大乐黄钟尺遗物。如果这一判断不误，那么，它们正是以"太府寺铁尺"九寸为准而制作的。两枚九寸玉尺今长为28.09厘米或28.1厘米。且按上述分析推计，其十寸长之"太府寺铁尺"为31.21或31.22厘米。

$(28.09 \times \frac{10}{9} = 31.21 ; 28.1 \times \frac{10}{9} = 31.22)$

太府或三司布帛尺的长度，是否即为31.2厘米左右呢？这里拟用景祐三年（1036）丁度等人所提供的比例加以核算。丁度等人说："三司布帛尺比周尺一尺三寸五分"。以周尺长23.1厘米计，三司布帛尺当为31.185厘米，略而言之，恰为31.2厘米。

$(23.1 \times 1.35 = 31.185)$

这就证明10号金错玉尺和碧玉尺，果然是范镇或李照等人曾"用太府布帛尺为法"或"准太府寺尺以起分寸"而制作过的黄钟律尺，或其复制品[①]。与该二玉尺同组同长的武汉出土铜星木尺，则应是北宋太府布帛尺或三司布帛尺的珍贵遗物。而略长于此的该组另二尺——1964年南京北宋墓出土的木尺，和孔氏原藏31.4厘米长的宋铜尺，当亦属于北宋太府布帛尺之列。

以上所断北宋太府布帛尺的长度，主要是考察宋代黄钟乐律尺遗物所获得的浅见。这里，再别据宋代布帛用尺的制度另行考析。通过下文考察的太府布帛尺长度，将略有修正。

前节述及宋代税敛绢帛的匹长规格，主要有40尺为匹和42尺为匹等几种。其42尺为匹的税绢规格，是以太府布帛尺为准；而40尺为匹的税绢规

[①]《宋会要·乐》2之2。

格，则用"淮尺"计量。这也就是说，淮尺的长度，当太府布帛尺的 $\frac{42}{40}$。按这一比例，太府布帛尺长 31.2 厘米，则"淮尺"长当为 32.76 厘米。

$$(31.2 \times \frac{42}{40} = 32.76)$$

"淮尺"这一推计长度，虽与以往估算的 34 或 37 厘米长度迥然有别，却同现存宋尺实物中的两种尺度非常接近，即第四组 15 号木矩尺，与 16 号加三木尺。这两尺，大约即所谓"淮尺"。淮尺既有实物遗存，上述推算的长度便仅当作为参考，而须以实物之长为准。也即是说，宋代淮尺的长度，当为 32.9 厘米或 32.93 厘米左右。

不仅推算的淮尺长度须服从于实物长度；而且，淮尺的实长，还可反过来为据，用以校正太府布帛尺的推算长度。以淮尺 32.9 或 32.93 厘米计，太府布帛尺实长当为 31.35 厘米左右。

$$(32.9 \times \frac{40}{42} = 31.33 ； 32.93 \times \frac{40}{42} = 31.36)$$

这样，以淮尺与太府布帛尺比例关系所作的考察，表明宋人所用太府布帛尺的实际长度，或许略长于太府寺旧存铁尺的 31.2 厘米，而至 31.35 厘米左右。1964 年南京北宋墓出土的木尺和原藏于孔氏家的宋铜尺，更长至 31.4 厘米，似也反映了同类的情况。所以，原来推定北宋太府布帛尺长 31.2 厘米，当修正为 31.2 至 31.4 厘米。如取其中数，约为 31.3 厘米。

关于宋代太府或三司布帛尺的长度，以往多遵奉杨宽所考，定为 31 厘米。杨宽后来补充说："由于地主阶级的剥削榨取，宋'布帛尺'还是不断在加大，有长到公尺〇·三二九的。"① 如果杨宽把"淮尺"也包括在"布帛尺"之内，那么，这一说法该是正确的。但是，若并不包括"淮尺"，或者仍主要指太府布帛尺，那便不妥当了。

宋代太府布帛尺的长度，当为 31.3 厘米左右。略而言之，说它 31 厘米亦无不可。然而，无论如何，不可同有时充当布帛尺的淮尺混为一谈；亦不可与南宋布帛官尺完全等同起来。

关于淮尺的实物遗存，王国维曾认定巨鹿三木尺皆是。这一判断虽然欠妥，但巨鹿三尺中的两大尺，似正是淮尺。杨宽曾力驳王国维，将该二尺视为三司布帛尺或布帛尺；并以程大昌所说"官尺""仅比淮尺十八"

---

① 《中国历代尺度考》重版后记。

为率，推计淮尺 37 厘米。实际上，他是误解了程大昌的话，把原指南宋省尺或浙尺的"官尺"，误当作北宋省尺或三司布帛尺。曾武秀将程氏"官尺"理解为"浙尺"，并以"官尺四十八尺，准以淮尺正其四丈"的比例作计，便获得比较正确的结论——淮尺长 33 厘米左右。

（三）大晟尺与官小尺的长度

政和二年（1112）以大晟乐尺取代现行布帛官尺之际，主持度量衡改革事宜的李孝偁，曾让人测定了新尺与旧尺的长短折兑比例，这位"工部尚书兼详定重修权衡敕令、权开封府尹"李孝偁向徽宗奏报说：

> 看详度量权衡出于一体；内度，虽已得旨颁大晟新尺行用，缘依政和元年四月十二日敕，应干长短广狭之数，并无增损。其诸条内尺寸，止合依上条，用大晟新尺纽定：
>
> 谓如帛长四十二尺、阔二尺五分为匹，以新尺计，长四十二（三）尺七寸五分，阔二尺一寸三分五厘（十二分厘）之五为匹；即是一尺四分一厘三分厘之二，为一尺。又如天武等杖五尺八分（寸），以新尺计，一（六）尺四分一厘三分厘之二之类。
>
> 如得允当，欲作申明，随敕行下，即不销逐条展计外，有度量权衡，今候颁到新式，续具修定。①

这里所说的"谓如帛长四十二尺阔二尺五分"之类，显然是指以旧太府布帛尺计量的"长短广狭之数"。马端临《文献通考》，亦曾在两处著录了这一比例。其中一处，与《宋会要》同，即大晟尺 43.75 尺，当旧布帛尺 42 尺；或大晟尺 1.04167 尺，当旧布帛尺 1 尺。② 另一处，则说两枚大晟玉尺和一枚大晟金尺，都"短于""太府布帛尺四分"。③

今以太府布帛尺长为 31.3 厘米，按《宋会要》所载李孝偁说的比例"纽定"，大晟尺长当为 30.05 厘米左右。

（31.3 × 42 ÷ 43.75 = 30.048；31.3 ÷ 1.04167 = 30.0479）

---

① 《宋会要·食货》69 之 7；41 之 32。"四十二尺七寸五分"，与"一尺四分一厘三分厘之二"，原显系有误，今据《文献通考》卷 133《乐》所载，将正确数字置于括号内标出。唯"一尺四分一厘三分厘之二"的"尺"字，《文献通考》误刊为"寸"，《宋会要》不误。

② 《文献通考》卷 133，《乐考·度量衡》。

③ 《文献通考》卷 131，《乐考·历代律吕制造》。

另以《文献通考》所说大晟尺一尺当太府布帛尺0.96尺的比例计,大晟尺长亦为30.05厘米弱。

(31.3×0.96=30.048)

前面曾提到《玉海》著录过大晟尺与官小尺的长度比例:"比官小尺短五分有奇。"① 以大晟尺30.05厘米计,官小尺长当为31.6厘米左右。

(30.05×1.05=31.5525,未计"五分有奇"的"有奇"。)

官小尺这一长度,恰与现存宋尺中数量最多的第一组尺大致相符——尤其是罗福颐《传世历代古尺图录》中第45图的星点铜尺和46图的镂花铜尺,皆长31.6厘米。② 1973年苏州横塘出土的浮雕五子花卉木尺31.7厘米,与中国历史博物馆藏鎏金铜尺31.74厘米者,亦与此尺度长短十分相近。③ 第一组其余几尺,略长于此。

前引沈括熙宁中为制浑仪而考订"古尺"与"今尺"的比例,其"今尺"亦指官小尺。沈括说"秦汉以前"的"古尺二寸五分十分分之三,今尺一寸八分百分分之四十五强",即"古尺"2.53寸,当"今尺"1.845寸。如以古尺长23.1厘米计,其"今尺"长当为31.7厘米左右。④

(23.1×2.53÷1.845=31.676)

由此可见,《玉海》所说的"官小尺",或沈括所说的"今尺",其长度当在31.6厘米至31.7厘米左右。其遗物,即以苏州浮雕五子花卉木尺和鎏金镂花铜尺为代表的第一组诸尺。从长度看,官小尺略长于太府布帛尺,但又短于淮尺。或许正因为这一点,它才被称为"官小尺"。

官小尺似属于北宋中期以来常用的文思尺。秦九韶《数书九章》中"五尺为步"的量地尺,很可能也是这种官小尺。这一认识,前文曾经提及。兹将其根据略述如次。

秦九韶在讨论"推计土功"问题时曾经写道:"筑堤起四县夫,分给里步皆同,齐阔二丈,里法三百六十步,步法五尺八寸。……"⑤ 而当时

---

① 《玉海》卷8,《律吕·度》。
② 罗福颐在《传世历代古尺图录》第46图说明中,曾认为该尺"近似""太府布帛尺"。此话不错,但仅"近似"而已。
③ 今考罗福颐著录的46图"镂花铜尺",似即中国历史博物馆今藏之"鎏金铜尺",即《中国古代度量衡图集》62图之尺。若然,罗福颐与《图集》二尺长度数字的31.6厘米与31.74厘米,当属测量误差所致,今两存之。
④ 杨宽和曾武秀已作过类似的推计。其结论,一为31.65厘米,一为31.68厘米。
⑤ 《数书九章》卷1,《大衍类·推计土功》。

全国通行的里步法,却是"五尺为步,三百六十步为里"。① 秦九韶所说的情况与当时全国通行的制度相比,里法雷同,步法迥异。显然,其"五尺八寸"的"步法"用尺,短于"五尺为步"之尺——以宋代"三百六十步为里"的长度大致统一为率,秦九韶所云"步法五尺八寸"之尺,其长度约当通用度地尺的 $\frac{50}{58}$,或 0.862。

据久居苏杭的周密说,秦九韶也长年生活在浙西湖州和浙东明州一带,并多次参与测算土方和雇工营宅等活动。② 两浙本来盛行浙尺,南宋定都杭州以后又以浙尺为官尺。因而,秦九韶所说当地"步法五尺八寸",当即浙尺。而全国通行的"五尺为步"之尺,若为官小尺,其与浙尺的长短关系恰符合上述比例。如以 27.4 厘米之浙尺为"步法五尺八寸"之尺,则"五尺为步"之尺长,当为 31.78 厘米。

$$(27.4 \times \frac{58}{50} = 31.78)$$

这里所计"五尺为步"之尺的长度,恰与现存宋尺中第一组 2 号尺和 5、6、7 号尺一致;仅比苏州漆雕官小尺略微长些。如果我们反过来推算,以官小尺长 31.7 厘米为"五尺为步"之尺作计,那么,"五尺八寸"步法尺当为 27.33 厘米——亦与下文将要讨论的浙尺长度大略相符。

$$(31.7 \times \frac{50}{58} = 27.33)$$

以上分析表明,不仅第一组的 2、3、4 号尺为官小尺,其 5、6、7 号尺亦系官小尺。官小尺的长度通常在 31.6 厘米至 31.7 厘米间,但有时也更长些,达到 31.8 厘米左右。官小尺虽为全国所通用,但毕竟不能完全取代各地的地方俗尺。由于地方俗尺短于官尺,当地的步里法又不得不在统一的步里法之外,另作相应的调整。

(四)营造官尺与闽浙京尺的长度

现存宋尺实物中的营造尺度,至少有两种:一种是前列"宋尺实物资料表"第三组 12 号尺,即 30.91 厘米的木矩尺;另一种,是第四组 15 号尺,即 32.9 厘米的木矩尺。后一种木矩尺,前已考定为淮尺,即非官尺。那么,30.91 厘米的木矩尺,似为宋代的营造官尺。1975 年湖北江陵出土

---

① 《宋史》卷 149,《舆服志》。
② 《癸辛杂识·续集》卷下,《秦九韶》;另见《数书九章·附考》。

的铜星木尺和罗福颐《传世历代古尺图录》第43图之鎏金铜尺，与上述木矩尺几乎等长，亦当属营造官尺之列。

为了证实这一判断，有必要征引宋人关于官尺与周尺的长短比例数据并略加分析。

司马光在讨论"深衣制度"如何以周尺度量时，曾特别在注文中说明："周尺一尺，当今省尺五寸五分弱。"① 这里的"五寸五分"，据朱熹考订，是"七寸五分"之误。② 今以朱熹考订为率，并以周尺长23.1厘米计，司马光时代的"今省尺"长，当为30.8厘米。其"今省尺"长，恰同上述木矩尺长30.9厘米近似，并与该尺同组之1975年江陵出土木尺长完全相符。

这就证明，"宋尺实物资料表"第三组中30.9厘米的木矩尺，以及同组诸尺，皆为北宋"省尺"，即官尺，而非民尺。木矩尺既为营造尺，又为官尺，无疑正是"营造官尺"。

可惜的是，朱熹在订正前人注误的同时，竟将《温公尺图》中的"省尺"妄加解释，与另一种"省尺"——三司布帛尺混为一谈；甚至把省尺、京尺与三司布帛尺三者都混为一谈，从而造成极大的混乱。包括某些治尺史前辈，亦多被他这一解释引入歧途——把司马光所说的"省尺"误定为三司布帛尺。究其根源，盖以未能正确辨识宋代"官尺"、"省尺"的含义和种类。

前面讨论福建地方用尺时，曾征引过赵汝愚的一篇奏疏。他记述福州西湖堤路长度1772.5丈之后，特别说明："以上系用乡尺，若以官尺为准，每丈实计八尺七寸。"他所说的"乡尺"和"官尺"究竟各有多长呢？

福州西湖堤路所用的"乡尺"，即前列"宋尺实物资料表"第六组尺。包括1974年泉州湾宋代海船内发现的残竹尺和金殿扬仿宋石尺，都属于福建乡尺。其长度，为27厘米或26.95厘米左右。今以此尺按赵汝愚所说比例折计，其所云"官尺"长为30.97厘米至31厘米左右。

（$27 \times 100 \div 87 = 31.03$；$26.95 \times 100 \div 87 = 30.97$）

这一长度，恰与"营造官尺"相符。这种情况，一方面表明赵汝愚在南宋淳熙间"帅福州"时所说的"官尺"，系指"营造官尺"；另一方面，

---

① 司马光：《书仪》卷2，《深衣制度》。
② 赵与时：《宾退录》卷8。

又同时证明，福州一带丈量堤路时，与"营造官尺"兼行并用的当地"乡尺"，确是 27 厘米左右长短。

以前考订浙尺的长短时，多以《家礼》和《宾退录》所载为准。如赵与时《宾退录》说，潘时举"从会稽司马侍郎家求得《温公尺图》本"进行测定，发现"周尺果当布帛尺七寸五分弱，于今浙尺为八寸四分"。今以周尺长 23.1 厘米计，浙尺当为 27.5 厘米左右。

($23.1 \times 100 \div 84 = 27.5$)

《宾退录》里所说的"布帛尺"，司马光原作"省尺"——这一点，在《书仪》中讲得很清楚。按《宾退录》转述潘时举说的比例，其"布帛尺"长是 30.8 厘米，即"省尺"或"营造官尺"的长度；而不是太府布帛尺的 31.3 厘米左右。这是潘时举误信朱熹解释所致。

在《家礼》"木主尺式"图后的附记中，还有一段代表朱熹观点的话："三司布帛尺即是省尺，又名京尺，当周尺一尺三寸四分，当浙尺一尺一寸三分。"这里不仅把"三司布帛尺"与"省尺"完全等同起来，而且，又把"省尺"、"三司布帛尺"和"京尺"视同一物。其实，"当周尺一尺三寸四分"的"省尺"，乃是 30.95 厘米左右，即"营造官尺"，而不是三司布帛尺。

($23.1 \times 1.34 = 30.95$)

如果我们按"省尺""当浙尺一尺一寸三分"的比例推计，其浙尺长当为 27.39 厘米。（"一尺一寸三分"之"三分"，或作"二分"。）

($30.95 \div 1.13 = 27.39$)

除前人已作的浙尺推计外，这里还可以另作一些补充。

其一，用程大昌所说的比例——浙尺"四十八尺，准以淮尺正其四丈"为率，则浙尺长 27.4 厘米左右。

($32.9 \times \dfrac{40}{48} = 27.42$；$32.93 \times \dfrac{40}{48} = 27.44$)

其二，将《宾退录》所云"布帛尺"还原为司马光原说的"省尺"或营造官尺，而仍用其比例关系——周尺当省尺七寸五分弱，当浙尺八寸四分为率，那么，浙尺长为 27.6 厘米左右。

($30.95 \times \dfrac{75}{84} = 27.63$；$30.9 \times \dfrac{75}{84} = 27.589$)

其三，以前引秦九韶《数书九章》中"五尺八寸"步法为浙尺，"五尺为步"系官小尺作计，浙尺长为 27.33 厘米左右。

$(31.7 \times \frac{50}{58} = 27.3275; 31.74 \times \frac{50}{58} = 27.36)$

关于浙尺与淮尺的长度比例，程大昌还有一说，即浙尺"仅比淮尺十八"。方回也说："淮尺，《礼书》十寸尺也，浙尺，八寸尺也。"按此比例，以淮尺长 32.9 厘米计，浙尺长仅为 26.3 厘米多些。

$(32.9 \times \frac{8}{10} = 26.32; 32.93 \times \frac{8}{10} = 26.344)$

或者，按浙尺 27.5 厘米计，则淮尺长 34.38 厘米左右。

$(27.5 \times \frac{10}{8} = 34.375)$

从这些情况看，"十寸尺"、"八寸尺"之说，或"十八"之比，可能只是一种大略的说法——意思是略同于唐尺制度中官尺与黍尺的关系那样，并非确切的比例数据。

宋尺中的"京尺"，朱熹曾认为就是"省尺"或"三司布帛尺"。实际上，它大约主要是一种地方用尺。即令被当作官尺或布帛官尺使用，也只限于特定的时期和情况。

关于"京尺"的长短，程大昌有一种说法："又多淮尺十二。"今以此率，用淮尺 32.9 厘米计，则京尺长当在 39.5 厘米左右。

$(32.9 \times \frac{12}{10} = 39.48; 32.93 \frac{12}{10} = 39.516)$

若程大昌所说"多淮尺十二"乃"多淮尺十三"之误，则京尺长当为 42.77 厘米至 42.81 厘米左右。

$(32.9 \times \frac{13}{10} = 42.77; 32.93 \times \frac{13}{10} = 42.809)$

在现存宋尺中，巨鹿出土的三木尺之一，原长 42.81 厘米；恰为"多淮尺十三"之尺。不过，实际上，它只是营造矩尺或淮尺的"加三"尺。其一尺原长仍为 32.9 厘米左右。

或许，宋人所说的京尺，正是淮尺的"加二"尺，或"加三"尺之类——如是淮尺的"加三"尺，则不仅与巨鹿大木尺实物相合，亦与金代官印尺长短相符。[1]

---

[1] 金尺长短，迄今无定论，近人测定其官印尺长约 43 厘米左右，恰与巨鹿加三木矩尺相近。"京尺"之"京"，或许由"金尺"之"金"讹误而来，亦未可知。

（五）宋代礼乐天文尺的长度

宋初大乐沿用的后周王朴尺，据和岘说："短于景表上石尺四分。"① 另据丁度等人测定："比汉钱尺寸长二分有奇"；② 或云："比晋前尺长二分一厘。"③ 以"晋前尺"长 23.1 厘米和西京景表尺长 24.5 厘米计，王朴乐尺长约 23.52 至 23.585 厘米左右。

（$23.1 \times 1.021 = 23.585$；$24.5 \times 0.96 = 23.52$）

建隆四年（963）的和岘乐尺，即宋初沿用的唐代景表尺，也就是所谓西京铜望臬景表石尺④。据丁度等人说，它比汉钱尺长六分有奇；⑤ 或比晋前尺长六分三厘⑥；比王朴尺长大四分⑦；或者说，王朴尺"短于石尺四分"⑧。从这些比例看，该尺长 24.528 厘米至 24.555 厘米。

（$23.1 \times 1.063 = 24.555$；$23.585 \times 1.04 = 24.528$）

20 世纪 70 年代发现的元明景表尺，据考订，即依宋景表尺为准而制。其实测长度，为 24.525 厘米。⑨

景祐二年（1035）的李照尺，即"太府常用布帛尺"。丁度说，比王朴尺"大三寸三分强"，⑩ 或比王朴尺长三寸二分强⑪，或比周尺一尺三寸五分⑫。这些比例表明，李照尺长约 31.185 厘米至 31.368 厘米。

（$23.1 \times 1.35 = 31.185$；$23.585 \times 1.33 = 31.368$）

与上述说法不同，《玉海》另一处载录李照"用太府寺布帛尺为法"定律，"实比古尺一尺二寸有奇"。⑬ 以此率计，李照尺仅 27.72 厘米。显然，这里说的"一尺二寸有奇"，似为"一尺三寸有奇"之误。即李照尺长约 30 厘米左右。

---

① 《玉海》卷 7，《律历·律吕下》。
② 《长编》卷 119。
③ 《玉海》卷 8，《律历·度》。
④ 《宋会要·乐》1 之 1，1 之 2。
⑤ 《长编》卷 119。
⑥ 《玉海》卷 8，《律历·度》。
⑦ 《宋会要·乐》2 之 12。
⑧ 《玉海》卷 105，《音乐·乐》。
⑨ 伊世同：《量天尺考》，载《文物》1978 年第 2 期。
⑩ 《宋会要·乐》2 之 12。
⑪ 《玉海》卷 8，《律历·度》。
⑫ 同上。
⑬ 《玉海》卷 105，《音乐·乐》。

（23.1×1.3=30.03）

不过，《金史》也说，范镇用太府尺造新律，"下李照乐一律"。① 或许，李照尺略短于太府布帛尺。

邓保信尺，丁度说比王朴尺"大一寸九分强"；② 则该尺长28厘米左右。

（23.585×1.19=28.066）

阮逸、胡瑗景祐律尺，丁度说，比王朴尺长七分强。③ 则该尺长25.2厘米多些。

（23.585×1.07=25.235）

韩琦丁度尺，据《玉海》载录，其中一尺"比周尺长三分五厘"。④ 则该尺长23.9厘米左右。

（23.1×1.035=23.9）

皇祐中黍尺，据阮逸、胡瑗说，当太府寺尺七寸八分六厘；⑤ 则该尺长约24.6厘米左右。

（31.3×0.786=24.6）

元丰间的黄钟龠尺，当即今存宋尺实物中的九寸碧玉尺和金错玉尺。其九寸长度，分别为28.09厘米和28.1厘米。⑥

范镇的元祐乐尺，即太府寺铁尺。⑦ 其长度当为31.22厘米左右，也就是元丰黄钟尺所反映的十寸长度。

大晟乐尺的长度，说法较多。如云比王朴尺长二寸一分，比和岘尺长一寸八分弱，比阮逸胡瑗尺长一寸七分，比邓保信尺短三分，比布帛尺短四分等。比较可信的说法，是如下两种：第一种，是《宋会要》和《文献通考》载录它与太府布帛尺的长度比例，即大晟尺比太府布帛尺短四分；或者说，大晟尺的一尺，相当太府布帛尺的1.04167尺；或者说，太府布帛尺的42尺，相当于大晟尺的43.75尺。⑧ 以此率计，大晟尺长约30.05

---

① 《金史》卷39，《乐》。
② 《宋会要·乐》2之12；《长编》卷119。
③ 同上。
④ 《玉海》卷8，《律历·度》。
⑤ 阮逸、胡瑗：《皇祐新乐图记》卷上，《皇祐黍尺图》。
⑥ 参阅前引《中国古代度量衡图集》第61图，及《传世历代古尺图录》第44图。
⑦ 《宋会要·乐》2之29，2之30。
⑧ 《宋会要·食货》41之32，69之7；《通考》卷131，卷133。

厘米左右。

(31.3÷1.04167＝30.0479；31.3×42÷43.75＝30.048)

第二种说法，是《玉海》载录它与官小尺的长度比例，即大晟尺短于官小尺五分有奇。① 以此率计，大晟尺长在30.115厘米以下。

(31.7×0.95＝30.115)

南宋景钟乐尺与绍兴末"尊号玉宝"用礼仪尺，即皇祐中黍尺，② 其长约24.6厘米左右。

绍兴造礼器尺，相当周尺的1.32尺。以周尺23.1厘米计，该尺长约30.492厘米，或30.5厘米左右。

(23.1×1.32＝30.492)

（六）几种宋尺的长短比例关系

以上关于宋尺长短的考订，既有与前人相同或相近之处，又有些不尽相同的地方。兹将前人与著者对这几种宋尺长短的考订数据列表如次（见表3—8）。

表3—8　　　　宋代常用尺度长短考订表

长度（厘米）＼尺名＼考订者	太府布帛尺（三司布帛尺）	官小尺	营造官尺	大晟新尺	淮尺	浙尺	福建乡尺	京尺（加二淮尺）	加三淮尺
杨宽	31 31—32.9			30	37	27.43		(44.8)	
罗福颐	30.9 31.6					26.95			
曾武秀	31			29.76	33—34.37	27.43—27.5			
闻人军	31.12—31.61		30.91			27.49			
郭正忠	31.3	31.7	30.9	30	32.9	27.4	27	39.5	42.8

---

① 《玉海》卷8，《律历·度》。
② 《宋会要·乐》4之3，4之4；《玉海》卷8。

此外，另将著者考订史籍和实物资料中的宋尺分类与长度鉴定结论，以及礼乐用尺情况，分别综合列表如次：

表3—9　　　　　　　　宋尺实物与文献校核鉴定意见表

分类尺名	宋人用尺称谓	宋尺实物名称与编次	长度(厘米)	前人不同意见
太府布帛尺	"太府常用布帛尺"　《会要》等 "三司布帛尺"　《玉海》等 礼乐定议用"太府铁尺"　《会要》等	曲阜孔藏铜尺　2组9号 南京木尺　2组8号 武汉铜星刻字木尺　2组11号	31.3 (31.2—31.4)	
官小尺	沈括"今尺"　《梦溪笔谈》 王应麟"官小尺"　《玉海》 秦九韶通用量地步里尺　《数书九章》	苏州五子花卉木雕尺　1组3号 鎏金镂花铜尺　1组2号 星点铜尺　1组4号 江阴梅花云海木尺　1组5号 无锡牡丹花木尺　1组6号 无锡刻字木尺　1组7号	31.7 (31.6—31.8)	
营造官尺	司马光北宋"省尺"　《书仪》 一般官印尺　《宋史·舆服志》 "曲尺"《会要》，《营造法式》	巨鹿短木尺　3组12号 江陵铜星木尺　3组14号 鎏金铜尺　3组13号	30.9	王国维断为淮尺，杨宽、曾武秀断为三司布帛尺
淮尺	程大昌"缯布特用淮尺"　《演繁露》 方回"江东人用淮尺"　《续古今考》	巨鹿木矩尺　4组15号	32.9	

续表

分类尺名	宋人用尺称谓	宋尺实物名称与编次	长度(厘米)	前人不同意见
福建乡尺	福州西湖堤路"乡尺"《三山志》	海船残竹尺 6组18号 金殿扬仿宋石尺 6组19号	27	金殿扬以为三司布帛尺,罗福颐断为宋浙尺
黄钟尺	元丰初90黍长"黄钟龠尺"《玉海》	九寸金错玉尺 2组10号 九寸碧玉尺 2组10号		

表3—10 五代至宋金元明时期乐律尺长度表

长度(厘米) \ 尺名 \ 考订者	后周王朴尺	景表尺和岘尺	李照尺	阮逸胡瑗景祐乐尺	邓保信尺	韩琦丁度尺
杨宽		24.5	31	24.7	28	23.8
曾武秀	23.585—23.586	24.55	31 或 29.3	24.366	28.1	
郭正忠	23.52—23.59	24.5	30—31.2	25.2	28	23.9

长度(厘米) \ 尺名 \ 考订者	皇祐中黍尺	范镇尺	大晟尺	南宋(景钟)乐尺	绍兴礼器尺	金朝乐尺	元明乐尺
杨宽			30				
曾武秀			29.76	29.76		29.76	29.76
郭正忠	24.6	31.2	30	24.6	30.5	30	24.6（30）

以上考订几种宋代日常用尺的长短,殊觉参差。然而,略加分析,其中似亦不无规律可循。前引程大昌猜测,宋代浙尺与淮尺的长短,或许本于唐代黍尺一尺二寸相当大尺一尺的关系。方回也说,淮尺和浙尺,好像《礼书》中的十寸尺与八寸尺。这些见解,虽未必代表宋尺间确切的比例关系,但他们所追寻的宋尺规律,却具有重要的启示意义。

以程、方二氏的思路继续剖析几种宋尺的长短情况，便不难看出在它们之间，的确存在着某些有趣的关系：

其一，以淮尺 10 寸为率，浙尺当其 8 寸 3 分。
〔27.4:32.9 = 40:48 = 83:100 = 0.83〕

京尺长，当淮尺 12 寸，即为淮尺的加二尺。
〔39.5:32.9 = 12:10 = 1.2〕

太府布帛尺长，约当淮尺 9 寸 5 分，即为淮尺的省五分尺，或 95 分尺。〔31.3:32.9 = 95:100 = 0.95〕

营造官尺长，约当淮尺 9 寸 4 分，即相当淮尺的省四分尺，或 94 分尺。〔30.9:32.9 = 94:100 = 0.94〕

官小尺长，约当淮尺的 9 寸 6 分，即相当淮尺的省四分尺，或 96 分尺。〔31.6:32.9 = 96:100 = 0.96〕

唐代前期日用官尺长，约当宋淮尺的 9 寸，或者不妨说，唐日用官尺相当宋淮尺的九寸尺。〔29.6:32.9 = 899:1000 ≅ 0.9〕

其二，以浙尺 10 寸为率，则官小尺当其 11 寸半；或者可以说，官小尺相当浙尺的加寸半尺。〔31.6:27.4 = 11.5:10 = 1.15〕

淮尺长，约当浙尺 12 寸；或者可以说，淮尺即浙尺的加二尺。〔32.93:27.4 = 12:10 = 1.2〕

营造官尺长，当浙尺 11 寸 3 分弱。〔30.9:27.4 = 11.27:10 = 1.27〕

太府布帛尺长，当浙尺 11 寸 4 分强。〔31.3:27.4 = 11.42:10 = 1.142〕

京尺长，约当浙尺 14 寸 4 分。〔39.5:27.4 = 14.4:10 = 1.44〕

唐前期官尺长，约当浙尺 1 尺 8 分。〔29.6:27.4 = 108:100 = 1.08〕

唐黍尺长，约当浙尺 9 寸；或可说，为浙尺的 9 寸尺——恰如唐日用官尺相当淮尺的九寸尺一样。〔24.578:27.4 = 89.7:100 = 0.897 ≅ 0.9〕

其三，以太府布帛尺 10 寸为率，则淮尺约当其 10 寸 5 分；或者可以说，淮尺相当太府布帛尺的加五分尺。〔32.9:31.3 = 105:100 = 1.05〕

浙尺长，约当其 8 寸 7 分 5 厘。〔27.4:31.3 = 87.5:100 = 0.875〕

官小尺长，约当其 1 尺零 1 分；或者可以说，官小尺相当太府布帛尺的加一分尺。〔31.6:31.3 = 10.0958:10 ≅ 10.1:10 = 1.01〕

京尺长，约当其 12 寸 6 分强。〔39.5:31.3 = 12.6:10 = 1.26〕

营造官尺长，约当其 9 寸 8 分 7 厘。〔30.9:31.3 = 98.7:100 = 0.987〕

其四，以营造官尺 10 寸为率，淮尺当其 10 寸 6 分 5 厘。〔32.93:30.91 =

10.65:10=1.065〕

浙尺长，约当其8寸8分7厘。〔27.4:30.9=0.8867〕

福建乡尺长，约当其8寸7分。〔27:30=87.3:100=0.873〕

太府布帛尺，约当其10寸1分3厘。〔31.3:30.9=10.13:10=1.013〕

其五，以官小尺10寸为率，太府布帛尺长约当其9寸9分；或者可以说，太府布帛尺相当于官小尺的省一分尺，或99分尺。〔31.3:31.6=99:100=0.99〕

浙尺长，约当其8寸7分。〔27.4:31.6=86.7:100=0.867；27.5:31.6=87:100=0.87〕

营造官尺长，约当其9寸5分5厘。〔30.9:31.6=97.78:100=0.9778；30.9:31.7=97.5:100=0.975〕

淮尺长，约当其10寸4分；或者可以说，淮尺相当于官小尺的加四分尺。〔32.9:31.6=10.4:10=1.04〕

京尺长，约当其1尺2寸5分；或者可以说，京尺相当于官小尺的加二五尺。〔39.5:31.6=12.5:10=1.25〕

以上几种宋尺长度的比较，未必都准确，也未必都很有价值。不过，从这些尝试性的繁琐分析中，至少可以看出唐宋之际常用尺度的增长，似乎并非混乱不堪。王国维当年崇奉程大昌的见解，也不是毫无道理。比如唐官尺加一寸，即为淮尺；唐黍尺加一寸，则为浙尺。所以，从一定的意义上讲，唐代大小尺未尝不可以视为宋淮浙尺的九寸尺。

又如，浙尺加二寸，即为淮尺，淮尺加二寸，则为京尺。那么，淮尺未尝不可以视为浙尺的加二尺；京尺未尝不可以视为淮尺的加二尺。至于太府布帛尺加五分而为淮尺，淮尺又可以视为太府布帛尺的加五分尺。

唐宋之际尺度中的"加尺"或"省尺"，大约也像当时权衡中的"加秤"、"省秤"，以及量制中的"加斗"、"省斗"那样，有其自身的演化规律。只是后人对当世的情况不甚了然，未能窥见其中的奥秘罢了。

二 辽金元代的尺度

（一）辽金尺度

关于辽金元诸朝尺度的研究，历来是比较薄弱的，并且存在着许多误会。比如王国维和吴承洛等人对唐宋元三代尺度的考订，就断言"所增甚微"，或"几乎完全相同"。他们甚至还认为，"自金元以后不课绢布，故八百年来尺度犹仍唐宋之旧"。①

首先对辽金元尺进行认真推算的，大约是曾武秀。他利用路振《乘轺录》和《辽史·地理志》所载辽金都城的长度，将其与实测资料加以比较，推计辽尺与金尺分别为 34.2 厘米和 34.6 厘米。他研究中的缺欠之一，是断言元代"乐律、乐尺，亦沿用大晟律和乐尺"。②

关于辽代的日用官尺，史籍所载甚少。但金尺的来源之一，当与辽尺不无关系。

辽代的乐律尺，以往也不大为人注意。今检《辽史·乐志》称"十二律用周黍尺九寸管，空径三分为本"；又说："道宗大康中，诏行秬黍所定升斗，尝定律矣；其法，大抵用古律焉。"③ 道宗大康中，相当北宋熙宁八年至元丰八年间（1075—1085）。辽朝乐律"用古律"，或者说"用周黍尺"，至少在这一时期是如此。

辽朝所用的天文尺，与北宋天文尺大致相同。熙宁十年（1077）八月，苏颂以"辽主生辰国信使"身份北行赴辽致贺时，曾为两国"冬至"日不同而发生争议。原来，宋历"冬至"比辽历"冬至"早一天。此事虽由苏颂解释并建议用"各从本朝之历"的办法妥善解决，但契丹日历之精不能不引起宋廷的注意。④ 后来苏颂奉命校历并重制浑仪，显然与此有关。⑤ 从这种情况看，辽国天文用尺当与宋相差无几。

近年在金尺研究中的一项新成果，是高青山、王晓斌的有关专论。他们荟萃了近年出土的 89 方金代官印尺寸实测资料，并以《金史·百官志》中不同品位官印的规定尺寸进行堪比。这项堪比表明，78 方官印的一尺长度，在 40 厘米至 45 厘米之间；低于或高于此数者，仅 10 方。在上述 40 至 45 厘米一尺的 78 方官印中，又有 43 方官印的一尺长度，等于或接近于 43 厘米。至于"另外距离较大的 10 方印，可能是铸印时的误差；而且，

---

① 王国维：《中国历代之尺度》，见前引《学衡》1926 年 9 月号；吴承洛：《中国度量衡史》，第 219—220 页。
② 曾武秀：《中国历代尺度概述》。
③ 《辽史》卷 54，《乐志》。
④ 《续资治通鉴长编》卷 284，熙宁十年 11 月己丑条。
⑤ 《苏魏公集》附录二；曾肇：《赠习空苏公墓志铭》。

那些又主要是金代末期、贞祐年间及其后铸造的，不足为据"。他们的结论是："金代的一尺长，约合现在的43厘米。"①

曾武秀所测金尺34.6厘米，与高、王所测金尺43厘米，粗看似差距颇大；然而，如以宋代不同种类的用尺制度观之，亦未足为怪。曾测之金尺，显系量地营造用尺。而高、王所测金尺，则属于官印用营造尺之类。今以曾测金尺长度与宋量地官小尺比较，前者约当后者的加一寸尺；而宋官小尺，则略为金量地营造尺的九寸尺。

（34.6÷31.6＝1.095≅1.1；31.6÷34.6＝0.913≅0.9）

高青山与王晓斌测定的金官印尺长度，恰好同巨鹿出土的加三木矩尺大致相近。

（32.93×1.3＝42.81）

如与宋代官印尺相比，略当其加四尺。

（30.9×1.4＝43.26）

前面说过，宋"京尺"或为淮尺的加二尺，或为其加三尺。二者必居其一。如果"京尺"不是淮尺的加二尺，而是其加三尺，那么，金代官印尺长，便恰与宋"京尺"略近。或许，"京尺"即"金尺"之讹，亦不无可能。

不论金尺与宋尺的关系如何，其34.6厘米或43厘米之尺，大约只属于当时全国的日常用尺之列。至于金国的礼乐尺，则比大尺短得多。

金代的乐尺，主要是沿用北宋末期的大晟尺。前人已经指出：宣宗"贞祐南迁"后，在汴京故宫地下挖出一些钟磬，器面皆刻"大晟"字样。这里可以另作补充说明的是，早在"贞祐南迁"以前，金国已经行用大晟乐。据《金史·乐志》载录，明昌五年（1194）时，金章宗曾诏令设置大乐所，讲议礼乐。当时有司上奏的报告中，就提到崇宁间"改造钟磬，即今所用乐是也"。该奏又说："今之钟磬虽崇宁之所制，亦周、隋、唐之乐也。"②

（二）元代的尺度

关于元代的尺度，历来亦研究较少。吴承洛早年断言："元代度量衡，

---

① 高青山、王晓斌：《从金代的官印考察金代的尺度》，载《辽宁大学学报》1986年第4期。

② 《金史》卷39，《乐志》。

籍无记载，其所用之器，必一仍宋代之旧。而元代度量衡制度，即谓为宋制，自无不可。"事实上，他论述元尺长短，亦"以宋制计"①，即以元尺为30.7厘米长。这种论断，显然毫无根据。但把元尺视同宋尺的观点，迄今仍十分流行。杨宽虽曾援引明人郎瑛《七修类稿》的话——"元尺传闻至大，志无考焉"；却也认为"大抵承宋三司布帛尺之旧"。②

近年以来的元尺研究，略有进展。曾武秀据陶宗仪《辍耕录》所载元代皇城周长，与《洪武实录》中明初实测该城数据推算，元一尺长达37.4厘米。③ 近年闻人军据黄时鉴惠告，又补充了《无冤录》一条资料，从而推定元尺为38.3厘米。④

今考史籍中有关元尺及其长短的资料，另外还可以举出四则：

其一，方回的《续古今考》，在历述淮、浙等几种宋尺之后说，"大元更革，一尺有旧尺尺加五寸"。⑤

其二，不著撰人的《至顺镇江志》，在附载《咸淳志》有关当地租赋统计数额之后，曾特别说明："以上并系文思院斗尺。"此句之下，另有一段十分重要的夹注："每一斗五升，准今一斗；每一尺五寸，准今一尺。"⑥

其三，《元国朝典章》载录当时《墓地禁步之图》和丧葬《仪制式》说：

> 庶人之田，四面去心各九步，即是四围相去十八步。按式度地，"五尺为步"，则是官尺；每一面合得四丈五尺。以今俗营造尺论之，即五丈四小尺是也。⑦

其四，陶宗仪的《南村辍耕录》述及"至正乙巳春"一件珍贵工艺品——"人腊"的尺寸时，曾说："古尺短；今六寸，比之周尺，将九寸矣。"⑧

---

① 《中国度量衡史》，第242、66页。
② 见前引《中国历代尺度考》。
③ 见前引《中国历代尺度概述》。
④ 见前引《中国古代里亩制度概述》。
⑤ 《续古今考》卷19，《近代尺斗秤》。
⑥ 《至顺镇江志》卷6，《赋税·常赋·秋租》。
⑦ 《永乐大典》卷7385，十八阳·丧。
⑧ 《南村辍耕录》卷14，《人腊》。

方回所说的元"一尺,有旧尺尺加五寸",与《至顺镇江志》转引《咸淳镇江志》所说的"每一尺五寸,准今一尺",显然都是指"文思院尺"的1.5尺,相当大元官尺一尺。而被元人视为"旧尺"的宋"文思院尺",当即程大昌所说"与浙尺同"的南宋"官尺"。

这两则资料提供的数据表明:元官尺一尺,当南宋文思院尺或浙尺的1.5尺。这是关于元尺长短的第一种比例数据。以浙尺长27.4或27.5厘米计,元官尺长当为41厘米多些。

($27.4 \times 1.5 = 41.1$;$27.5 \times 1.5 = 41.25$)

《元典章》所载墓田仪制中说的"今俗营造尺",似亦指南宋旧用的营造尺。该书在著录这则资料之前,还载有延祐二年(1315)八月的一段公文。其中讲到"切见江淮之间习俗"云云。① 元仁宗延祐二年上距宋亡仅36年,可见下文所谓"今俗营造尺",当与宋亡前"江淮之间习俗"用尺一脉相承。此外,元人王与的《无冤录》,也说到"州县间舍官尺而用营造尺"之俗。他又说:"以北方秬黍中者一黍之广为分,十分为寸,十寸为尺,一尺二寸为大尺,往往即营造尺耳。"②

宋代的营造尺,主要有两种:其一,是巨鹿出土的短矩尺,即30.9厘米的北宋营造官尺;其二,是巨鹿出土的长矩尺,即32.9厘米或32.93厘米的民俗营造尺,亦即淮尺。《元典章》所说的"今俗营造尺",当为后者。

从上述情况看,《元典章》所提供的元"官尺""四丈五尺",当"今俗营造尺""五丈四小尺",该理解为元官尺一尺,等于宋民俗营造尺$\frac{54}{45}$尺,亦即$\frac{6}{5}$尺。或者反过来说,宋民俗营造尺一尺,当元官尺$\frac{5}{6}$尺。这是关于元官尺长度的第二种比例数据。

今以《元典章》所载第二种比例为章,用巨鹿木矩尺32.9厘米和32.93厘米的长度折计,元官尺长当为39.5厘米左右。

($32.93 \times \frac{6}{5} = 39.516$;$32.9 \times \frac{6}{5} = 39.48$)

如以北宋营造官尺30.91厘米折计,则元官尺长为37.1厘米左右。

---

① 《永乐大典》卷7385。
② 《无冤录》卷上,《检验用营造尺》。

$(30.91 \times \frac{6}{5} = 37.092)$

陶宗仪所谓"至正乙巳春",乃至正二十五年(1365),即元灭亡前三年。其云"今六寸,比周尺将九寸",即当时一尺,略近于周尺的 $\frac{9}{6}$ 尺或 $1\frac{1}{2}$ 尺。这是关于元尺长度的第三种比例数据。以周尺 23.1 厘米计,陶宗仪所云元尺长,当为 34.65 厘米左右。

$(23.1 \times 1\frac{1}{2} = 34.65)$

除以上新补充的四则资料三种比例数据之外,《无冤录》还提供了第四种比例数据。他说:

> 国朝权衡度尺,已有定制。至若检验尸伤,度然后知长短。夫何州县间舍官尺而用营造尺乎?……省部所降官尺,比古尺计一尺六寸六分有畸。天下通行,公私一体。曩见丽水、开化件作验尸,拜用营造尺。思之既非法物,校勘毫厘有差,短长无准。况明有禁例……遂毁而弃之,即取官尺打量。①

《无冤录》,是元代的一部法医学著作。《永乐大典》说作者是王与。从其序言看,成书于元武宗至大元年(1308),但书中王与又说,他曾在至治三年(1323)主持崇德州石门乡一桩女尸案的"复验"。② 显系矛盾。不论如何,王与的法医活动踪迹,似主要在浙西杭州湾北岸的盐官、崇德,以及浙东的处州丽水和衢州开化等处。

《无冤录》所说"省部所降官尺比古尺计,一尺六寸六分有畸",即元省尺一尺当古尺 1.66 尺还略长一些。这里的"古尺",不详究系何尺。如以古尺 23.1 厘米计,则元官尺长 38.35 厘米左右。

$(23.1 \times 1.66 = 38.346)$

以上所计元代官尺的四个数字,大略反映了元代官尺长度在 34.65 厘米至 41.2 厘米之间。其中 39.5 厘米与 41.2 厘米之数,尤其值得注意。因

---

① 《无冤录》卷上,《检验用营造尺》,枕碧楼丛书本。
② 《无冤录》卷上,《妇人怀孕死尸》。

为 39.5 厘米的长度，恰与宋代"京尺"的长度一致；而 41.2 厘米的长度，则接近于近人实测的金代官印尺长度。

顺便指出，唐宋和明代的日常用尺，都不止一种。估计元代的尺度也不例外。比如"浙尺"，自两宋至明代史籍中屡见，那么，介于宋明之间的元代，似亦未必中断。

元代的乐尺，前人或以为袭自南宋，而南宋又沿用北宋的大晟尺；因而元代乐尺亦为大晟尺。事实上，南宋大乐的景钟制度，并未用大晟尺，而是以"皇祐中黍尺"为准。其绍兴"礼器尺"，则是略长于大晟尺的另一种礼乐尺。

据元初御史中丞崔彧转述，至元三十一年（1294）的正月初一，他值班之际，偶尔发现一方正待估售的传国玉玺："其方，可黍尺四寸；厚，及方之三不足。"① 他所说的国宝玺印"黍尺四寸"，当即"皇祐中黍尺"——犹如绍兴末"尊号玉宝四寸九分，厚一寸二分，用皇祐中黍尺"一样；② 而不是以大晟乐尺计量，更不是像一般官印那样用营造官尺计量。

最后，拟将前人与著者考订的金元尺度长短列表如次：

表 3—11　　　　　　　　金元两代尺度长短考订表

长度（厘米）＼尺名 考订者	金官尺	金礼乐尺	元官尺	元礼乐尺
曾武秀	34.6	29.76	37.4	29.76
陈梦家			31.57	
高青山等	43			
闻人军			38.3	
郭正忠	39.5—42.8	24.6	34.4—41.2	24.6

---

① 《南村辍耕录》卷 26，《传国玺》。
② 《玉海》卷 8，《律历·度》。

第四章　魏晋隋唐宋元时期的容量器制

第一节　汉魏至宋元间容量器制的发展变迁

一　秦汉魏晋南北朝量制述略

（一）前人关于周秦汉新容量制度的研究

中国古代量器与容量制度的变迁，前人已作过不少研究。其中粲然可观的成果，多集中在战国秦汉新莽量制方面。比如1928年刘复对新莽嘉量的校测推算；① 1936年唐兰对商鞅方升的检测；② 马衡对新嘉量的考释；③ 励乃骥的专文《释疤》；④ 罗福颐和唐兰对新莽始建国铜方斗的研究；⑤ 以及吴承洛《中国度量衡史》中的有关章节，等等。

20世纪50年代以来，古量器的研究又有新的进展。这种进展，主要得力于古量器实物的大量出土与认真检测。其中特别引人注目的论述，如50年代万国鼎的《秦汉度量衡亩考》；⑥ 60年代陈梦家的《战国度量衡略说》；⑦ 紫溪的《古代量器小考》；⑧ 70年代马承源的《商鞅方量和战国量制》；⑨ 80年代《中国古代度量衡图集》的出版；⑩ 丘光明的《试论战国

---

① 刘复：《故宫所存新嘉量之较量与推算》，载《辅仁学志》1卷2期，1928年12月。
② 唐兰：《商鞅量与商鞅量尺》，载《北大国学季刊》5卷4号，1936年9月。
③ 马衡：《新嘉量考释》，载《北平故宫博物院年刊》1936年7月。
④ 励乃骥：《释疤》，载《故宫博物院年刊》1936年。
⑤ 罗福颐、唐兰：《新莽始建国铜方斗》，载《故宫博物院年刊》1958年第1期。
⑥ 万国鼎：《秦汉度量衡亩考》，载《农业遗产研究集刊》第2册，中华书局1958年版。
⑦ 陈梦家：《战国度量衡略说》，载《考古》1964年第6期。
⑧ 紫溪：《古代量器小考》，载《文物》1964年第7期。
⑨ 马承源：《商鞅方升和战国量制》，载《文物》1972年第6期。
⑩ 邱隆、丘光明、顾茂森、刘东瑞：《中国古代度量衡图集》，文物出版社1981年版。

容量制度》;① 吴慧《中国历代粮食亩产研究》一书的有关章节,以及朱德熙、李学勤、裘锡圭等对量器铭文的考释。②

在以上研究中,紫溪曾花费十余年的时间,潜心搜集了自战国至汉晋的四五十件古量或古容器资料,并就其中大部分古量的容积,以水、小米、高粱等物进行实测,从而获得许多珍贵的容量数据。而丘光明的研究,则尤其在战国容量制度方面颇有建树。

这里,拟将部分学者考订周秦两汉容量标准的数据列表如次(见表4—1)。

(二) 春秋战国齐量的特点与变迁

春秋战国时期齐国量制的特点,主要是旧式公量和大夫陈(田)氏家量的一度并行,以及前后期进位制度的变迁。所谓旧式公量,即姜齐公室的小量。这种四进位制的小量,曾盛行于公元前6世纪三四十年代:四升为豆,四豆为区,四区为釜;每釜64升。嗣后,它被陈氏家量所取代。陈氏家量以四升为豆,五豆为区,五区为釜。每釜100升。

齐国量器除四、五进位制之外,还有十进位制:比如姜齐公量与陈氏家量,均以十釜为钟。釜、钟之间这种十进位制,后来推广到升、釜之间,并最终取代了四进位与五进位的旧制。实现这种过渡的中介量器,是容量为半区的"锏"。"锏"差不多相当于斗,十锏为一釜,十釜为一钟——皆以十进。

齐国四进位的公室旧量,究竟怎样过渡到五进位的陈氏家量,学术界历来颇多争议。争议的焦点,是陈氏新量豆、区、釜的实际容量究系多少。一种说法以为,陈氏新量是将旧量的"四升为豆"改作"五升为豆";而豆、区、釜之间仍为四进位制。其一釜,为八斗或80升。③ 另一种说法认为,陈氏新量是将豆、区、釜间的四进位制改为五进位制,唯"四升为豆"的基层关系不变;因而,新的一釜为100升。④ 第三种说法,则以为不仅豆、区、釜之间皆改为五进制,连"四升为豆"的基层关系,

---

① 丘光明:《试论战国容量制度》,载《文物》1981年第10期。
② 朱德熙:《战国记容器刻辞考释四篇》,载《语言学论丛》第2辑,1978年;李学勤:《谈文水出土的错银铭铜壶》,载《文物》1984年第6期;李学勤:《秦国文物的新认识》,载《文物》1980年第9期。
③ 《杜注〈左传正义〉》卷42,昭公三年。
④ 孙诒让:《左传齐新旧量议》;马非百:《管子轻重篇新诠》,中华书局1979年版,"管子轻重五——海王","管子轻重十六——轻重丁"。

表 4—1　周秦汉新容量标准考订表

（每升各含今毫升数）

	周	战国时期诸国						秦	西汉	新莽	东汉
		齐	楚	韩	赵	魏	秦				
刘复	193.7									191.825	
马衡										199.6275	
唐兰					187		184.5				
吴承洛									342.5	342.5	198.1	198.1
万国鼎									199.7	199.7	199.7	199.7
紫溪				171.3				201	200			
马承源							225	200				
丘光明	176—200	205	200—225		175			199.58—200	194—225	194—201	240
吴慧	187.6—193.6										

也毫不例外地加以更改。其一釜，当为125升。①

在上述三种说法中，唯有第二说同文献记载与出土实物相符。②

《管子·海王篇》指出："盐百升成釜"，《管子·轻重篇》同样指出："今齐西之粟，釜百泉，则钟二十也；齐东之粟，釜十泉，则钟二钱也。"这就是说，一"釜"既为百"升"，又等于五"区"；其每区所容，则为20升。唯其如此，每"釜"粟价100钱，其每"钟"粟价才是20钱。同样，唯每豆四升，才与"五豆为区"容20升相符。

近年出土的几种齐量中，"子和子铜釜"、"陈纯铜釜"的容量，均相当于"右里"小铜量的100倍，不是80倍或125倍。而容量相当一斗或1/10釜的"左关铜钟"，又铭刻着"半升"的字样，意指"半区"。其一釜亦当五区。

无论是文献记载，还是山东出土的釜、钟等量器，都一致地反映着齐量的变迁，经过了四进位、五进位和十进位的历程。

关于齐量的实际容量，有关学者曾经做过一些推算。这里，将他们推算的结果部分地引录如次：

表4—2　　　　　　　齐国新量出土实物资料表*

器　名	实容（毫升）	每升当今（毫升）
右里铜量（小）	206	206
右里铜量（大）	1025	205
左关铜钟	2070	207
子和子铜釜	20460	205
陈纯铜釜	20580	206
廪陶量	20000	200
廪陶量	20200	202

*本表数据，引自紫溪《古代量器小考》与丘光明《试论战国容量制度》。

从以上出土齐国陈氏新量器容积看，其每升容量约当今200至207毫

---

① 吴慧：《中国历代粮食亩产研究》，农业出版社1985年版，第27—28页。
② 丘光明等人，亦均支持此说。

升。丘文以每升 205 毫升为准，又开列当时诸量容积如下：

1 钟 = 1000 升，当今 205000 毫升；

1 釜 = 100 升，当今 20500 毫升；

1 区 = 20 升，当今 4100 毫升；

1 铜（斗）= 10 升，当今 2050 毫升；

1 豆 = 4 升，当今 820 毫升；

1 升，当今 205 毫升。

（三）魏晋南北朝时期的量器与量制

魏晋南北朝时期的量器与量制，历来研究较少。就文献资料而言，也像研究这时期的权衡一样，主要是征引三位唐人的论述作为依据。如孔颖达说："魏齐斗秤，于古二而为一；周隋斗秤，于古三而为一。"①李淳风说："梁陈依古，齐以古升五升（？）为一斗……"② 杜佑说："自东晋寓居江左……历宋齐梁陈，皆因而不改……度量三升当今一升。"③

有关魏晋南北朝量器的实物资料，宋代以来的金石学著作中曾有零星的载录。19 世纪末至 20 世纪以来著录有关资料者，如阮元的《积古斋钟鼎彝器款识》，端方的《陶斋吉金录》，罗振玉的《贞松堂集古遗文》，容庚的《汉金文录》，刘体智的《小校经阁金文拓本》，商承祚《十二家吉金图》等。

比较集中地反映魏晋南北朝量器实物资料的论著，前有紫溪的《古代量器小考》一文，后有邱隆、丘光明等人编的《中国古代度量衡图集》。

紫溪在《古代量器小考》一文中，曾援引了《汉金文录》著录的一件"晋太康釜"，并标出其容积为 2450 毫升。该文还援引《十二家吉金图》著录的一件"晋寿升"，铭文为"晋寿次百七容一升"；可惜"失量其容量"。④

邱隆、丘光明等人编的《中国古代度量衡图集》，则搜集整理了五件魏晋南北朝量器实物资料，并标出其中两器的实测容量。这些量器中

---

① 《附释音春秋左传注疏》卷 55，定公八年。
② 《隋书》卷 16，《律历志》。"五升为一斗"，疑有误，或有脱漏。吴承洛《中国度量衡史》以为"五升"乃"一斗五升"之误。中华书局标点本据之标改。
③ 《通典》卷 5，《食货·赋税》；另见《演繁露》卷 7 与《通考》卷 133《乐》引录。
④ 见前引《文物》1964 年第 7 期。

与权衡有关的资料，在前面的章节曾经论及。兹将有关量器的资料略述如次：

其一，即紫溪所引"晋太康釜"，或者说，西晋太康三年（282）"右尚方铜釜"。（参阅图版八）其容量数据，与紫溪所说略异——为2526毫升。该量的铭文为："太康三年八月六日，右尚方造一斗铜釜，重九斤七两。第一。"从铭文原"一斗"容2526毫升推算，其一升容量为252.6毫升。①（参阅［图版十八、十九］）

其二，为天津艺术博物馆藏的太康四年（283）"尚方铜升"。这枚尚方铜升的铭文云："太康四年二月尚方造铜升，重二两十二铢。第四。"无实测容量。②

其三，中国历史博物馆藏的太康四年"右尚方铜升"。铭曰："太康四年三月廿八日右尚方造铜升，重四两十二铢。第三"。③亦无实测容量。

其四，故宫博物院藏的太康八年（287）"右尚方铜水升"。其铭为："太康八年十二月廿日，右尚方造铜水升，重四两。第□。"④亦无实测容量。（参阅［图版二十、二十一］）

其五，即紫溪所引"晋寿铜釜"，《图集》补充了该"容一升"釜之实测容量，为535毫升。"晋寿"，紫溪引录时释为晋代县名，"属梁州梓潼郡，当今之四川保宁府"。他将此釜断为晋器。《图集》也释"晋寿"为县名："始置于晋惠帝，宋、齐、梁因之，一度属北魏，至北周时废，故治在今四川省广元县昭化东南"；并将其断为北朝之物。

今考"晋寿"作为晋代初置之县，其故址确在昭化东南。不过，它似乎不止作为县名，也作为郡名。后魏即在此县兼置晋寿郡，至后周时废。从这一情况看，"晋寿铜釜"或许为后魏之物。但位于今昭化县南的古晋寿郡，南朝宋、齐时也都设置过。该釜铭文的字体书法，又颇有晋代遗风。因而，它也可能是南朝旧物。

兹将以上魏晋南北朝量器实物资料，连同稍后时期的隋量资料一起，综合列表如次：

---

① 《中国古代度量衡图集·附录》第12图。
② 《中国古代度量衡图集·附录》第11图说明。
③ 同上。
④ 《中国古代度量衡图集·附录》第13图。

表 4—3　　　　　　　　魏晋南北朝隋量器实物资料表

时　期	器　名	铭刻容量	实测容量（毫升）	每升当今容量（毫升）
西晋太康三年（282）	右尚方铜釜	一斗	2450 2526	245 252.6
太康四年（283）	尚方铜升	一升		
太康四年	右尚方铜升	一升		
太康八年（287）	右尚方铜水升	一升		
后魏或南朝宋齐间	寿晋铜釜	一升	535	535
隋大业三年（607）	太府寺合	一合	19.91	199.1

如果将表 4—3 与前列表 4—1 中各家考订周秦汉新容量相比较，便不难看出，魏晋南北朝的量器容积，的确已呈明显增大之势。其中，西晋太康三年"右尚方铜釜"的一升容量，比秦汉每升的 200 毫升容量增多 0.26 倍。"晋寿铜釜"的一升容量，更增多 1.67 倍。

这种情况，一方面证实了李淳风和孔颖达等人所说的北朝升斗相当古升斗一倍半或两倍；另一方面，也反映了李、孔所云倍数，似就其大略而言。至少所谓"梁陈依古"，亦同北朝升斗倍增一样，只反映了当时一部分或大部分情况。假如"晋寿铜釜"确属宋、齐之物，而不是北朝之物，那就将证明南朝的升斗，并非皆"依古"，同时也有用大升斗的。

三国时期曹魏晋初官斛增大于古斛的事，刘徽在景元四年（263）已经指出。李淳风在《隋书》中载录说："刘徽注《九章·商功》曰：'当今大司农斛，圆径一尺三寸五分五厘，深一尺，积一千四百四十一寸十分之三。王莽铜斛，于今尺为深九寸五分五厘，径一尺三寸六分八厘七毫。以徽术计之，于今斛为容九斗七升四合有奇'。"李淳风解说道："此魏斛大而尺长，王莽斛小而尺短也！"①

王莽铜斛的 10 斗，只当魏晋大司农斛的 9.74 斛。可见魏晋官斛比王莽铜斛增大 0.026 倍或 2.6%。如以莽斛每升容量为 200 毫升计，魏晋"大司农斛"每升可容 205.34 毫升。实际情况，可能还不止于此。这只要

---

① 《隋书》卷16，《律历志》。

看看太康右尚方量和尚方量器容积的增长数字便不难想见了。

裴松之注《三国志》，曾引录《曹瞒传》中的一则故事："……常讨贼，廪谷不足，私谓主者曰：'如何？'主者曰：'可以小斛以足之。'太祖曰：'善！'后军中言太祖欺众。太祖谓主者曰：'特当借君死，以厌众；不然，事不解。'乃斩之，取首题徇曰：'行小斛，盗官谷，斩之军门。'其酷虐变诈，皆此类也。"①

这里所说"主者"供应军粮临时使用"小斛"，原是在曹操支持下所为。该"小斛"，很可能就是新莽铜斛之类古量，未必是"主者"私造的量器。即令包括后一种可能在内，这事也反映了当时使用"小斛"并非偶然现象。

前面讨论魏晋权衡时曾经指出，西晋隶属于少府的尚方诸署，各有其分工。其中右尚方所造量器的轻重，以古秤计量。而尚方量器的轻重，则以新的"晋秤"计量。晋秤的斤两，或相当古秤 1.35 倍，或相当古秤 1.5 倍左右。② 右尚方与尚方两署在权衡方面的大小两制并用，也不可能是孤立和偶然的现象。很可能，这同当时大小尺度与大小量制是相适应的。如果这一判断不误，那么，魏晋南北朝的量器，也分为大小古今两套。其大升斗容量，较小升斗容量增多一倍半至两倍左右。

北魏"斗大"之事，在讨论其"秤重"时亦已述及。至太和十九年（495），孝文帝乃毅然降诏，"改长尺大斗"，依复古尺古斗。③ 这一诏令颁布之后，古斗古尺古秤虽然作为"官斗"、"官度"、"官秤"行用；但实际上，沿用"大斗"之风并未消弭。孝明帝神龟元年（518）前，张普惠又上疏论奏尺长秤重斗大之弊。包括《魏书》、《册府元龟》、《资治通鉴》、《文献通考》等史籍，都转录过他的奏疏。④

北周保定五年（565），武帝宇文邕亦降诏改革度量，以"古玉斗"为准作铜升，"用颁天下"。⑤ 据甄鸾说，他测算"玉升一升，得官斗一升四合三勺"。李淳风在引录这一数据之后说："此玉升大而官斗小也！"⑥

---

① 陈寿著，裴松之注：《三国志》卷1，《魏书·武帝纪》。
② 参阅本书第一章第二节。
③ 《魏书》卷7下，《高祖纪》。
④ 《魏书》卷78，《张普惠传》；《册府元龟》卷530，《谏诤部·规谏七》；《资治通鉴》卷148；《文献通考》卷2，《田赋》。
⑤ 《隋书》卷16，《律历志》。
⑥ 同上。

从北魏孝文帝"废大斗"复古斗,到北周武帝以"古玉斗"为准改小量器——甚或推行比"玉升"还小的"官斗",都反映了大小两种升斗在实用中的并存和冲突。这种并存和冲突的情况,后来又以更鲜明的形式,表现在杨坚父子的隋朝政策中。

实际上,古量有大小两套而同时并存的事,既不始于隋唐,也非始于魏晋。大小石斗并用之制,至迟在汉代已不乏见。

汉量中有异乎常斗的"大斗",早在唐时就已引起人们的注意。颜师古注《汉书·货殖列传》"秦千大斗"一语时曾指出:"大斗者,异于量米粟之斗也。"① 顾炎武引录此话后说:"是汉时已有大斗,但用之量麓物耳。"②

近人杨联陞等,也曾论述过"廪给米粟"中的大小石之制。③ 不过,人们关于这一问题的认识,长期以来没有取得一致。一种观点以为,汉代的"大石"、"小石",仅反映计量不同物品容积时分别使用的两种单位:"大石",用以计量带壳粟谷;"小石",则用以计量脱壳小米。由于粟舂为米时,通常是一斗粟出六升米,所以,"大石"容十升,"小石"容六升。

另外一种意见以为,"大石"和"小石"不仅是计量粟谷和小米时经常分别使用的两种单位,而且,粟谷和小米,同时也都可以使用大小石来计量。粟谷折为小米的比率关系,或许同大小石的出现、使用习惯有关;然而,大小石一经作为具有固定规格的两种量器或容量单位,便具有了它独立存在的意义。

随着汉代简牍等各种资料的发掘、整理和研究,大小石两制在汉世的并存,已为愈来愈多的人所确认。从一定的意义上说,魏晋乃至隋唐量器中的大小两制并用,不过是同类风习的某种延续罢了。

顺便指出,陶弘景《本草经集注》中曾提到一种"药升"。他说:"药升合方寸作,上径一寸,下径六分,深八分。"④ 这种"药升",显然比日常用量中的古升或古合还小得多。暂置不论。

---

① 班固撰,颜师古注:《汉书》卷91,《货殖列传》。
② 《日知录》卷11,《大斗大两》。
③ 杨联陞:《汉代丁中廪给米粟大小石之制》,载《国学季刊》第7卷第1期。
④ 《本草经集注》"序录"。《永乐大典》卷11599,草部引录,"药升合方寸"作"药升方"。

二 隋唐时期的容量器制

(一) 开皇官斗与大业太府合

魏晋南北朝时期的大升大斗容量,大约在后周时期达到极点——约为古升古斗容量的三倍。孔颖达所谓"周隋斗秤,于古三而为一",显系此意。① 杨坚不但承袭了宇文氏的江山社稷,也同时承袭了包括权量在内的各种制度。

以往关于古量发展变迁的认识,也像对古秤变迁的误解一样,大都以隋代作为转折点,并以为隋代本朝的量制变化大得惊人。比如顾炎武说:"三代以来权量之制,自隋文帝一变。"② 吴承洛也说:"隋朝一代纪年才三十,前后相差竟至三而一,此诚属创闻……"③

这些论断,不仅忽略了东汉三国至两晋南北朝量制的巨大变化,而且,对于隋代量制的实在情况,也存在着某种误会。假若开皇之斗,果是首次"一变""三代以来权量之制"的创举,正史中断不至于只字不提,而仅由《隋志》附带述及。

前面说过,汉代即已有大小石斗并存之事。这里姑不论汉制,且以魏晋南北朝的升斗而言,其所谓升斗容量增大之势,主要是指大量中的升斗。至于作为古量的小升小斗,从总体上说,变化不大。不过,无论大升大斗如何扩大——从一倍半于古升斗,至二倍、三倍于古;秦汉以来每升容 200 毫升左右的古升斗,却始终不曾被摒弃,并一直相沿至周隋。如果说这中间有何不同,也只在于以哪一套升斗为主,或以哪一套升斗为官量。

从魏晋南北朝时期升斗的发展趋势看,官府的态度多是顺应或助长大量扩充之势;只有在不得已的情况下,才提倡复古行小——如北魏孝文帝和北周武帝的改革那样。

隋代的量制亦不例外。李淳风说"开皇以古斗三升为一升",无非是指隋文帝确认大升斗盛行的现实,以大升大斗为主体、为官量。李淳风又说"大业初依复古斗",亦不过指炀帝重申魏孝文与周武帝之雅意,以古升斗为主体或官量。

---

① 《附释音春秋左传注疏》卷 55,定公八年。
② 《日知录》卷 11,《权量》。
③ 《中国度量衡史》,第 193 页。

史载，杨坚有位旧友赵煚，他出任冀州刺史时曾整顿当地市用尺斗——"冀州俗薄，市井多奸诈。煚为铜升铁尺，置之于肆。百姓便之。"① 赵煚设置的"铜斗"，显然是"以古斗三升为一升"的开皇官斗。此类官"铜斗""置之于肆"而"百姓便之"，足见它早已为市肆百姓所惯用。冀州市井有人不以此斗规格为准，或擅自增减规格而欺剥消费者，便皆被视为"奸诈"。

关于炀帝"大业初依复古斗"之举，也有人疑其未必认真——"校之新莽则远逊"。② 日本山下泰氏收藏的隋量实物资料，却提供了相反的证据。

据说，该量为圜形，卷肩，平底。量口内径为4.2厘米，深1.55厘米，器高1.85厘米；实测容蒸馏水19.91毫升。大约这是迄今仅存于世的一件珍贵隋量实物。该量器口边上，镌有如下的铭文：

大业三年五月十八日太府寺造司农司校。③

炀帝诏令"改度量权衡并依古式"，在大业三年四月壬辰。④ "时斗秤皆小旧二倍。其赎铜亦加二倍为差。"原本"杖百"用十斤铜者，按新行古秤"则三十斤矣"。⑤ 此量造于当年五月，距改量颁诏颇近。尤为重要的，是上面"太府寺造司农司校"八个字的铭文。而该量19.91毫升的容量，又与新莽铜量中一合的容量非常接近。这就足以证明，大业三年（607）四月以后，按新诏制作和校勘的"太府寺合"，确实是以"古合"为标准而毫不含糊的。

至今仍在日本的这枚隋"太府寺合"实物告诉我们，大业三年（607）以后的隋代官量，确系小升小斗。其一合容量既为19.91毫升，那么，其每升的容量为199.1毫升，每斗的容量为1991毫升，每斛的容量为19910毫升。

《夏侯阳算经》曾载录说，"仓曹云：古者凿地方一尺，深一尺六寸二

---

① 《隋书》卷46，《赵煚传》。
② 《中国度量衡史》，第209页。
③ 参阅前引紫溪：《古代量器小考》。
④ 《隋书》表3，《炀帝纪》。
⑤ 《隋书》卷25，《刑法志》。

分，受粟一斛"；并称"斛法，一尺六寸二分"。① 这与新莽嘉量"斛铭"中所说的"积千六百廿寸"一样，均指古周制一斛的容积为 1.62 立方尺或 1620 立方寸。如以周尺 23.08 厘米计，其一斛容积恰为 19916.931 立方厘米。《夏侯阳算经》所说的古凿地受粟斛法，大约该反映了隋以前时期的斛制。

大业三年以后的官小斗既容 1991 毫升，隋文帝"开皇以古斗三升为一升"之大量官斗容量，即当为 5973 毫升。其大官升容量，为 597.3 毫升。

前面说过，炀帝复古诏后，不仅"开皇官尺"仍在"人间或私用之"，② 而且，三倍于古秤的开皇官秤亦在某些地区照旧行用。③ 同样，"依复古斗"后的"开皇官斗"，也并未消失，只不过名义上失去了官斗地位。而在实际生活中，它可能比古斗古升更受欢迎。关于这一点，若参考唐代的量制来认识，就越发易于明了了。

这里，拟将隋代容量制度列表如次：

表 4—4　　　　　　　　　　隋代容量制度表　　　　　　　（单位：毫升）

时　期	器　名	每合容量	每升容量	每斗容量	每斛容量
开皇元年（581）至大业三年（607）	（开皇官斗）	59.73	597.3	5973	59730
大业三年（607）四月至大业十四年（618）	大业太府合	19.91	199.1	1991	19910

（二）贞观黍斛与太府斗的分工行用

如果说，魏晋南北朝以来的大小两套量衡，曾为其某一种的合法与主导地位而引起过反复的争议，那么，这场历史性的争讼，至唐代便大体结案——双方以平等的地位合法并存，同时又另以不同的用途而明确分工。

关于唐代大小两套升斗的合法性及其不同用场，《通典》、《唐六典》、《旧唐书》、《南部新书》、《唐会要》等文献都有过明确的载录：

---

① 《夏侯阳算经》卷上，《言斛法不同》。
② 《隋书》卷 16，《律历志》。
③ 参阅本书第一章第四节。

> 调钟律、测晷景，合汤药及冠冕制用小升，……自余……公私用大升。①

这种分工，正如尺度和权衡中的大小尺秤一样：小尺斗秤，用于天文、礼乐和医药方面；大尺斗秤，为其余日常诸事所通用。借用顾炎武的话说，即"太史、太常、太医用古"。②

关于大小两套升斗的容量制度及其比例关系，上述文献亦有大同小异的记述。《唐六典》指出："凡量，以秬黍中者，容一千二百为龠，二龠为合，十合为升，十升为斗，三斗为大斗，十斗为斛。"③《唐律疏议》、《旧唐书》所载，与此略同。④

唐量是从隋量沿袭而来的。唐高祖武德四年（621）既宣布"律令格式且用开皇旧法"⑤，同时也就为"开皇以古斗三升为一升"的大升斗恢复了名誉和地位。只是，在唐世以后的实践和诏敕中，大业升斗也同时被允许合法行用于某些方面。

唐太宗贞观年间改定大乐时，协律郎张文收曾奉命制作"黍尺"、嘉量和乐秤，随后将它们收藏在大乐署。其中嘉量之一——"铜斛"的铭文如下：

> 大唐贞观十年，岁次元枵，月旅应锺，依新令累黍尺，定律校龠，成兹嘉量，与古玉斗相符，同律度量衡。协律郎张文收奉敕修定。⑥

这显然是经过精心制作和认真校定的两副贞观十年（636）乐斛之一。史称"张文收铸铜斛……咸得其数"，即指该斛尺寸与容量规格，均"与古玉斗相符"。唐高宗总章年间（668—670），张文收又制作过"一斛一秤"，"斛正圆而小"。这些按古斗规格制作的乐斛，在百年之后——杜佑

---

① 《通典》卷6，《食货·赋税》。
② 《日知录》卷11，《大斗大两》。
③ 《唐六典》卷3，《金部郎中员外郎》。
④ 《唐律疏议》卷26，《杂律》；《旧唐书》卷48，《食货志》。
⑤ 《册府元龟》卷83，《帝王·赦宥》。
⑥ 《通典》卷144，《乐·权量》。

作《通典》的中唐之际进行校量，仍为当时"常用度量"的"三之一"。①

有关唐代"大量"及其当小量三倍的事，当时人在其他著作中也常提及。比如前引颜师古注《汉书·货殖列传》"秦千大斗"，不仅说明"大斗者异于量米粟之斗也"，而且还补充了一句："今俗犹有大量。"② 张守节为《史记·孔子世家》作"正义"，解释孔子"奉粟六万"说："六万小斗，计当今二千石也。周之斗升斤两，皆用小也。"③

张守节解释周代小斗六万斗，即六千石，"计当今二千石"，显系"今"唐大斗三倍于古。所以，顾炎武引录他的话之后说："比唐人所言三而当一之验。"④ 俞正燮也引录说："案《史记·孔子世家正义》云六万小斗当今二千石，是唐合三为一之数。"⑤

在《唐六典》和《夏侯阳算经》中，都曾记述过司农寺诸仓使用"函"来受纳天下租税的制度。《唐六典》说："其函，大五斛，次三斛，小一斛。"⑥《夏侯阳算经》载录："仓库令：诸量函，所在官造，大者五斛，中者三斛，小者一斛。以铁为缘，勘平印书，然后给用〔以上今时用也〕。"⑦

这里所说的"函"，是一种比较大型的量器。按"仓库令"的规定，它分为三种不同的规格：大函容量为五石，中函容量为三石，小函容量为一石。

唐代的"函"不仅用于仓廪受纳粮斛，而且，也用于其他方面——比如作为四川井盐卤水的量器。武则天万岁通天二年（697），右补阙郭文简奏报说：陵井监"卖水，一日一夜得四十五函半。百姓贪利失业"。宋朝乾德三年（965），陵州通判贾琏重开旧井，"一昼一夜汲水七十五函，每函煎盐四十斤，日获三千斤"。井研县的陵井，"唐时官私日收盐五斗五升"。贵平县的上平井，"唐时日收盐一石七斗五升"⑧。

不论是司农寺诸仓库用于受粮的"函"，抑或是四川井盐产地收取卤

---

① 《通典》卷144，《乐·权量》。
② 《汉书》卷91，《货殖列传》。
③ 《史记》卷47，《孔子世家》。
④ 《日知录》卷11，《权量》。
⑤ 《癸巳存稿》卷10，《石斗升》。
⑥ 《唐六典》卷19，《司农寺丞》。
⑦ 《夏侯阳算经》卷上，《辨度量衡》。
⑧ 乐史：《太平寰宇记》卷85，《剑南东道》；王象之：《舆地纪胜》略同。

水的函，显然都属于大量的系列。其每斗容量，当小斗三倍。

值得注意的是，文献中有关唐代量制的记述，也有不尽相同之处。比较显著的不同记述，一是"合"制，二是"大斗"制。

"二龠为合"，是一般唐代文献的共同载录。但在两位宋人的著作——钱易的《南部新书》和王溥的《唐会要》中，都写作"十龠为合"。两书著录"十龠为合"前，还标出"开元九年敕格"字样。① 此外，今本《通典》引述《汉书》"量者"一段，也称"十龠为合，十合为升"。但该书述及李唐本朝量制时，仍说"合龠为合"。②

《汉书·律历志》的原文，本即"合龠为合"，亦即"二龠为合"。③ 后来为《汉书》作注疏者，曾将其误疏为"十龠为合"。这一讹误，清人王鸣盛在《尚书后案》一书中已经作过辨析。④ 所以，《南部新书》与《唐会要》此说亦误，应予订正。

关于唐世大斗制的不同说法，见于南宋程大昌的《演繁露》。《演繁露》载述说：

> 开元九年敕：度，以十寸为尺，尺二寸为大尺。量，以十升为斗，斗三升为大斗。此谓十寸为尺十升为斗者，皆秬黍为定也。……此外，官私悉用大者，则黍尺一尺外更增二寸，黍量一斗，更增三升也。⑤

《演繁露》是程大昌为订补董仲舒《春秋繁露》而撰著的。其中多征引《通典》，于淳熙七年（1180）成书。上述说法，似亦引自《通典》而略加发挥。后来马端临编《文献通考》，又特意将这一条采入其中，列为重要参考资料：

> 程氏《演繁露》曰：《通典》叙六朝赋税而论其总曰：其度量，三升当今一升……注云：当今，谓即时。盖当今之时也。……又曰：

---

① 钱易：《南部新书》卷9；王溥：《唐会要》卷66，《太府寺》。
② 杜佑：《通典》卷144，《乐·权量》；同书卷6，《食货·赋税》。
③ 《汉书》卷21上，《律历志》。
④ 王鸣盛：《尚书后案》卷1，《虞夏书·尧典》。
⑤ 《演繁露》卷7，《大斗大尺》。

开元九年敕：……量以十升为斗，斗三升为大斗。此谓……十升而斗者，皆秬黍为定也……此外官私悉用大者，则……黍量一斗更增三升也。①

唐世大量为小量的三倍，一般文献载录甚明。以程大昌之博洽，断不致疏忽于此。然而，他何所据而云唐"大斗"乃"黍量一斗更增三升"，而非为三小斗呢？同样博洽之马端临，又何以特别要将此说采入《文献通考》，而不径予否定或摒弃呢？

今检传世本《通典》，既无"开元九年敕"及"斗三升为大斗"句，亦未明言"三斗为大斗"。其总叙本朝度量衡时，只笼统地先说"十升为斗，十斗为斛"；而后，在论及大小制分工时，才提及"小升小两"与"大升大两"。至于大升与小升的容量比例究竟如何，竟然没有说明。②

解释这种情况，或许可以考虑如下两种可能：其一，是《通典》原来的某个版本将"三斗为大斗"误为"斗三升为大斗"；程大昌又误信其讹。其二，是杜佑著《通典》时可能存在着以"斗三升为大斗"的"加三斗"；而这种"加斗"又同以古斗"三斗为一斗"的大斗混为一谈。

以上所说，都是文献中唐令规定的量制——除程大昌引《通典》一则暂置勿论外，一般礼乐天文医药用小升斗，每升容量约199至200毫升左右；日常公私通用之大升斗，其每升容量约597至630毫升左右。

（三）唐量的特例与变迁

唐代量制中的特殊情况，大致反映在三个方面：其一，是大小升斗的官定用场，有时候被突破或打乱；其二，是依官样仿造并校勘使用的量器，其规格并非始终一致，毫无变化；其三，是民用大升斗的容量，似不依官量规格而另有惯例。这三方面的特殊情况，在中唐以后较为多见。

大小升斗官定分工用途被突破，如医药方面。按唐令规定，"合汤药"当用小升小斗之类"黍量"。然而，在唐人的医学著述中，却可以见到"黍量"与大升斗并用的载录。

孙思邈《千金方》中述及"治腰疼痛"医方时，还称"日服一小升，

---

① 《文献通考》卷133，《乐·度量衡》。
② 《通典》卷6，《食货·赋税》。

计服一斗";①但王焘《外台秘要》引录"崔氏苍耳酒"诸味之后,却说"以上并大斗";引录"乌麻地黄酒"诸味之后,亦说"四大斗"。②该书"治卒中风喝"和"治偏风及一切风"方,又称"桑枝剉一大升,用今年新嫩枝,以水一大斗煎取二大斤"。③在崔玄亮的《海上集验方》中,也可以见到"疗骨蒸鬼气"所用诸味药量"五大斗","三大斗","二大斗","一大斗",以及"治痈疽妒乳诸毒肿"方用"水一大升"。④

《外台秘要》,成书于天宝十一载(752)。⑤《海上集验方》大约为唐文宗大和七年(833)以前的著作。⑥这两部书所载录以"大斗""大升"与小升斗并用的事,至少反映中晚唐时期"合汤药"已不尽为"黍升"。

唐世官私日用量器不依初定规格的事,集中表现在大历十年(775)的斗秤调查和改制活动中。

大历十年三月至次年十月,代宗降敕,对全国现行的度量衡器实行了一次普遍性的检查与校核:"自今以后,应副行用斗秤尺度,准式取太府寺较印,然后行用。……以上党羊头山黍,依《汉书·律历志》较两市时用斗,每斗小较八合三勺七撮。……"⑦

经过十八九个月的检验之后,太府寺卿韦光辅奏报说:京都"两市时用斗",与"新较"斗相比,"每斗小较八合三勺七撮"。他请求将"时用""斗斛尺秤"加以"改造",然后"行用"。这一意见起初被代宗批准。但两个月后,代宗又收回成命,宣布一切照旧,"新较"斗秤作废;其理由是:"公私所用旧斗秤,行用已久,宜依旧。其新较斗秤,宜停。"

按唐制规定:在"京诸司及诸州,各给秤尺及五尺度斗升合等样,皆铜为之","州府依样制造而行。"其"关市令"又要求"诸官私斗升,每年八月诣金部、太府寺平较","并印署,然后听用"。然而,这些规定的执行和贯彻,却远悖初衷。大历年间这次较验与改制斗秤,表明唐代民间普遍使用的斗量,其容积、规格都与文献记载的标准不符。

所谓"以上党羊头山黍、依《汉书·律历志》较两市时用斗",似应

---

① 见《肘后备急方》卷4,"附方"引录。
② 《外台秘要》卷31,《古今诸家煎方六首》。
③ 见《肘后备急方》卷3,"附方"引录。
④ 见《肘后备急方》卷4、卷5,"附方"引录。
⑤ 王焘:《〈外台秘要〉序》。
⑥ 参阅《旧唐书》卷165,《崔玄亮传》。
⑦ 《唐会要》卷66,《太府寺》。

解释为——以相当古斗或唐初标准"黍斗"容积三倍之新斗,来校验现行的市斗。而这种校验的结果:"每斗小较八合三勺七撮",则应解释为——当时市斗的一般容积,略小于新的标准斗。具体些说,就是当时市斗的容积,比新的标准斗少 8.37%,即仅为新标准斗的 91.63 合。

代宗大历十二年(777)二月二十九日的敕令说,这种小于标准新斗的"旧斗",不仅为"公私所用",而且"行用已久";甚至不得不放弃已然开始的校验和改制,而"依旧"行用下去。尤为严重的是,若干年后,至唐文宗大和五年(831)八月,太府寺居然奏请将行用了多年的官"斗秤旧印",从原来的楷书字体改为篆字"新印",为的是应付当时日渐猖獗的私斗伪造官印之风……"近日已来,假伪转甚"。①

假如韦光辅改制时的"新较"大斗,像《唐六典》等所说的那样——是小斗的三倍,或古斗的三倍,那么,只有"新较"斗 91.63 合容量的"公私所用"市斗,其容积约当古斗或新莽斗的 274 合八勺九撮。换句话说,唐代大历十年前后长安两市所用一般大斗的容积,约为新莽古斗容积的 2.75 倍,而不是三倍。以小斗每升容 200 毫升或 199 毫升计,当时市用大斗的容量即今容量 550 毫升或 547 毫升左右。

韦光辅奏疏中所说的长安"两市时用斗每斗小较八合三勺七撮",只是市斗小于官颁大斗规格之例。除此之外,市斗或其他各地用斗大于官颁样斗者,大约更不在话下。前述程大昌引《通典》云"斗三升为大斗",或许可能是把一种"加三斗"同官颁大斗混为一谈。如果这一判断不误,那么,当时的"加三斗",也像宋代加三斗一样,每斗比足斗多三升。

"加斗"来源于"加耗"——这一点,后文还要述及。唐代含嘉仓受纳税谷的"加耗"比率,在武则天时期已为 1%,即每斛加一升"耗"。洛阳含嘉仓旧址出土的"向东第七窖"砖铭,载有某州租谷的正额与耗额如下:"六千七百十八石六斗六升八合,正;六十七石一斗八升六合六勺八撮,耗。"② 以 6718.668 石正租而取 67.18668 石"加耗",其加耗率恰为 1%。这是唐代前期朝廷正仓公开增收的"加耗"。其地方仓廪及县吏受纳之际的"加耗",当几倍于此。《夏侯阳算经》"求地税"的算题,即

---

① 《唐会要》卷 66,《太府寺》。
② 参阅张弓:《唐朝仓廪制度初探》第三章,引录《文物》1972 年第 3 期所载含嘉仓出土砖铭(四),中华书局 1986 年版。

有"每斛加二升耗"之率。① 显然,唐代后期的"加耗"又绝不止此。如会昌元年(841)武宗制书所说"闻近年长吏不守法制,分外征求"② 等情,大约是普遍现象。从五代加耗20%及30%以上并引出加二斗、加三斗等情况看,晚唐之斗,或许也有类似的现象。

迄今为止,唐代的量器实物始终难得发现。不过,20世纪70年代西安西郊出土的一枚"宣徽酒坊"银酒注,多少可以弥补这方面的缺憾。该酒注之盖与提梁已经缺失。但这种情况,似乎并不影响其容量。该酒注实测容量,第一次为5620毫升,后来又测为6000毫升。其器底,有七行61字的铭文。其铭文如下:

> 宣徽酒坊咸通十三年六月二十日别敕造七升地字号酒注壹枚,重壹百两,匠臣杨存实等造。监造番头品官臣冯金泰,都知高品臣张景谦,使高品臣宋师贞。③

这是唐懿宗咸通十三年(872)"敕造"的一枚"宣徽酒坊"银酒注。即令在当时,它也属于勋臣所用珍贵器物之列。从铭文内容看,制作十分认真,又出自名匠杨存实之手。以"敕造七升"而实测5620毫升计,则当时每升容量为802.857毫升。若另以6000毫升计,每升容量为857.143毫升。

这一数据,与唐初律令规定"黍斗"三升为一升的大升容量600毫升或597毫升比较,相距甚远。因此,其"七升"是否为"十升"之误,便不能不作猜疑——如铭文"七升"确系"十升"之误,则其每升容562毫升或600毫升。

若"七升"之铭不误,则应考虑其似为"宣徽酒坊"所用的一种加量——以程大昌引录《通典》"斗三升为大斗"推计,此"七升"若为"加三斗"系列之"升",又当为普通"升"容量的1.3倍,则"加三斗"之七升,当普通升之9.1升。"加三斗"之七升容5620毫升,则普通一升当容617.58毫升。若"加三斗"之七升容6000毫升,则普通一升当容

---

① 《夏侯阳算经》卷下,《求地税》。
② 《唐会要》卷84,《租税下》。
③ 朱捷元、李国珍、刘向群:《西安西郊出土唐"宣徽酒坊"银酒注》。另见朱捷元:《唐代白银地金的形制税银与衡制》,收入《唐代的金银器》一书,文物出版社1985年版。

659.34 毫升。

表4—5　　　　　　　唐代部分容量器制资料表　　　　　（单位：毫升）

时　　期	容量器名	铭刻容量	实测容量	每升当今容量
贞观十年（636）	太常斛			199—200
初唐至中唐	太府升斗			597—600
大历十年（775）	黍斗			199—200
	长安市斗			547—550
咸通十三年（872）	宣徽酒坊银酒注	七升	5620 6000	802.857 857.143

三　五代十国的多种量制杂用

（一）荆楚与闽国的大斗斛

晚唐五代以来，度量衡的统一管理日渐松弛，各地的量器与量制，杂然并陈。在这种紊乱局面中，还可以看到一个突出的现象，即量器容积的大幅度增长。多种量制的杂用和量器容积趋于扩大，构成了五代时期量制发展的主要历史特点。

据宋代文献记载，赵匡胤"平定荆湖，即颁量衡于其境"。[①] 这里所说的"荆湖"，主要指五代时期的荆南（南平）和南楚。《长编》载称，乾德元年（963）七月戊午，"颁量衡于澧、朗诸州，惩割据厚敛之弊也！"《玉海》载此条，称"颁于潭澧等州"。[②]

为救弊而不得不另"颁量衡"于其地，可见该地原来为"厚敛"而设的旧量器，其容积必大于中原等地的一般量器——如同潭州税茶中斤秤增大那样。而这种"割据厚敛之弊"，远不限于"澧、朗诸州"及潭州等地。至少像荆南一带居民，亦多"困于暴敛"！[③]

如果说，文献资料关于荆南、南楚所用大量的容积语焉不详，那么，福建的闽国、广东的南汉、四川的蜀国，以及河东的北汉等处，其斗量容积尚依稀可考。

据北宋时福建籍人蔡襄记述，五代时闽帝王昶，曾令漳、泉二州居

---

① 《宋史》卷68，《律历》。
② 《续资治通鉴长编》卷4；《玉海》卷8，《律历·量衡》；《宋会要·食货》69之1。
③ 《十国春秋》卷10，《荆南世家》。

民，将口赋"身丁钱"一律"折变作米五斗"输纳。后来陈洪进降宋，宋人"以官斗较量"这五斗之米，却"得七斗五升"。①《十国春秋》和《泉州府志》一处，曾把"七斗五升"误作"七斗三升"。②但《泉州府志》的另两处和《福建通志》，所载不误。③

五代闽国的这种大斗，虽在法律上被宋初"官斗"取代，但宋廷征收泉州、兴化军地区的"丁米"钱，仍以"七斗五升"之数折价。为此，蔡襄曾专札呼吁，奏请减放，庞籍作福建转运使时，亦为此事与计司争执。直到庞籍作了宰相，才取得仁宗支持，将该地过重的"丁米"予以削减，解决了五代量制紊乱遗留给福建的问题。

仁宗减放福建丁米钱的事，见于皇祐三年（1051）十一月辛亥的诏书。《福建通志》和《泉州府志》，将皇祐三年误为"景祐中"和嘉祐三年。④ 现将《长编》所载该诏资料转录如下：

> 漳、泉州，兴化军，自伪命以来，计丁出米甚重，或贫不能输。朕甚悯之。自今，泉州、兴化军旧纳米七斗五升者，主户与减二斗五升，客户减四斗五升。潭州纳八斗八升八合者，主户减三斗八升八合，客户减五斗八升八合。为定制。⑤

此处所说的兴化军，五代闽国时原属泉州；北宋太平兴国四年（979）以后，才分置为军。⑥

这则资料中最引人注目的一点，是闽时泉漳二州的丁米，本来都是按当时量制，作"五斗"征收，⑦ 后来折为"官斗"米数，只交纳实价钱数；但二州折作"官斗"的米数，却大相径庭——并不像蔡襄等人说的那样都折为七斗五升，而是分别折为七斗五升和八斗八升八合。

这种情况表明，五代时泉州与漳州所用的斗量，其容积并不相同：蔡襄奏札及《福建通志》、《泉州府志》所说——闽五斗相当宋"官斗"七

---

① 《忠惠集》卷22，《乞减放漳泉州兴化军人户身丁米札子》。
② 《十国春秋》卷91，《闽世家》；《泉州府志》卷18，《户口》。
③ 《福建通志》卷13，《户役》，卷69，《艺文》；《泉州府志》卷18。
④ 《泉州府志》卷18，《户口》；《福建通志》卷13，《户役》。
⑤ 《续资治通鉴长编》卷171。
⑥ 《宋史》卷89，《地理》。
⑦ 《十国春秋》卷91，《闽世家》。

斗五升者，仅指泉州及原隶泉州之兴化地区；至于漳州五代时所用的旧斗，其五斗容积相当宋"官斗"八斗八升八合。

五代量制之紊乱，竟达到如此严重的程度，以至同为一个割据政权下的两州，彼此所用之斗亦不相一致。其两处居民之负担，亦名义上相同，而实际上相异。皇祐三年诏书透露的信息，反映了泉、漳两处居民所用的斗量，大约不仅是"官斗"，五代以来通行的两种大斗，似乎仍然存在。唯其如此，两处居民的"丁米"负担，才迥然不同。

皇祐三年诏令的意义，至少是取消了泉、漳州及兴化军居民"丁米"数额的明显差异，结束了长期以来负担不均的历史积弊。且看削减以后两处居民的"丁米"岁额，便不难明白这一点：泉州、兴化军与漳州的主户，减放后的"丁米"均为五斗；其客户减放后的"丁米"，则都是三斗。

五代时泉州地区旧斗容积，既以五斗折宋官斗七斗五升，其一斗容积，当为宋代百合斗容积的 1.5 倍，即与宋时"加五"斗的容量相同——实为容 150 合之斗。

五代时漳州旧斗容积，既以五斗折宋官斗八斗八升八合，其一斗容积，当为宋代百合斗容积的 1.776 倍，即相当宋代百合斗的 177 合六勺。

（二）蜀汉和后周的大小量

孟昶治下的后蜀，其量制也异于他处。《续资治通鉴长编》载录说：

> 伪蜀官仓，纳给用斗有二等：受纳斗，盛十升；出给斗，盛八升七合。①

这种量制，是把奸商猾吏"纳以大秤斛以小出之"的欺夺手段公然引入官仓。"受纳斗盛十升"，显系"足斗"。而"出给斗盛八升七合"，则比足升减量 13%。这种"八升七合"斗，或"八十七合斗"，在宋初一度被取缔——乾德三年五月，宋太祖诏令原后蜀地区诸州县："自今给纳，并用十升斗。"为了贯彻这一诏令，还派遣"常参官"若干人，专程赴诸道担负"受民租"的任务。②不过，后来的事实证明，"八十七合斗"并未消失。

---

① 《续资治通鉴长编》卷 6。
② 同上。

除了"受纳斗盛十升"的一般官仓足斗之外，某些官吏职田和民田中收取租谷的受纳斗，也多用容量更大的斗。宋代四川青城等许多地区"圭田粟入以大斗，出以公斗"的"故时"旧俗，也该反映后蜀灭亡以前的情况。这一点，后文还要述及。

宋太宗太平兴国初年，澶州（今河北清丰、濮阳一带）通判王嗣宗上言："本州榷酤斗量，校以省斗，不及七升，民犯法酿者，三石以上坐死，有伤深峻。臣恐诸道率如此制，望诏自今并准省斗定罪。"这一奏议，为太宗所接受。①

宋初澶州官卖酒所用的斗，容量只当省斗七升以下。与此同时，当地犯法私酿的量刑标准，也以这种小斗计量，"三石以上"便处死刑。王嗣宗呼吁不以当地酒斗为准，而以较大的"省斗"计量。这就使"三石以上坐死"的刑罚放宽了些。

鉴于澶州曾长期为后晋所有，入宋前又为后周、后汉重镇。其"榷酤斗量"显然不是宋初的创设，而很可能是后周、后汉或后晋以来的旧制。

澶州榷酤小斗，表明晋汉统治者借官卖酒对消费者进行欺夺——如同后蜀以"盛八升七合"者为"出给斗"一样。至于当地官仓受纳斗究竟是十升足斗抑或更大于十升之斗，已不得而知。

关于五代时南汉及其附近地区的量器，宋初广南漕臣王明曾有过介绍。《国朝会要》载录王明在开宝四年（971）七月的一道奏札指出："广南诸州旧使大斛受纳斛斗，以官斛较量，每石多八十。"② 这里所说的"旧使大斛"和"官斛"，应释为包括斛与斗在内的量器，而不是专指斛量。所谓"受纳斛斗"的"斛斗"二字，则应释为粮食——如宋人经常说的"收籴诸色斛斗"，均指各种食粮，而不是量器的斛与斗。③ 宋人语汇中的斛斗，往往有特定的含义，不可一概而论。

所谓"每石多八十"，指广南旧量与宋官量相较，每石多八斗，或每石多80升。这一点，在《长编》中说得比较明确："丙申，诏广南诸州受民租，皆用省斗。每一石外，别输2升为鼠雀耗。先是，刘鋹私制大量，重敛于民。凡输一石，乃为一石八斗。转运使王明上言，故革之。"④

---

① 《宋史》卷287，《王嗣宗传》。
② 《宋会要·食货》69之1。
③ 《包拯集》卷10，《请河北及时计置斛斗》。
④ 《续资治通鉴长编》卷12。

南汉后主刘铱私制的广南"大量",其容积又比邻国闽主所用的泉州斗和漳州斗更大——为宋代官斗容积的1.8倍。约折今量1188毫升至1332毫升左右。宋代官民间有一种"加八"斗,大约与南汉大量相近,或许还属于它的遗制。

五代后周王朝的量器与量制,显然袭自于后汉、后晋、后唐、后梁;或许,也保留着隋唐以来的某些风貌。显德五年(958)闰七月的太府寺奏报,曾说到"当寺见管铜斗一只,……铜升一只……",准备"给付诸道州府,及在京货卖"。前者,"收系省钱"——"斗每只,省司支作料钱三百五十文,依除";后者,"官卖九百文,八十陌"。①

后周太府寺所说该寺升斗发卖之事,正发生在赵匡胤建宋的前两年。两年之后,即建隆元年(960)八月,赵匡胤便以大宋开国皇帝的身份降诏,制造并颁发新的斗秤。不过,他只要求"按前代旧式"制作"新量衡""以颁天下"。② 而所谓"前代旧式",显然就是后周太府寺的升斗之类。

如果说,后周太府寺量袭自于五代中原前几朝乃至隋唐,那么,宋代的太府寺量亦属其遗制。只不过,后周的太府寺量只属于当时通用的官升斗,并不包括特殊场合与地域的官升斗——比如澶州榷酤所用的小斗,亦属于某种官斗。

四 宋辽金元时期量器容积的变迁

纵观魏晋南北朝时期的量器,大体可以看出一种变化趋向,即它们的单位容积,呈逐渐增大之势。这种趋势,至北周和隋初达到一定的极限。其单位容量的发展,在唐代大致稳定下来。中唐以降的某些时候,甚至单位容量低于隋代及初唐的最高标准。

晚唐五代,量制失去统一控制。各国各地的量器规格与类型,开始呈现多样化发展之势。其单位量值,也比隋唐更为增大。这两方面的特点,均为宋代所继承。尽管宋初采取过许多措施,多少扭转了各地量制的混乱局面,但器型规格的花样翻新,却在实际上有增无减。其中,单位容量之加大与"加量"、"省量"的发展,终于引起"斛量"史上的一场变

---

① 《五代会要》卷16,《太府寺》。
② 《长编》卷1。

革——以五斗斛制取代了秦汉以来的十斗一斛之制。

（一）宋量容积与古量的比较

宋太祖立国之初，就降诏于有司，"造新量衡以颁天下"。① 对于五代时期各地私制滥用的"诸量"，则一律斥为"伪俗"而明令革缔。② 不过，在事实上，所谓"新量衡"，皆属"按前代旧式"制作。而且，据李焘考订，当时"但新造，未颁耳"！③

迄今出土的古代量器实物，多属于唐宋以前和以后时期，两宋时期的量器遗物，则颇为罕见。这对于研究当时量器的容积带来不少困难。不过，值得庆幸的是宋元时人——特别是宋人对考古与文物研究，兴致已高。其中对前代量器与当时量器的检测工作，亦屡见载述。搜集和分析这类资料，几无异于一种间接的实测。

宋人对本朝与前朝量器的比较研究，大致有四种结论。

其一，是仁宗皇祐间（1049—1054）阮、胡二人的意见。当时阮逸和胡瑗等人，曾用秬黍复制古升、古斗，称为"黍升"、"黍斗"。他们发现，新制黍斗的二斗九升五合，已等于当时太府寺斗一斗的容积，而不是什么三斗当今一斗。这就是说，宋初太府寺升斗的容积，不足仿古斗的三倍，而仅为其 2.95 倍。

对此现象，阮逸等人颇为疑惑——一度认为，可能是制作上出了差错："开皇中以古斗三斗为一斗；今以黍斗较之，尚少五合，未合三斗者，盖自隋开皇至圣朝，五百余年矣，其间制造，得无差舛哉？"④

照阮、胡的意见，其逻辑结论似是：宋太府寺斗与隋初斗及唐斗比较，或等，或小。然而，他们未曾注意，唐代大历前后"公私所用"之斗，其容积比三倍古斗之斗，少 8.37 合，即只当古斗容积 2.75 倍。如果将阮、胡所说的制作误差排除在外，按宋太府寺斗相当古斗容积 2.95 倍计算，宋斗反比唐大历斗大 20%。这后一点，又恰与阮、胡意见相反。

其二，是嘉祐中（1056—1063）刘敞的实测，与治平初（1064）欧阳修的记述。刘敞，字原父，一作原甫，嘉祐中知永兴军时，在长安得到一件西"汉谷口铜甬"——即铜制的敞口汉斛。其两种铭文分别注明，为始

---

① 《宋会要·食货》69 之 1。
② 《宋史》卷 68，《律历》。
③ 《长编》卷 1，建隆元年八月丙戌条，李焘自注。
④ 《皇祐新乐图记》卷上，《皇祐四量图》。

元四年（前83）和甘露元年（前53）造，并载称"容十"、"容十斗"。刘敞用宋代的量器检测，发现它们仅"容三斗"。南宋张表臣编写诗话时，大约意识到这则史料的重要性，便不顾体例，而破格收录，可惜讹错甚多。①

始元四年和甘露元年，系西汉昭、宣二帝年间。从刘敞的实测与比较来看，西汉十斗之斛的容积，只相当宋代一般斗斛的三斗。即是说，当时宋斛的容积，既不是古斛的三倍，也不是2.95倍；而是西汉斛的3.33倍！如以汉升容200毫升计，宋升当容666毫升左右。

其三，是熙宁间（1068—1077）沈括的检测和比较。沈括于熙宁元年至七年间，曾在馆阁和司天监供职，并受诏考察乐律、制作天文仪器。他为此而对古代量器进行实测，至少获得两个以上的比较数据。一个数据是："秦汉以前度量斗升，计六斗，当今一斗七升九合。"另一数据是："汉之一斛，亦是今之二斗七升。"② 以沈括第一个数据计算，熙宁间一般宋斗1斗，其容积约当秦汉以前斗量的3.35倍，即约当今量670毫升以上。以沈括第二个数据计算，宋之斛斗，约当汉斛斗的3.7倍，即约当今量740毫升左右。

其四，是北宋后期陈师道《后山谈丛》里所说的一次比较。陈师道说："畔邑家令周阳家金钟，容十斗，重三十八斤。以今衡量校，容水三斗四升，重十九斤尔。"③ 这则资料，以前曾有人使用，并以汉升容量200毫升计，获得宋升容588.9毫升的结论。④

其五，是南宋朱熹和周应合等人的意见。朱熹说："今之一升，即古之三升。"⑤ 周应合补辑的《景定建康志》也写道：古量"三升当今一升"。⑥ 他们的意见，无非是说宋量承隋唐之制，没有多大变化。

从阮逸、胡瑗的实际制作和陈师道的比测，以及从朱熹、周应合等人的意见来看，宋量容积并不比唐量大多少。然而，从刘敞、沈括的检测及

---

① 《珊瑚钩诗话》卷2。
② 《梦溪笔谈》卷3，《辨证》。
③ 《后山谈丛》卷2。
④ 参阅张勋燎：《南宋国家标准的文思院官量和宁国府（安徽宣城）自置的大斗大斛》，载《社会科学战线》1980年第1期。这则资料，笔者亦发现其珍贵难得，曾在《隋唐宋元之际的量器与量制》、《宋代度量衡器的制作与管理机构》等文中征引。
⑤ 《朱子语类》卷138，《杂类》。
⑥ 《景定建康志》卷40，《田赋》。

其所得具体数据来看，宋量比古量容积扩充的倍率，又超过一般唐量与古量的容积比例，甚至超过隋初、唐初之量与古量的比率。这种情况，既表明古量器制的复杂，也表明宋人用量的参差。

清人俞正燮和比他略早些时的赵翼，已感叹"宋时官斗视唐又大"！他们所说的唐量，乃"唐合三为一之数"，即文献中三倍于古量的唐斗。① 若以一般通用的唐斗——相当古斗容量 2.75 倍的大历长安市斗计，则宋量会显得更大些。且以刘、沈提供的比较数据计算，宋量约比隋初、唐之量大 33% 至 70%。若以阮、胡、刘、沈各比较数据计，则宋量比大历前后通行之唐量大 20% 至 95%。

以上这些比较，只反映宋量大于古量的发展趋势。由于不清楚前人用以检测的量器究属何种，我们很难判定这些比较数据的实际意义有多大。为了稍进一步认识宋量的真实面貌，必须对宋量实物进行研究。

（二）皇祐乐量规格及太府升斗容量

有关宋量的出土实物，并非一无所闻；但可靠的宋量实物容积检测资料，迄今尚难获得。这是宋量容量问题难于彻底解决的关键所在。如果说，这方面的缺憾略可有弥补于万一者，那便是文献资料中关于宋代某些容量器制的规格，有十分详尽的描述。《宋会要》和《皇祐新乐图记》，著录了景祐二年（1035）、皇祐三年（1051）制作乐律黍升、黍斗的尺寸规格，并绘有图画；而且，在说明文字中，还记述了时人检测这些乐律升斗容量与太府升斗容量的比较数据。又如，残本《永乐大典》转引之《续宣城志》，著录了南宋宁宗嘉定九年（1216）宁国府（今安徽宣州一带）仿造文思院斛斗的尺寸规格铭文，及所附图形。再如，几部数学著作中也胪列出当时制造升、斗、斛量的尺寸和容积数据。

景祐二年李照乐升，"广二寸八分，长三寸，高二寸七分"，"所受如太府升"，"尺准太府寺尺"，其太府升似容 695.466 毫升 [（31.3 厘米）^{3} × 0.28 × 0.3 × 0.27]。"乐斗广六寸长七寸高五寸四分，受水十升"，似容 6954.6 毫升 [（31.3 厘米）^{3} × 0.6 × 0.7 × 0.54]。②

由阮逸与胡瑗合著的《皇祐新乐图记》，成书于皇祐五年（1053）。其中的《皇祐四量图》前，有如下一段说明文字：

---

① 《癸巳存稿》卷 10，《石斗升》；《陔余丛考》卷 30，《斗秤古今不同》。
② 据《宋会要·乐》1 之 5、6。

圣朝天圣令文云：诸量，以秬黍中者容一千二百黍为龠，合龠为合［今令文误作十龠为合］十合为升，十升为斗［注：三斗为大斗一斗］十斗为斛。

臣逸、臣瑗……制成皇祐龠、合、升、斗，以今太府寺见行升斗校之：二升九合一龠弱，得太府寺升一升；以二斗九升五合，得太府寺斗一斗。谨图四量形制于左。

《皇祐四量图》的"形制"旁侧或图内，分别注明其尺寸规格与容积如下：

龠：方一寸，深八分一厘，积八十一分。
合：方一寸，深一寸六分二厘，积一千六百二十分。
升：方三寸，深一寸八分，积一万六千二百分。
斗：方六寸，深四寸五分，积一十六万二十（千）分。①

阮逸、胡瑗在这里所说的寸、分、厘，均以他们同时制作的"皇祐乐尺"为准。这种"乐尺"虽有"铜尺"与"黍尺"之分，却均袭唐代黍尺旧制："以秬黍中者一黍之广为分，十分为寸，十寸为尺［注：一尺二寸为大尺一尺］……右臣逸、臣瑗所制乐尺，皆禀圣旨，用上党羊头山秬黍中者……比于太府寺见行布帛尺，七寸八分六厘，与圣朝铜望臬影表尺符同。"② 其实际长度，曾武秀计为24.366厘米，本书前章计为24.52厘米至24.6厘米。

今以"皇祐乐尺"24.366厘米、24.52厘米和24.6厘米长，分别计算"皇祐四量"的尺寸规格，其斗升合龠容积如下：

皇祐乐斗：约容2343.5立方厘米，或2388立方厘米，或2411.68立方厘米［162×（2.4366厘米）³；或0.162×（24.52厘米）³；或0.6×24.6厘米×0.6×24.6厘米×0.45×24.6厘米。］

皇祐乐升：约容234.35或238.8至241.168立方厘米。（0.3×24.6×0.3×24.6×0.18×24.6）

---

① 《皇祐新乐图记》卷上，《皇祐四量图》。"积一十六万二十分"之"二十分"，显系"二千分"之误，即"十"字，乃"千"字之误。这从该乐斗口"方六寸、深四寸五分"之规格可以判定。

② 《皇祐新乐图记》卷上，《皇祐黍尺图》。

皇祐乐合：约容 23.435 或 23.88 至 24.1168 立方厘米。（0.1×24.6×0.1×24.6×0.162×24.6）

皇祐乐龠：约容 11.7 或 11.94 至 12.058 立方厘米。（0.1×24.6×0.08×24.6×0.001×24.6）

阮逸、胡瑗用乐斗比量太府斗容量，每"二斗九升五合得太府寺一斗"，则太府寺斗一斗之容量，约为 6913.33 毫升，或 7045 毫升至 7114.5 毫升。（2388×2.95）所谓"以今太府寺见行升斗校之"，皇祐乐升"二升九合一龠弱得太府寺升一升"，则太府寺升一升容量，当皇祐乐升二升九合半弱，或 2.95 乐升。因为皇祐乐龠与乐合的进位关系，是二龠为一合。如此，则太府寺升一升容量，约为 691.3 毫升，或 704.5 至 711.45 毫升。（238.8×2.95）

兹将以上计算的皇祐乐量规格、容积及与其校测的太府升斗容量情况，列表如次（见表 4—6）。

从《宋会要》、《皇祐新乐图记》所载乐量尺寸规格来推算，北宋中叶"太府寺见行升斗"的容量，大约每升在 700 毫升左右，或 700 毫升以上。这一推算结论，倒也同宋人比较古今量容的数率大略相近。

（三）宁国府造文思斛斗及其容量

南宋嘉定九年，江东路提举官李道传向朝廷奏报了宁国府郡仓以特大量器增收税米而引起的争讼，并获准将文思院"铜式"斛斗颁予该府，令其仿造"文思斛、斗、升各五十只"官用，另造斛斗升各三只供民用。这些仿造的"嘉定诸仓斛斗"，大都在斛斗内或斛斗边侧镌刻刊记，说明来历、尺寸、使用规定，并印刻该府长官签押标识。《续宣城志》著录其所造"文思院斛"的"斛内刊记"和斛侧刊记如下。（参阅［图版二十四］）

斛内刊记：

嘉定九年三月，宁国府照文思院降下铜式新置造斛，铁锢加漆。今后受纳，非此斛不得行用。江东提举、权府事李（押）。

斛一边写：

斛系众手杂造，外高则围径短，外低则围径长，审较之时，又加裁剗，故斛微有不同。今措置，每斛各以尺为准。斛外自口至墙底高

表 4—6 皇祐乐量与北宋大府升斗容积折算表

皇祐乐量	口方	深	容积	以皇祐乐尺尺长度计其容积（厘米³）			附带推计大府寺升斗容量（毫升）		
				尺长 24.365 厘米	尺长 24.52 厘米	尺长 24.6 厘米	尺长 24.366	尺长 24.52	尺长 24.6
龠	1 寸×1 寸	0.81 寸	810 分³（0.81 寸³）	11.7	11.94	12.058			
合	1 寸×1 寸	1.62 寸	1620 分³（1.62 寸³）	23.435	23.88	24.1168			
升	3 寸×3 寸	1.8 寸	16200 分³（16.2 寸³）	234.35	238.8	241.168	691.3（2.95 乐升）	704.5（2.95 乐升）	711.45（2.95 乐升）
斗	6 寸×6 寸	4.5 寸	162000 分³（162 寸³, 0.162 尺³）	2343.5	2388	2411.68	6913	7045	7114.5

一尺二寸七分，斛内自口至底面深一尺二寸八分。

《续宣城志》著录宁国府嘉定九年造"文思院斗"的两篇刊记如下：

嘉定九年三月，宁国府造文思斗，用此受纳。提举兼权府事李（押）。

斗外自口至墙底三寸九分，斗内自口至底面深三寸三分，明里口方玖寸，明里底面方五寸六分。嘉定九年，权府李提举（道传）。①

这里说到的斛斗规格，尺寸分明。然而，其所用究系何尺，当今多长，却不易确切判定。我认为，此文思院斛斗"铜式"，当即绍兴七年（1137）文思院依"省样"制作的五斗斛。② 其尺寸规格，则来源于临安府秤斗务所造的升斗。而临安府秤斗务的用尺标准，无疑袭自北宋的文思院尺和太府寺尺。太府寺布帛尺的长度，约当今 31.3 厘米左右；另一种"官小尺"，长约 31.7 厘米；此外，还有一种营造官尺，亦称北宋"省尺"，长 30.9 厘米左右。③

张勋燎曾以宋尺长 31 厘米推计宁国府嘉定九年文思斛斗的容量，其结论是文思斛容量为 29949.26 毫升，折每升容今 598.99 毫升，每斗容 5989.85 毫升；文思斗容量为 5523.07 毫升，其每升容今 552.3 毫升。他怀疑文思斗深"三寸三分"，可能是"三寸六分"之误，依后者计，则每升容 601.96 毫升。④

这里另以太府布帛尺、"官小尺"和"省尺"或营造官尺的长度，分别作计如下：

以太府布帛尺为文思斛斗用尺——一尺长 31.3 厘米计，嘉定九年文思斛圆半径，即 15.65 厘米。其斛深 1.28 尺，即 40.064 厘米。这样，该斛容积为 30827.185 毫升（$15.65^2 \times 3.1416 \times 40.064$）。其每斗容量，为 6165.437 毫升（30827.185÷5）。每升容量，为 616.5437 毫升。

---

① 《永乐大典》卷7512，仓，引《续宣城志》。
② 《宋会要·食货》69 之 10，69 之 11。
③ 参阅本书第三章第三节。
④ 见前引张勋燎：《南宋国家标准的文思院官量和宁国府（安徽宣城）自置的大斗大斛》。

如以"官小尺"计，每尺 31.7 厘米，该文思斛圆半径为 15.852 厘米，斛深当为 40.576 厘米，这样，该斛容量为 32024.226 毫升（$15.852^2 \times 3.1416 \times 40.576$）。其每斗容量为 6404.8452 毫升，每升容量为 640.4352 毫升。

如以"省尺"或营造官尺计，每尺 30.9 厘米，该文思斛圆半径为 15.45 厘米，斛深当为 39.552 厘米。这样，该斛容量，为 29660.352 毫升（$15.45^2 \times 3.1416 \times 39.552$）。其每斗容量为 5932.0704 毫升，每升容量为 593.2070 毫升。

兹将以上计算数据，列为表 4—7。

嘉定九年宁国府造的文思斗，其"斗内自口至底面深"度，原书载录为"三寸三分"，或疑为"三寸五分"之误。这里将 3.3 寸和 3.5 寸两种深度并用，再分别以几种宋尺长度试计如次。

以太府布帛尺计：该斗"明里口方九寸"，即上口每边 28.17 厘米；"明里底面方五寸六分"，即底边各长 17.528 厘米。深 3.3 寸，即 10.329 厘米。这样，该斗容量为 5490 毫升。其每升容量为 549 毫升。若以深 3.5 寸计，该斗容量为 5822.738 毫升；每升容量为 582.27 毫升，或者略为 582 毫升。

表 4—7　　　　　　　　嘉定九年宁国府造文思斛规格表

规格	斛圆径	斛内深	斛外高	斛容量（毫升）	每斗容量（毫升）	每升容量（毫升）
以太府布帛尺计	1 尺 31.3 厘米	1.28 尺 40.064 厘米	1.27 尺	30827.185	6165.437	616.5437
以官小尺计	31.7 厘米	40.576 厘米		32024.226	6404.8452	640.4352
以省尺计	30.9 厘米	39.552 厘米		29660.352	5932.0704	593.2070

以"官小尺"计：该斗明里口边与底边长，分别为 28.5380 厘米和 17.752 厘米；深 3.3 寸或 3.5 寸，即 10.461 厘米或 11.095 厘米。这样，该斗容量——按两种深度计，分别为 5705.2808 毫升和 6051.0554 毫升。每升容量，分别为 570.528 和 605.1055 毫升。

以"省尺"计：若深 3.3 寸，即 10.197 厘米；若深 3.5 寸，即 10.815 厘米。该斗容量，当分别为 5281.8318 毫升或 5601.9428 毫升。其每升容量，分别为 528.1832 毫升，或 560.1943 毫升。

兹将以上文思斗测算数据列为表 4—8。

上述几组不同的数据表明，由于对嘉定九年文思斛斗用尺的标准理解不一，对该斗斛容量计算的相应结论也很难一致。那么，以上几组数据中，究竟哪一种比较接近实际呢？在目前尚无宋量实物确证的情况下，著者倾向于第一组——以太府布帛尺为标准而推定的升斗容量。

太府布帛尺和"省尺"类的营造官尺，是宋代行用最为广泛的官尺。其主要功能，是用于赋税征敛中的绢帛丈量和工程技术制作。而宋代两税中的田赋租谷，又是与绢帛密切关联，甚或一并征敛的。其属于工程技术制作，更不言而喻。所以，输纳税粮使用的斛斗，其尺寸可能与布帛丈量或营造官尺为同一标准。如果这一判断不误，那么，南宋宁国府造文思斛的容量，似在 29660 毫升至 30827 毫升左右。其每升，则容 593 毫升至 616.5 毫升左右。而当地造文思斗的容量，似在 5801.298 毫升至 6029.5 毫升左右，即每升容 580 毫升至 603 毫升左右。

前述北宋太府寺升斗的每升容量，在 700 毫升以上，或 700 毫升左右。而此处文思院斛斗的每升容量，仅 600 毫升左右。如何解释这种矛盾现象呢？可能的情况之一，或许是前者属于十合足升，百合足斗；而后者，或属于省斛省斗省升之类。

秦九韶在《数书九章》讨论南宋"课籴贵贱"的实际米价和各种同时并用的斗斛时，曾明确标示出一点：

> 文思院斛，每斗八十三合。①

当时与这种"文思院斛"并用的安吉斗、平江斗、隆兴斗、潭州斗、吉州斗，又分别以 110 合、135 合、115 合、118 合、120 合为一斗。显然，与文思院斛斗配套的文思院"省升"，当即 8.3 合为一升。以此率计，每升容 600 毫升左右的文思院斛若每斗为"八十三合"，其百合之斗，当 7000 毫升以上，"百合斗"系列的足升，即容 700 毫升左右。至于这种解释是否符合实情，尚须待来日进一步验证，特别是有待宋量实物资料的验证。

---

① 《数学九章》卷 11，《钱谷类·课籴贵贱》，丛书集成本。

表4—8 嘉定九年宁国府造文思斗规格表

规格	原刻斗内深度	疑仿斗内深度	斗外深度	明里口方每边长	明里底方每边长	斗容量（毫升）以0.33尺计深	斗容量（毫升）以0.35尺计深	每升容量（毫升）以0.33尺计深	每升容量（毫升）以0.35尺计深
以太府布帛尺计	0.33尺	0.35尺	0.39尺	0.9尺	0.56尺	5490	5822.738	549	582
以官小尺计	10.329厘米	10.955厘米		28.17厘米	17.528厘米	5705.2808	6051.0554	570.5	605.1
以省尺计	10.461厘米	11.095厘米		28.5380厘米	17.752厘米	5281.8318	5601.9428	528.2	560.2
	10.197厘米	10.815厘米		27.81厘米	17.304厘米				

（四）数学著作中的宋量规格

除《会要》、《新乐图记》所述乐量规格容积与太府升斗之比，以及《永乐大典》转录《续宣城志》有关宁国府仿造文思院斛斗的规格之外，秦九韶和杨辉等人的数学著作中也著录了若干极其珍贵的同类资料。秦九韶在列举"囤积量容"类问题时写道：

……今出租斗一只，口方九寸六分，底方七寸，正深四寸，并里明准尺。先令准数造五斗方斛及圆斛各二只，须令二斛口径、正深大小不同。……

方斛一只，口方六寸四分，底方一尺二寸，深一尺五寸九分二厘。

又一只，口方一尺，底方一尺二寸，深一尺一寸四分五厘。

圆斛一只，口径一尺二寸七分，底径一尺二寸，深一尺二寸一分四厘。

又一只，口径一尺三寸，底径一尺二寸，深一尺一寸八分五厘。[①]

秦九韶这里列举的"租斗"一只、"五斗方斛"两只、五斗"圆斛"两只，各有其明确的"里明"尺寸规格；只未云其"准尺"究系何尺。若以 30.9 厘米的营造官尺或 31.3 厘米的太府布帛尺为准，其"租斗"容量在 8000 毫升以上 $[\frac{(0.96\times30.9)^2+(0.7\times30.9)^2\times0.96\times30.9\times0.7\times30.9}{3}\times 0.4\times30.9]$，五斗方斛和五斗圆斛的容量，也分别都在 4 万毫升以上 $[\frac{(0.64\times30.9)^2+(1.2\times30.9)^2}{2}\times1.592\times30.9;$ $\frac{(1.27\div2\times30.9)^2\times3.1416+(1.2\div2\times30.9)^2\times3.1416}{2}\times1.214\times30.9]$，即不论租斗、方斛、圆斛，其每升容量均在 800 毫升以上。若以 27.4 厘米的浙尺为准，"租斗"容量为 5807.6 毫升，两只"五斗方斛"的容量分别为 28574 和 28578.358 毫升，两只"五斗圆斛"的容量分别为 28574.7 和 28581 毫升。也就是说，租斗、方斛、圆斛之每升容量，均为 572 毫升。这种情况，大略接近宁国府仿造的文思斛斗容量。所不同者，宁国府

[①] 《数书九章》卷 12，《钱谷类·囤积量容》，丛书集成本；另见四库全书本卷 9 上。

仿造文思斛斗的尺寸规格是依 30.9 厘米以上之尺为准，此处租斗、方斛、圆斛每升容 600 毫升，则以较短的浙尺为准。

顺便指出，浙尺的长短，目前尚无定论。本书所论浙尺长 27.4 厘米，与各家说法略近。此外，1975 年福州黄升墓出土的 28.3 厘米黑漆尺，或许也可能是浙尺。若姑以此尺为准作计，上述斗斛之每升容量，大约为 630 毫升左右。

南宋末杨辉的《算法》，也讨论过斗斛的规格和容量。如其中"正斛法"云：

> 辉伏睹京城见用官斗，号"杭州百合"，浙郡一体行用；未较积尺积寸者，盖斗势上阔下狭，维板凸突，又有提梁，难于取用。况栲栳藤斗，循习为之。今将官升与市尺较订，少补日用万一。每立方三寸〔谓四维各三寸，高三寸，积二十七寸〕受粟一升。每方五寸，深五寸四分〔积一百三十五寸〕受粟五升。每方一尺深二尺七寸〔积二百七十寸〕受粟一斗。每方一尺，深一尺三寸五分，受粟五斗。

该书又载"求圆斛术"曰：

> 〔古是方积，今改圆斛，欲便于般量也。〕视匠为圆径多寡用半周半径相乘为法除积为深。每方一尺深二尺七寸，受粟一石。[①]

由于"浙郡一体行用"的"杭州百合"官斗，是用曲屈的藤柳编制，极不规则，杨辉未能计算其"积尺积寸"，殊为可惜。然而他毕竟多少弥补了这一缺憾，用"市尺"测定了"官升"的规格，并推算了一斗、五斗和一石斛的容量。他所说的"市尺"，大约不是 30 厘米以上的官尺，而是"浙郡"杭州一带流行的尺度。如以 27.4 厘米之浙尺计，他所说的"官升"容量为 555.4 毫升〔$(0.3 \times 27.4)^3$，或 27×2.74^3〕。若以 28.3 厘米之尺计，官升容 612 毫升。若更以 31 厘米之尺计，官升容 804 毫升。至于杨辉所说一斗及五斗容量，当十倍及五十倍于此。

杨辉虽列出了"求圆斛术"标题，却未开列圆斛的实际规格。该题下

---

① 《续古摘奇算法》，知不足斋丛书第 27 集。

"每方一尺,深二尺七寸受粟一石",仍指一种方斛——一石斛的规格和容量。这种一石斛的容积,即 2.7 立方尺,或 2700 立方寸,这也正是前述官升容积的百倍,官斗"积二百七十寸"的十倍。如以 27.4 厘米之尺计,其一石斛容量为 55541 毫升,以 28.3 厘米之尺计,容 61196 毫升,以 31 厘米之尺计,容 80436 毫升。

杨辉所谓"每方一尺深二尺七寸受粟一石",实际上是一种一石方斛的斛法。与这类斛法并列的,还有另一种"二尺五寸"的"斛法"。如秦九韶说:

> 和籴米运,借仓权顿,计五十厫。每厫阔一丈五尺,深三丈,高一丈二尺……仓容米共计几何?……先以厫深三丈通为三十尺,乘阔一十五尺,得四百五十尺,又乘高一十二尺,得五千四百尺,以乘五十厫,得二十七万尺为实,以斛法二尺五寸除之,得一十万八千石,为仓五十厫共容米。①

元代《透帘细草》也说:"今有方仓一所,长四丈七尺,广三丈一尺,高九尺,问积米几何……以斛法二尺五寸归除之。"②

这里所谓"斛法二尺五寸",即一石斛的规格与容积为 2.5 立方尺,犹如秦汉"斛法一尺六寸二分"即 1.62 立方尺一样,其间差异,在用尺不同。如以 30.9 厘米之尺为准,"二尺五寸"的一石斛法实容 73759 毫升;如以 27.4 厘米之尺为准,则容 51427 毫升;如以 28.3 厘米之尺为准,容 56663 毫升;若以唐尺 29.5 厘米为准,容 64180 毫升。

(五) 辽宫卫升及其容量

有关辽代量制的文献资料,比较少见。前面讨论五代量制时,曾引述宋太宗初年澶州"榷酤"使用小斗之制——"本州榷酤斗量校以省斗,不及七升"。③ 澶州在地理位置和社会风习上,都同契丹关系密切。从这种情况看,澶州的"榷酤"小斗制,或许也多少反映辽人的用量习俗。

此外,辽代中后期比较注重礼乐。辽道宗朝,还曾特别制造黍斗、黍升,并"诏行柜黍所定升斗"。这一点,在论述宋代乐量时还要述及。

---

① 《数书九章》卷 12,《钱谷类·积仓知数》,丛书集成本;另见四库全书本卷 9 上。
② 《透帘细草》,知不足斋丛书第 27 集。
③ 《宋史》卷 287,《王嗣宗传》。

有关辽代量器的实物资料，幸有一件珍贵的铜量，藏于中国历史博物馆，即1950年辽宁义县清河门辽墓出土的"嵩德宫铜量"。该量呈圆桶状，分为上下两量——有点像新莽嘉量的仰斛覆斗、二量合体形制。所不同的，一是上部之量占全器2/3，下部之量占1/3；二是在量器外侧，带一扁圆形柄——犹如宋代的"连柄升"。那显然是为了便于经常使用而设。上部之量，实测容量为1047毫升。下部之量，实测容量为500毫升。尤为重要的是，该量腹壁下口沿处，铭刻着如下文字（参阅［图版二十二、二十三］）：

嵩德宫造，重一斤□□□三日。①

铭文中的"嵩德宫"，未见载录。但辽朝著名的"十二宫卫"中，却有一"崇德宫"，即"承天太后"萧绰（小字燕燕）的宫卫机构。"宫卫"，是辽太祖耶律阿保机创置的一套天子私人特别武装——并非汉皇的巍峨宫宇建筑。按此制，每位天子践位，即建置自己的宫卫——契丹语称为"斡鲁朵"。②各"宫卫"通常由正丁、蕃汉转户丁和骑军三部分组成。"入则居守，出则扈从，葬则因以守陵"。③在包括辽朝九代天子在内的十二宫卫中，只有两支宫卫是效命于妇女的——一是辽太祖应天皇后述律平的"长宁宫"，二是景宗耶律贤之妻、圣宗耶律隆绪之母承天太后萧绰的"崇德宫"。这萧绰萧燕燕，也就是宋辽澶渊之役时那位威仪非凡、指麾若定的萧太后。④她的崇德宫卫，计有正丁一万三千，蕃汉转丁二万，骑军一万。⑤

辽宁义县与阜新县一带的墓葬区，正属于契丹外戚萧氏一族的祖墓群。该量器出自第四号墓。其第一号墓出土的墓志铭，提到一位萧慎微，职任"崇德宫副部署"。⑥可见该量器铜量铭文中的"嵩德宫"，当即《辽史》中承天太后萧氏一族的"崇德宫"。铭文既称"嵩（崇）德宫造"，

---

① 李义信：《义县清河门辽墓发掘报告》，载《考古学报》第8册，1954年；另见陈述：《契丹社会经济史稿》1963年三联版。当时皆以为"铜铫"。
② 《辽史》卷31，《营卫志》。
③ 《辽史》卷35，《兵卫志》。
④ 《辽史》卷71，《后妃传》。
⑤ 《辽史》卷35，《兵卫志》。
⑥ 李文信：《义县清河门辽墓发掘报告》，载《考古学报》第8册，1954年。

则它显然是属于萧氏宫卫部队中常用的量器。其上量容 1047 毫升，下量容 500 毫升，表明上量所容乃为下量之二倍；或者说，下量所容，乃上量之半。

据我推算，此器之上量，似为二升量；其下量，似为一升量。上下二量总容量共为三升。这里说的一升、二升，究竟是辽国的足升，抑或是某种省升，则难于判定。估计该量为崇德卫宫支发口粮之专用升量，亦不妨称为崇德宫卫兵口粮升量。它既可以作一升量用，又可以作二升量用，还可以二量结合，作三升量用。

顺便指出，宋辽时期官仓常用的升，往往连带铸设一柄，称为"连柄升"。此铜量带柄，亦属一种"连柄升"。

按宋人一般说法，成年者日食二升，未成年者一升。士兵口粮标准虽多寡有别，但普通兵士的供应，或"每日人给粮二升"，或"口食米三升"。① 辽兵供应大略也是这样。上述辽量仰容二升、复容一升，正与这般供应相一致。

以往有一种认识，以为辽代量器较宋量明显增大——如清人俞正燮云："元初用辽金斗，尤大矣！"② 看来，这种认识未必符合史实。辽酒斗小，似如澶州酒斗。其地粮产不多，谷斗亦未必会"尤大"。"崇德宫造"卫兵口粮升的珍贵资料，或许会对重新认识辽量的真实情况有所帮助。

（六）元人的大量

比宋代稍后的元朝量器，其容积又大于宋量。迄今为止，出土的元量亦颇为罕见。不过，文献中有关这些量器与宋量的比较测定资料，尚可稽考。这类有关资料，至少可以举出七则。

其一，是《元史·食货志》等载述："宋一石，当今七斗。"③ 此处之"今"，指至元十九年（1282），按耿左丞奏议改变江南税米输纳章程之际，上距南宋灭亡，仅数年之隔。其所谓"今""斗"，或许是通行于原金国地区的量器。唯其如此，俞正燮读史至此，才说"元初用辽金斗，尤大矣！"④ 只是，他说"金斗""尤大"，似乎未错；但若将辽斗与金斗并列而论述其大，则可能有误。

---

① 参阅王曾瑜：《宋代兵制研究》。中华书局 1983 年版。
② 《癸巳存稿》卷 10，《石斗升》。
③ 《元史》卷 93。
④ 《癸巳存稿》卷 10，《石斗升》。

其二，为《金陵新志》等，叙及景定（1260—1264）数十年后的钱米征收时说，"米，用文思院斛；石，当今土斗。又有军斗，当今土升弱"。① 这里的"土"显系刊误——大约是"七"之误。说宋斛一石当元斛七斗，恰与《元史》所载一致。至于相当元斗"七升弱"的宋"军斗"，方回说是容"七升七合"之斗。② 这一说法，与上述比率略有出入；③ 但元斗大于宋斗，仍毋庸置疑。

其三，是《元典章》载录成宗大德元年（1297）的中书省奏报，说到江浙一带征收秋税过重："一半城子里百姓每，比亡宋时分纳的，如今纳秋税重。有谓如今收粮的斟酌（？），比亡宋文思院收粮的斛，抵一个半大有。"④ 此处所谓"今收粮的斟酌"，或有刊误，大抵指当时之官斛，其比宋代官府的足斛，"抵一个半大有"，即是宋足斛的一倍半。换句话说，宋斛一石，尚不足元斛七斗，而仅为其六斗六升六合。

其四，《至顺镇江志》载录元文宗至顺二年秋租数时，附录了该府咸淳旧志保留的宋末秋租数。附录后的说明和夹注指出："以上并系文思院斗尺。[每一斗五升，准今一斗。]"宋文思院斗 1.5 斗，当元斗 1 斗；元斗亦相当宋斗 1 倍半。

其五，是《至治条例》所载，江西道袁州路万载县租佃职田的佃户，曾为租税过重一事告状，户部有关文件承认："至元十四年起征秋粮之时，亡宋俱有文簿，将屯田、营田、职田一体科征。及以乡原斛斗较量，每米一石，准官斛四斗。每官田一亩，比附乡原旧额，增损登答科征。乡原六斗，准收官斛二斗四升。……""至元二十四年，……每一亩勒要送纳白米六斗，各官令梯己提控总领人等，将阔面军斗高粮加倍，仍要水脚、稻藁等钱……比及归附以来，所纳米石，加增数倍。"⑤ 这里所谓"乡原斛斗"——原文误为"脚原斛斗"者，指宋时当地斛斗。其官斛则指元斛。"每米一石准官斛四斗"，或"乡原六斗准收官斛二斗四升"，说明元代官斛容积，约为宋时江西袁州乡斛的 2.5 倍。

---

① 《金陵新志》卷 7，《田赋》。
② 《续古今考》卷 18。
③ 方回所说"七升七合"的军粮斗，或许是另一种军斗。若不然，其"七升"或"九升"之误，亦未可知。
④ 《元典章》卷 14，《户部·租税·纳税》。
⑤ 《大元圣政典章新集至治条例大全·户部·职田》。

其六，是《松江府志》载录宋元之际该府田赋折变情况："至顺二年，二税实征二十九万三千二百石有奇。后至元三年，二税实征二十九万一千二百石有奇。江浙行省所委检校官王艮'议免增科田粮'案：以志书考之，……宋末官民田土税粮，共该四十二万二千八百余石，乃宋之文思院斛。至元二十四年括勘，该四十五万六千九百三石有奇，比亡宋旧额，增粮三万八千一百一十一石，……"① 这里所说至元二十四年（1287）"括勘"，将宋代该地田税"旧额"，重予另增。除此之外，至顺二年（1331）、后至元三年（1337）"二税实征"数，应即亡宋末年以文思院斛计量之"旧额"。元代田税数额与宋末"旧额"石数的差异，则应解释为斛量容积之变化。如果这一判断不误，那么，至顺二年时田税用斛，当宋文思院斛容积1.44倍。其宋斛一石，仅当元斛六斗九升三合多。后至元三年之斛，则当宋末文思斛1.45倍。其宋一石，约为元六斗八升九合弱。

其七，是方回在《续古今考》中所说的情况："近世……有百合斗，加一斗，加二斗，加三斗，加四斗……今大元更革，……一斛有旧百合斛加三斗五升。"② 这里所说的"斛"，仍指一石斛而非五斗斛。即是说，宋代百合斗的13.5斗，相当元代官斗的10斗或一石。或者反过来说，元代官斗的7.4斗，即相当宋百合斗的10斗。

兹将以上几则资料所反映的元官量与宋官量数据，综合列表，比较如次（见表4—9）。

表4—9　　　　　　元官量容量与南宋文思斛斗比较表

时间	地域	宋1石相当元斗数	元斗容量相当宋斗之倍数	资料依据
元初	江浙等地	7.4	1.35	《续古今考》
至元十九年（1282）以前		7	1.4285	《元史》
至元二十年（1283）以后	江宁（金陵）	7	1.4285	《金陵新志》
至顺二年（1331）	松江	6.93	1.443	《松江府志》

① 《嘉庆松江府志》卷20，《田赋》。
② 《续古今考》卷19。

续表

时间	地域	宋1石相当元斗数	元斗容量相当宋斗之倍数	资料依据
后至元三年（1337）	松江	6.89	1.45	《松江府志》
大德元年（1297）	江浙	6.7	1.5	《元典章》
至顺二年（1331）	镇江	6.7	1.5	《至顺镇江志》
至元十四年（1277）	江西袁州	4	2.5	《至治条例》

根据表4—9的比较，大致可以这样判定：第一，元代各地各时期及在各种场合所用的官斛，似未必一致。在某些情况下，甚至还沿用宋斗斛——如至元十九年二月用耿左丞言，以部分租米折钞入纳时，其输米者"止用宋斗斛"。①

第二，就元代本朝受纳税粮的主要官斛来说，其容量通常为宋文思足斛的1.4倍左右，即宋斛一石，仅当其七斗左右。以南宋宁国府造文思斛每升容603至616毫升计，这种元官斛的容量，大约每升在844毫升至862毫升左右。大于此容量的地方元斛，或可当宋斛1.5倍；小于此容量的元斛，或可当宋斛的1.35倍。

第三，元代江西职田秋粮用的租斗，约当宋乡原斗2.5倍。之所以如此，可从两方面加以解释：一种可能是，当地宋时用的斛斗，属于省斛、省斗，而且是很小的省斛。另外一种可能，则是元代职田所用的官斛，比一般元斛更大——犹如五代、宋时四川圭出受纳租粟使用"公斗"以外的"大斗"那样。至于对此职田斛斗的确切认识，还有待进一步研究。

第四，元代官斗的来源，可能也包括两个方面，一是袭自于金代之斗，二是参考了南宋的斗——特别是南宋实际生活中普遍盛行加斗的情况，必然对元斗产生重大影响。如果考虑到宋元之交许多地区已用加三斗、加四斗的事实，那么，元初相当于宋文思斗1.3倍至1.4倍的官斗，便根本算不上什么新奇的创造或变革：那不过是由官府将民间乡俗或地方

---

① 《元史》卷93，《食货志》。

官府惯例加以公开确认罢了——如同隋文帝将北周以来三倍于古斗的事实，确认为开皇官斗一样。

第二节　两宋的量器

一　宋量类型与加斛加斗

（一）宋量的类型

宋代的量器，名目纷繁，品类庞杂。从总体规格而论，宋量也分为日用的量器和规格特异的专用量器——如礼器、乐律器、天文量器与药升之类。

日用的宋量，又可分为官量与民量两大类。宋代的日用官量，包括北宋太府寺升斗、文思院斛斗、南宋初省仓升斗、绍兴二年以后文思院斛斗等中央朝廷之量；也包括绍兴府升斗、绍兴二年以前的杭州升斗、宁国府升斗、莆田县升枋等地方官量，以及盐司、常平司、市易务等部门专用的官量；还包括军队和学校的军量与学量，等等。

宋代的民量，指民间制作和使用的量器，包括乡村居民自制的乡斗、租斛、梨斗，以及城镇工商业者在市肆行用的市斛、市斗、镇斛等。其中，既有按法量或官量规格复制的合法量器，也有违反规格私造而应予取缔的非法量器，还有本属非法而又为官府所默许、认可的量器。

太府寺或文思院制作颁行的官斛量，也称为"法斛"或法量。这是宋代官量中最为标准的一种官量。当时官场上有所谓"文思院斛斗天下所同"的话，即系此意。法量的命名，一般依制作机构或颁行机构而定，如"太府寺升"，"太府寺斗"，"文思院斛"等。北宋前期的"三司"，也曾掌管斗秤事务。由三司经手发卖的官量，也可以称三司升、三司斗。

一般官府部门或地方政府使用的升斗，按制应依太府寺或文思院之"样"进行仿造。但有些部门和地方的仓量规格，并不与法量相符。尤其是在北宋后期和南宋，这类情况更为严重。宁国府官仓的特大加斗，袁州租赋受纳用的大斗，浙江盐仓的加斛，都远远超过法量的规格。

学量，包括各府学、州学、县学的斛、斗、升器。从类别上看，它们可以列入官量。但在实际属性上，它们又与一般官量不同，而具有自己的独立性。也可以说，这是一种介于官量与民量之间的量器。

律量，又称乐量，是朝廷为制礼乐、定音律而作的容器——如"律斗"、"乐升"之类。它们的制作，多采用传统的方法，以度数而审容，以实黍多寡而定其容量，所以又称为黍斗、黍升。实际上，它们多是一种仿古的小型量器——大约只相当实用量器中足量容积的 1/3 左右。如景祐三年邓保信乐升，"凡二升六分强，当太府宫（官）量一升"。① 皇祐间阮逸、胡瑗的黍斗，差不多略大于太府斗的 1/3，但也有的乐律升斗较大，甚至接近于日用量器。——如景祐二年李照所制的"乐合、乐升，所受如太府升，制乐斗……受水十升"。② 宋代的医药用量，也不像古代那样一律为古量，而是古量与日用大量杂用。凡用大量时，标出大升大斗。

不论是日用官量和民量，在器制规格上的主要差异并非漫无规律可循。如以法量的原定石、斗、升容量标准为率，那么，宋代日用量器间的规格差异，又可划分为三种情况，即足量、省量与加量之不同。

足量、加量、省量之别，不在于量器的性质，而在于它们的规格和容积。所谓足量，是指容积恰够通常标准的量器，如足斛、足斗、足升等。所谓加量，是指容积超过通常量制规定的量器，如加大了容量的斛石、加斗、加升等。所谓省量，是指容积不足于通常量制规定的量器，如减少了容量的省斛（省石）、省斗、省升等。

足斛，又称一石斛。其容积恰为 10 足斗或 1 足石。官量中的法斛，便包括一石斛，也称"文思院一石斛"。足斗，又称"百合斗"。其容积恰为 10 足升，或 100 足合。北、南两宋，官、民、城、乡间的粮食交易，租赋交量，食盐购销等，都广泛使用这种足斗。至南宋末，杨辉还亲睹"京城见用官斗，号杭州百合，浙郡一体行用"。据他说，这种"杭州百合"斗"斗势上阔下狭，维板凸突，又有提梁"便于使用。③ 足升，又称"十合升"，其容积恰与名符。

（二）宋代的加耗与加量

加大量器的容积，通常与增收多取相联系。而官民最普遍的增收多取，莫过于税粮的"加耗"——即在正额之外，另以某种损耗为名，实行增收，比如每一斗米，另加收一升"耗米"等等。加量与加耗虽有联系，却又有所区别，它们是两个不同的概念。一旦"加耗"采用加大了的量器

---

① 《宋会要·乐》2 之 12。
② 《宋会要·乐》1 之 5。
③ 《续古摘奇算法》，知不足斋丛书第 27 集。

来收取,该加量便具有了独立的意义。

宋代的加耗,"名色至多",索敛惊人。诸如高出斗面、斛面的征收——称为"尖量"、"多收斗面"、"高增斛面"或"加量斛面"者,属于不定量的加耗。① 另如"鼠雀耗"、"脚耗"、"供耗"、"府耗"等等,则属于定量的加耗。加耗用通常的定量收取,其比率或为2%,或为30%——称"加三收耗",或为37%——称"三七耗",或为50%、70%以上。② 加耗兼用加量征收的,其比率可达两三倍以上。③

宋仁宗朝,吕大防知四川青城县(今四川灌县西),发现当地"故时,圭田粟入以大斗,而出以公斗,获利三倍,民虽病,不敢诉。大防始均出纳,以平其概"。这事传闻至朝,仁宗"诏立法禁,命一路悉输租于官概给之"④。蜀中官吏职田以"大斗"收租、"公斗"出售的事,大抵同五代后蜀官仓用两种斗出纳相类。所不同的,只是后蜀官仓受纳斗容十升,出给斗容87合;而职田租粟,则出给用(足升)"公斗",入纳却用"大斗"。这是官吏使用加斗之例。

高宗朝绍兴四年(1134)秋明堂祭礼后的赦令,严厉指责"比年以来郡守进务侵渔,多选委贪吏受纳,至有输一硕而加耗至三四斗者"。⑤ 绍兴六年(1136)十一月处理的秀州当职官各降一官案,则是因为该州海盐县"受纳米斛……每硕,于人户处讨米一硕六斗五升或一硕七斗故"。⑥

这是南宋官吏公然增收65%至70%加耗之例。

嘉定五年(1212)时有人揭露:"州县受纳苗米,所用之斛虽系文思院制造发下,访闻辄于斛缘铁叶之上,增加板木,复以铁叶蔽之。分毫之间,其数辽绝。间有州县续置之斛,不依元降则样,所取之数,尤为不恕。"⑦

理宗时人程泌,在写给皇帝的信中指出:"两税之量,莫重于今日……州县斛量,尤为非法:升几于斗,斗几于斛,斛则加倍。大约二

---

① 《宋会要·食货》68 之 12 至 68 之 14。
② 《宋会要·食货》68 之 4 至 68 之 9,70 之 35 至 70 之 43。
③ 《宋会要·食货》68 之 5,68 之 44,70 之 107。
④ 《宋史》卷 340,《吕大防传》。
⑤ 《宋会要·食货》68 之 1。
⑥ 《宋会要·食货》68 之 3。
⑦ 《宋会要·食货》68 之 20。

石,方输一石。输及其半,则廪庾已溢。"① 这说明地方官府制作和使用的大量,包括升、斗、斛等各级量器。

高斯德在咸淳八年(1272)对度宗说:"市斛之大,倍于文思,往往市斛之三乃可纳文思之一;是五倍取于民也!"② 这段文字或有讹脱;但它反映出,不仅朝廷的文思斛在地方上被扩充为大量,而且,民间所用的"市斛"之类,其容量也大得惊人。

如果说,魏晋之际的"秤重斗大",曾引起量衡制度的"大变",那么,五代两宋的"加耗"与厚敛,则使宋代量器中加量的使用,达到了空前普遍的程度。

(三) 宋代的加斛与加斗

关于南宋的加斛、加斗,周藤吉之曾作过研究。③ 今见于一般文献记载的宋代加斛和加斗,至少在20种以上。兹分别略述如次:

宁国府官仓加斛。嘉定九年(1216)以前,江东路宁国府官仓用来受纳税粮的斛,"比文思院斛,加一斗四升八合",当时称为"加一斗四升八合之斛"。④ 这是一种地方政府的官用加斛,后来由于群众的反抗而被迫弃废。从嘉定九年为矫正横敛而新制的大小斛规格判断,原先这种加斛,属于一石斛系列。其容积,比一般的一石斛增大14.8%。

宁国府军粮斛。据《续宣城志》载称,南宋宁国府在使用"加一斗四升八合之斛"同时,还另用一种军粮斛——"本府军粮斛,比文思斛,每石系加一斗二升"。后文又说,"军人支遣,元系一石一斗一升二合"之斛,"不欲改造"。⑤ 这种"军粮斛"的容积,大约比普通一石斛增量12%或11.2%。

隆兴府苗仓大斛。据《刘珙行状》载称,该府在乾道五年(1169)前,"输租更用方斛,视省量率多斗余"。⑥ 其容量也增大百分之十几。

浙西盐仓加斛。据南宋理宗后期(1259—1264)盐官黄震说,浙西一

---

① 《洺水集》卷4,《进故事》。
② 《耻堂存稿》卷2,《经筵讲进故事》。
③ 周藤吉之:《南宋斛斗マス考》,收入其《宋代史研究》,东京都1969年版《南宋の耗米と仓米・揽户との关系》一文附录。
④ 《永乐大典》卷7512,引《续宣城志》。
⑤ 同上。
⑥ 《晦庵先生朱文公文集》卷97,《刘珙行状》;另参阅《宋史》卷386,《刘珙传》。

带盐仓"见用官斛量,一石三斗百足合";"以上司立定器斛,发下各场交量"。① 即是说,该斛容积,用一百足合计量,恰满一石三斗。这是由一石足斛加量30%而来的一种官用盐斛。通常这种容积的斛,称为"加三"斛。

华亭盐场加斛。南宋浙西盐司华亭分司的一些盐场,亭户"纳盐"之斛,"每斛一石五斗四升";② 或者说,每斛容积154升,比普通一石斛容量,增加54%。它也属于盐场官斛。

"安吉乡斛"。这种斛广泛流行于太湖附近,特别是湖州安吉县等地乡村,并为数学家们所熟知。它的容积为110升,或一石一斗,即比普通的一石斛大10%。它不属于官斛,而是一种民用"乡斛"。③ 与它相同容积的斛量,一般称为"加一"斛。

"平江市斛"。这是盛行于苏州一带城镇的民用"市斛"。南宋秦九韶说:"安吉乡斛一石一斗,平江市斛一石三斗五升。"④ 这种容积135升的斛,比普通一石斛大35%。

"安吉斗"与"加一斗"。安吉县所隶属的湖州,盛行一种容积11升的斗,官府也用来和籴稻米,人称"安吉斗"。宝庆元年(1225)湖州改为安吉州,⑤ 这种斗又称为"安吉州斗",⑥ 其容积比普通百合斗大10%,正如安吉乡斛比一石斛大10%一样。这种比十升斗增量十分之一的斗,就是所谓"加一斗"。⑦ 加一斗是官民皆用的常见斗量。

"吴兴乡斗"。湖州即古吴兴郡,⑧ 宋时"吴兴乡俗,每租一斗,为百有十二合。田主取百有十,而干仆得其二"。⑨ 这种112合或1斗1升2合的斗,比普通百合斗增量12%。它属于民斗。

"隆兴斗"。江西路北部隆兴府(洪州)一带,常用"一百一十五合"

---

① 《黄氏日抄》卷71,《申宽免纲欠零细及孤霜贫乏尹外再申乞作区处状》。
② 《黄氏日抄》卷71,《提举司差散本钱申乞省罢华亭分司状》。
③ 《数书九章》卷2,《分粜推原》;卷11,《课粜贵贱》。
④ 同上。
⑤ 《宋史》卷88,《地理》。
⑥ 《数书九章》卷2,《分粜推原》;卷11,《课粜贵贱》。
⑦ 《续古今考》卷18,卷19。
⑧ 《元和郡县图志》卷25,《江南道》。
⑨ 《夷坚志补》卷7,《沈二主管》。

之斗进行"和籴",称为"隆兴斗"。① 这是由百合斗加量15%而来的一种斗,为官民所并用。

"潭州斗"。荆湖南路潭州一带,盛行容积"一百一十八合"之斗,称为"潭州斗"。② 它由百合斗加量18%而来,是一种地区性的官民用斗。

"吉州斗"与"力二斗"。江西路南部吉州一带,多使用容积"一百二十合"之斗,称为"吉州斗"。③ 湖州某些大地主家——如"主管"沈二八之辈,有时也放弃112合的"吴兴斗"不用,而改使"吉州斗"那样的"大斗量租米"。④ 这种比百合斗加量十分之二的斗,通常也叫做"加二斗"。⑤

镇江租斗与"加三斗"。镇江府（润州）丹阳县民间收租所用"至大之斗,不过一百三十合"。⑥ 开禧二年（1206）苏州学田的租米,也规定"并系一百三十合足斗交量"。⑦ 这种比百合斗加量十分之三的斗,通常称为"加三斗"。⑧

平江斗。浙西路平江府（苏州）一带和籴,多用容积一斗三升五合之斗。这种斗比一般百合斗加量35%,就像"平江市斛"比一石斛加量35%那样,在当地颇为盛行,人称"平江斗"。⑨

加四斗。容积140升或一斗四升之斗,通常叫做"加四斗"——它比百合斗加量十分之四。⑩

加五斗。容积150合之斗,通常叫做"加五斗"。绍兴廿九年（1159）户部官员追述,"民间田租"交量,多"有以百五十合"为斗者。⑪ 它的由来,与"加五耗"有关。直至南宋初,江西"五害"之一,仍是"州县受纳米,一石加五斗"。⑫

---

① 《数书九章》卷11,《课籴贵贱》。
② 同上。
③ 同上。
④ 《夷坚志补》卷7,《沈二主管》。
⑤ 《续古今考》卷18,卷19。
⑥ 《黄氏日抄》卷73,《辞省札发下官田所铸铜印及人吏状》。
⑦ 《江苏金石志》卷14,《吴学续置田记》。
⑧ 《续古今考》卷18,卷19。
⑨ 《数书九章》卷11,《课籴贵贱》。
⑩ 《续古今考》卷18,卷19。
⑪ 《宋会要·食货》69之12。
⑫ 《中兴小纪》卷3。

加六斗。容积比百合斗加量十分之六的斗，即是"加六斗"。镇江府丹阳县一位姓赵的知县，在南宋后期征收官田租粮时，就曾"以每斗作一百六十合，展计省斗"，加重勒索量，大大超过当地民间所用的加三斗。①

加七斗。容积比百合斗加量十分之七的斗，即为"加七斗"。秀州盐户请梢工代运食盐，"梢工得以肆虐，有量至加七、八者"，就是指这种加七斗和加八斗。②

加八斗。容积180合——即比百合斗加量十分之八的斗，称"加八斗"。五代时南汉刘𬬮特制的"大量"，"凡输一石，乃为一斗八升"者，即属此类斗。③南宋嘉定九年以前，宁国府诸仓"见用受纳之斗，比文思斗加八升"者，大约也属"加八斗"。④

龙溪学粮桶斗。宁宗时，陈淳曾抱怨漳州龙溪一带学田租粮日益减少，并提到当地的一种"桶斗"。这种桶斗容积较大——每两桶斗之粮，多于三"官斗"。后来几家佃户商议，"将二桶斗折为三官斗"纳租，从而使"大斗变为小斗"。⑤

这里所说的"官斗"，容积不详。从江苏吴学租斗为"加三斗"官斗来看，漳州学田"官斗"，似亦接近于"加三斗"；或者至少也是百合斗。这样，"桶斗"的容积，大约在195合至150合之间。

加九斗。容积190合或一斗九升之斗，即称"加九斗"。南宋时"民间田租，各有乡原等则不同"，"有以百五十合至百九十合为斗者"，就指从"加五斗"至"加九斗"的不同租斗。⑥

除以上20种加量外，还有"广陈斛"和"黄池斛"等。广陈斛，是浙西秀州一带常用的斛量，有时也用作食盐的买卖。庆元元年（1195）以前，浙西盐场用大斛大秤征购亭户食盐，亭户"坐困"。后来为厘正此弊，"遂用广陈旧斛"交量，"酌中数"装袋。⑦大约"广陈旧斛"的容积小于新斛。其新斛则可能是一种加斛。

黄池斛，是首先在江西芜湖县黄池镇制作和使用起来的一种市斛，后

---

① 《黄氏日抄》卷73，《辞省札发下官田所铸铜印及人吏状》。
② 《黄氏日抄》卷71，《申宽免纲欠零细及孤霜贫乏尹外再申乞作区处状》。
③ 《长编》卷12。
④ 《永乐大典》卷7512，引《续宣城志》。
⑤ 《北溪大全集》卷46，《上傅寺丞论学粮》。
⑥ 《宋会要·食货》69之12。
⑦ 《宋会要·食货》28之48。

来推广于荆湖等地。据黄干说，汉阳军"市井有三样斛"。其第二样"黄池斛，客人所常用也"。①

二 宋代的省量

（一）"省"的含义与宋代省斛

宋代文献中，常可以见到"省斛"、"省斗"、"省升"一类用语。这些用语的含义并不都是单一的。混淆不同含义，或者疏忽某一层含义，都可能对理解和利用有关的文献资料，带来困惑与失误。

宋人所说的"省斛"、"省斗"、"省升"，其第一层含义，是指该量器隶于官府——属于官斛、官斗、官升。这里的"省"字，代表官署——比如"都省"、"省仓"之斛斗，或依"省样"制作之斛斗。省斛、省斗、省升的第二层含义，是指该量器的容积不够足量标准。这里的"省"字，有减省之意。与"足陌"比，"省陌"是以77文当100文使用的；与"足贯"钱相比，"省贯"只有770文钱——省斛、省斗、省升与足斛、足斗、足升相比，也分别不足10斗、10升、10合。

见于宋代文献的省量，至少可以举出十余种。兹先就其中的省斛分叙如次：

八斗三升法斛。这是"文思院官斛"的一种，也称为"文思院省斛"，或"官省斛"。其容积，比文思院一石斛减省17%——仅83升。南宋数学家杨辉，曾列出过有关这种省斛的两则例题。其一："足斛米二百二十九石八升，问为八斗三升法斛几何？② 答曰：二百七十六石。"其二："米八百九十石，每石省斛八斗三升，问为足斛几何？③ 答曰：七百三十八石七斗。"这里明确指出，"八斗三升法斛"，属于省斛；并讨论以该斛交量之米，如何折为足斛计算。可见其中"省"字之意，与"足"字相对。而这类省斛的使用，又如此普遍，甚至反映日常生活需要的应用数学，也不得不将其列为例题。

比杨辉稍早些时的另一位数学家秦九韶，也提到"文思院官斛八斗三升"者，并重复指出："官私共知者，官斛八斗三升"也！④ 黄干所说汉

---

① 《勉斋集》卷12，《复吴胜之湖北运判》。
② 《乘除通变算宝》卷中，《九归详说》。
③ 《法算取用本末》卷下。
④ 《数书九章》卷24，《分粜推原》。

阳军"市井有三样斛",其第一样,即"文思院斛"。"此官省斛也","公私交易,皆通用者,故人以为甚便也";① 大约也属于这种省斛。"官省斛"三字,越发点明其"省斛",与一般"官"足斛不同。

七斗五升省斛。方回指出,"官仓收支,用省斗省斛,得百合斗之七斗五升,为一斛"②。这是官省斛的另一种,其容积,仅百合斗 75 升,即比一石足斛省量 25%。

六斗五升省斛。嘉定九年(1216),江东提举兼宁国府权府事李道传,曾规定粮食税正额每石另纳"耗米"六斗五升,此外不得多收。当时"立下斛样","造六斗五升斛六只",称为"耗米小斛",或"六斗五升斛"。该斛图样迄今尚存于《永乐大典》。③ 这种地方官府制作的小斛,比一石足斛减量 35%。

打买斛或汉阳军学省斛。黄干所说汉阳军"市井有三样斛",其第三样,即为"打买斛":"打买斛,军学所置。客旅交易,必请此斛。官收斛钱,以养士也。打买斛者,两斛三斗,为一石五斗。"④ 这是汉阳军学校制作并出赁的一种省斛。如果"两斛三斗为一石五斗"的记载不误,该斛容积当为 6.52 斗强。若黄干所说"两斛三斗"乃"两斛五斗"之误,则该斛容积当为 6 足斗。

文思院五斗斛。这是文思院省斛的另一种。其容积恰为一石足斛之半。南宋初临安府所用的斛,后来各地颁行之斛,以及庆元、咸淳间官仓交量用斛中,多有这种五斗斛。⑤

浙东盐场大筥枚。据黄震说,浙东"盐场交收亭户入纳盐,扫掠紧取,用大筥大枚,可容三四斗者"。⑥ 筥、枚,也属于量器,多见于两浙一带。钱椒降宋表,即称"斗筥之量,实觉满盈"。⑦ 容积三四斗的大筥枚,已接近于五斗斛。

(二) 宋代的省斗、军斗和省合

史籍中所见宋代"省斗"、"军斗"、"省合",约近十种。兹略述

---

① 《勉斋集》卷 12,《复吴胜之湖北运判》。
② 《续古今考》卷 19,《近代尺斗秤》。
③ 《永乐大典》卷 7512,引《续宣城志》。
④ 《勉斋集》卷 12,《复吴胜之湖北运判》。
⑤ 《建炎以来系年要录》卷 51;《永乐大典》卷 7512,卷 7514 等。
⑥ 《黄氏日抄》卷 80,《委官定秤》。
⑦ 《十国春秋》卷 82,《吴越世家》。

如次：

八十三合斗。在秦九韶的著作中，曾提到这种斗："每斗八十三合"，也属于"文思院官斗"①。其容积，比百合斗少17%；恰与八斗三升省斛相对应。

七升半斗。方回说，宋"东南斗，有官斗，曰省斗；一斗，百合之七升半"。"官仓收支用省斗"，多指这种斗与八十三合斗。② 其容积比足斗减量25%，恰与七斗五升斛对应。

建康军斗。南宋建康府上元等县"慈幼庄"田的夏秋租粮征收，曾一律采用"军斗"交量："田上等，每亩夏收小麦五斗四升，秋纳米七斗二升。军斗。……中等，每亩夏纳小麦二斗七升，秋纳豆二斗七升。军斗。"③

今考元人方志中有关金陵（即宋代建康）的田赋载述，也提及当地宋时的"军斗"，并注明说，"当今七升弱"——即不足元斗七升。④ 我们知道，宋文思斛一石，当元斛六斗多或七斗。⑤ 那么，相当元斗"七升弱"的宋"军斗"；其容积，约为宋一斗弱——即九升多。

和籴军粮斗。方回说，"宋军粮斗，百合七升七合耳。每岁和籴，动一二百万石"⑥。如果方回所说数据不误，那么，宋代和籴军粮斗的容积，略大于七升半的官省斗。

建宁社仓斗。黄干说，南宋福建路建宁一带地主向社仓捐米，极其吝啬："以五、六升为斗。"⑦

八升斗。又称八十合斗，容积比足斗少20%。南宋"民间田租"交量，常见这种斗。⑧

九升斗。又称九十合斗，容积比足斗少10%；也常用于南宋"民间田租"的交量。⑨

---

① 《数书九章》卷11，《课籴贵贱》。
② 《续古今考》卷18，卷19。
③ 《景定建康志》卷23，《城阙志·慈幼庄》。
④ 《金陵新志》卷7，《田赋》；《元史》卷93，《食货》；《元典章》卷24，《户部》。
⑤ 同上。
⑥ 《续古今考》卷18，卷19。
⑦ 《勉斋集》卷18，《建宁社仓利病》。
⑧ 《宋会要·食货》69之12。
⑨ 同上。

浙西盐枚。黄震说，浙西一带征购食盐所用的枚，"率近一小斗"。①其容积亦相当于某种省斗。

六合升、温州军升。嘉定九年（1216）温州一带发放军粮，多用"六合升"："每人请米一石五斗省"，皆以"六合升"计量。② 以六合为一升，其"一石五斗省"之粮，仅相当足升的900合，或足斗之九斗。

除以上九种"省斗""省合"确知其容积之外，还有一些"省斗"、"省合"资料，未载明其为哪一种。如庆历七年（1047）二月，侍御史吴鼎臣等人说"诸军班所给粮多陈腐，又斗升不足……率十得八九"等例，显系使用"省斗"、"省合"减刻军粮。朝廷卫士尚且如此，其余兵丁之廪粮支发更可想而知。而此类情事颇多，又反映了以"省斗"为"军斗"，大约已成惯例。

兹将以上所举宋代加量、省量资料，综合列表与足量比较如次（见表4—10、表4—11、表4—12、表4—13）。

表4—10　　　　　　　　宋代加斛表

编号	斛名	性质	容积	增大比率（％）	主要通行范围
0	文思院一石斛，足斛	官、民斛	10斗，100升	0	两宋各地
1	宁国府仓加斛	官斛	11.48斗，114.8升	14.8	南宋宁国府一带官仓
2	宁国府军粮斛	官（军）斛	11.12斗至11.2斗	11.2至12	江西宁国府一带军队
3	加三斛，浙西盐仓加斛	官、民斛	13斗，130升	30	两宋各地，浙西盐场
4	华亭盐场加斛	官斛	15.4斗，154升	54	浙西盐场
5	加一斛，安吉乡斛	官、民斛	11斗，110升	10	两宋各地，湖州乡间
6	平江市斛	民斛	13.5斗，135升	35	苏州一带
7	广陈斛	民斛			南宋浙西秀州、杭州等地
8	黄池斛	民斛			南宋江西、荆湖一带

① 《黄氏日抄》卷71，《提举司差散本钱申乞省罢华亭分司状》。
② 《水心别集》卷16，《后总》。

表 4—11　　　　　　　　　宋代加斗表

编号	斗名	性质	容积	增大比率（%）	主要通行范围
0	足斗，百合斗	官，民斗	10 升，100 合	0	两宋各地
1	加一斗，安吉乡斗	官，民斗	11 升，110 合	10	两宋各地，湖州一带
2	吴兴乡斗	民斗	11.2 升，112 合	12	南宋湖州吴兴一带
3	隆兴乡斗	民，官斗	11.5 升，115 合	15	江西洪州等地
4	潭州乡斗	民，官斗	11.8 升，118 合	18	荆湖南路潭州等地
5	加二斗，吉州乡斗	民，官斗	12 升，120 合	20	两宋各地，江西吉州一带
6	加三斗，镇江租斗	官，民斗	13 升，130 合	30	两宋各地，镇江府等地学校
7	平江乡斗	民，官斗	13.5 升，135 合	35	宋末元初苏州等地
8	加四斗	官，民斗	14 升，140 合	40	两宋各地，东南地区
9	加五斗	民，官斗	15 升，150 合	50	两宋各地，东南地区
10	加六斗	民，官斗	16 升，160 合	60	南宋东南地区
11	加七斗	民，官斗	17 升，170 合	70	两浙、福建等地
12	南汉大斗，加八斗	民，官斗	18 升，180 合	80	五代广南，宋代江西、浙、广等地
13	加九斗	民，官斗	19 升，190 合	90	南宋东南地区
14	龙溪桶斗	官（学）斗			南宋福建漳州龙溪县学

表 4—12　　　　　　　　　宋代省斛表

编号	斛名	性质	容积	减量比率（%）	主要通行范围
0	文思院一石斛，足斛	官，民斛	10 斗，100 升	0	两宋各地
1	文思院八斗三升法斛	官斛	8.3 斗，83 升	17	宋代各地
2	七斗五升省斛	官斛	7.5 斗，75 升	25	宋代各地
3	六斗五升小斛	官斛	6.5 斗，65 升	35	南宋江西路宁国府官仓

续表

编号	斛名	性质	容积	减量比率（%）	主要通行范围
4	打买斛	官（学）斛	6斗至6.52斗，60升至65.2升	34.8至40	南宋湖北汉阳军学
5	文思院五斗斛	官斛	5斗，50升	50	南宋初行在，各地
6	临汀桶斛	官斛	5斗，50升	50	南宋中后期福建汀州
7	浙东大筲杴	官量	3至4斗，30至40升		南宋浙东盐场
8	温州米桶	民量			南宋温州一带

表4—13　　　　　宋代省斗、军斗、省升表

编号	斗升名	性质	容积	减量比率（%）	主要通行范围
0	足斗，百合斗	官，民斗	10升，100合	0	两宋各地
1	文思院八十三合斗，省斗	官斗	8.3升，83合	17	宋代各地
2	七升半斗，省斗	官斗	7.5升，73合	25	宋代各地
3	建康军斗	官（军）斗	（9升多）	（10—）	南宋建康府一带
4	和籴军斗	官（军）斗	7.7升，73合	23	南宋东南各地
5	建宁社仓斗	民斗	5升至6升，50合至60合	40至50	南宋福建路建宁府
6	八升斗	民斗	8升，80合	20	宋代各地
7	九升斗	民斗	9升，90合	10	宋代各地
8	浙西盐杴	官量	（近一小斗）		南宋浙西盐场
0	足升	官，民升	10合	0	两宋各地
9	温州军升	官（军）升	6合	40	南宋温州一带

第三节　斛石关系及宋元斛制之变

中国古代传统的量器与量制名称，有斛、斗、升、合、龠、勺、撮等。这"诸量"中的前五种，被称为"五量"。[①] 其中，除二龠为一合之

[①] 《汉书》卷21上，《律历》。

外，都是十进位制。斛，初居五量之首，并多圆柱体形。至宋元以后，渐多呈截顶方锥形，并以五斗进位，二斛为一石。这样，诸量以石为首，斛乃屈居其次。

量制史上的这番变化，使斛与石的关系显得十分复杂，甚至成为学术争议中的一个问题。斛与石的关系究竟如何？史籍中以斛、石为单位的资料，究应如何辨析？这不仅牵涉到对度量衡制的探讨，而且直接影响着社会经济史研究的深入。对于带计量性的课题来说，尤其如此。

斛与石，曾有过通用的时代。这一时代，大致到五斗斛制确立时结束。前辈学者对此已有一定的研究。① 不过，关于五斗斛制确立的时间、宋元之际的斛石关系及其演变历程等，迄今仍不乏误解与模糊认识，尚待进一步探索和澄清。

一 斛与石的通用

(一) 以石为量名不始于宋

以石为名之量制，虽不同于每石一百二十斤重的衡制，但它的出现和应用，亦不为晚。清人赵翼曾援引资料，认为"斗斛之以石计，自春秋战国时已然"。② 即使此说未必可靠，至少，宋人"以一斛为一石，自汉已如此"说该是当时的普遍认识。③

从汉至唐，不仅饮酒以石斗计量，④ 就是田税、食盐多寡等，也多用石量斗计。

隋初社仓税赋标准，大致是"上户不过一石，中户不过七斗，下户不过四斗"。⑤ 唐代"课户，每丁租粟二石"，"凡岭南诸州税米者，上户一石二斗，次户八斗，下户六斗"。⑥ 扬州海陵监，岁"煮盐六十万石"，楚州盐城"岁煮四十五万石"；⑦ "蒲州两池岁得盐万斛"，"盗鬻两池盐 石者，死；……一斗以上，杖脊。"⑧ 后周"青盐一石，抽税钱八百、盐一

---

① 吴承洛：《中国度量衡史》。
② 《陔余丛考》卷30，《石》；同卷，《斗秤古今不同》。
③ 《梦溪笔谈》卷3，《辩证》。
④ 《汉书》卷71，《于定国传》。
⑤ 《隋书》卷24，《食货》。
⑥ 《大唐六典》卷3，《户部尚书》。
⑦ 《元和郡县志阙卷佚文》卷2，《淮南道》。
⑧ 《新唐书》卷54，《食货》；同书，卷21，《礼乐》。

斗。白盐一石，抽税钱五百、盐五升"。①

大抵实际用石及作为量制单位，并与斛通用，至迟始于汉代；隋唐五代时，已极为普遍。

（二）两宋之斛仍常与石通用

前辈专家考订，"斛的进位，本为十斗，宋改为五斗"；"置石为十斗"。② 迄今包括《辞海》之类工具书，无不以为中国原来的十斗为斛之制，自宋改为五斗；或者"南宋末年改为五斗"。这一论断对古代社会经济史、特别是对宋代经济史的研究，显然颇有影响。实际上，这种说法与史实并不相符。

今考，从北宋至南宋末，石与斛仍常通用。作为量制，它们基本上没有分为两个层次。只有在使用特殊的斛时，才发生例外。

两宋量制中的石，有时也作硕。③ 太平兴国初（976—977）年，每岁从淮浙运往京师的米，达四五百万石。宋代史籍载录这同一米数，或作"四百万石"，或作"四百万硕"，或作"四五百万斛"。④ 这是北宋石、硕与"斛"通用之例。

顺便指出，北宋所用的斛，主要是"一石斛"，即十斗斛。为了防止出纳用斛不准和交量之际增减，京师各仓都专门存放一种标准的"一石斛"，随时检核每斛是否符合"十斗足数"。神宗熙宁三年（1070）十二月六日的诏令，即可证明这一点。该诏说：

> 支给军粮，并依近降指挥，十斗足数。卸纳纲运，亦仰两平交量。如违元量，斗级并行科决。每仓各置一石斛，遇盘量官物，倾于其中比较，免致高下其手。⑤

由此可见，北宋斛、石之通用，是毋庸置疑的事。问题是南宋"五斗斛"出现之后，斛石是否仍常通用。

绍兴三年（1133）以后，建康府的永丰圩每年收米三万石。南宋初廖

---

① 《五代会要》卷26，《盐》。
② 《中国度量衡史》，第239、240、104页。
③ 《宋会要·食货》26之5；《勉斋集》卷30；《江苏金石志》卷14，卷15等。
④ 《宋史》卷175；《宋会要·食货》42之1；《永乐大典》卷7511。
⑤ 《永乐大典》卷7511，引《国朝会要》、《中兴会要》。

刚叙及该圩田这一米数，时而称"三万石"，时而又说"三万斛"。① 这是南宋石、斛通用之一例。

绍兴三十年（1160）时，户部曾列举过各地驻军每年消费的军粮数额：鄂州45万石；荆南府9.6万石；池州14.4万石；建康府55万余石；镇江府60万石；行在112万石；宣州3万石。② 今计这些军粮的总数，应为299万余石。而李心传后来追述这一军粮总数时，却说："时内外诸军岁费米三百万斛。"③《宋史·食货志》记述此事，亦称"三百万斛"。这是南宋斛石通用的第二例。

南宋中期，真德秀谈到建康府城居民的食用米量时说：

> 以建康一城言之，居民日食，凡二千斛。而常平初无颗粒。义仓之米，以石计者，仅一万九百有奇。以之粜济城郭之民，不数日尽矣！④

这里的"日食二千斛"，亦即日食二千石。惟其如此，下文所云"一万九百"余石之米，才只够吃五天多些。若将斛释为五斗之斛，即日食千石，则一万九千余石米，可吃十一日，与"不数日尽"相悖。而且，《景定建康志》与李曾伯的《可斋杂稿》，也都提及建康府城居民日食米"二千石"。⑤ 这是南宋斛、石相通的第三例。

嘉定九年（1216）以前，宁国府用大斛大斗向民户收取税粮。其"受纳之斛"，比文思斛"加一斗四升八合"。其"军粮斛比文思斛，每石系加一斗二升"。其大斗，比足斗加八升。结果，本来应输一石的税粮，实际竟多纳至二石六斗。这事后来引起一场讼案，官府不得不重新颁制标准的一石斛。⑥ 这是南宋斛、石相通的第四例。

南宋后期，高斯得在《永州德惠仓记》中曾说到以四千缗"籴二千斛"米；而米价则是每"升为钱二十"。⑦ 以四千贯买二千斛米计，每斛

---

① 《高峰文集》卷2，《论赐圩田劄子（二首）》。
② 《建炎以来系年要录》卷184，绍兴三十年正月癸卯。
③ 同上。
④ 《真文忠公集》卷6，《奏乞蠲阁夏税秋苗》。
⑤ 《景定建康志》卷23，《城阙·诸仓》；《可斋杂稿》卷19，《奏总所科降和籴利害》。
⑥ 《永乐大典》卷7512，引《续宣城志》。
⑦ 《耻堂存稿》卷4，《永州德惠仓记》；《永乐大典》卷7513。

米价为二贯,亦即每石二贯,每升恰为 20 文。若将此处之斛释为五斗,则每石米价当为四贯,每升为钱应 40 文,前后悖逆。这是南宋斛、石通用的第五例。

理宗景定四年(1263),陈尧道等建议在江、浙买公田时指出:"但有一千万亩,岁得米六七百万斛。"而公田起租率,则为每亩五斗以上,即每亩租米六斗至一石。① 以一千万亩收米六百万石至七百万石计,平均亩租为六至七斗。恰与上述租率相符。若以斛为五斗计,则平均亩租仅三斗至三斗五升,显然与事实不合。这是南宋斛、石通用的第六例。

度宗咸淳元年至二年(1265—1266),马光祖在金陵重建"平籴仓"。他事后说:

> 余之三至金陵也,欲为邦人创平籴一仓,积米十万斛,夏粜冬籴,以济乏食。自咸淳乙丑秋七月,至丙寅春正月,共得七万石,事力仅仅弗克。继则以前帅王公埜所蓄三万斛足成之,且识之曰:倘未即去,不以是画。今自二月,以迄八月,再籴三万,合为十万;而王公旧积不与焉。……使十万斛之数永永无坠,不无望于后人。

两年之后,马光祖又写一篇《后记》说:

> 平籴仓之设,自咸淳乙丑七月至丙寅三(正)月,得米七万石;又自二月至八月,再得三万石,合为十万石。②

马光祖反复提到该仓米数"十万石"、"三万石",又不时写作"十万斛"、"三万斛"。这是南宋斛、石通用的第七例。

以上七例,包括南宋初至南宋末各个时期,涉及当时的主要赋税来源区。应该说,它们具有比较广泛的代表性。而且,除此之外,还可以举出一些事例。不仅一般宋代史籍及其反映的日常生活中斛石通用,就是在南宋许多数学专著里,斛与石也互相通用。③

---

① 《至顺镇江志》卷 6,《赋税·秋租》;《宋史》卷 173 等。
② 《景定建康志》卷 23,《城阙·诸仓》;《可斋杂稿》卷 19,《奏总所科降和籴利害》。
③ 《法算取用本末》卷下;《数书九章》卷 2,等。

二　斛与石的分用

（一）最初的斛、石区分

中国历史上开始出现斛与石概念的区分，大约在南宋孝宗年间。据说，韩世忠之子韩彦古出任户部尚书时，孝宗皇帝曾不大放心，试问他"十石米有多寡"，彦古回答"万合、千升、百斗、廿斛"，孝宗才表示满意。[①]

这里既说十石米为廿斛，其一石，自必等于二斛，即一斛仅为半石。一石二斛之制，似亦滥觞于此。清人赵翼便据此推断："五斗为一斛，宋时已然。"[②] 近人吴承洛等亦多持此论。不过，这一说法与前面证实的两宋斛、石通用一点，恰相悖逆。既然直至南宋末，斛与石仍常被人通用，那么，一斛为半石之制，便不可能是当时居支配地位的量制。至多，也不过是诸斛制中的一种而已。

两宋三百年间的斛制，远不像明清时代那样，以五斗为一斛；何况，就是在明清时期，五斗为斛之制也并非唯一的斛制。今考南宋斛制，异常复杂，不仅斛斗的型制各异，其容积也相差甚远。姑以容积一百足升的斛为准，便有三大类：十斗之足斛，多于十斗之加斛，和少于十斗之省斛。

在容积超过十斗的加斛中，有"加一斗四升八合之斛"，"加一斗二升"之斛，一石三斗之斛，一石五斗四升之斛，一石一斗之斛，一石三斗五升之斛等。在容积不足十斗的省斛中，有八斗三升之省斛，七斗五升之省斛，六斗五升之小斛，五斗之省斛等。

如果我们把标准的十斗即所谓"百合升"十斗，视为一足石，那么，显而易见，上述各种加斛与省斛之一斛，均与一足石不等。据此，未尝不可以说，南宋各地的斛与石，其具体含义已不尽相同；或者说，南宋斛与石的概念，已然分离和专用。事实上，当时的石主要是作为量制单位；而斛则既为量制单位又兼作量器名称。

不过，从实质上看，这时真正分离的，主要还不是斛与石，而是各种斛、石自身。因为每一石所代表的容量，都可以是不相同的，正如每一斛的容量可以不同那样。在此，以五斗为一斛者，恰是众多斛制中的一种。

上面引录韩彦古的故事，说孝宗对他的回答表示满意。其实，韩彦古

[①] 蒋津：《苇航纪谈》，《宋人百家小说》本。另见《宋人轶事汇编》卷15。
[②] 《陔余丛考》。

的回答尚应补充：其十石为"廿斛"，乃指"五斗省斛"之"廿斛"也。这一疏忽是可以理解的。因为在他们君臣作这番问答之际，孝宗刚刚颁布了一道新旨，各地纳二税"并用省斛交量"，① 即用五斗省斛征收田赋。只是，南宋田赋用斛屡变。孝宗的这一诏命，同五斗斛稳定地取代其他斛量的实际，尚有一段曲折而遥远的时空差距。

(二) 宋代一石不尽为两斛或十斗

韩彦古十石为廿斛之说，其实际意义和普遍性质，并未达到赵翼等人所说的"五斗为一斛，宋时已然"那种程度。上述分析，已足够证明这一点。为了进一步查清宋代石与斛的复杂关系，还须另外胪举一些资料，稍为深入地作些探讨。

秦九韶在南宋末年编著的《数书九章》，曾列出这样一则应用问题：

> 有上农三人，力田所收之米，系用足斗均分，各往他处出粜。甲，粜与本郡官场，余三斗二升。乙，粜与安吉乡民，余七斗。丙，粜与平江揽户，余三斗。欲知共米，及三人所分、各粜石数几何。
>
> 答曰：共米七百三十八石。三人分米，各二百四十六石。甲，粜官斛二百九十六石；乙，粜安吉斛二百二十三石；丙，粜平江斛一百八十三石。
>
> 术曰：以大衍求之，置官场斛率，安吉乡斛率，平江市斛率。
>
> 官私共知者，官斛八斗三升，安吉乡斛一石一斗，平江市斛一石三斗五升。
>
> 草曰：置文思院官斛八十三升，安吉州乡斛一百一十升，平江府市斛一百三十五升。各为其斛元率。②

这里举出不同容积的斛器一共三种：容83升的"文思院官斛"；容一石一斗的"安吉乡斛"和容一石三斗五升的"平江市斛"。这三种斛的容量，以"石"数计，分别为：0.83石；1.1石；1.35石。如以一足石米，用这三种斛分别量计，其一足石相当三种斛的斛数，分别为：1.2斛（83升官斛）；0.91斛（安吉乡斛）；0.74斛（平江市斛）。

---

① 《宋会要·食货》68之12。
② 《数书九章》卷2，《分粜推原》。

以一石折计的三种斛数中，83 升官斛的斛数最高：一石等于 1.2 斛。这种斛既为"官私共知者"，其 1.2 斛为 1 石之制，显然曾比较流行。正如斛的具体含义不同那样，此题中出现的石，实际上也代表全然各异的量值。这些石的量值，共分四种："答曰共米" 738 石，和"三人分米各" 246 石之石，指一百足升之足石。这是此题中石的第一种量值。"甲梨官斛" 296 石之石，系指 83 升之省石。这是此题中石的第二种量值。"乙梨安吉斛" 223 石之石，乃指 110 升之石。这是此题中石的第三种量值。"丙梨平江斛" 183 石之石，则指 135 升之石。这是此题中石的第四种量值。

与秦九韶几乎同时的另一位数学家杨辉，也列举过不同斛石折算的例题：

> 米八百九十石，每石省斛八斗三升，问为足斛几何？
> 答曰：七百三十八石七斗。①
> 足斛米二百二十九石八升，问为八斗三升法斛几何？
> 答曰：二百七十六石。②

这里的足斛、省斛或八斗三升法斛，其容量折足石，分别为 1 石和 0.83 石。而这里的石，也代表两种不同的量值：前一题"答曰" 738 石 7 斗之石，和后一题"足斛米" 229 石 8 斗之石，均指一百足升之石。前一题"米八百九十石"之石，和后一题"答曰二百七十六石"之石，则指 83 升之石。

这就是说，省斛（83 升）之一石，即为省斛（83 升）之一斛，仅为足斛容积的 0.83 石。换句话说，足斛一石，即为足斛一斛，折（83 升）省斛 1.2 斛。

前面说过，宋代的斛型甚多，至少在 13 种以上。所以，当时石的量值，也在 13 种以上。具体些说，宋代每一石的量值，大致有如下述：154 升之石；148 升之石；135 升之石；120 升之石；110 升之石；100 升之石；83 升之石；75 升之石；65 升之石；50 升之石，等等。

---

① 《法算取用本末》卷下。
② 《乘除通变算宝》卷中，《九归详说》。

鉴于此，对于宋代的量制总体，不仅说"五斗为一斛"不妥，而且，说一石为二斛更不妥。在 13 种以上的斛、石中，即使是容量 50 足升的五斗斛，也只有同一百足升之石折计时，才是二斛为一石。除此之外，五斗斛的容积，还可以有各种不同量值的表述。比如对 135 升之石来说，差不多是以它的三斛为一石；而对 75 升之石来说，则又以一斛半为一石；等等。

总之，两宋计数时的斛石，虽以通用为多，而斛与石的具体含义，却已变得十分复杂。每一斛或每一石所代表的量值，往往并不固定。直至"五斗斛"逐渐取代了大多数斛器，这种局面才大致结束。

三　五斗斛的创用及其形制

（一）五斗斛创始于北宋末南宋初

关于五斗斛的创始时间，以往多笼统说是宋代，或者认为在南宋后期。其实，应断为北宋末南宋初。

迄今最早明确记述五斗斛的史料，不妨认为是《中兴会要》所载绍兴七年（1137）的一道诏书：

> 诏文思院，依省样制造五斗斛，颁降诸路转运司并行在仓场，各一只。其本路州军，令转运司样制造，降下所辖州、军、县、镇，及应给纳官司行使。（以仓场交纳之弊，从臣僚请也。）①

这道诏旨的用意，在于厘正"仓场交纳之弊"。而所谓"仓场交纳之弊"，据载，发生于绍兴二年（1132）前后，并曾引起一场斛斗讼案。

早在绍兴元年（1131）时，高宗就曾降诏，校定和改制斛斗，"诏行在省仓受纳纲运，令户、工部斟量，较定斗样，缴申尚书省，责下所属制造降下，诸路州军应受纳支遣起纲交量，并用省样新斗量。今后每遇起纲，并于纲解内分明声说，系用新降斗量起发"；② 其临时驻跸之处"行在省仓受纳纲运，并用省样新斗量"③。

---

① 《宋会要·食货》69 之 10，69 之 11。
② 《宋会要·食货》53 之 2。
③ 《永乐大典》卷 7512。

但第二年即发现,临时朝廷所在地"绍兴府斛斗","增大于诸路,而州郡概量,差小于省仓。出纳之际,例各折阅。纲官等有负欠系狱、破家竭产之苦"。据仓部员外郎成大亨说,当时"临安斛斗均平,公私两便",于是,又降诏"依临安府样制造斛斗百只","颁降诸路"。是年十月,又命户部拨款给文思院,令其"依临安府秤斗务造成省样升、斗、秤、尺、等子,依条出卖"使用。①

由此可见,绍兴七年文思院制作颁行的五斗斛,是从绍兴二年前的"临安斛斗"制样仿作的。所谓"依省样制作五斗斛",就是"依临安府样"制作的五斗斛。而这"临安斛斗",在绍兴二年前已被认为"均平"和"公私两便",足见其行使已有一段时间。即以建炎末、绍兴元年计,其上距北宋灭亡也仅两三年时间。

从建炎末至绍兴初,高宗及其南宋朝廷正处于草创和逃亡之中。而度量衡器的认真改定,一般与律度、礼乐的改制有关,非在安定环境中从容研讨不可。所以,不论高宗在绍兴府时的大斛斗,还是同时临安那"公私两便"的五斗斛,大抵都属于北宋末以来的量器。说它创于南宋后期,全然是一种误会。

(二) 五斗斛的几种形制

中国古代的斛体型式,经历过十分复杂的变迁。

最初的古斛,大约多是方体。《礼记·月令》中"斗甬"之"甬",或《史记·商君书》与《吕氏春秋·仲春纪》中所谓"斗桶"之"桶",各家注释都说是容受六斗的"方斛"。杨辉在"求圆斛术"时也追述说:"古是方积,今改圆斛,欲便于般量也。"②

古代的斛型究竟如何,以及它们后来又如何演变?这是一个值得研究的问题。至迟在汉新之际,十斗之斛已多类似于圆柱或圆桶形,正如新莽"嘉量"铭文所说的"方尺而圜其外"。所谓"方尺而圜其外",就是以方尺为准,制作斛体的圆形外径。除了方体和圆体的区别之外,斛型还有上下口径大小之异,即上下同径、敞口或狭口等不同。古斛不论方圆,上口与底口大多同样阔狭,而后来的十斗斛,则以敞口型制为多。狭口型制之斛,大略较少。元明之际广泛行用的五斗斛又呈口狭底广的方体,即"截

---

① 《建炎以来系年要录》卷51;《宋会要·食货》69之10;《宋史》卷27等。
② 《续古摘奇算法》,见知不足斋丛书第27集。

顶方锥形"。从古代敞口，到狭口，再度构成了斛器形制的重大变异。

关于宋代五斗斛的确切形制，曾被断为"截顶方锥形"，即与明清斛形一样。① 实际上，就宋代而言，斛型并无定制：既有圆体五斗斛，又有方体五斗斛；既有敞口斛，又有狭口斛。这里先讨论圆体五斗斛。

据《永乐大典》载录《临汀志》的资料，端平间（1234—1236）李华任汀州知州时，曾改善该州"均济仓"的和籴量器与和籴手续：

> 凡和籴子利米入纳，绝无仓耗、扛量等费。仓造桶斛，每桶计五十足升，两桶准为一石。民自执概，止收斛面米二升。民与官为市，未见其害。②

这是有关宋代五斗斛形制的一则珍贵资料，也是当时流行桶形五斗斛的直接证据之一。这类五斗斛，显然不是孤立地存在于福建官民粮食贸易间。与福建毗邻的浙东温州一带，同样可以找到它的踪迹。南宋后期，吴泳在知温州任上的一道奏疏说：

> 尝出榜晓谕，招诱米客，其来者二十五万余桶。流入处州者，亦此米也。③

这里的"桶"，似应释为与福建一样的"桶斛"，即"每桶计五十足升，两桶准为一石"者也。其25万余桶，约为12.5万千余石。这不妨看作宋代有桶形五斗斛的另一证据。

南宋末年，建康府一度想用铜斛取代不合规格的木斛，后来没能实现，只将"用碎板合成"的斛板，改为整片木板：

> 始者，锐意创造铜斛一百枚，易去木斛，以垂永久。铸未易成，受输已迫。仅铸其一，余则悉用全片之板为之。铁叶帮钉，以周（固）斛身；底板不凑，防换易也；桶板成片，防脱落也。当厅较制

---

① 《中国度量衡史》，第238页。
② 《永乐大典》卷7514引《临汀志》、《建康志》；《景定建康志》卷23。
③ 《鹤林集》卷23，《与马光祖互奏状》。

矣。更请金厅官审而较之,非一时之计也。①

这木斛之斛板,既称为"桶板",其斛为桶斛,不问可知。从该府"平籴仓"的标准用斛即"照文思院斛造一石斛、五斗斛各一十只"来看,这种"桶板成片"的木斛,显然包括五斗斛。这是宋代有桶形五斗斛的第三个证据。

宋末元初人方回考订说:

（宋代）官置梭口斛,如桶形而小口,二桶为一石。②

梭口斛二桶为一石,亦即一斛为半石。其容积与福建汀州"桶斛"一样。方回的考订,不仅为宋代有桶形五斗斛提供了第四个证据,而且还证实了这类桶形斛的盛行。

南宋宁国府嘉定九年（1216）特制两种斛量的图式与"刊记"文字,迄今仍存。一种仿文思院大斛和另一种"耗米小斛",都是敞口圆桶状。③包括"照文思院降下铜式新置造"的五斗斛在内,其图形都是圆桶状。这是当时盛行圆体五斗斛的第五个证据,也是最有力的证据。

江西地区使用的桶斛,至宋亡以后很久仍沿用不衰。皇庆元年（1312）七月,当地政府还申奏说:"本路河岸市井行铺之家,多有私造斛斗秤尺,俱不依法,又有违禁使用亡宋但有蛮桶大小不同……"④ 其云"亡宋""蛮桶",即亡宋之桶斛。这是南宋盛行圆体五斗斛的第六个证据。

宋代五斗斛多圆体桶形者,已毋庸置疑。这里,再来看方体五斗斛的情况。

宋代的方体五斗斛,见于秦九韶《数书九章》的载录。这一点,前面曾经述及。如《数书九章》开列"方圆同积"的算题时写道:

问:……今出租斗一只,口方九寸六分,底方七寸正,深四寸。

---

① 《景定建康志》卷40,《田赋》。
② 《续古今考》卷19。
③ 《永乐大典》卷7512,引《续宣城志》。
④ 《元典章》57,《刑部》卷19,《诸禁·杂禁》。

并里明准尺。先令准数造五斗方斛及圆斛各二只,须令二斛口径、正深大小不同,各得多少及囤积米几何?

答曰:方斛一只,口方六寸四分,底方一尺二寸,深一尺五寸九分二厘。

又一只,口方一尺,底方一尺二寸,深一尺一寸四分五厘。

圆斛一只,口径一尺二寸七分,底径一尺二寸,深一尺二寸一分四厘。

又一只,口径一尺三寸,底径一尺二寸,深一尺一寸八分五厘……①

秦九韶在这里说了一只"租斗"和四只五斗斛。其四只五斗斛中包括"五斗方斛及圆斛各二只"。答案中两只"五斗方斛"的"口方"尺寸,均小于其"底方"尺寸,足见是两只撮口或狭口的"五斗方斛"。而另外两只五斗圆斛,其"口径"尺寸均大于"底径"尺寸,足见是两只敞口或阔口的五斗圆斛。

秦九韶的《数书九章》,成书于南宋理宗淳祐七年(1247)以前。② 据周密说,他"述数学大略"的著作,还曾被"荐于朝"。后人考订其被荐时间,当在淳祐四年(1244)。③ 这也就是说,他著作中提到的狭口五斗方斛,至迟在淳祐四年以前即已为民间实用并反映在应用数学的问答中。

这样看来,宋代五斗斛的形制,曾经是多种多样的:有阔口的,也有狭口的,还有口径与底径相同的圆桶形状的;有圆体斛,也有方体斛。

(三)"截顶方锥形"斛不创自贾似道

宋代的方体小口斛,也被称为"截顶方锥形"斛。长期以来,人们把这种斛式归功于贾似道所创。清人关于贾似道制斛的传说,来源于明代的笔记小说《农田余话》。该书旧本题"长谷真逸撰",不著名氏。其中叙及明代斛形时写道:

---

① 《数学九章》卷9上,《市易·方圆同积》,四库全书本;另见《数书九章》第12卷,《钱谷类·囤积量容》,宜稼堂丛书本,丛书集成本。

② 秦九韶:《〈数书九章〉叙》。

③ 周密:《癸辛杂识·续集》卷下;《数书九章·附考》。另据严敦杰:《秦九韶年谱初稿》,以为在淳祐八年(1248)。见吴文俊主编《秦九韶与〈数书九章〉》,北京师范大学出版社1987年版,第20页。

> 今之官斛规制，起于宋相贾似道。前元至元间，中丞崔彧上言，其式，口狭底广，出入之间盈亏不甚相远。遂行于时，至今不改。①

这里称崔彧建议采用宋代狭口斛式，确系事实，《元史·崔彧传》、《食货志》等，都载录甚明。但断言说该式起于贾似道，却不知何所据而云然。《农田余话》此说，后来广为传播。包括以考据见长的清人赵翼，亦据此说而确认："今之斛式，上窄下广，乃宋贾似道之遗。"②

贾似道与斛斗有关的政策，莫过于他的"公田法"，即凡超过限额的民田，一律收为"公田"；并按田租的石斗数量，由政府折偿其价。顾炎武在《日知录》中，也曾述及苏松田赋过重与贾似道行"公田法"的关系："愚按宋华亭一县，即今松江一府。当绍熙时秋苗止十一万二千三百余石。景定中，贾似道买民田以为公田，益粮一十五万八千二百余石。宋末官民田地税粮，共四十二万二千八百余石。量加圆斛。元初田税比宋尤轻。"③

前面说过，秦九韶早在淳祐四年（1244）或淳祐七年（1247）前，已于《数书九章》中讨论过"上窄下广"的"五斗方斛"。足见该斛式于民间早已存在。而贾似道拜相，则晚在开庆元年（1259）。其行"公田法"，更是景定三、四年（1262—1263）之事。

除此之外，杨辉在《详解九章算法》中也记述过一种方亭："上方小，下方大，有高为台，如方斛。"这种方斛，显然也是狭口。该书自序，写于景定二年（1261）。这是狭口方斛盛行于贾似道公田法前的又一佐证。

事实上，"上窄下广"的狭口或撮口斛式，其创始时间或许要早得多。前面举述了方回所说的"梭口斛"，已属于狭口斛的资料。这里，还可以举出马光祖咸淳四年（1268）时的一段记述。这段记述，追叙了建康府长期以来所用斛式、斛制的混乱。其中，便包括一种撮口斛：

> 苗仓受输之斛，自绍兴年间朝廷发下文思院式样，之后，岁久更换不常。州府不曾仔细契勘，听其添新换旧，创造一等新斛。所谓新

---

① 《农田余话》，《明人百家小说》本。
② 《陔余丛考》卷30，《古今斗秤不同》。
③ 《日知录》卷10，《苏松二府田赋之重》。

斛者，多用碎板合成，厚薄不等。其口，或敞或撮；其制，或高或低。分寸差殊，升斗赢缩。

　　官员每早入仓，斗级谬为新斛，诡称公当。其实不然，瞬息之间，纳米丛脞。心机手法，捷若鬼神。病弊万端，不可枚数。究其大指，则揽户，城居也；仓斗，亦城居也。或自为揽户，或自非揽户而子婿亲戚为之事同一家，臂指相应。始者，受纳民户之米。民户，乡人也；岂能一一计嘱？此曹就使效尤，局生情节不能相符。故自纳者常是吃亏。堆头量米，已自取尖；暨过厅，复行打住，拂去尖角，再令增加。

　　至于揽户入纳，则尽是自家人，暗记小斛，计嘱扛夫，注米则如奉盈，倒斛则必看铁。或用泥涂其底，或用板衬令高。过厅，则疾走如飞。官员虽欲诘问，而已去。却取民户之有余，以补揽户之不足。粃糠当筛不筛而亦交；湿润当退不退而亦来。今日退出，明日复入而亦如是。利尽归于猾揽矣！[①]

　　这里记述建康府仓受纳之弊，主要是绍兴以来所用的"新斛"不合规格。这些新斛的制作和改装者，包括仓斗即斗级，以及一部分城居揽户。他们在收受一般"乡户"与"自家"税粮时，采取截然不同的态度，在斛量形制上大做文章，致使该府仓所用新斛形形色色。"其口或敞或撮"，即"新斛"有敞口和狭口之分。撮，此处有聚拢和短小之意；与敞相对，则描绘斛口之狭也。

　　马光祖在这一段追述的末尾，还自叙"老守至此，已阅五周"，可见该府撮口新斛，大抵是孝宗至理宗时期的创造，更属于贾似道之前所制。如果说贾似道与这种斛式有什么关系，至多不过是承认和推广其形制而已。

　　总之，明清时代盛行的五斗斛形制"截顶方锥形"，是古代各种斛形逐渐演变而来的。其发展历程，绝不是一朝一夕。在宋代五斗斛创行之前，方斛已存在和出现过。而在五斗斛创行之初，其形制多种多样。南宋确已出现了狭口的五斗斛，但多圆体，非"均方形"；而且，最初的狭口

[①]《景定建康志》卷40，《田赋》。

五斗斛属于地方仓廪所制，不是贾似道的发明。

四　五斗一斛制的确立

以五斗为一斛的量制，意味着对斛石通用的彻底否定。五斗一斛制或二斛一石制的确立过程，就是斛与石分用的过程，而这一过程的实质，则是五斗斛取代其他斛量、并获得霸权的过程。这一过程，经历了一个半世纪，甚至更长的时间。大致说来，南宋是五斗斛创行和推广的时期；元明之际，则是五斗斛制确立的时期。

（一）五斗斛在南宋的推广

五斗斛从创行到推广应用，可以分为三个阶段。

第一阶段，主要是高宗时期。这是五斗斛最初流行的阶段。在这一阶段中，一石斛仍旧占据统治地位。

前面已经说过，五斗斛，可能是北宋末南宋初创行的。绍兴初年，由于南宋朝廷一度使用大斗收取上供物资，引起各地官民的不满和反对。于是，依临安斛样制作了一批五斗斛，颁行全国，发给"行在仓场"、诸路漕司各一只，再由各路漕司复制给"所辖州军县镇"及有关部门使用。①

最初颁行五斗斛的主旨，本为克服"仓场交纳之弊"，即解决大斗多收的问题。但事实上，当时的五斗斛不仅数量甚罕，而且也难于从根本上消除"增收斗面"等积弊。企图用某种小斛来限制各级官僚地主的贪欲，本来就是不可能奏效的。许多地方官吏，反而趁五斗斛与一石斛并行之机，"高量斛面"，"倍收耗数"。② 在这种情况下，高宗又不得不诏令各地，重行一石斛。

绍兴二十五年（1155）四月四日的诏令如下：

> 诏令文思院制造一石斛，较定，明用火印，工部颁降诸路转运司，依省降样制造用印，付所辖府、州、军、监、县、镇，受纳行用。如有违戾，按劾施行。③

---

① 《宋会要·食货》69之10，69之11。
② 《宋会要·食货》68之5，68之9。
③ 《宋会要·食货》69之10，69之11。

第二阶段，是孝宗和光宗时期。这是五斗斛逐步推广的阶段。凌哲在绍兴二十七年（1157）时说：

> 诸路州军受纳秋苗，去年朝廷颁降斛样，本以革斗量轻重之弊；而诸州每月交量，令两夫持枚夹立，抄米入斛时，复按摇，务令坚实。较其多取之数，又过倍于用斗之时。人反各赂仓斗，愿依旧用斗量。①

这里所说的"去年朝廷颁降斛样"，显然指绍兴二十五年诏令中说的一石斛样。三年以后，高宗自己也承认，有些仓吏，"因缘生奸，一斛至加五斗"。② 于是，以一石斛征收税粮之制，又不得不改。

淳熙二年（1175），孝宗降诏：

> 自今仓并诸路州县等处，给纳米料，并用省斛交量！③

此处所谓"省斛"，似应为"五斗省斛"之简称。因为南宋朝廷征收田赋的法定斛量，通常主要是一石足斛和五斗省斛。④ 但具体情况，亦未必尽然。

宋廷既以行政手段再度推行五斗斛，其使用范围即遍于各地的受纳田赋。以五斗为一斛或二斛为一石的田赋交量斛制，也成为新鲜的常识，引起财臣的注意。前面说到韩彦古与孝宗关于斛石知识的问答，就发生在这一时期。

第三阶段，是宁宗以后至南宋灭亡。这是五斗斛与一石斛并行，或者五斗斛被较多使用的阶段。

《金玉新书》曾载录宋代有关"诸仓类"条例32则。其中第12条规定，为"五斗省斛交量"。其内容如下：

> 诸给纳米粮，并用伍斗省斛交量。其一石斛，专充监官抽制斛面。（畸零，方许用斗、升、合。）每伍年，申所属给换。

---

① 《宋会要·食货》68之5，68之9。
② 同上。
③ 《宋会要·食货》68之12。
④ 《续宣城志》，见《永乐大典》卷7512。

这条规定前面，原文曾注明"庆元详定"字样。① 也就是说，至迟在宁宗庆元年间（1195—1200），诸仓所用之受纳斛器，已确定为五斗省斛。只有在抽查"交纳之弊"诸如量米堆尖、"增收斛面"等情况下，才使用一石斛。至于田赋中斛石以下的零头，则既不用五斗斛，也不用一石斛，而用斗、升、合等小量器交量。

以上这则条例，很可能与民间的情况有关。据叶适说，嘉定九年（1216）温州赡军田谷，"依私家收租谷则例，做五方省斛一十面"交收。② 此"私家"之"五方省斛"，当即"五斗省斛"或"五斗方斛"。③

当然，五斗省斛或五斗方斛在实际生活中的应用情况，仍十分复杂。上文所说的"诸仓"，也未必包括各州县所有的仓库。当时与上述条规定相悖的事例，几乎随处皆有。比如嘉定九年（1216）前后很长时期，宁国府官仓受纳秋粮用斛，便不是五斗省斛。又如嘉定九年以前，宁国府受纳秋粮所用的斛，比一般斛更大："加一斗四升八合之斛。"这一年之后，为矫正过分增收之弊，改用文思院斛交量正数秋苗；六斗五升斛交量耗米。

如果说，受纳田赋之官仓用斛不尽符合《庆元详定》条例，那么，在和籴、平籴民米的官仓中，五斗斛多与一石斛并用。

前面提到的建康府仓吏滥制新斛，经马光祖等人批评后，曾"重依文思院式铸铜斛受纳"，其"旧斛，索上劈碎，焚之通衢"。与此同时，马光祖还重建平籴仓，积米"十万斛"或"十万石"；并另造平籴仓斛。兹将其平籴仓造斛情况节录如次：

> 咸淳元年七月，马公光祖判云：当使三来开阃……思欲为此邦建一久远利益。事无如平籴。呈拨米价钱，差人籴足十万石，并令创仓厫盛贮……

今开具条画如后：

一、照文思院斛，造一石斛、五斗斛各一十只。斗，及连柄升，各二十只。当官较制、雕记。……拘收本仓，不许移用。

---

① 《金玉新书》，见《永乐大典》卷7512。
② 叶适：《水心别集》卷16，《后总·官吏诸军请给》。
③ 秦九韶：《数书九章》卷12，《囤积量容》。宜稼堂丛书本。

这里虽然没有明言其"五斗斛"为何种形制的"五斗斛",但可以断定,当是狭口或"撮口"的"五斗斛",而不再是嘉定九年宁国府造的圆桶形五斗斛。这一点,后面引录元初御史台公文中还将要说到。

以上情况表明,五斗斛的使用,在南宋后期已得到推广。尽管当时还盛行着包括一石斛、八斗三升斛、七斗五升斛等在内的十余种斛,尽管五斗斛还远不能取代一石斛;然而,它毕竟已从众多省斛中脱颖而出,成为能同一石斛并驾平居的主要官斛之一。这种局面,为后来五斗斛制的逐步确立准备了条件。

(二) 元代整顿量器与五斗斛制的确立

元军灭宋之后,各地所用量器一度较乱。据《元史》载录,至元二十年(1283),元世祖根据崔彧的建议,下令田赋"输米者,止用宋斗斛"。① 这里所谓"止用宋斗斛",指"宋文思院小口斛",即"口狭底广、出入官粮无所容隐"之斛。② 实际情况,并不都像《元史》所说的这样。当时的官量,仍为"底狭面阔"的大口斛,而民间工商业户私造之量,更是五花八门。"各路行铺之家行用度尺升斗秤等,俱不如法","恣意私造使用,或出入斛斗秤度不同","用大者收籴,小者出粜"。

为了在全国实施统一的度量衡,忽必烈曾屡下诏令"禁私斛斗秤"。至元二十三年(1286)的命令,不仅要求各地官府"依系官见行用法物"如样制造、勘平、印烙,遍发各处;而且,"立限拘收旧使斛槩升斗尺秤",限期为60天,届时"即将不依法式斛斗秤度随即拘收入官毁坏,仍令本处达鲁花赤长官,不妨本职,常切用心提调。如限外违犯之人,捉拿到官,断五十七下[止坐见发之家]。亲民司县正官禁治不严,初犯罚俸一月,再犯各决二十七下,三犯别议……仍标注过名,任满于解由内明白开写以凭定夺外,据路州达鲁花赤长官不为用心提调,致有违犯,初犯罚俸二十日,再犯取招别议定罪"③。尽管如此,民间"私造斛斗""违禁使用亡宋蛮桶"等"大小不同"量器者仍不乏见。

元廷认真推行小口五斗斛制,是在至元二十四年至二十九年(1287—1292)。当订作的新斛样品送达忽必烈处过目批示后,开始逐级颁下仿造,

---

① 《元史》卷12,《世祖本纪》。
② 《元史》卷173,《崔彧传》;《续资治通鉴》卷186。
③ 《元典章》57《刑部》卷19,《杂禁》。

并通令全国官民共同行用。且看《元典章》中著录的有关资料：

> 至元二十九年御史台咨：照得至元二十四年四月十六日准御史中丞牒：官司所用斛槛，底狭面阔，吏卒收受概量之际，轻重其手，弊倖多端。亡宋行用文思院斛，腹大口狭，难于作弊。今可比附式样，成造新斛，颁行天下。此不可但施于官；至于民间市肆，亦合准官斛制造。庶使奸伪不行，实为公私两便。
>
> 准此，五月二十五日御看过新斛样制。钦奉圣旨：是有说的，有体例。教这般行者！钦此。呈奉中书省劄，付令工部造到圆斛一十只，校勘相同。每处拟发斛样一只，咨发各处行省、宣慰司，依样成造，较助（勘）印烙，发下各属行用。咨请各道察院严加纠察施行。①

这是一篇珍贵的元代档案资料。它告诉我们，南宋灭亡以前的文思院斛，已不复为圆桶形的五斗斛，而多为"腹大口狭"的"撮口"圆斛。而至元二十九年由忽必烈亲自批准颁行天下的元代标准用斛，正是以南宋狭口圆斛为参照"式样"，通令全国统一行用。它既是唯一的"法式""官斛"，又是"民间市肆"所必须使用的民斛。为了确实保障其行用，由各道监察部门"严加纠察"督责施行。

比起南宋后期同类样式五斗斛与一石斛并用的局面来，这才是斛制史上一场真正的革命。从此，狭口五斗斛的地位日益显赫。它所代表的五进位制与"腹大口狭"形制特征，也正式获得全社会的确认和独尊的地位。传统的一石斛制，则日趋湮没于历史的尘埃之中。至于剩下来的问题——至元二十九年颁行天下的狭口圆斛，又怎样在皇庆元年（1312）前后演化为"小口方斛样制"，已经显得无足轻重了。

任何一项重大的改革，都会遭遇到种种阻碍和曲折。小口五斗斛制的确立，也远非一帆风顺。《元典章》载录的另一珍贵资料便反映了这种情况：

> 皇庆元年七月，袁州路奉江西行省劄付吉安路申：本路河岸市井行铺之家，多有私造斛斗秤尺，俱不依法；又有违禁使用。亡宋但有

---

① 《元典章》21《户部》卷7，《仓库》。

蛮桶，大小不同。除依样成造斛斗秤尺给散及革去私牙外，乞照详得此检会先准中书省咨……别议定罪，……又准都省咨，发到铁升斗、小口方斛样制，咨请收管，准此，已下各路依样成造行用，去后，为体访得各处诸行铺户不将官降斗斛行用，贪图厚利，欺瞒客旅，别行私造大小斛斗，遇有贩到米麦，用大者收敛，小者出粜，所有秤尺，亦皆效此。……今后行铺之家凡用斛斗秤尺，须要行使印烙官降法物……如有似前违犯之人，许诸捉拿赴官加项号令，严行断罪。于犯人名下征至元钞一定，为给付告人充赏……仍将私造斛斗秤尺尽数官为拘收去讫。今据见申省府仰照依都省元行事理严加禁治施行。①

这则资料，不仅反映了元代各地曾长期沿用宋桶形斛等多种斛斗，并以此抵制官颁的小口五斗斛；而且，也表明在忽必烈至元二十九年以来的小口圆斛之外，至元仁宗皇庆元年（1312）以前，又另颁"小口方斛样制"。这种小口方斛，虽早在贾似道之前已由南宋人创用，但直至皇庆元年之际，才正式成为全国通行的法定斛式。清代所谓"截顶方锥体"斛式，当即袭自于元代。

从五斗斛制在南宋初问世，到元代中期它被确认为全国通行的定制，经过了将近两百年的时光。在今人看来，那是何等鲜明的合理形制；而古人的选择，竟须耗费几代人的漫长岁月和踟蹰。固然历史的抉择终久总会归于合理的方面；然而，人们付出的代价，却也未免过分沉重了些。

（三）结语

五斗斛制的确立，带来了斛石关系的崭新变化。从此以后，斛与石不再通用，石成了比斛大一倍的容量单位。在量制史上，这是一次颇为重大的转折。而这种转折的发生，并非偶然的现象。它有着深刻的内在原因和不可避免的必然趋向。

五斗斛制取代十斗斛石制的主要缘由，可以归纳为两点：一是斛量容积本身的发展，对斛石制度提出新的需要，而旧的十斗斛制已不能再适应这种需要；二是新型五斗斛形制方面的优点，为斛石改制准备了条件。

中国古代量器量制发展的主要规律之一，是一般量器容积日趋增大。北魏、北齐的升斗容积，大约是新莽和汉升斗容积的两倍左右；北周隋唐

---

① 《元典章》57《刑部》卷19，《杂禁》。

的升斗容积，大约是新莽和汉升斗容积的三倍左右；宋代一般升斗的容积，大约是新莽和汉升斗容积的三倍多些；元代升斗容积则大约是新莽和汉升斗容积的四倍至四倍以上。这还不算量器中特制的加量。

量器容积的扩大趋向，给这些量器的使用带来了麻烦。随着唐宋之际量器容积的成倍增加，人们使用这些量器尤其是斛一类大量，愈来愈感不便。于是创造一种或几种容量较小的斛斗，就成了计量经济生活中的迫切需要。宋代多种省量包括五斗省斛在内的各种省斛、省斗、省升，就是适应这种需要而纷然问世的。

宋代形形色色的省量，虽一度蓬勃盛行，最终却大多销声匿迹。只有狭口的五斗省斛，得天独惠地发展起来。历史作这样的、而不是别样的选择，并不奇怪，其中关键之点，即是小口五斗斛形制的优越条件起了作用。

中国古量的上下口径，曾经在相当长的时期里保持一致。这一点，可以新莽嘉量为代表。然而，曾几何时，这上下口径的一致性被突破了。斛斗的口径逐渐变得豁敞起来。这种敞口量器的最大特点，一是便于注入和倾出，二是便于在交量时加收增取，只须斛内粮食之类稍稍超过斛口平面，一斛的容量便可以增加许多。由超出斛口平面而增加容量的事，就是所谓斛面问题。

如同量器本身容积增大趋势必然带来麻烦一样，斛口敞豁及其斛面多收，也必然导致交量中的不公和争讼。久而久之，敞口斛的形制特点，使日渐为人所不取。创造一种与敞口相反的斛式，就成为新的需要。于是，狭口之斛应运而生，并受到愈来愈多的欢迎；终竟成为古代斛量的最后一种定式。

以上所述，是就一般通用量器的形制而论。除此之外，各地、各部门专用的量器形制变迁，还另有其特点。比如宋元之际绘制的《熬波图》，其中两浙盐斛，便为上下口径一致的长方形。至清代画家重摹此图，则改为狭口方形（参阅［图版二十七、二十八、三十二、三十三］）。

第五章　宋代度量衡的机构设施与管理体制

第一节　两宋度量衡器的制作与管理机构

一　中央常设的度量衡制作机构

（一）太府寺

按照通常的看法——"宋承唐制"，两宋时期的太府寺，也像唐代那样，一直是度量衡器的主要制作场所。其实，"宋承唐制"一语，并不能概括当时太府寺的职能变迁。

太府寺，确曾是宋代第一个度量衡器的制作机构。凡由这里制作的尺斗秤权，均被冠以"太府"之名，称为"太府尺"、"太府秤"等。其他机构仿制"太府"斗秤者，亦视为以"太府法"制造。许多太府寺制作的标准度量衡器，一直沿用到南宋灭亡。或许正因为如此，《宋史·律历志》说："度量权衡，皆太府掌造，以给内外官司及民间之用。"

不过，若就太府寺的本来面目而言，制作度量衡器，并不是它的主要职责。据《两朝国史志》载称，太府寺原本有许多更重要的职能；只是因为这些职能被别司所侵夺，它才沦为供应祭物和制作度量衡的机构："太府寺，……凡财货、廪藏、贸易、四方贡赋、百官俸秩，今皆隶三司；本寺但掌供祠祭香币、帨巾、神位席，及造斗秤升尺而已。"①

太府寺内负责制作度量衡器的具体部门，是该寺下属的"斗秤务"。太府寺设"监斗秤务官二人"，以三班使臣或内侍充任；另设"法物都知二人"，及专知官等。②

---

① 《宋会要·职官》27之1。
② 同上。

值得注意的是，《宋史·律历志》关于"度量权衡皆太府掌造"的说法，主要是指北宋前期。如果将它视为对全宋情况的概括，便会导致"宋承唐制"那样的错误认识。

太府寺停止制作度量衡器，是熙宁新法带来的变化之一。这一变化，发生在熙宁三四年间。熙宁四年（1071）十二月十一日的诏令，宣布"以太府寺所管斗秤，归文思院"。① 从此以后，太府寺便从度量衡制作与管理系统中隐退。

熙宁四年诏书说"太府寺所管斗秤归文思院"，是包括"造斗秤升尺"的整个"斗秤务"呢？抑或仅指斗秤而不包括尺度在内？近人解释"文思院"职能，仅说其供应各官署所需"权量"而未提尺度，这显然是出于谨慎的考虑。不过，从北宋后期有关度量衡制作的资料看，正确的答案，该是包括尺度在内的。

大观四年（1110）诏令工部造一千条"指尺"的任务，是交由少府监办理，而不是由太府寺承揽。② 那时的文思院，正隶于少府监之下。政和五年（1115）少府监的奏言，也提到"文思院下界造新降权衡度量"。③ 南宋时期的标准"升斗秤尺等子"，更一概都由文思院制作。④

由此可见，熙宁四年诏令中说的——"太府寺所管斗秤归文思院"，系泛指"斗秤务"制作机构，而不是仅指制造斗秤的业务活动。也就是说，从熙宁四年以后，包括制作尺度和斗秤等各项度量衡的业务，都由太府寺转移到了文思院。

"元丰改制"后，太府寺原被三司侵夺而失落的某些职权，曾有所恢复；但制作斗秤升尺等业务，不在此列。南宋建炎三年（1129）至绍兴元年（1131）间精简机构，太府寺还一度被"诏罢"，"拨隶金部"。⑤ 后来重立建置，仍未染指度量衡事。除了太府寺旧日制作的"法物"之外，熙宁四年以后官仓和市肆使用的官造标准度量衡器，均与太府寺无关。

（二）文思院（下界）

宋文思院建于太平兴国三年（978）。它本来是隶属于少府监的一个宫

---

① 《长编》卷 228；《宋会要·食货》69 之 5；《宋会要·职官》27 之 8。
② 《宋会要·食货》69 之 6。
③ 《宋会要·食货》69 之 9。
④ 《宋会要·食货》69 之 10。
⑤ 《宋会要·职官》27 之 27。

廷器物制作场，并以作工精巧闻名于世。宋初的文思院，曾设有 32 作。这许多作坊，分属于该院的上、下两界（有时也简称为上、下两院）。两界各设监官，由清一色的内侍充当。监官之外，又有监门官，以及专知、手分、秤子、库子等。工匠头领，称为"作头"。①

《四朝志》及《宋会要》载称：文思院"掌造金银犀玉工巧之物，金彩绘素装钿之饰，以供舆辇、册宝、法物及凡器服之用，隶少府监"。《中兴、孝宗会要》则指出：文思院"上界，造作金银珠玉；下界，造作铜铁竹木杂料"。② 同类的载述，还可以在《东京梦华录》、《梦粱录》、《青箱杂记》、《江邻几杂志》等书中看到。③

文思院作为皇家供奉机构的特殊性质和服务对象，至熙宁三年（1070）开始发生改变。上引《四朝志》及《宋会要》接着说："熙宁三年，诏文思院两界监官，立定文臣一员，武臣一员，并朝廷选差。其内侍勾当官，并罢。"④

廷臣接替内侍来掌管文思院事，意味着该院的服务对象，已突破传统的宫廷范围。只是，文思院监官一律不用内侍的体制，后来又经历了一些反复。元丰年间，仍有人主张保留一名内侍作文思监官；另一名文思监官，则用外臣。元丰初的诏令，正反映了文思院由内侍和廷臣共管的局面："文思监官，除内侍外，令工部、少府监同议选差。"⑤

熙宁三年诏令颁发的具体月日，不大清楚。《宋史·职官志》载录一道类似的诏书说："崇宁三年诏：'文思院两界监官，立定文臣一员、武臣二员，并朝廷选差。其内侍干当官，并罢'。"这则诏令同熙宁三年诏书的酷似程度，几乎令人怀疑它的真实性——怕是"熙宁"与"崇宁"间一字之差所带来的刊误。然而，稍加注意便可以发现，两篇诏书的异文颇耐人寻味。其崇宁诏中的监官员数，比熙宁诏的"两员"多出一名。而这种情况，恰与熙宁九年（1076）增置一员监官的决定相符。⑥

众所周知，崇宁二、三年间的改革，曾高举"循复"熙宁新法的旗

---

① 《宋会要·食货》29 之 1。
② 《宋会要·职官》27 之 52、51。
③ 《东京梦华录》卷 1；《梦粱录》卷 9；《青箱杂记》卷 8 等。
④ 《宋会要·职官》27 之 52、51。
⑤ 《宋史》卷 165，《职官》。
⑥ 《宋会要·职官》29 之 2。

号。假如上述崇宁三年诏令不误，那就可以断定：文思院监官中的内侍勾当官，至哲宗朝及徽宗初年仍然存在。直到崇宁三年以后，这种情况才彻底改观。南宋时期的文思院监官，大约再没有出现内侍。

熙宁三年对文思院长官人选身份的调整，是当时改革活动的一部分。这一史实，是毋庸置疑的。载有这一内容的诏令，不仅《宋会要辑稿》中反复出现，而且，还有与它相关的两件事，可资旁证。

旁证之一，是此诏颁降第二年，即熙宁四年，接踵宣布了调整度量衡制作机构的决定，即"以太府寺所管斗秤归文思院"。主要是为社会服务而不是为内廷服务的太府寺"斗秤务"，既要转归文思院，文思院本身及其监官的身份，便不能不作适当的调整，以适应新的对外业务。

旁证之二，是李焘《长编》中，曾不惮其烦地两次著录了《司马光日记》的一部分。这一部分日记的主要内容，是批评王安石变法期间开展官府营利事业。其中就包括熙宁四年"出卖斗秤印板等"度量衡器的事。《长编》著录该日记，一在熙宁四年二月戊寅条，一在同年十二月十一日条下。① 这后一时间，即调整度量衡制作机构之际。

不难看出，熙宁三年开始改变文思院的长官身份，同该院接受新的制作和出卖斗秤业务之间，显然有着内在的联系。新的"斗秤务"活动，与传统的文思院服务对象不同。这一部分新的业务活动，使它在很大程度上开始面向百姓和市场。

可以肯定，熙宁五年（1072）以后的文思院下界，是继太府寺之后、宋代第二个度量衡制作机构，也是宋代历时最长久、影响最广泛的度量衡制作机构。可惜，迄今为止，人们对它那长达两百年的公开性质和服务对象，尚缺乏清晰的认识。

随着文思院的性质和服务对象的局部变化，它的规模、内部结构以及隶属关系，也日渐改观。熙宁七年（1074），原隶于军器监的东西作坊等场址，被该监长官占为廨舍。② 不久，"东西作坊、杂料，三千余作"，皆"并入文思院"。鉴于该院业务"委是繁重"，从熙宁九年四月起，增设一名监官，另"差京朝官一员，通管上下界"。③ 南宋的文思院，有时上下界

---

① 《长编》卷220，卷228。
② 《长编》卷258。
③ 《宋会要·职官》29之2。

合并为一体，其长官称为"提辖"。① 文思院同左藏库、榷货务、杂买场的提辖官，合称"四提辖"，或"四辖"。②

文思院包括"斗秤务"在内的工匠，至迟于北宋后期开始，大量从民间和雇。比如政和年间改革度量衡之际，文思院为赶制大批"铁砣法物"而扩大作坊，即"别置斗秤一作"，召"收造斗秤行人和雇"加工。③ 不言而喻，这一新斗秤作坊的主要工匠，是接受和雇的民间"造斗秤行人"。南宋时期，该院更多"和雇百姓作匠"，甚至连"作头"也依靠招募。应募充当"作头"的，必须家产在500贯以上，并有两名富裕的金银户来做担保人。在招募"作头"不够的情况下，有时还强迫保任金银户"权行隔别承揽掌管"。④

文思院"斗秤务"的工作，大都在严格的"关防"下进行。作匠出入院作，有一定的"入作"、"放作"制度。南宋该院"人匠偷盗"案发后，午间出入制度也被取消，"各令送饭，不得非时出作，及令监作亲事官专一在两院作下机察监视。遇晚看验，秤盘点对，数足入库讫，方得放作"。

所谓"看验秤盘点对数足入库"，指金银铜铁等贵重原料的收发制度。其金银品色鉴定与器物销作等事，还特邀专门的工商业铺户负责技术性工作："打造器物，系临安府籍定铺户十一名，监视钑销……作匠入作时合用金银，各支一包，令铺户看验色额秤盘，遇晚放作，令铺户将器物再行看验元色额，秤盘数足，方得入库，同专副封锁。"⑤

关于文思院的上级机构，有人说在"元丰改制后属少府监"。此话欠妥之处表现在三个方面。其一，该院从成立之初，就曾隶于少府监。《宋会要辑稿》辑录《四朝志》及《宋会要》的两处载述，都叙及这一点。⑥ 其二，在宋初至元丰改制前的一些时期里，文思院的实际管辖权，操于三司及其辅助机构——都大提举诸司库务司之手，而不在少府之手。其三，从元丰五年（1082）"改制"，至北宋后期，文思院虽仍隶少府监，但工部有时也参与其事。从建炎三年（1129）四月起，少府监与文思院皆并归

---

① 《宋会要·职官》29 之 3。
② 《宋会要·职官》27 之 50，29 之 6。
③ 《宋会要·食货》69 之 8。
④ 《宋会要·职官》29 之 5。
⑤ 《宋会要·职官》29 之 4，29 之 5。
⑥ 《宋会要·职官》27 之 51，29 之 2。

于工部，此后，文思院完全听命于工部。《中兴会要》载称："（绍兴）三年三月七日工部言：'本部所辖文思院，旧系分上下两院；监官各三员，……自来系少府监辟差；今来少府监已并归工部，合系本部使阙辟差。'从之。"①

以上所说，主要是度量衡器的制作系统。这些制作系统及其产品的行政管理，则不限于它们的直隶上司。比如三司、户部、工部，就在各个时期分别或共同参与了度量衡的管理。关于这些，后文将要详细论述。

二 临时与地方性度量衡制作机构

熙宁四年以前的太府寺和此后的文思院，虽是宋代度量衡的两个主要制作机构，但却不是这方面的全部机构。此外，还另有两类机构通常并不为人所注意：一是地方性的度量衡制作机构；二是在某些特殊情况下，中央也出现过涉足此事的机构，比如"三司户税案"的"斗秤务"、绍兴府与临安府的"秤斗务"，以及榷货务等。

（一）三司、榷货务及临安府的斗秤务

熙宁三年（1070）十二月二十七日，三司使吴充在一篇奏疏中，曾提到该司下属机构有"户部户税案"所"辖"的"斗秤务"。②此话距颁发"太府寺所管斗秤归文思院"诏令，尚早一年。可见，在文思院接管太府斗秤务之前，三司已有"斗秤务"的建置。该务是否即纳入三司管辖的原太府寺斗秤务，抑或是三司另设的斗秤制作场所或经营机构，均有待研究。但不论其性质与业务状况如何，它都是属于三司直隶的一种机构。

绍兴元年（1131）高宗逃难至越州（绍兴府）时，曾将当地"省仓"的斗升作为标准量器，颁行于"诸州官司"。后来因该州府升斗容积较大，引起许多争讼。第二年高宗到临安，便于二月七日"诏令榷货务"，另取临安府省仓的官斗作为标准，"制造斛斗百只，降之诸路"。③

绍兴二年一度"依临安府样"而制造100只标准斗的活动，实际上是由"榷货务"临时扮演了文思院的角色。这大约是当时动乱环境所致，或者新的文思院尚在筹建之际。至当年十月，"依临安府秤斗务造成省样升

---

① 《建炎以来系年要录》卷22（以下简称《要录》）。
② 《宋会要·仪制》3之38。
③ 《要录》卷51；《宋会要·食货》69之10。

斗秤尺等子"出卖并颁行诸路的诏令，① 便不再由"榷货务"承办，而是由新的文思院负责。②

绍兴府或临安府的"秤斗务"，原来只有依式仿造度量衡及在本路推广的权力。只是因为这二府一度作了"行在"，其量衡制作，才具有了特殊的意义。尤其是临安府秤斗务，由于在绍兴动乱中以"斛斗均平"而闻名遐迩，其地位便越发显赫。不但绍兴二年榷货务与文思院的"省样"以它为标准，甚至绍兴二十九年（1159）取缔民间乡原加斗时，朝廷也格外恩宠地"委临安府置局，造作百合斗，官雕印记出卖，并给与买斗人户"。③ 这种由地方府局参与朝廷文思院职掌的做法，未免有越俎代庖之嫌。它后来遭到秀州嘉兴等地民众的抵制。人们以该量器依法"止系临安府使用"的旧制为理由，拒绝接受它；直至临安府百合斗取代乡原加斗的法令被迫撤销。④

绍兴、临安府的"秤斗务"——特别是后者参与"省样"制作系统的活动，应该被看作是一种特例。在通常情况下，它们都属于地方度量衡制作系统。

（二）地方官府与部门的仿造度量衡器机构

太府寺与文思院制作的尺斗秤权等，因数量有限而不能直接满足各地、各部门的需要。这些部门和地方（包括民间）使用的标准度量衡器，就由该部门与地方的有关机构，根据太府寺或文思院所降"省样"来进行仿造。

地方官府仿制尺度的机构，通常包括各路漕司和各州军设置的局务。其中以州军局务为主，路级漕司的局务，多是制作样尺发下各州。所谓"诸路转运司依样制造，降付管下诸州，遂（逐）州制造，分给属县"的做法，就反映了这种情况。⑤

地方官府仿制权衡、量器的局务，比尺度制作机构的设置要严格些。按规定，只有各路漕司可以设置这类机构，并由都监负责"管辖"制作事宜；而且，设置地点，仅限于该司衙署所在地的那一个州城或府城。路级

---

① 《宋会要·食货》69 之 10。
② 《要录》卷 59。
③ 《宋会要·食货》69 之 11。
④ 《宋会要·食货》69 之 13。
⑤ 《宋会要·食货》69 之 6。

以下的其余州府，原则上均不得滥设量衡制造机构。

元丰元年（1078）七月十二日诏令说："诏诸路转运司，就廨舍所在州，置斗秤务，委都监管辖，依省样造作，别差官较定，分诸州商税务卖之。……"① 政和三年，有臣僚也说："依条，系诸路转运司于所在州置务制造。"② 上述设秤斗务的临安府，即是两浙西路漕司的治所。③ 绍圣四年（1097）户部的奏议，也提到"量衡"器"令转运司所在置局制造"。④ 南宋福建路漕司治所之一建宁府，亦设局制秤。⑤

不过，事实上，诸路设置量衡制造局务，并不完全遵守原则规定。他们常常突破有关漕司所在州城的限条，选择那些商业繁盛的府城及其他都会，于当地作坊内就便制造，并广为出售，从中渔利；或者，借"文思"式名，改变规格，克剥民户。政和三年（1113）荆湖北路提举常平官张动说："诸路皆于会府作院制造等秤，……轻重不等。"他奏准朝廷，责令诸路漕司"常切检查，须管依法式制造"，并仍旧坚持于漕司所在地置务。⑥

于非漕司所在处设置斗秤务，后来在特殊情况下也成了合法现象。比如漕司以外的其他路级官司，南宋时也偶尔被破例允许仿造量衡。至于擅自创式制造量衡，则为朝廷所默许。

南宋江东路提举司所在地宁国府（宣州），既用加大的斛斗征收税米，还在交量时"加耗"受纳，结果引起激烈的争讼。嘉定九年（1216），经提举官李道传奏准朝廷，将文思院斛斗"铜式"颁付该府，制造"文思斛斗升各五十只"官用，另造斛斗升各三只供民用；每石"加耗"适当提高。至端平元年（1234），继任的王提举又"取文思斛为定，每石取耗六斗五升"，"置造斛斗各十只"。淳祐二年（1266）该府仓更自称"用李提举每石加耗六斗五升，立下斛样"，制人斛十只，另创造"六斗五升斛"六只。⑦ 类似的情况，显然别处还有。⑧

专业部门的度量衡制作机构，可以举出铸钱司、发运司、盐茶司等部门。

---

① 《长编》卷290；《宋会要·食货》17之25略异。
② 《宋会要·食货》69之7。原文"依条係"之"係"，一作"後"，似误。
③ 《方舆胜览》卷1。
④ 《宋会要·食货》69之5。
⑤ 《宋会要·食货》22之37。
⑥ 《宋会要·食货》69之7。
⑦ 《永乐大典》卷7512，引《续宣城志》。
⑧ 参阅拙文：《隋唐宋元之际的量器与量制》，载《中国经济史研究》1987年第1期。

鉴于这些部门的业务需要，它们往往在本部门内置局，依式自行制作斗秤。

北宋著名的铜钱铸造场——池州永丰监，曾在熙宁年间铸造过大型铜秤砣20副，每砣均为100斤重。铜砣铭文记述说："池州永丰监，淮州帖指挥淮州署衙牒，取到广德军建平钱库省样铜砣壹副，前来本监；依样铸造壹百斤铜砣贰拾副。今已铸造讫。熙宁□□正月□日……"①

这次大规模铸造标准秤砣的活动背景，显然与当时亟待发展的铸钱业有关。而池州永丰监所铸铜秤砣的标准"省样"，则是特地从广德军建平县（今安徽省郎溪县）的"钱库"取来的。铜砣铭文末尾的署名，有"江浙等路提点铸钱"司和"江淮制置发运"司长官。这表明新铸秤砣的使用，主要在这两司所辖范围。

各路盐司自行制造度量衡的机构，多在该司所在地、分司所在地，以及较大的盐仓等处。南宋福建路建州的都盐仓，便有自己的"仓秤"。离都仓不远的临河码头，又另置有一副"河秤"。"仓秤"的"石法物"与"河秤"的"铁法物"，规格不一，屡致争讼。②浙西路提举盐事分司所在地华亭，其仓、场斛斗标准各异。盐仓自制的大斛，每斛容量达一石四斗五升，比文思院一石斛加量45%③。浙东路明州盐场的盐秤，也不同寻常。④

三 度量衡的行政管理机构

如同对度量衡制作机构的误解一样，以往谈及这方面的行政管理权，也被归之于太府寺。所谓"宋代管理度量衡行政之权，亦属于太府"，便代表了这种认识。⑤其实，太府寺既非唯一的度量衡制作机构，它染指全国度量衡的行政管理之权，为期也较为短暂。在这方面长期掌有实权的另外一些机构，可以举出三司、户部和工部。

太府寺对全国度量衡的行政管理，集中体现在宋初统一颁降"法式"的活动中。而这种统一颁降度量衡制，从大中祥符二年（1009）以后便遭到破坏，并被愈来愈广泛的销售制度逐渐取代。

---

① 见浙江瑞安县文化馆藏"熙宁铜砣"铭文。参阅《中国古代度量衡图集》第226图。"署衙"之"署"，《图集》原误为"置"，今正之。
② 《宋会要·食货》22之37。
③ 《黄氏日抄》卷71。
④ 《黄氏日抄》卷80。
⑤ 《中国度量衡史》，第234页；顾炎武：《日知录》卷11，《以钱代铢》〔原注〕亦有此意。

至少在真宗至神宗朝的七八十年间，即大中祥符二年（1009）至元丰五年（1082）改革官制前后，全国度量衡的行政管理权，已在很大程度上转入三司之手。三司执掌这种管理权，反映在三个方面：一是参与太府寺颁降度量衡器的管理工作；二是掌握太府秤权等物的出售活动；三是直接控制文思院及其"斗秤务"，包括确定其工匠的安排方式，等等。

大中祥符六年（1013）十二月的诏令，曾要求太府寺颁发给在京诸仓400只官斗。这批新斗，均须经"提点仓场官火印后，付诸仓附帐收管"，并要求严格保管制度，"监官置历收贮"。① 而"提点仓场官"，即三司控制下的"提点仓场所"长官。

颁降上述诏令四年以前，即大中祥符二年，根据三司的建议，已开始在太府寺制作两种新秤，连同其他升尺之类交"商税院"出售。其出纳状况，"具帐申三司"。② 此后，太府寺"斗秤务"便同商税院结下了不解之缘。如不查明太府寺与三司及商税务的关系，便无法认识当时度量衡的实际管理体制。

京师商税院，也称在京都商税院或商税务。该院虽系太府寺与户部的下属，但在北宋前期"皆隶三司"，或划入三司辅助机构，成为"提举诸司库务司"辖下的在京诸库、院、场、坊之一。③ 熙宁中，商税务也像杂买务等一些其他三司所辖机构那样，一度改隶提举市易务；④ 元丰五年后又改隶于户部。

大中祥符二年五月诏令的表达方式，也颇耐人寻味："商税院每于太府寺请斗秤升尺出卖，具帐申三司"。由此亦不难看出当时的商税院，正是在三司的控制之下。何况，三司所关心的，并不仅是斗秤取售的帐籍，而是连制作和出售怎样的斗秤，都一并加以过问的。三司在掌握度量衡发售方面的行政管理权，即由此可见。

前面说过，太府寺作为宋代第一个度量衡制作机构，只是熙宁四年以前的事。即令在这一时期里，度量衡的行政管理之权也不尽属太府；或者说得更确切些，主要不属于太府。那么，熙宁四年以后，当太府寺脱离斗秤制作系统之后，它与度量衡的行政管理之权，便越发毫不相干了。

---

① 《宋会要·职官》26 之 44。
② 《宋会要·职官》27 之 35。
③ 《宋会要·职官》27 之 1；《长编》卷 242。
④ 《长编》卷 235。

文思院作为继太府之后的第二个度量衡制作机构，也曾长期听命于三司及其辅助机构管辖。可惜，关于这一点，近年出版的《中国历史大辞典·宋史卷》"文思院"条下，只字未提。而这方面的佐证，至少可以举出如下一些。

其一，熙宁三年（1070）十二月二十七日三司使吴充的奏言，曾拟定了该司所属各机构长官的上下级别与高低班次。在这些隶属关系的网络中，不仅文思院、裁造院、西染院这三院和内衣物库、杂物库等"局务，皆系三司三部管辖"，而且，这三院、两库，又直隶三司的"度支赏给案辖"管。按其"统摄之体、座次相压"的新规定，实授"副使"与"判"职官，不论官序如何，分别在库务监官与库务监官正郎之上。① 这显然是为了加强三司现任官对诸库务的控制——包括对文思院的控制在内。

其二，元丰五年（1082）二月，裁造院请求援引文思院之例，安排部分活计在院外加工。神宗为此降诏给三司，命其对所属"三院"的额外任务，准予"募人承揽"。

其三，提举诸司库务司，是为辅助三司工作而于景德二年（1005）建立的。包括文思院在内的京师各寺、监原属"库务场院坊作"130余所，曾皆隶该司。② 甚至"太府斗秤务"也不例外。在这些"隶提举司"的库院坊场中，只有少数库务的主要业务仍保留归原上级单位统领，如"太府斗秤务、少府祭器、法物库"等，但文思院不在此列。③ 这说明文思院的实际行政管理权，从景德中已归于三司辅助机构。

其四，三司对度量衡的长期管理，也反映在度量衡的名称上。宋人提及尺度时，既有称"太府尺"或"太府布帛尺"者，又有称"三司布帛尺"者。④ "三司"的设置虽然算不上十分长久，但"三司布帛尺"的名声却远播四方，甚至盖过"太府尺"，以至朱熹也认为宋代官尺或省尺，就是指三司布帛尺："谓省尺者，三司布帛尺也。"⑤

三司及其辅助机构对度量衡的管理权，至"元丰改制"后转给了户部和工部。而户、工部对度量衡的行政管理，主要体现在三个方面：一是确

---

① 《宋会要·仪制》3之38、39。
② 参阅李伟国：《论北宋的提举诸司库务司》，载《中国史研究》1986年第3期。
③ 《宋会要·职官》27之41。
④ 《宋会要·食货》69之14。
⑤ 《宾退录》卷8。

定器式的标准，并将其样式颁发给各地；二是经营中央与地方度量衡器料的出售及其赢利活动；三是颁布有关度量衡的使用、禁用等法令，及有关赏罚条规，并组织实施。前一方面的职权，主要由工部"取旨"执掌，并关照户部的金部施行。后两方面的职权，则多归户部负责。

综上所述，大致可以这样认为：以往盛行的宋代度量衡制作与管理方面的论断，基本上没有反映当时的史实。实际上，宋代度量衡的制作机构大致分为三个系统——第一个系统是中央常设的制作机构，包括为期稍短的太府寺斗秤务，和为期略长的文思院下界；第二个系统是中央临时性的制作机构，如三司三部之一"户部户税案"所辖的"斗秤务"，以及临时代替文思院发挥作用的榷货务、临安府"秤斗务"等；第三个系统，是地方官司与专业部门的制作机构。这类机构主要有，漕司所在地特设的尺斗秤局务，提点铸钱司、发运司、提举常平司、盐茶司等设置的局务或作坊。

此外，将制作机构与行政管理部门混为一谈的说法，显然也不妥当。太府寺参与宋代度量衡的行政管理，为期极短。在这方面长期握有实权的部门，主要是三司、户部和工部。

第二节　两宋度量衡的行政管理体制

两宋度量衡器的行政管理体制，经历了多次反复的变衍。其行政管理的主要内容，不妨大致概括为：标准器式的颁降和废器毁缴制度；官造尺斗秤等的出售体制；民间制造、使用及流通度量衡器的政策与法规。除此行政管理之外，还另有一套技术鉴定和调节系统——诸如法物定式、出场鉴识、流通与使用中的验核措施等。

一　官造度量衡的颁降制度

（一）颁降法物与省样

五代十国的割据及其间商务的往还，曾给度量衡的发展带来了复杂的影响。南汉与闽国的斗，江南及荆楚之秤，吴越和淮南的尺，都以竞相立异而著称。北宋建国之初，不得不明令毁弃，均同度量，将境内所用尺斗秤等全部纳入于统一的官造官颁体制。宋代度量衡的第一套行政管理制度，即寓于这种官造及颁降制度之中。

所谓官造官颁体制或"颁降"制度，至少包括了两种情况：一是由中央斗秤制作机构直接将成品转发给使用部门；二是只发样品规格，令其依式仿造使用。此外，广义的颁降制度，还可以包括保管与毁缴制度在内。至于同官造官颁并列的官造官卖制度，则是稍后时期发展起来的。

由太府寺或文思院制作的标准度量衡器，称为"法物"。官造"法物"直接颁发使用的制度，在宋初较为多见。其普遍供应的部门，主要是京师库务等处。大中祥符六年（1013）分发石印本"重定权衡法"，就是根据颁降惯例，各赐一本。这些受赐并存有颁降"铜砣法物"的部门，包括"各道州郡""并在京库务"。① 政和间颁降新式度量衡，也首先"颁降在京官司"，特别是"在京紧切给纳库务"，以次方轮到"其余官司及诸路"。②

朝廷转发的度量衡器样品，称为"省样"。"颁样"以供仿造和使用的制度，推行得更为广泛和久远。上自路州，下至县镇，不论是北宋官司专用的尺斗秤，抑或是南宋大量出卖的官造量衡，无不由朝廷"斗秤务"颁下"省样"。

"法物"或"省样"的推广使用，通常是皇帝以诏旨的形式"颁降天下"。比如"宋既平定四方，凡新邦悉颁度量于其境，其伪俗尺度逾于法制者去之"；"诏有司精考古式，作为嘉量以颁天下"，"凡四方斗斛不中式者，皆去之"。③ 乾德元年（963）七月平荆湖后，又"颁量衡于澧、朗诸州"。④ 开宝四年（971）七月，"诏广南诸州受民租皆用省斗"。⑤

朝廷颁降"法物"或"省样"的主管部门，即所谓"有司"，包括度量衡的制作和管理机构。参与颁降的制作部门，如太府寺，及文思院的上级机构少府监、工部。参与颁降的度量衡主管部门，如三司与户部。

宋初的"法物"，多经由太府寺颁降。淳化三年（992）新"铸法物"，即"诏付太府寺颁行"。这些"授于太府"的铜式，包括铜权32副、铜牌20枚，标准铜钱2400枚。"颁于四方"的新权衡，凡"十有一副"。⑥ 大中祥符六年（1013），又"诏太府寺给斗四百"副"付诸仓"。⑦

---

① 《宋会要·食货》69之5。
② 《宋会要·食货》41之33。
③ 《宋史》卷68，《律历志》。
④ 《长编》卷4。
⑤ 《长编》卷12。
⑥ 《宋会要·食货》41之29。
⑦ 《宋会要·职官》27之2。

熙宁四年（1071），太府寺"斗秤务"转归文思院。此后的颁降事宜，主要改由少府监及工部办理。

大观四年（1110）四月，曾诏"令工部依样先造一千条"乐尺"取旨颁降"。少府监旋即奏报说："上件乐尺一千条……并依样制造，未审如何颁降？各若干付？是何去处？"徽宗的答复是："乌木花星尺一百条，进纳；余尺，颁赐在京侍从官以上，及有司库务、外路诸司及有库监各一条；仍令所属依样制造行用。"① 这是少府监与工部取代太府寺"颁降"职责之例。

政和二年（1112）八九月间，工书李孝偁等先后奏报了乐尺"已奉圣旨颁行天下"的情况，同时希望续降一旨，明确今后各种计度一律"纽定"新尺为准。② 绍兴元年（1131）四月十三日，"诏工部官一员，将省仓见使升斗，令文思院重别较定讫，降样下诸州官司行使"。③ 绍兴二十五年（1155）四月四日，"诏文思院制造一石斛，较定，明用火印，工部颁降诸路转运司，依省样制造用印，付所辖州军监县镇受纳行使。如有违戾，按劾施行"。④ 这些，也是工部负责颁降度量衡之例。

户部参与颁降度量衡事，显然同其赋税征敛、纲运及仓廪受纳等有关。正如《宋史·职官志》所云，户部的金部长官，参掌天下给纳，"凡造度量权衡，则颁其式"；工部"造度量衡，则关金部"。当然，这主要是指元丰改制以前，特别是南宋的情况。就财赋系统中度量衡器的颁降使用来说，户部的权势尤为显著。

绍兴元年（1131）高宗在越州时，"行在省仓受纳纲运"上供粮斛，一度不得不以当地的绍兴府斗为标准。这年七月十五日的诏令，要求户部会同工部一起，"斟量较定斗样，缴申尚书省，责下所属制造降下，诸路州军应受纳、支遣、起纲交量，并用省样新斗量"。⑤

这次以绍兴府斗斛为"省样新斗量"的做法，因新斗较大而招致各地反对；至第二年，便匆匆改用临安府斗："诏榷货务依临安府样制造斛斗百只，降之诸路。"⑥ 关于这次颁降的渠道，该诏有明文指示："赴户部颁

---

① 《宋会要·食货》69之6。
② 《宋会要·食货》69之7。
③ 《宋会要·食货》69之10。
④ 《宋会要·食货》69之11。
⑤ 《宋会要·食货》53之2。
⑥ 《要录》卷51。

降诸路。"这后一句话，见于《会要》的著录。① 《要录》述及同一诏令时，失载此语。

孝宗即位初年，曾掀起一场统一用斗的风潮。那次斗量改制，也经由户部将"百合斗行下"，"晓谕州县"。② 嗣后改制失败，又按户部的议案撤销成命，宣布原诏"更不施行"，"令户部日下镂板行下"。③

在上述两套度量衡颁降渠道中，太府、少府或工部等制作部门，必然同三司、户部有着一定的分工。这种分工的具体情况不太清楚，但其中显然包括技术与行政业务间的分工，比如前者主要负责器式规格、火印等技术标准的颁降，后者则主要掌握颁行范围、对象、数量、榜谕通告及保管、毁缴等行政措施。

(二) 火印、榜谕及保管、毁缴

不论哪条渠道颁降的标准"法物"，抑或是"颁样于地方、部门而另行复制之器"，都有一套写造火印标识的手续。"凡遇改元，即差变法，各以年号印而识之。"这种作为官器特征的火印标识，有些直接写在制成的样器上；④ 另有一些，则颁发火印原料，由各路漕司置局"写造"于器。⑤ 司马光所谓"旧制，太府寺造斗升，用火印颁于天下"，即指此等方印、长印、八角印、笏头印。⑥

新式标准"法物"在地方上初次通行时，大都先要进行一番张榜公布和晓谕民户的工作。榜谕内容，包括新器特征、颁用因由、相关规定，乃至新器编号及旧器处置方法等。

嘉定间宁国府（宣州）颁用新斛斗之际，曾委主簿"造板榜十面，板上该载今来所行事节，于州县诸仓门钉挂"，并同时"出榜府衙门等处晓示"，还"镂榜本府六县管下镇市乡村贴挂，晓示民户通知"。其新降法物，也须铭刻"今后非此不得行用"等字样。并"一体排立字号"，"于板榜该载"。⑦

宋代标准度量衡器的保管，大致有四种情况：一是珍藏内廷；二是贮

---

① 《宋会要·食货》69 之 10。
② 《宋会要·食货》69 之 11。
③ 《宋会要·食货》69 之 13。
④ 《宋会要·职官》27 之 2。
⑤ 《宋会要·食货》69 之 9。
⑥ 《长编》卷 228；《宋史》卷 68，《律历》等。
⑦ 《永乐大典》卷 7512，引《续宣城志》，《金玉新书》。

于太常寺、礼院或司天监；三是存放在制作机构如太府寺或文思院下界；四是收存于各库仓等使用部门。

淳化"重定秤法"之后，太宗首先降诏："以新式留禁中"；然后，令"复铸铜式……授于太府；又置新式于内府、外府"。① 后来还将"详定秤法"的文字说明和依据论证等"刊石为记"，与各地现存法物一并保藏，"有司检会诸道有铜砣法物州郡，并在京库务，各赐石记一本"。②

太常、礼院、司天监等处珍藏的标准度量衡器，主要是为校定钟律和进行天文活动而用的，如同唐代改定礼乐的乐斗藏于太乐署那样，③ 这一点，在讨论技术鉴定与调节系统时还要说到。

在京库务及外地州郡的法物，也有附帐、置历登记、校定封号、专人保管及取用归还等制度。前面提及的大中祥符六年诏令，已反映了这方面的情况。现将该诏全文转录如下："太府寺给斗四百，付提点仓场官火印后，付诸仓附帐收管。监官置历收贮。每支纳，旋给斗子，事毕后收。"④

北宋末人李元弼指出："常用斗秤丈尺之属，先依公校定封号，责付库子收掌；应买物，并委库子当厅两平秤量〔斛斗，委斗子〕。仍告示供知，委状。"⑤ 庆元刻押制度要求"诸仓官斛斗升合各刻仓分，监官押字，置库封锁。应修者当官较量"。⑥

度量衡器的回收毁缴，包括废旧官器和民间私器。大凡新式"法物"颁降各官司之际，总要求将旧器回缴，或者以旧换新使用。其中"在京官司"库务，多是"将见在旧法物赴（文思）院送纳，请换兑支新法物行使"。⑦ 京师以外诸路州县，则要求在颁下新式后，将"不堪"再用之旧器"从漕司毁弃"；⑧ 或将取缔的旧器"赴所属毁弃"。⑨

收缴或毁弃旧器，通常还有一定的"时限"。违限未毁未缴者，须处以各种惩罚。政和元年（1111）改革尺度，就规定自当年七月一日始，

---

① 《宋会要·食货》69 之 4。
② 《宋会要·食货》69 之 5。
③ 《通典》卷 5，《食货》；《新唐书》卷 21，《礼乐志》。
④ 《宋会要·职官》26 之 24。
⑤ 《作邑自箴》卷 1，《治家》。
⑥ 《永乐大典》卷 7512，引《续宣城志》、《金玉新书》。
⑦ 《宋会要·食货》69 之 9。
⑧ 《宋会要·食货》69 之 10。
⑨ 《宋会要·食货》69 之 11。

"旧尺并毁弃"。① 政和三年（1113）继续推行新法，又限令半年之内尽数缴纳。如若出限，须依条断罪。②

南宋宁国府毁缴旧器的做法，是宣布"本府旧来受纳斛斗既非合法，不当存留，今委权录参施奉承就本府设厅前尽数毁劈；内留斛斗各一只，大字书刻：'此系宁国府旧来违法、不可行用斛斗'，解赴提举司为照。其外县外仓旧斛旧斗，亦尽数索上，准前毁劈。如有敢私自藏者，许人户告首，送狱根勘，定行决配！"③

当然，这些规定未必都能贯彻，而且，往往也难于彻底实行。许多未换易的"旧官造法物"和被取缔的民间私器，常常同新式标准度量衡器夹杂掺用。即令是"文思院制造发下"的法物，州县亦可"于斛缘铁叶之上增加板木，复以铁叶蔽之"。至于"颁样"至"州县续置之斛不依元降则样"者，更不乏见。④

大体上说，北宋与南宋前期，度量衡的颁降制度较为严格，北宋与南宋中后期，这种颁降制度日渐衰落。造成这种情况的原因很多，其中比较重要的有如下三个方面：一是官造度量衡器的出售政策，对颁降制度的冲击愈来愈大；二是民造度量衡器的管理渐趋松懈，影响到颁降制度；三是度量衡的技术检测系统日益瘫痪，破坏了颁降官器的声誉。

二　官造度量衡的销售体制

（一）商税院售秤与熙宁出卖印板

颁降度量衡"法物"或"省样"，只是宋代度量衡使用和推广的一种方式。除此之外，宋代度量衡的另一种重要流通方式，是官器销售。

官造尺斗秤等的销售体制，体现了宋代度量衡的第二套管理制度。这种销售体制的创始，至迟不晚于北宋第三代君主统治时期。其销售体制的实施范围，呈逐渐扩大之势：起初，主要是出卖中央政府制作的部分度量衡器，继而加入某些地方官府仿制品的销售，终乃发展为普遍性的销售政策——甚至包括出卖标准规格的半成品材料。

据《长编》记载，真宗大中祥符二年（1009）五月，"三司请令太府

---

① 《宋会要·食货》69 之 6。
② 《宋会要·食货》69 之 8。
③ 《永乐大典》卷 7512。
④ 《宋会要·食货》68 之 20。

寺造一斤及五百斤秤，以便民用。从之"。李焘接着补充道："始令商税院于太府寺请斗秤升尺出卖。"① 这就是说，商税院开始出卖官造的斗秤升尺，是适应日益广泛的市场"民用"需要而采取的措施。

《会要》载录这一重要事件，曾分置于两处，其文字略有不同。比如"便民用"句，一作"便市肆使用"；"五百斤"秤，一作"五斤"秤。② 该诏文内容，亦有多出一句者："诏商税院，每于太府寺请斗秤升尺出卖，具帐申三司，十日一转文历。"③

如果把祥符间商税院出卖官秤视为宋代度量衡销售体制的开端，那么，这种销售体制发展的转折点，该是熙宁变法。熙宁变法中历来不大为人所注意的度量衡变革，可以举出如下两个方面，即官器流通政策的扩大和制作机构及其长官人选身份的调整。

在熙宁变法期间，度量衡制作机构及其长官的调整，主要是将内侍掌管并服务于内廷的文思院，改由朝臣掌管并对外服务，原隶太府寺的"斗秤务"，也改归于文思院下界。④ 关于熙宁间官造度量衡器流通政策的扩大，司马光在《日记》中曾略予记述。

司马光写道："王安石为政，欲理财富国。人言财利者辄赏之。旧制，太府寺造斗升，用火印颁于天下，诸州卖之；禁民私造升斗。其法甚严。熙宁四年诏：自今官司止卖印板，令民自造升斗；以省钉叶之费。于是，量法坏矣。"

这段记述，李焘在《长编》中曾两次著录，并在文后自注说："卖斗秤印板等，当考月日。"⑤

接管太府寺斗秤务的文思院下界，其所造度量衡器物虽仍分为两类——一类直接颁降，另一类颁样复制后由诸州出售，但"官司止卖印板""以省钉叶之费"，足见熙宁四年时诸州所卖斗升数量之多。除颁样仿造由"诸州卖之"外，"文思院下界造"的各种权衡度量，还可以直接"送商税院出卖"。⑥

---

① 《长编》卷71。
② 《宋会要·食货》69之5。
③ 《宋会要·职官》27之35。
④ 参阅拙文：《宋代度量衡的制作与管理机构》。
⑤ 《长编》卷220。
⑥ 《宋会要·食货》69之9。

正像太府、文思制作秤斗"送商税院出卖"给市肆一样，各路转运司仿制的斗秤，也经由各地的商税务场销售。关于这种各地税务经销度量衡器的做法，神宗元丰元年（1078）七月十二日的诏令有明文规定："诏诸路转运司，就廨舍所在州置斗秤务，委都监管辖，依省样造作，别差官较定，分诸州商税务卖之。"① 此后，哲宗绍圣四年（1097）户部议案中又郑重说明："令转运司所在置局制造，送所在商税务齎卖。"② 政和三年（1113）张动说："窃见诸路皆于会府作院制造等秤，给付州县出卖"，亦属此意。③

（二）秤斗销售的经营管理

京师都商税院和各路州商税务场，只是中央和地方度量衡器的销售机构。至于这类销售活动的经营管理，则通常由三司、户部及各路漕司总负其责。史籍中有关这方面的载述，可以举出制作投资、经销赢利的回收及分配等情况。

一般地说，中央度量衡器的制作原料和工本，大都由制作部门在年度预算中提出计划，上报朝廷转发三司或户部供应。《宋史·职官志》"工部"条指出："其工料，则饬少府、将作监检计其所用多寡之数"，"有合支物料工价，则申于朝，以属户部"。大中祥符二年开始出售太府秤，同时要求商税院将帐籍申报三司。④

在特殊情况下，制作机构也可以临时申报朝廷，转请三司或户部支应急需钱物，记在太府或文思院帐上。政和四年（1114）九月文思院下界的奏疏，就说到临时赶制100副"新法斗秤""铁砣法物"，其急用铜数"见缺"，"乞下户部计置应副"，"本院划帐"。⑤

诸路仿制度量衡器的工料和资金，通常由本路自行筹措，事后从销售赢利中扣除。诸路出售度量衡器的赢利，大致被分为三个部分：一部分用来抵偿制作成本；另一部分上供给朝廷；第三部分作为当地的收益。除抵偿成本的一部分之外，上供朝廷与本地漕司留用这两部分的比率，各时期未必一致。政和三年调整后的分红比率，是朝廷与漕司各得一半："除留

---

① 《长编》卷290；《宋会要·食货》17之25略同。
② 《长编》卷493；《宋会要·食货》41之30，69之5。
③ 《宋会要·食货》69之7。
④ 《宋会要·职官》27之35。
⑤ 《宋会要·食货》41之33。

功料之值外，以五分上供，余给本司。"①

诸路出售度量衡器的赢利，之所以必须上供一部分给朝廷，至少与下述情况有关，即从中央"颁降"诸路的样器，其工料成本须由三司或户部预付。比如政和间"降样付诸路转运司制造出卖"的 300 副新样斗秤。所用铁围"团条"、"火印"材料，亦系从户部分别"降给"。②

为了增加朝廷的经费，南宋初户部还特别拨出专款，作为经营销售尺斗秤的本钱。绍兴二年（1132）十月，尚书金部员外郎吕廷问"请令文思院造斗秤升尺出卖，以助经费"。③ 于是，高宗诏"户部支钱五百贯"制造，"依条出卖"；"其钱，循环作本，仍先次制造样制法则，颁降诸路漕司依式制造，分给州县贸易行使"。④

诸路漕司为了从度量衡销售中赢利，也采取种种措施扩大经营。有的漕司设法侵夺朝廷的工料，更多的漕司增额仿造，一些州县则抑配百姓购买斗秤。

绍兴四年（1134）三月，两浙运判孙逸请求"下文思院，于见出卖斛内郡拨工料，制造斗样一百五十只，给降付两浙转运司，分给州县行使，仍将不堪斗从本司毁弃"。这一要求得到了批准。⑤ 绍兴十六年（1106）十一月二十日的诏令，则批评两浙漕司属下"逐州军"说：借"出卖升斗秤尺"之机，"多是州县科抑，或令人户白纳（价钱），显属骚扰！如有见今白纳数目，仰日下蠲放，其未卖数，如非情愿，不得依前科抑。如违，许人越诉"⑥。

以上所说中央与地方经营和出售度量衡器，主要指的是成品。除此之外，宋代官府还出售半成品斗秤，由民间自行加工为成器。这类经营情况与成品出售大略相同，其节省加工所用之钉、叶、铁条之类，于朝廷亦可增加一笔收入。

官造度量衡器的出售，本来并无不可。但当这种活动愈来愈被视为某种营利事业——甚至出售半成品、开放民间斗秤等加工业的时候，度量衡

---

① 《宋会要·食货》69 之 7。
② 《宋会要·食货》69 之 9。
③ 《要录》卷 59。
④ 《宋会要·食货》69 之 10。
⑤ 同上。
⑥ 《宋会要·食货》69 之 11。

的技术检测系统就显得格外重要起来。一旦检测系统运转失灵，或者检测制度不能同大规模的经营制作销售活动相适应，那么，官造和民造标准计量器的粗制滥造，就会成为不可避免的事。

三 民间度量衡器制作与流通的法规

（一）从民造与官造并行到宋初的取缔私造

关于唐宋时期民间度量衡器制作与流通的基本法规，以往都尊崇吴承洛先生的论断——认为是禁绝私造而通用清一色的官器："观前纪之文，可知宋代度量衡行政，采官制之制，禁私造，是即因唐之遗法。"[①]

今天看来，这一论断未必妥当。其主要不妥之处，在于疏忽了两个差别，即唐五代与两宋间的政策差别，和唐宋两朝各个时期之间的政策差别。事实上，自唐至宋初，民间度量衡的管理法规经历了许多变化。其中最重要的变化，就是从官造与民造并行，转向统一的官造。北宋中期以后，这类变化又再度出现。

把宋代采取统一"官制"和"禁私造"的管理制度笼统当作"唐之遗法"，显然有悖于实际情况。唐制允许民造斗秤，前曾述及。概略地说，从如下三例即可看出：开元九年（721）的"关市令"，是针对"官私斗尺秤度"而发的。[②]"斗尺秤度"而有"官私"之分，可见"私斗尺秤度"为官府所容。此其一也。广泛反映唐代社会生活的《太平广记》，曾述及长安西市诸行中有过"秤行"，亦可为民间制秤业活跃之一证。[③] 此其二也。1977 年西安发现的两筎唐代税商银铤，其铭文称"岭南道税商银伍拾两，官秤"。[④] 税商银重特别标出为"官秤"，显系与商民"市秤"相区别。此其三也。

仅此三点，已足证唐代的民造度量衡器，曾经合法存在。

唐代后期的长安东西市，或许一度"禁私制"权量，但其实施也未必长久。[⑤] 五代南唐的鄂州，就屡有私秤，"轻不及数"。即令经张宣厉治，"卖炭者率以十五斤为秤，无敢轻重"，也不过收效于一时，并不代表五代

---

① 《中国度量衡史》，第 234 页。
② 《唐会要》卷 66，《太府寺》。
③ 《太平广记》卷 243，《窦乂》。
④ 刘向群、李国珍：《西安发现唐代税商银铤》，载《考古与文物》1981 年第 1 期。
⑤ 《新唐书》卷 163，《柳仲郢传》。

各国度量衡管理的一般状况。①

1958年山西垣曲县出土的"垣曲县店下样",是"元祐七年七月初七日置"立的一枚巨型石秤权。这枚秤权并非官制,而是一些盐商"与众同共商议"后"起立"的"私约石样"。该秤权雕琢精致,铭刻293字,声言"不得借与别客使用",结尾处述署名画押。②"垣曲县店下样"及其铭文内容,表明元祐七年前后河东路与陕西路一带民间私制秤权,是合法的。此外,北宋诸行中虽少见"秤行"或明代那类"等秤铺"、"斛斗铺",却也不乏见"斗秤行人"的活动踪迹。至于南宋民造的市秤、乡斛、镇斛等例,更俯拾即是。可见,宋代度量衡的行政管理,其实也很难简单地概括为"禁私造"、"采官制"。

大体上说,唐宋两朝对待民造度量衡器政策的主要差异是,唐代通常允许"私作斛斗秤度""在市执用",其前提条件是"每年八月诣太府寺平校,不在京者诣所在州县官校并印署,然后听用"③;凡民造而照章办理"平校"手续者,即为合法。宋代的有关政策,是以取缔民造为始,并以"禁私造"时居多,但亦时而开放民造,或默许民造。加以平校不严,实际上流于放任。

宋代关于民间私造和使用度量衡器的政策变迁,至少有过两度反复:从宋初至熙宁变法前,为明令禁私造阶段;熙宁变法期间,实际上开放了民间的私造。哲宗末或徽宗初,又再度申严禁令。事实上,熙宁前或徽宗以来民间私造度量衡器的事,都很普遍。特别是北宋末和南宋中后期,民间私器尤为盛行。大观改尺、政和改秤及绍兴统一斗量的活动,就是在这种背景下发生的。

(二) 熙宁新法与民造度量衡政策的转折

宋代关于民间制造度量衡的政策法规,在熙宁变法前后发生了较大的转折。在此之前,即北宋前期,官府对度量衡的管制政策之一,是明令禁止私造。比如建隆元年(960)八月丙戌的诏令,就在"颁新量衡于天下"的同时,宣布"禁私造者"。④ 后来由商税院及"诸州卖之"的太府

---

① 《南唐书》卷18,《张宣传》。
② 王泽庆、吕辑书:《垣曲县店下样简述》,载《文物》1986年第1期;参阅拙文:《关于垣曲县店下样的几点考释》,载《文物》1987年第9期。
③ 《唐律疏义》卷26,《杂律》。
④ 《长编》卷1,卷220。

斗秤，也都"写造火印"，号识显著，"明制度而防伪滥"。① 至仁宗后期，其管制日渐放宽。②

熙宁变法期间有关度量衡政策的新法，前引《司马光日记》已作过叙述——"旧制……禁民私造升斗，其法甚严；熙宁四年诏：自今官司止卖印板，令民自造升斗，以省钉叶之费。于是，量法坏矣！"李焘为此作注，称官"卖斗秤印板"。③

官府出卖"印板"而令民户自制升斗的做法，因有统一印板规格和"写造火印"标识，仍不妨视为官卖度量衡行为之一种；但它与官卖成品毕竟截然不同。就制作的意义而言，这已不属于完全的官造。从立法上说，所谓"令民自造升斗"，显然仅指用官"卖斗秤印板"来"自造"；然而，"令民自造"之风一开，便断难以官"卖斗秤印板"为限。擅自制作或以非官卖印板规格而"自造"的活动，势必与日俱增。

对宋廷来说，官府节省"钉叶"、"围条"等料固然有益，但更重要的后果，则是在实际上敞开了民造或私造度量衡器之法。司马光说，"于是量法坏矣"，即指"禁私造升斗"的"旧制"从此已被突破。

熙宁四年（1071）官"卖斗秤印板""令民自造"的新法，不知维持了多久。从元丰元年（1078）七月十二日诏令看，这项新法至少在元丰初曾一度放弃。该诏令不仅要求诸路转运司"就廨舍所在州置斗秤务，委都监管辖，依省样造作"；而且，还须"别差官较定，分诸州商税务卖之"。从这些情节看，不像是"止卖印板"而已。尤其重要的是，该诏规定民户"如买出，辄增减及私造行用者，各杖一百！"④

然而，即令元丰初或熙宁末曾摒弃了"卖斗秤印板"的新法，其熙宁四年一度开放"令民自造"之事，已蔚然风行而难于制止。前面举述元祐七年（1092）七月初七日盐商置立的"私约石样"秤权，及其"于安邑、含口、垣曲等处各留一个"并刊石铭记的做法，即可为此作证。至少"禁私造"升斗秤等令的实施，元祐间又颇见宽弛。

熙宁四年以来实际上开放民造度量衡器的新法，大约也像其他新法那样，在哲宗后期再度引起争议。绍圣四年（1097）十一月户部奏言，重新

---

① 《宋史》卷68，《律历志》。
② 苏洵：《嘉祐集》卷5，《论衡·用法》。
③ 《长编》卷1，卷220。
④ 《长编》卷290。

拟定了对"辄增损衡量若私造卖者"的惩治措施；但该措施似乎未必立即实行。这篇奏疏的要点，《长编》与《会要》均予著录。奏文之后，却又均无哲宗"从之"字样。①

在《长编》著录惩治私造量衡的议案之后，李焘还自注说："旧特详，今从新"。其谓"旧"、"新"也者，系指《哲宗实录》或《正史》的两种文本。《长编》虽以"新"本为据从略记述其事，李焘却告诉读者，"旧"本记载此事"特详"。不言而喻，在"旧特详"的记述中，很可能包括户部此奏的背景资料与争议情况，乃至该奏何以无"诏从之"缘由等等。

饶有意味的是，直到政和四年（1114）九月推广徽宗新法斗秤之际，京师等处街头市肆间还有许多"造斗秤行人"存在。当时文思院下界的奏议说："契勘本院见奉行圣旨指挥，别置斗秤一作除已申请到乞收造斗秤行人和雇制造等划一遵依施行外，今续条具到下项……"② 这里所谓"收造斗秤行人，和雇制造""新法斗秤"云云，该是将民间"造斗秤行人"收聚和雇到文思院新设的斗秤作坊中，令其为官府效力。假如这一判断不误，那么，宋代文献中这则较为罕见的"斗秤行"资料，多少透露了当时民间"造斗秤行人"活动的消息。而从元祐流传至今的"垣曲县店下样"等私约秤权，正是这些"造斗秤行人"的得意之作。

不论"造斗秤行人"原来制作斗秤享有多少自由，也不论他们后来在多大程度上恢复过这种自由，从熙宁变法到政和改制以前，民间制造度量衡器曾较为活跃，毕竟是毋庸置疑的。假如把"收造斗秤行人"理解为官营作坊对私营手工业的兼并，则民间度量衡制造业的命运，便从政和以后再度发生转折——与熙宁四年以来方向相反的转折。

（三）北宋后期至南宋的民用度量衡管理法规

北宋后期民间度量衡管理法规的主要特征是，明令禁止私造和贩卖；擅自改变官颁度量衡规格的行为，也在违禁与惩办之列。这样，官造官颁与官卖度量衡器，就再度成为排他性的度量衡制作与通行体制。

按元丰元年（1078）七月诏令的规定，民户从各路斗秤务买出斗秤

---

① 《长编》卷493；《宋会要·食货》41之30，69之5。
② 《宋会要·食货》69之8。

"辄增减"规格"及私造行用者,各杖一百"。① 绍圣四年(1097)十一月户部议案中拟定的度量衡条规,仍沿用此法而更为详密。其内容大致如下:"辄增损衡量、若私造卖者,各杖一百,徇于市三日;许人告,每人赏钱有差。"② 这里拟定了三种不同的违法行为及对告发人的奖赏:一是增减官颁法物的轻重尺寸规格;二是私造斗秤;三是贩卖私造的斗秤。史籍载录当时的赏罚标准均过于简略,只说各杖责100下,示众羞辱三天。

不管绍圣奏议是否被当即批准,限止民间私造贩卖斗秤及改变官颁规格的禁条,后来都付诸实施。政和三年(1113)十月推广新式度量衡时,宣布"旧有斗升秤尺等,并限半年尽数首纳,不得隐留。如出限,许人告首。除犯人依条断罪外,每名与赏二十贯"。③

宣和七年(1125)十二月二十三日条令称:"诸增减斗斤秤度等、若私造、私用及贩卖者,各杖一百;增减私造,仍五百里编管;私用及贩卖,并令众三日以上。许人告。巡察人知而不纠,杖八十;告获斗升秤等尺私用及贩卖,钱二十贯;增减若私造,钱五十贯。"④

这里说的断罪情况,更详分三等。其第一等,即绍圣议案中的那三种——包括增减官颁规格,不改规格而私造私用,以及私造而贩卖者。其处罚,为各杖一百。第二等,是不按官式而私造者,即既私造,又"增减"官颁规格。其处罚,为"五百里编管"。第三等,是私用及贩卖而非私造者。其处罚,是示众三日以上。对巡察人员失职行为的处罚及告获、抓获违法者的奖赏,也作了更为详尽的规定。

上述宣和七年的条令,是"尚书省措置参酌拟修"的;其处罚"五百里编管"的行文前,冠以"仍"字。可见在宣和七年前,即早有同类条令存在。

南宋初的有关法规,仍坚持禁止民间私造及擅改规格。但在处罚措施方面,似较北宋末为轻。比如绍兴三十二年(1162)禁令"格式",只说"或有(告)私造升斗增减者,赏钱五十贯,杖一百断罪",并未提及

---

① 《长编》卷290。
② 《长编》卷493;《宋会要·食货》41之30,69之5。
③ 《宋会要·食货》41之32。
④ 《宋会要·食货》41之34。

"五百里编管"。①

从北宋末到南宋初，各种禁规条令的发布，诚然表现了宋廷整顿民间度量衡器制的决心。不过，从另一方面看，却又曲折地反映出当时民造斗秤的盛行和广泛流通。政和禁令颁布之际，有人抱怨说，"民间见用斗升秤尺等子，多是私造私用，与官造法物混杂行使，无以区别"。② 南宋初屡"禁用私量"，民间仍多"行使私置升斗秤尺等子"。③ 甚至浙西等地声势浩大的统一量制运动，也只能以收回成命、重新承认"乡原体例"民斗而告终。④

于是，从南宋初年以后，禁限民造度量衡的法规便日益成为一纸空文。"商贾细民私置秤斗。州县虽有著令，然私相转用，习以为常。至有百里之间轻重多寡不同"。⑤ 不但不同地区规格不一，即使是在同一地区的城乡之间，官颁官斛、省秤之外，也另有市秤、乡斗、镇斛等区别。仅以地区名称盛行的"乡原"斗斛，就可以举出十数种以上。⑥ 有些商家用斗，大小多至十三等。

纵观宋代度量衡行政管理体制的各方面及其发展梗概，似可综据为一个从严格到松弛的演变历程：

大体上说，北宋前期管制从严。宋初度量衡的管理特征，是收回民间制造权，企图将全国使用的尺斗秤等一概纳入官府统一的颁降制度，以克服唐五代以来官造与民造兼行制度的弊端。自真宗祥符年间起，统一的颁降制度被突破，并以部分官器的出卖，与颁降制度相辅而行；仍旧禁绝私造。仁宗朝私禁渐宽。

熙宁变法期间，官造度量衡的出售制度迅速发展，民造斗秤的禁条，一度在实际中开始放弃，形成了官颁、官卖与民造贩卖等三套体制并行的局面。从神宗元丰初和哲宗末、徽宗初，一直到南宋初年，又曾重申民造斗秤的禁令，仍行官造官颁与官器出售之制。不过，实际的管理体制已无法禁绝民造秤斗及其流通。加以标准器式的几度更改和技术管理系统的松

---

① 《宋会要·食货》69 之 11。
② 《宋会要·食货》69 之 8。
③ 《宋会要·食货》69 之 10。
④ 《宋会要·食货》69 之 13。
⑤ 《宋会要·食货》69 之 11。
⑥ 参阅拙文：《隋唐宋元之际的量器与量制》，另见《夷坚志补》卷 7。

懈，南宋的度量衡行政管理，已日渐陷于瘫痪状态。

第三节　宋代度量衡器的技术检定

度量衡器在人类交往中发挥的计量效用，在很大程度上归功于它的标准化特征。一定范围内行用的度量衡器，必有其相对固定的标准与规格。技术检定系统的主要任务，就在于通过校验与调节，使度量衡器不至于丧失它的标准化特征。

宋代度量衡器的技术检定，包括标准"法物"的定式与改式，器物在流通中的检测，使用"条禁"与规章惩戒，以及多种技术监督与调节活动。每当定式或检测发现问题、引惹争讼的时候，校正或修改器制标准的事，便提到日程上来。重大的定式和认真检测，有时还会导致整个计量制度的变化——北宋刘承珪改秤和南宋创行五斗斛制就是例证。

大体上说，两宋度量衡器的技术检定，具有如下三个特点：其一，是注重朝廷法物的定式和校验，忽视地方与民间标准器式的检测；其二，是强调上级监官对器物使用的随时抽查，而缺乏普遍坚持的定期检测制度；其三，是在特殊情况下采用自下而上的方法监督校定。

一　标准器式的确定和校正

（一）省样法物及其定式

历代的度量衡样器，大都体现着当时的法定规格标准。《尚书·舜典》所谓"同律度量衡"，说的就是虞舜将其度量衡标准贯彻于东方诸侯国的事。虞舜时代的法定样器虽早已荡然无存，但后来的度量衡样器，却还有传世或出土的实物，供人研究与凭吊——诸如战国时代的商鞅铜方升，秦代的始皇诏椭量、高奴禾石铜权，两汉之交的新莽嘉量，隋大业太府寺合，等等。近年发现的熙宁铜砣虽然不是宋廷法物，却是仿"省样"而制的专用标准秤砣。

古代的度量衡样器，大致可以分为两类。第一类，是官定样器；第二类，是民约样器。官定样器之中，又分为中央政府确定的全国性标准器样，和地方官府或某些部门专用的样器。

中央政府确定的度量衡样器，宋人称为"省样"或"法样"器物，亦称"法物"。"法物"的确定，或承袭前朝样式，或另行改制。唐初太府寺颁下诸道的"秤、尺、五尺度、斗、升、合等样",多沿用隋初太府寺的开皇官尺斗秤样。宋初太府寺权衡铜式,则按后周太府铜秤规格制造。至太宗朝以后,太府权衡才另行改式。

唐宋度量衡样器的制作机构,主要是太府寺和文思院。这一点,前已述及。至于这些样器的规格"定式",似由金部承担其技术责任。《唐六典》与《旧唐书》有关金部的职掌中,曾明确载录日用大尺大斗大两的规格,须在小尺小斗小两规格基础上确定;而小尺小斗小两的规格,皆由金部用累钜黍法确定。《新唐书》叙录金部郎中员外郎的职任之一,也是掌"权衡度量之数"。惟其如此,程大昌论述唐代尺制,就直言"金部定度"。①《宋史·职官志》叙金部职掌,也指出:"凡造度量权衡,则颁其法式";叙工部职掌时又说:"造度量权衡,则关金部。"

样器的制作,在质料和技术规格上都比较考究。从唐代尺斗秤样"皆铜为之",到后周的铜斗秤升与"五尺铁度";从宋初太府寺"铜式",到颁于各地的"铜碻法物",无不如此。样器制作完成之后,还须经由专人反复校定;在确认合格后,才写铸岁月印署,编号勒名——以便将来发现差讹时由铸造人及校定官承担责任。

对样器进行技术校定的官员,通常不得由制作部门指派,以避嫌碍。今藏日本的隋"大业三年五月十八日太府寺造"样合,即另由"司农司(寺)校",并勒明为记。②宋代刘承珪新制的秤式,后来也另"命三司使重校定"。③不过,在"省样""法物"确定之后,其他一般性样器的校定,也不一定都由别部门指派,而可以在本部门内部遣官验校。这种情况,在宋代尤为多见。至道元年(995)"诏太府寺:凡给诸色秤量并须监官次第精致较定,明勒都料专监姓名",即属于这类情况。④

地方政府和部门专用的度量衡样器,通常也要求同中央的"省样""法物"规格一致。宋人常说:"文思院斛斗,天下所同。朝廷颁降铜式,付之提举司,正欲责之以同量之事"。⑤在一般情况下,在京各司、库、仓用器,以及诸路一级的样器,都由太府寺直接供应。而各州县所用诸量等

---

① 程大昌:《演繁露》卷16,《度》。
② 参阅前引紫溪:《古代量器小考》。
③ 《宋会要·食货》41之29。
④ 《宋会要·职官》27之1、2。
⑤ 《永乐大典》卷7512,引《续宣城志》。

器，则由"本路转运司造一样斛斗降下，不得擅行置造"。① 熙宁间江淮等路发运司和江浙等路铸钱司拟铸 20 副标准秤砣，池州永丰监便派人持公牒前往广德军建平钱库，去借取朝廷"省样"，作为新砣规格标准的依据。②

值得注意的是，宋代地方官府和某些部门所用的度量衡样器，其规格标准有时候并不与省样法物一致，特别是南宋中后期，这种差异甚至颇为悬殊。江东路宣州一带收取田赋，公然"用大斛大斗交量"。与文思院法斛法斗相比，每石多量 1.48 斗，每斗多量 8 升，合计每石实收，"增多近二石六斗"。另一种"军粮斛"，比文思斛大 12%。③ 两浙等地盐仓"以上司立定器斛，发下各场交量"的"见用官斛量"，也比一般足斛大 30%，甚或大 54%。④ 福建建州河岸码头的铁权，也比"纳入于官"的都仓石权重许多——"每百斤重二斤十四两二钱"。⑤

民间相约共用的样器，其规格更未必与"省样"相符。如浙尺、闽尺、淮尺、平江市斛、吴兴乡斗，"垣曲县店下样"等，非但异于太府寺布帛尺、文思院法斛和法秤，其彼此之间的标准也各不相同。这类样器，都曾在它们各自的行用范围内作为标准依据，并发挥过谐和关系、调节矛盾的作用。只是，其"样器"作用和意义，毕竟十分有限。也正因为如此，"垣曲县店下样"的铭文中不得不公开声称："不得借与他客使用，……虑斤两不同，恐惹争讼。"⑥

(二) 重定秤则与更新法斛

"省样""法物"虽然在制作和校定上极为严格，却也不是十全十美，无懈可击。宋代"法物"因出现差讹而引惹争讼的事，曾不止一次。较大的差讹，势必导致重新校定，甚或别定法式。

宋代权衡省样法物首次出现较大的差讹，是在太宗年间被发现的。

太平兴国二年（977）前后连续发生的左藏库及诸库受纳各州上供欺弊案，"坐逋负而破产者甚众"，"争讼动必数载"。对于此案的调查，一

---

① 《宋会要·食货》68 之 5。
② 参阅《文物》1975 年第 8 期，《浙江瑞安发现北宋熙宁铜砣》。
③ 《永乐大典》卷 7512。
④ 黄震：《黄氏日抄》卷 71，《提举司差散本钱申乞省罢华亭分司状》。
⑤ 《宋会要·食货》22 之 37。
⑥ 参阅拙著：《宋代盐业经济史》，第 395 页。

度只归结为斗秤仓吏"欺压秤盘，例皆少剩"，贪赃为奸。至端拱初（988）刘承珪检测太府寺51种权衡"旧式""轻重失准"之后，才认定该案有着更为复杂的背景——"盖由定秤差异，是致有害公私"。为此，太宗命刘承珪"推究本末，改造法制"，"详定秤法，别为新式"。太宗的诏令说："……顾出纳于有司，系权衡之定式。如闻钜黍之制，或差毫厘；锤钩为奸，害及黎庶。宜令详定秤法，著为通规。"①

刘承珪制作两种小型戥秤的初衷，原不过是为校准法物。他以新秤又一次校定"太府旧秤四十、旧式六十"之后，再度证实"旧法物""轻重无准"："所谓一斤而轻者有十，谓五斤而重者有一"。于是，"别铸法物付太府寺颁行"。"新制既定，奸弊无所措"，"出纳之吝，吏不能欺"。②

宋代容量法物出现较大的差讹，是在北宋灭亡、高宗南渡之初，即汴京旧法物失散，临安新法物尚未确定之际。

绍兴元年（1131）七月，即高宗以越州（绍兴府）为"行在"时，曾令户部与工部"斟量较定斗样，申缴尚书省责下所属制造颁下"，作为今后各地上供、纲运、及"行在省仓受纳纲运"的"省样新斗量"。③ 这种"省样新斗量"，是以当地"绍兴府斛斗"为标准样式而制造的。

当年十一月高宗"移跸临安"之后，发现各地押解纲运的官吏纷纷因"负欠系狱，破家竭产"。案情牵连日广，不得不调查"仓场交纳之弊"。后来重校省样新斗，才证实它的容量较大，而各路"州郡概量，差小于省仓"新斗。"出纳之际，例各折阅"。据此，绍兴元年"省样新斗量"被废，次年乃改"依临安府样"，另制新的"省样"法物。④

除以上两次较大的法物改式之外，宋代对乐尺的反复校定还导致另一次大规模的日用度量衡法式改制，即徽宗政和年间全面改革尺斗秤规格的活动——"以大晟府尺为度"，另"将量权衡之式颁之天下"，并令各地"旧法物""兑支新法物行使"。⑤ 这次大规模地更换新法物，后来虽然似未认真贯彻进行，但它所造成的影响，却足以使南宋的度量衡规模标准陷于混乱。特别是各地实际流通中的尺斗秤式，越发显得五花八门。

---

① 《宋会要·食货》41之27至30；《宋史》卷68，《律历》。
② 《玉海》卷8，《量衡》。
③ 《宋会要·食货》53之2；《永乐大典》卷7511，引《中兴会要》。
④ 《建炎以来系年要录》卷51；《宋会要·食货》69之10。
⑤ 《宋会要·食货》41之31，41之33。

当地方和部门所用的尺斗秤式愈来愈远地偏离"省样""法物"的时候，当这种偏离愈来愈肆无忌惮，甚而至于招来诉讼、引发骚乱的时候，这些地方和部门所用的局部性质的样器规格，也就不得不加以重定和修改了。前述宣州（宁国府）诸仓斗斛和浙盐仓的加斛重秤，就导致当地百姓联名告状和亭户暴动。

根据"宣城县民户王悫等诉状"，该州府"都吏并各案承行人及专攒、斗级等人"，均被传唤拘押。斗级们"齐抱""累年案牍"簿历及"见用斛斗"，接受审判。"据下状人供，以为两石六斗之米方可输纳苗米一石"。提举官"初怪其说，以为不应至此；既而取斛斗较之"，"点算较量，具得其实"，乃殊觉"使人扼腕"；"再送本府金厅，子细契勘，皆无异同"。于是，宣布该府"旧来受纳斛斗"为"违法、不可行用斛斗"，"尽数毁劈"，另依文思院"省样"制造新斛斗升各50只"张榜"行用。①

浙盐诸仓所定的大斛重秤，曾使亭户和运盐纲梢都蒙受了损失，加剧了亭户与运夫之间的矛盾，并最终引发了亭场骚乱和暴动。黄震奉命安抚亭民的主要措施之一，便是毁弃旧斗秤重定盐仓斛式与秤式。他在浙东"委官定秤"的做法，大致分为如下五个步骤：

第一，选定品行可信的人员担任分司的"定秤官"和各盐场的"定秤官"。第二，由定秤官会同盐司"提干"一起，认真较验支盐仓受纳盐秤——"交入秤则"。第三，将新较定的盐仓秤则当众展览，明示运盐户。第四，以新较定的"仓秤"为准，另较各盐场征购用秤，公布新旧秤差异，"各场唤亭户面审，裁减向来多受之弊"。第五，由分司将较定秤情况申报上司备案。②

除浙东毁弃旧秤则式，另行"委官定秤"之外，浙西的盐仓斛斗也被迫别为新式。

二 流通使用中的技术检定与监督

（一）斗秤条禁与红背心制

宋代官府的度量衡器，设有专官和专业的技术人员负责执掌使用。负责执掌和监督使用度量衡器的专官，如太府寺、三司、文思院，以及诸路

---

① 《永乐大典》卷7512。
② 《黄氏日抄》卷80，《委官定秤》。

常设的"斗秤务"监官，太府寺"法物都知"，和各有关部门临时委派的监督斗面官、监秤官、定秤官等。在这些专官之下，另设"斗子"、"秤子"等，作为执斗和司秤的低级公役人员。边界地区，甚而"至三遣使，较定博易场秤"。①

文思院上界与下界，都置有"掌管秤盘"的"秤子"。京都粜盐院，"额定秤子一人"。② 牛羊司，"秤子二人"。③ 熙宁间应付支发军粮的在京"诸仓斗子"，至少在 390 人以上。④ 乾道八年（1172）司农寺为"盘量"丰储仓之粮，一次派出"斗子五十人"。⑤

"秤子"，有时也与"掌管收支官物"的"库子"一起，合称"库秤"，或与"专知官"合称为"专秤"。"主秤"，大约是"秤子"中负有直接责任者，或"秤子"头目之类。在"斗子"这一系列中，宋人还常提到"仓斗"、"斗级"之称。"仓斗"，指在诸仓廪效命的斗子。"斗级"，或指"斗子"与"节级"，或指具有节级地位的"斗子"头目。此外，另有"贴量"一称。"贴量"，大约原指协助斗秤交量的活动，后来也用指协助斗子秤子工作的人员。协助交量工作的非专业人员，还有"揽户"等，名目甚多。

"斗子"、"秤子"等专业人员，属于"典吏"之类。其来源也像其他公役人员一样，主要有两种渠道：一是民户只应差役，二是接受雇募。只是有时候，自"愿就募"者，"不须给之雇直"。⑥ 不论来自于哪种渠道，他们一旦具有了"斗子"或"秤子"等"公人"身份，便拥有了执掌斗秤的实权。宋代斗子秤子受"衙番"或上司勒索的事固不乏见，但他们凭借职权欺秤弄斗、牟私舞弊之例更不胜枚举。前章引录马光祖咸淳四年（1268）记叙建康府仓受纳之弊，已将"仓斗"、"斗级"们"捷若鬼神"的"心机手法"揭露无遗。这与宋初"槩量失平"者即卜狱弃市，已不可同日而语。

为了加强对斗子、秤子等公人的业务监督与技术管制，宋代朝廷和地

---

① 《岭外代答》卷5，《钦州博易场》。
② 《宋会要·职官》29 之 1；5 之 68。
③ 《宋会要·职官》21 之 14。
④ 《宋会要·职官》26 之 6。
⑤ 《宋会要·职官》26 之 20。
⑥ 《宋史》卷178，《食货》。

方官司曾制定和颁布过一系列的规章条例，并采取过各种各样的措施。概略地说，这些规章措施主要有如下四个方面：其一，严立执斗司秤的条禁规程，重惩违法违纪行为。其二，控制或裁限斗子秤子的应役人数，严防非正式斗秤公人，干预交量业务。其三，加强上司对下属斗秤人员的监督与管理。其四，在必要时发动民众监督交量活动。这里先讨论前两点。

关于度量衡器的使用、保管规章，前节"行政管理体制"中已经述及：诸如颁下样器的附帐与置历登记，校定火印封号，专人保管与借取归还手续、新器使用前的张榜晓谕，旧器收缴毁弃与兑换新器，以及违章私造、增减规格等各种惩罚律令。

除了前述规章之外，度量衡器在制作和使用时还须遵守各种"条禁"，"依公两平交量"，不得贪赃受贿，偷工减料，亏损官民。具体些说，诸如不得任用坏人和亲友参与斗秤交量，不得令斗秤人员非时出入交量现场，不得将斗面尖量，不得将秤盘低昂，不得抑按毫纽，不得摇荡斛槛，等等。

唐相姚崇写过一篇《执秤诫》。其本意虽在于借喻"为政以公"，"以公灭私"，却道出了执秤者应守的规则——如"执衡持平"，"志守公平，体兼正直"，"存信去诈"等等。① 宋代范仲淹的《明堂赋》，也发出了"同我度量，平予权衡"的慨叹。② 然而，在事实上，让"斗子"与"秤子"们认真遵守各种"条禁"，毕竟不大容易。

淳化四年（993），太宗曾制定刑律，惩办左藏库内库人员的赃盗行为。其中包括"秤子"："盗百钱已下，杖八十；已上，杖一百；一千已上，徒一年半，刺面配忠靖指挥；五千已上，流三千里，刺面配京窑务；赃满三十千，依监主自盗法处死。告者，第给赏钱。秤司透漏，减盗者罪二等。"③

熙宁三年（1070），三司又就在京受纳人员的违纪受贿行为详定刑律。其中也包括"斗子"在内：

> 专典、斗级并因纲运事取受粮纲钱物，并许赃不满一百，徒一

---

① 姚崇：《执秤诫并序》，见《全唐文》卷206。
② 《范文正公集》卷1，《明堂赋》。
③ 《宋会要·食货》51之21。

年；每一百，加一级；一千，流二千里；每一千，加一等。罪止流三千里。①

大中祥符六年（1013）八月六日的诏令指出："诸仓斛斗，每月委三司取样，定三等给粮。每出纳之时，不得令斗子、家人、经纪、百姓入仓贴量，并须两平量率，不得亏损官私。仍令提点使臣觉察，抽拨点检。如敢减克，送三司治罪。"②熙宁间各仓受纳纲运和支给军粮时，其"斗子"390人"并是正身祇应"。③绍兴三十年（1160）江西路筠、袁二州受纳税粮时，也令"各州自差官吏、专斗受纳，无使临江之人干预"。④淳熙三年（1176）文思院大狱之后，更强调"秤、库子、门司、手分合干人等，不许亲属在院执役，及作过、曾经断勒人并私名，不得入院"。⑤

在加强斗秤人员业务管理的同时，宋代官府有时也裁减斗秤人员，或拣汰其中不称职任者。方岳在一次书判中写道："仓场之弊，最苦于群众打搅。革此弊，当先汰去冗杂之人。今再定：税仓专斗一人，斗级一人；并仰都吏保明。如有违犯，并坐都吏。诸处衙番，并不许作各色取乞，使斗级赔贴，作弊取偿，仰斗级陈告，亦准前断。斗级敢纵容搂揽交量湿恶，卖弄斗斛，亏官虐民，究见得实，定行决配！"⑥

嘉定九年（1216）李道传在宁国府整顿仓斗交量之弊，也一度裁减专业斗秤人员。李道传书判说："受纳多取之弊，正缘蚕食者众。今来合行拣汰，内存留专知一名，攒司一名，家人并叫钞家人共六名，斗级一名，斗子五名，贴量四名，送匙匣并充场子共一名，门子一名。今本府金厅点名选留，内有柯仔一名，押赴使厅，别听指挥。其外县外仓，亦取会人数，以凭拣汰。所存留人，并写姓名于版榜上。非榜上人，不得入仓。如辄入仓，许人经监司、本府陈告，定行决配。其榜上人或有事故，本仓中本府差填，仍别置榜书写姓名。"⑦

经过拣汰而存留下来的斗秤人员，不仅张榜公布，晓示民众，而且，

---

① 《宋会要·职官》26之5。
② 《宋会要·职官》26之24。
③ 《宋会要·职官》26之6。
④ 《宋会要·食货》68之9。
⑤ 《宋会要·职官》29之4、5。
⑥ 《名公书判清明集》卷之3，《赋役门·受纳》。
⑦ 《永乐大典》卷7512，《续宣城志》。

后来还设置特殊的标志，以便于上司和民众识别、监督。这就是所谓"红背心"制。

"红背心"制，是南宋理宗端平元年（1234）以来宁国府诸仓创行的"斗子"标识制度。当时该府"市曹及仓门晓示"各界的榜文写道：

……一，仓斗、甲头、敖脚等人，仰本仓开具姓名供申，切待于逐人名下各造红布背心一领，书填姓名，官押。如无背心者，即系私名。定当断治。①

凡属宁国府仓重新选定的正式"仓斗"，不仅榜上有名，身穿定做的红布背心，而且，该背心上还填写姓名，并官押署印。此后，这一制度又被再次重申，并补充了"印押牌号"入仓法：

淳祐二年八月日，照得本府昨已行下约束本仓事务。今续具到下项：

一、本仓甲头、斗子，仰开具姓名，切待给红背心，用官印押为照。无红背心者，即是私名，合逐出仓。

一、揽户，合结甲置簿抄转，每十日一次赴府佥押。不入甲者，亦系私揽，并当逐出……

一、糯米场合纳糯米，仰开具每斗多取斛面数供申，切待斟酌斛面交量。

一、仓每日合随直入仓之人立定名数、印押牌号，方许入仓。即不许自擅出入。如违，断治……

右仰仓官遵守施行。②

（二）秋分平校与公督检定

度量衡器能否在流通使用中保持其规格标准，固然同使用这些器物的人员有关，但归根结底，还须看器物检定制度是否健全。这些技术检定制

---

① 《永乐大典》卷7512，《续宣城志》。"红布背心一领"，《永乐大典》断句疏误，将"红布背心"与"一领"断开；"一领"前又空格，误为另一项事。今径改。

② 《永乐大典》卷7512。

度，既包括定期和不定期的普遍检测，也包括各种形式的抽查；既包括自上而下的技术监督和旁支系统的复查检验，又包括自下而上的群众监督检测。

定期检测流通使用中的度量衡器规格，是一项具有古老传统的技术工作。从《礼记·月令》所说仲春之月"调度量、均衡石、角斗甬、正权概"，到《吕氏春秋》所说的"仲秋之月一度量、平权衡、正钧石、齐斗甬"，从《东观汉记》中第五伦的"平权衡，正斗斛"，到《唐六典》、《唐律》、《唐会要》载录的"凡官私斗秤尺每年八月诣金部、太府寺平校……并印署"，"无或差缪，然后听用之"，直至《宋刑统》的类似记述，无不表明定期而普遍的检定尺斗秤制度，为历代所相沿而未改。

近年云梦县睡虎地秦墓出土的竹简中，载有惩罚衡石斤两和斛斗升"不正"的《效律》细则，表明当时的检测制度，已十分严格。① 江陵汉墓出土的校正标准称钱天平——"婴家竹衡杆"，也留有惩戒"弗用"校定的墨书《黄律》。② 至于历代升斗权砣实物上嵌刻的检封合格印署痕迹——如"官律所平"、"市官所平"等等，更令人想起当年检测日月到来时官民们校定量衡的繁忙景象。③

注意发挥标准样器的示范、抽检作用，也不始于唐宋。《魏书》所说"京邑二市、天下州镇郡县之市各置二秤悬于市门，私民所用之秤皆准市秤以定轻重"，表明6世纪前后的某些市场已采用公平秤检定制度。④《隋书》所说赵煚在冀州市肆设标准铜斗铁尺的做法，后来还被推广到全国各地——"颁告天下以为常法"。⑤ 近年出土的宋代银铤中有"市秤"二字，大约也反映了当时市镇用秤，随时可用官私共同确认的标准衡器加以

---

① 竹简本《秦律·效律》称："衡石不正，十六两以上，赀官啬夫一甲。不盈十六两到八两，赀一盾。甬不正，二升以上，赀一甲。不盈二升到一升，赀一盾。""斗不正，半升以上，赀一甲。不盈半升到少半升，赀一盾。半石不正，八两以上；钧不正，四两以上；斤不正，三朱以上；半斗不正，少半升以上；参不正，六分升一以上；升不正，廿分升一以上；黄金衡赢不正，半朱以上；赀各一盾。"

② 晁华山：《西汉称钱天平与砝码》，载《文物》1977年第11期；另见《中国古代度量衡图集》第206图说明。该衡杆墨书《黄律》曰："正为市阳户人婴家称钱衡，以钱为累，劾曰四朱两端□"。"十，敢择轻重衡及弗用，劾论罚繇，里家十日。""黄律"，或以为即"衡律"。

③ 参阅罗振玉：《贞松堂集古遗文》卷15，《杂器》；《中国古代度量衡图集》第132图等。

④ 《魏书》卷110，《食货》。

⑤ 《隋书》卷46，《赵煚传》。

检定。①

　　有关宋代定期进行全国度量衡器普遍检定的资料，似乎比较少见。但设置标准样器随时抽查的制度，则无疑受到重视。宋神宗为保障军粮的正常供应，曾令京师"每仓各置一石斛，遇盘量官物，倾于其中比较"，以便每石达到"十斗足数"。② 南宋绍兴间"朝廷颁降斛样"，也是为"革斗量轻重之弊"。③ 孝宗朝规定"诸给纳米粮并用五斗省斛交量"，同时又另设"一石斛"样器颁给各地，"专充监官抽制斛面，每五年更换一次"。④ 南宋后期，建康府还拟为属下各地订制一百枚标准铜斛——"锐意创造铜斛一百枚，易去木斛，以垂永久"；后来因"受输已迫，仅铸其一，余则悉用全片之板为之，……当厅较制……更请金厅官审而较之"。⑤

　　这里所说的"更请金厅官审而较之"，属于自上而下的派官检测度量衡器。这种检测并不限于器物本身，它还涉及度量衡器在使用中的实际规格。唐代"京都诸市令"，就以"格"和"概"来确保秤、斗规格不被歪曲。《唐六典》所谓"以二物平市"，《日本养老关市令》所谓"凡用秤者，皆悬于格；用斛者，皆以概"即系指此。⑥ "概"，指制平斗面之木，格，似拘限秤杆低昂之框架。

　　太平兴国二年（977），宋太宗"令左藏库及诸库所受诸州上供均输金银丝绵及他物，监临官谨视主秤，无令欺而多取。犯者，主秤及守藏吏皆斩，监临官亦重置其罪！"⑦ 这里对"主秤"的"条禁"刑律，已达于极点。而"监临官"自上而下监督用秤的责任，也很不轻松。

　　太平兴国二年的有关诏命，不仅严令监秤官督查主秤，而且，还提倡输纳人自下而上地监督过秤情况："自今并须平定秤样斤两，与纳人同封样后，即得秤盘。仍自今凡有给纳，并须两平，不得更收羡剩。违者，许人陈告。主吏洎秤子、节级、库子并当处斩，监官重置之法。告者，给赏钱二百千。"⑧

---

① 程欣人：《湖北黄石市西塞山发现大批宋代银铤》，载《文物参考资料》1955年第9期。
② 《宋会要·职官》26之6。
③ 《宋会要·食货》68之9。
④ 《永乐大典》卷7512，引《续宣城志》。
⑤ 《景定建康志》卷40，《田赋》。
⑥ 《唐六典》卷20；仁井田陞：《唐令拾遗》，第648页。
⑦ 《续资治通鉴长编》卷18。
⑧ 《宋会要·食货》51之20。

所谓"平定秤样斤两,与纳人同封样后"才"得秤盘",显然是指在输"纳人"的监视下,进行"秤样斤两"的校验和"封样"。这也就是说,非经输纳人监视"封样"之秤,不得行用。

必须指出,上述太平兴国二年这种自下而上地监督校秤的措施,是在左藏库、内库斗秤人吏屡次"捶钩为奸""欺压秤盘"招致一系列讼案的情况下采取的。因而,它带有一定的特殊性。南宋后期实行的类似措施,也有着十分相近的背景。

宁宗嘉定间宁国府仓斗讼案以后,该府规定:"每遇受纳,令民户自行概斛,所有斗,许用斗子公平交量,不得颗粒装带。如违,仰人户经监司陈理。"①

理宗端平间(1234—1236),福建汀州均济仓和籴民米。为了调动民户卖米的积极性,该仓宣布允许卖主"民自执概"。②建州(建宁府)都盐仓河秤铁权过重案发后,该府新制河秤样权,要求依"仓秤元样一般改造,分毫不可异同。候造论,赍赴本府,集府官对众从公较定,取至无差,却行解发,赴转运司复较,开雕岁月,官司印押讫,发下河头使用"。③

两浙盐司在斗秤校定方面改弦易辙,是在亭民的不断斗争乃至暴动之后,才被迫进行的。从黄震的记述来看,浙西盐仓毁弃了特大的加斛,改用当地通行的加三斛。为了确保新盐斛的规格标准,并取信于民,他采取了官民联合校定的方式:先取一副标准的"百合斗",当众将白豆倾入,随即又以"百合斗"十三斗之白豆装入新斛,检测其是否平量。当民众代表与有关盐官一致确信新的仓斛标准无误之后,再取各盐场征购食盐所用斛斗,逐一用"百合斗"和白豆进行校测,"令官吏民户同共商榷便与不便"。直至大家认可,始将新斛发下行用。④

黄震在浙西所采取的检定盐斛斗措施,与他在浙东"委官定秤"大致一样。实际上,他是在协调盐户、运户与官府仓场三者间的关系。在古代度量衡器技术检定史上,这实在是极为罕见的明智之举。

---

① 《永乐大典》卷7512,引《续宣城志》。
② 《永乐大典》卷7514,引《临汀志》。
③ 《宋会要·食货》22之37。
④ 《黄氏日抄》卷71,《申宽免纲欠零细及孤霜贫乏尹外再申乞作区处状》。

附录　一部失落的北朝算书写本[*]
——《甲种敦煌算书》研究

20世纪初年，封藏近千载的敦煌秘室宝藏失盗。大批珍贵文物，流散欧洲。其中，在巴黎编号为 Pelliot. 2667 的残卷，即著名的《甲种敦煌算书》。[①]它不仅是"我国现存写本算书之最古者"[②]，而且书中涉及经济、军事、建筑、织造，及社会生活等多方面的历史题材，具有较高的研究价值。近百年来，国人反复念及此类珍籍，或为影印，或作介绍，却终因图片模糊，看不真切。有关的研究，也受到限制。若干年前，我曾将这本算书的原件校录一遍。这里略谈几点认识，就教于同好。

一　丁黄之制　不始于唐

《甲种敦煌算书》——以下简称《算书》，原件仅存61行零10字。包括一道残题在内，共13题。其中8题列于"营造部第七"目下；3题列于"□□部第九"目下；另2题所属之"部"已缺。[③]

---

[*] 此文是作者在世时所写的最后一篇文章，刊于《中国学术》第6辑。由于内容与度量衡问题有关，故附录于此。

[①] 李俨：《中国算学史论丛》第1辑，1928年，第123—128页。另见台北：中正书局1975年第3版，第33—38页。

[②] 李俨：《西陲中算史料之发现》，载《西京日报》1935年9月8日第9版《圖半月刊》第5期。另见《中大季刊》第1卷第2号，北京中国大学出版部1926年版，第1—4页。郭按，这里所谓"最古者"，并未包括近年出土的江陵汉简《算数书》。

[③] 国内录本，见李俨《中国古代数学史料》，科学技术出版社1956年版，第23—26页，及前引《中国算学史论丛》第1辑台北版。惜校补有误。影印件，见黄永武主编：《敦煌宝藏》第123册，台北：新文丰出版公司，1986年，第198—201页；任继愈主编：《中国科学技术典籍通汇》（以下简称《通汇》）数学卷第1册，河南教育出版社1993年版，第407页。上海古籍出版社《法藏敦煌文献》，正在出版中。

这部算书，当初被考订为"唐代作品"。① 这一结论，至今仍为国内外学者认同。② 其主要依据，是该书第一题有"小男"、"黄男"名目，及"总并五位"等语；而隋唐史籍和天宝、大历敦煌残籍，亦载有"黄小中丁老"五男名目——如"始生为黄，四岁为小，十六为中，二十有一为丁，六十为老"等。③ 故而判定该书为"唐代算书"。④

这样判定，忽略了一个重要关节，即丁黄之制，不独行之于唐，而且还见于唐代前后的典籍。譬如敦煌残卷中的西魏"瓜州帐籍"，便登录了黄男、小男、中男、丁男、黄女、小女、中女、丁妻、老女、黄口等名目。该籍今藏伦敦英国图书馆（其纸正面另有文书），编号为 Stein 0613。国内亦有录本和影印。⑤ 其中部分人口的年龄与丁黄等次，如表1。

表1　　　　　　　　西魏瓜州帐籍部分人口丁黄等次表

户　别	口数	年龄与中丁等次									
		黄		小			中		丁		老
		男	女	男	女	婢	男	女	男	妻	男	女
户主 刘文成	7			7 4	5		13 11		39	34		
户主 侯老生	7			4			17	13 10	55 21	52		
户主 其天婆罗门	6			9			15	13 10	60	47		

---

① 李俨：《中算书录·敦煌石室算书》，见丁福保、周云青编：《四部总录算法编·补遗》，不分卷，文物出版社1984年重印商务印书馆1957年本，第1册第41页。另见王重民：《敦煌古籍叙录》卷3，子部上，商务印书馆1958年版；第158—159页。

② U. J. Libbrecht（李倍始），Mathematical Manuscripts from the Tunhuang Caves. 见《中国科技史探索》，上海古籍出版社1982年版，第203—229页；前引《通汇》数学卷第1册，第401—405页等。

③ 《隋书》卷二四《食货志》；《旧唐书》卷四三《职官志》。《唐天宝六载敦煌郡敦煌县龙勒乡都乡里户籍残卷》；《唐大历四年沙州敦煌县悬泉乡宜禾里手实》。后二种，见中国科学院历史研究所资料室编：《敦煌资料》第1辑，中华书局1961年版，第35—79页。

④ 前引《中国算学史论丛》第1辑，第51—52页，及李俨另一种《中算史论丛》第5集，科学出版社1955年版，第21页。

⑤ 前引《敦煌资料》，第87—107页；唐耕耦、陆宏基编：《敦煌社会经济文献真迹释录》第1辑，书目文献出版社1986年版，第112—127页；《敦煌宝藏》第5册，第146—151页；中国社会科学院历史研究所等编：《英藏敦煌文献（汉文佛经以外部分）》第2卷，四川人民出版社1990年版，第78—85页。

续表

户　别	口数	黄		小			中		丁		老	
		男	女	男	女	婢	男	女	男	妻	男	女
户主之子众僧等	6	2		4		9			18 □	□		
户主　叩延天富	5	2		4					36	31	65	
户主　王皮乱	6				9		11	27 12	59	37		
户主　白丑奴	15		2		8 6 4 4		12 11	12 10	41 36 18	32 29	86	
附：丁黄各等年龄分析		1—3		4—9			10—17	10—婚嫁	18—64	婚嫁—64	65以上	

　　经专家考证，表1"瓜州帐籍"编于西魏大统十三年（547）。① 从史籍中看，北齐、北周都有类似的丁黄制或丁中制。其"黄小中丁老"名目，甚至还可以在隋唐以后的《宋刑统》和《金史》中看到。② 这里将北朝至隋唐时期的丁黄制情况列为表2。③

　　显而易见，隋唐时期的"丁黄"制，是从北朝一脉相承而来。仅以唐籍"丁黄"与算题用语一致便遽定其书为"唐代作品"，显然不妥。何况，《算书》其余各题反映的情况，也多与唐制相悖。这一点，本文后面还要述及。

---

① 山本达郎：《敦煌发见计帐样文书残简（上、下）——大英博物馆所藏スタイン将来漢文文书六一三号》，见《东洋学报》第37卷第2号，昭和29年（1954），第1—60页（该卷第139—198页），及同卷第3号，第83—98页（该卷第361—376页）。王永兴：《介绍敦煌文书西魏大统十三年（547）计帐户籍残卷（斯0613背）》原载《历史论丛》（1981）第2辑，收入著者《陈门问学丛稿》，江西人民出版社1993年版，第256—281页。唐耕耦：《西魏敦煌计帐文书以及若干有关问题》，载《文史》第9辑，第31—52页。中外敦煌学家讨论该残卷者尚多，恕不一一注出。

② 窦仪等：《宋刑统》第十二卷《户婚律》，中华书局1984年版，第190页；脱脱等：《金史》卷四六《食货志》。

③ 参阅仁井田陞著、栗劲等译：《唐令拾遗》户令第九"中丁老小"，长春出版社1989年版，第133—136页等；宋家钰：《唐朝户籍法与均田制研究》，中州古籍出版社1988年版，第15、41、52等页；邓文宽：《北魏末年修改地、赋、户令内容的复原与研究》，载国家文物局古文献研究室编：《出土文献研究续集》，文物出版社1989年版，第266页表1。

表2　　　　　　　　　　北朝至隋唐丁黄等次及年龄表

		黄	小	中	丁	老	资料来源
	西魏大统十三年（547）	3岁以下	4—9	男10—17 女10—婚嫁	男18—64 女婚嫁—64	65以上	大统十三年瓜州帐籍（S.613）
	北齐河清三年（564）		—15	16—17	18—65	66以上	隋书卷二四；通典卷七
隋	开皇二年（582）	3岁以下	4—10	11—17	18—59	60以上	隋书卷二四；通典卷七
隋	开皇三年（583）	3岁以下	4—10	11—20	21—59	60以上	隋书卷二四；通典卷七
隋	仁寿四年（604）	3岁以下	4—10	11—21	22—59	60以上	隋书卷二四；通典卷七；通鉴卷一七五
唐	武德七年（624）	始生—3岁	4—15	16—20	21—59	60以上	通典卷七；旧唐书卷四八
唐	天宝三载（744）	3岁以下	4—17	18—22	23—59	60以上	通典卷七；新唐书卷五一
唐	广德元年（763）	3岁以下	4—17	18—24	25—54	55以上	新唐书卷五一；唐会要卷八五

顺便指出，户籍中划分成丁和老小，是由来已久的事。譬如晋代编制"户调式"，即有"正丁"、"次丁"和"老"、"小"之别。① 南朝刘宋，则分"全丁"和"半丁"。② 敦煌残卷中另有一种西凉建初十二年（416）户籍，也登录着"丁男"、"次男"和"小男"。但并无"黄男"名目。③ 由此推断，包括"黄小中丁老"在内，划分五等男的现存史料，大约以西魏大统十三年"瓜州帐籍"为最早。这对于判定《算书》的撰著年代，有重要的参考价值。

---

① 《晋书》卷二六《食货志》。
② 《通典》卷七《食货》。
③ 《西凉建初十二年（416）敦煌郡敦煌县西宕乡高昌里户籍残卷》。原件藏伦敦英国图书馆东方及印度藏本部，编号Stein 113。国内录本见前引《敦煌资料》第1辑，第3—7页；《敦煌社会经济文献真迹释录》第1辑，第109—110页；影印件见《敦煌宝藏》第1册，第560—561页；《英藏敦煌文献》第1册，第50页。

二 仪同军制 行于北朝

《算书》第十题，设列了一支浩大的出征队伍和罕见的军旅编制：

> 今有四王，各领九军出征。一军有仪同。欲使二人共驮，三驮共火，四火共师［帅？］，五师［帅？］共将，六（将）共一都督，七都（督）共一营主，八营主共一仪同。问合得几何……①

为研究方便，将此题及其"术"、"答"内容图列如下。

图示1：

王	4							
仪同	9(军)	36(军)						
营主	8	72	288					
都督	7	56	504	2016				
将	6	42	336	3024	12096			
师(帅)	5	30	210	1680	15120	60480		
火	4	20	120	840	6720	60480	241920	
驮	3	12	60	360	2520	20160	181440	725760
人	2	6	24	120	720	5040	40320	362880	1451520

上述算题的设计，究竟在多大程度上反映历史上行用过的军制模式，又有多少虚拟成分？这是一个值得研究的问题。

题中的"仪同"，显然是"仪同三司"的简称。历史上与之相关的称谓，还有被略称为"开府"的"开府仪同三司"。"仪同"与"开府"的官号，大致有过三种不同的情况和含义。其一，是作为某些特权军将的优渥加职——如东汉延平元年（106），邓骘以车骑将军加"仪同三司"，即

---

① 原文及校补本均有讹误。如原文脱"将"、"督"。校补本误"驮"为"驳"等。今予改正。又，"师"字，原文确为"师"，李俨先生释为"帅"。

以位低于三公者而享有如三公之仪制的待遇。① 其二，是作为一种文散官阶和荣衔——如唐代许敬宗、萧嵩，宋代蔡京、韩侂胄，金代张中孚等生前或死后，被加赠"开府仪同三司"。② 其三，是某些以少数族为主体的军伍编制中，用作固定的职衔和军号——如西魏府兵制中的领兵"开府"和"仪同"。《算书》"一军有'仪同'"，"八'营主'共一'仪同'"云云，当属于这第三种情况。

东晋末十六国以来，包括北魏鲜卑在内的各种势力，争霸中原。原本较为罕见的"开府"、"仪同"加号，日渐增多。与此同时，"开府"、"仪同"的含义，也不再限于特权军将的优渥待遇，而发展出一种正式的武职和特定衔阶的军号。这种特定军阶，还常常被冠于军人的姓名之前，甚而有时代替姓名，彼此径称其号，如谓"仪同李虎"、"仪同王思政"、"仪同贺拔胜"、"仪同娄叡"、"仪同姊弟"、"前队二仪同"，以及"开府李弼"、"开府于谨"、"开府王师罗"等等。③

"开府"、"仪同"从优渥加号转生出特定军职的称谓，经历了复杂的变化。其中，北魏神麚元年（428）的一则诏令——"诏诸征镇大将依品开府以置佐吏"，无疑加剧了"开府"、"仪同"官号的扩大化趋势。④ 尤其是北方魏、齐、周室的同姓王公，纷纷加授"开府"。⑤ 北凉、吐谷浑、高丽等缘边诸王及"敦煌公"等，亦多拜"开府"或

---

① 《后汉书》卷一六《邓骘传》。"延平元年"，《通典》卷三四《职官·文散官》及《文献通考》卷六四《职官考·文散官》均误作"延平九年"。按"延平"为东汉殇帝刘隆年号。刘隆于元兴元年（105）十二月即位，至延平元年八月崩。年仅二岁。其"延平"者，仅一年而已。见《后汉书》卷四《孝和孝殇帝纪》。

② 参阅《旧唐书》卷八二《许敬宗传》，卷九九《萧嵩传》；《宋史》卷四七二《奸臣·蔡京传》，卷四七四《奸臣·韩侂胄传》；《金史》卷七九《张中孚传》。

③ 参阅《周书》卷一《文帝纪上》；《北齐书》卷二四《杜弼传》；《北齐书》卷四二《卢潜传》；《北齐书》卷四《文宣帝纪》；《北齐书》卷三九《祖珽传》；《北齐书》卷一二《文宣四王·范阳王绍义传》；《周书》卷二《文帝纪下》；《北齐书》卷八《后主纪》。

④ 《魏书》卷一一三《官氏志》。

⑤ 参阅《魏书》卷七上《高祖纪上》（京兆王子推、安东王长乐）；同书卷七下《高祖纪下》（安丰王猛）；同书卷一〇《孝庄帝纪》（临淮王彧）；同书卷二一上《献文六王传上》（北海王颢、高阳王雍、广陵王羽、淮阳王欣）；《北齐书》卷一〇《高祖十一王传》，（平阳靖翼王淹、彭城景思王浟、上党刚肃王宝严）；同书卷一一《文襄六王传》（渔阳王绍信），同书卷一二《文宣四王传》（太原王绍德、西河王绍仁、琅邪王俨、齐安王廓）；《周书》卷一〇《邵惠公颢传》；同书卷一一《晋荡公护传》；同书卷一二《齐炀王宪传》；同书卷一三《文闵明武宣诸子传》（陈惑王纯）等。

"仪同"。① 至北齐末，更官滥到"开府千余，仪同无数"，"乃至狗马及鹰，亦有仪同、郡君之号。有斗鸡号开府，皆食其于禄。"②

作为军职的"开府"、"仪同"，在北周后期又有变化。北周建德四年（575）大举伐齐之际，又在"开府"和"仪同"之上增置"上开府"和"上仪同"。其全称中的"仪同三司"，也改为"仪同大将军"。而"大将军"和"柱国大将军"之上，另置"上大将军"和"上柱国大将军"。③军号之多且重，至于极点。

然而，值得注意的是，西魏以来这些显赫的军号，已渐失去当初的戎职本意："此后功臣位至柱国及大将军者众矣；咸是散秩，无所统御"——这是隋末唐初令狐德棻等人对西魏府兵制后来情况的评论。④ 隋初虽"采后周之制，置上柱国"、"仪同"及"都督"，"总十一等以酬勤劳"，却"并为散官"，"并不理事"，只在诸卫中保留了某些"领兵仪同"的职事。⑤ 唐代"仪同"不仅为散官勋阶，而且连名号也改称"骑都尉"。⑥

显而易见，隋唐以来的散官"仪同"，与《算书》第十题设计的武职"仪同"，名同而实异。若考察算题"仪同"所反映的军制，只能迹之于隋唐以前的时代。

如果说"仪同"作为一种特定的军衔始见于北魏前后，那么以"仪同"为战役统帅最为频繁的时期，大约要算北魏末和西魏时期。⑦ 也正是在这一时

---

① 据《魏书》卷九九《卢水胡沮渠蒙逊传》附其子牧健传，延和二年（433）北凉王沮渠牧健被加授车骑将军，开府仪同三司。这是北魏以车骑将军与开府为组合之例。《宋书》卷九七《夷蛮·东夷高句骊传》，载大明七年（463），宋孝武帝诏令高句骊王琏"可车骑大将军，开府仪同三司"。这是南朝以车骑大将军与开府为组合之例。《宋书》卷六《孝武帝纪》载元嘉三十年（453）吐谷浑王拾寅进号镇西大将军、开府。《魏书》卷四《世祖纪下》载太平真君三年（442）以李宝为镇西大将军、开府、敦煌公。这是刘宋与北魏以诸镇大将军与开府为组合之例。此外尚有其他组合，惟北周似多以骠骑大将军与开府组合，以车骑大将军与仪同组合。敦煌公为开府，另见赵超：《汉魏南北朝墓志汇编》北魏部分，天津古籍出版社1992年版，第148页，《魏故使持节假黄钺侍中太师领司徒都督中外诸军事彭城武宣王李氏墓志铭》。
② 《北史》卷八《齐本纪下》；《资治通鉴》卷一七二《陈纪·宣帝》太建七年（575）。
③ 《周书》卷六《武帝纪下》；同书卷二四《卢辩传》。
④ 《周书》卷一六《赵贵、独孤信、侯莫陈崇传论》。
⑤ 《隋书》卷二八《百官志下》。
⑥ 《旧唐书》卷四三《职官志》；《通典》卷三四《职官·文散官》。
⑦ 参阅《周书》卷一《文帝纪上》："遣仪同李虎与李弼、赵贵等讨曹泥于灵州"。同书卷二《文帝纪下》："遣仪同于谨取杨氏壁"，"遣仪同宇文贵、梁迁等逆击……"，"仪同怡峰与贵、迁等复击破之"，等等。

期中的大统三年至十六年（537—550）间，宇文泰和苏绰等创行了以六柱国十二大将军为首的府兵制，将"仪同"纳入其固定的编制：六位柱国大将军，"各督二大将军；每大将军，督二开府；凡二十四员，分团统领，是为二十四军。每一团，仪同二人；自相督率，不编户贯。都十二大将军"①。

兹将这十二大将军制的编排序列图示如次。

图示 2：

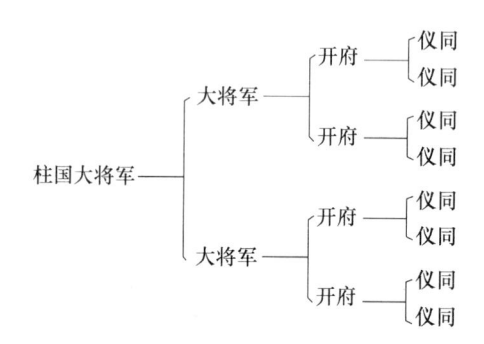

```
                    ┌─ 开府 ─┬─ 仪同
          ┌─ 大将军 ─┤       └─ 仪同
          │         └─ 开府 ─┬─ 仪同
          │                  └─ 仪同
柱国大将军 ─┤
          │         ┌─ 开府 ─┬─ 仪同
          └─ 大将军 ─┤       └─ 仪同
                    └─ 开府 ─┬─ 仪同
                             └─ 仪同
```

《算书》第十题中的"营主"，令人想起晋末至北周间某些"领营"主将的称谓。譬如石勒自称"赵王元年"（319），其部将攻破"邵续别营十一"。②被俘的邵续，呕呼其营中子侄另"奉（段）匹磾为主"，而"其部曲文武，已共推其息缉为营主。"邵续当时以"右将军、冀州刺史"，进"平北将军、假节、封祝阿子"。③按晋制，诸"平将军"与"右将军"均为第三品。④至北魏、北齐时代，"四平将军"仍属三品。⑤若按西魏末和北周官制，"四平将军"与"帅都督"同为"正九命"，亦与通常之正三品对应。⑥在"仪同"之下，又在常都督之上。

---

① 《北史》卷六〇《李弼、宇文贵、侯莫陈崇、王雄传论》。参阅陈寅恪：《隋唐制度渊源略论稿》，香港：中华书局1974年版，第124—127页；唐长孺：《魏周府兵制度辨疑》，收入其《魏晋南北朝史论丛》，三联书店1955年版；岑仲勉：《府兵制度研究》，上海人民出版社1957年版；谷霁光：《府兵制度考释》，上海人民出版社1962年版；周一良：《魏晋南北朝史论集》，中华书局1963年版；王仲荦：《魏晋南北朝史》下册，上海人民出版社1979年版；何兹全：《读史集》，上海人民出版社1982年版，等。承朱大渭兄电话赐告早期府兵制研究成果概况，谨致谢忱。

② 《晋书》卷一〇五《石勒载记下》。

③ 《晋书》卷六三《邵续传》。

④ 《通典》卷三七《职官·晋官品》；另参阅《晋书》卷二四《职官志》。

⑤ 《通典》卷三八《职官·后魏百官》；同书同卷《职官·北齐职品》。

⑥ 《通典》卷三九《职官·后周官品》。

上述"营主",既是邵续"部曲文武"对邵续及其子邵缉的别称,同时也被东晋元帝司马睿在诏书中确认。但事实上,它似乎又是某种有关将帅的泛称,而未必限于三品将军。同时期几乎被推为营主的鲜卑段匹䃅,其手下"控弦可四、五万骑"。① 另一位东海王越,率军廿余万讨石勒而薨于军,"军人推太尉王衍为主"。②

此外,北周一些级别稍低的领兵官,另有"募人营主"、"千人营主"等称谓。如《赵仁惠造像记》中的官职:"亳州前开府行参军,募人营主,直荡正都督,治仪同大将军,募人正团,南汾州下城坊主";及《刘珍墓志》中,墓主"武□□戎,授千人营主",后来又为"行军长史"。③ 其中,"营主"前冠以"募人"字样,当指该"营主"正受命招募营兵。④ "营主"前冠以"千人"者,当指该营主额定兵员为千人。揆其"千人营主"之专称,似乎此外尚更有非千人之"营主"。其额定兵员,又自当别论,可见北周"营主",亦如十六国以来的"营主"一样,未必有固定的兵额,而带有泛称的意味。⑤

北魏至北周时期低于"仪同"的军职,还有大都督、帅都督和都督。低于都督的军职,则又有别将、统军等。⑥ 唐代的"十人为火","火备六

---

① 《晋书》卷六三《段匹䃅传》。
② 《晋书》卷一○四《石勒载记上》;《魏书》卷九五《羯胡石勒传》。
③ 《石刻史料新编·地方类》第 20 册《山右石刻丛编》卷三《赵仁惠造像记》;《石刻史料新编·地方类》第 18 册《京畿冢墓遗文·刘珍墓志》;或《石刻史料新编》第 3 辑《一般类》,第 3 册,《汉魏南北朝志集释(上)》卷八《刘珍墓志并阴》。均系新文丰出版公司,1977 年编刊本。参阅菊池英夫:《敦煌発見〈算書〉中に見える軍制模式についての一考察》所征引。载《中央大学文学部紀要·史学科》1990 年第 35 号。按,本文稿寄出三个月后,收到《中国学术》编务组及匿名审稿人转来菊池英夫上述论文之复印件。获益匪浅,谨致谢忱!
④ 笔者按:北朝职官前冠"募人"者,不仅有"营主"。此外还有"募人都督"等。《北史》卷八《齐本纪下》与《北齐书》卷八《帝纪·后主》,均载有德昌元年(576)"帝遣募人,重加官赏。虽有此言,而竟不出物"。《资治通鉴》卷一七二《陈纪·宣帝太建八年(576)》述此事,改为"齐主命立重赏以募战士,而竟不出物"。
⑤ 南北朝时期的许多称谓,常带有"主"字。如"谋主"、"盟主"、"宗主"、"行主"、"军主"、"幢主"、"戍主"、"城主"、"防主"、"坊主"、"坞主"、"队主"等。"营主"之称,亦反映了同类的风尚和习惯。
⑥ 参阅《周书》卷二四《卢辩传》所列各官命次;《通典》卷三九《职官·后周官品》及《周书》卷一四《贺拔胜传》;卷一五《李弼、于谨传》;卷一六《赵贵传》;卷一七《若干惠、怡峰传》;卷一九《达奚武、杨忠传》等。这些列传中记述的升迁经历,虽未必一一包括"统军—别将—都督—帅都督—大都督—仪同",其总体升迁次序,皆循此径。又,《新唐书》卷五○《兵志》载,唐武德六年(623)改骠骑将军曰"统军",车骑将军曰"别将"。不可与北朝之"统军"、"别将"混淆。

驮马"①，大约也与隋制或北朝有些瓜葛。

至于《算书》中的"师"，似当即"帅"。南北朝时期的"帅"，大致可分为三种情况：一是全军的最高统帅。如北周"行军元帅"、"大帅"、"主帅"等。② 二是中等级别的军官，或地方及私家军士长官。如西魏大统中"置当州乡帅"、"统领乡兵"；其"乡帅"地位，近于或即是"帅都督"。③ 但隋炀帝时"帅都督"改称"旅帅"。④ 这与北魏"统军"有时"配以一旅"，有所不同。⑤ 三是部族低级统率者，或地方性基层组织率领人。如晋末以来的匈奴羯族部落"小帅"；其他族"小部酋帅"。⑥ 又如北魏时较为活跃的柔然族，其"军法"称："百人为幢，幢置帅一人"；⑦ 以及东魏元孝友所云："百家为党族，二十家为闾，五家为比邻；百家之内有帅二十五人。"⑧《算书》中的"帅"，显然属于第三种情况。

前面说过，算题中的军伍编制，是《算书》作者的一种设计，未必与史事尽符，亦无须一一辨析。上述论列，无非是为判定该题所反映的时代特征而提供某些参考资讯。正是出于同样的考虑，这里不妨将北魏、西魏及北周时期常见的军制拈出，与《算书》的设计加以综合比较。即令这种排列和比较未尽合理，人们仍不难发现它们间有许多共同之处——尤其是北魏末和西魏的军制，与《算书》设计更为相似：

---

① 《新唐书》卷五〇《兵志》；《大唐六典》卷二五《诸卫府》。

② 《周书》卷七《宣帝纪》；同书卷八《静帝纪》；同书卷四九《异域传上》；同书卷一九《杨忠传》。

③ 《周书》卷二三《苏绰传，附苏椿传》；同书卷三二《柳敏传》；同书卷三七《郭彦传》。从《周书》敦彦传王悦传和梁昕传来看，"帅都督"之职似创行于大统十二年或稍早些时候。北魏和西魏前期，并无此职。即令在北周，它也曾一度被撤废。参阅《周书》卷五《武帝纪上》。

④ 《隋书》卷二八《百官志下》。

⑤ 《周书》卷一四《贺拔胜传》。

⑥ 《魏书》卷九五《羯胡石勒传》；《北齐书》卷二五《王纮传》。"部落小帅"，《晋书》卷一〇四《石勒载记上》作"部落小率"。此外，尚有称"部帅"、"豪帅"、"渠帅"等，但所部人马多寡及地位高低不详。

⑦ 《魏书》卷一〇三《蠕蠕传》。该传称其于北魏登国九年（394）至天兴五年（402）之间"始立军法：千人为军，军置将一人；百人为幢，幢置帅一人。"与此柔然"军法"相比，北魏一幢规模较大，或"马步可五百"。见《宋书》卷九五《索虏传》。参阅周一良《魏晋南北朝史札记》，第410页。

⑧ 《北齐书》卷二八《元孝友传》；《北史》卷一六《太武五王·临淮王传》；《魏书》卷一八《太武五王·临淮王传》。按此党、闾、邻之"帅"，在北魏时亦称"三长"，但编制略有不同，如"准古"制："五家立一邻长，五邻立一里长，五里立一党长，长取乡人强谨者。"见《魏书》卷一一〇《食货志》。

表 3　　　　　　　　北魏末西魏军制与《算书》设计比较表

北魏末与西魏时期军制	王公柱国大将军	大将军开府	仪同大都督	平将军（营主）帅都督	都督	别将统军	幢帅、部落小帅（率）党闾之帅
《算书》第十题设计的军制	王		仪同	营主	都督	将	帅

表 4　　　　　　北周建德四年（575）以后军制与《算书》设计比较表

北周建德四年（575年）后军制	王公上柱国大将军柱国大将军（行军元帅）	上大将军大将军（行军总管）	上开府仪同大将军开府仪同大将军	上仪同大将军仪同大将军	大都督帅都督	都督	别将统军千人营主	军主幢主戎主以开府行参军募人营主
《算书》第十题设计的军制	王	（……）		仪同	营主	都督	将	帅

关于《算书》中军制模式的研究，以往有过两篇文章值得注意：第一篇，是许康在 1989 年发表的综合性论文。他推测 "这种混乱编制可能出自北周以前的某个汉化程度较高的割据政权，极有可能是北凉"。[①] 这一推测虽极具才智，可惜证据不足。本文后面还要论及。另一篇，是菊池英夫关于军制模式的专论，发表于 1990 年；该文资料翔实，考辨入微；尤其是列举出 "营主" 的两则碑碣铭文，以往不大为人注意。菊池认为《算书》中带有空想成分的军制模式，该是北周、隋初现实军制的反映；北周

[①] 许康：《敦煌算书透露的科学与社会信息》，《敦煌研究》1989 年第 1 期，第 100 页。按其正文，误 "驭" 为 "驶"；另称 "营主也不见正史"；释 "开府仪同三司" 为 "始于汉魏，唐、宋、元均为最高级阶官"，又释："仪同三司则次一级。" 其注文，则取黄本骥《历代职官表》，与瞿蜕园《历代职官简释》，上海古籍出版社 1980 年版。这些解释，均将 "仪同" 视为优渥加职或文散官阶，而忽略了南北朝时期作为特定武职军号的 "仪同" 概念。这种误解之广泛和影响，并不限于一般的工具书——如 1915 年至 1998 年各版的《辞源》，如《辞海》、《汉语大词典》、《中文大辞典》等；而且，还包括特邀专业史学工作者撰写的《辞海·历史分册·中国古代史》（上海辞书出版社 1981、1984 年版）、《中国历代官制词典》（安徽教育出版社 1991 年版）、《廿六史大辞典·典章制度卷》（吉林人民出版社 1993 年版）等。只有沈起炜、徐光烈新编：《中国历代职官词典》（上海辞书出版社 1992 年版）等少数专业工具书例外。究其根由，大抵皆源自于《通典》卷三四《职官·文散官》之概述。盖转相抄袭，不作深究而致误也。

营主实际上与仪同相当；全部《算书》，则当成书于唐初或稍早些时候。①

菊池的上述见解，似有几点可议：首先，隋初包括"柱国"、"开府"和"仪同"在内的官号，已改作散秩之阶。这与魏周军制及《算书》中设计的领兵"仪同"，迥不相侔。故而讨论《算书》军制模式及其时代，应将"隋初"排除在外。本文后面述及度量衡制，还将进一步论证这一点。其次，除北周有"营主"外，北周之前也有"营主"之称。若仅据北周两则"营主"资料便断言《算书》设计乃是周隋军制的反映，岂不是忽略了北周以前的军制与《算书》之关系？第三，"仪同"额定兵员，未必均以千人为限。②何况，所引北周《赵仁惠造像记》"募人营主"，与《刘珍墓志》中"千人营主"之品阶地位，皆在都督之下，自然更不得与"仪同"并列。③

---

① 见前引菊池英夫文。该文曾指正李俨判定"唐代作品"论据不足，却又沿袭李俨之误，将《算书》第11、13题中的"枕"误作"杭"。另将李俨不误的"斫"，误释为"斜"。

② 以往有仪同领兵一千、开府领兵二千之说。其根据，只是《周书·赵刚传》：开府赵刚"兼督仪同十人，马步一万"；及《周书·尉迟迥传》：迥以大将军督开府"六军甲士一万二千，骑万匹"。这种情况，并不足以说明魏周之际仪同、开府领兵的额定人数。譬如稍早些时，贺拔胜于孝昌二年（526）以别将而"领步骑五千镇井陉"。五年以后才进位仪同（《周书》卷一四《贺拔胜传》）。又如永熙三年（534）都督韩轨将兵一万据蒲坂（《周书》卷一《文帝纪上》）。再如大统六年（540）李弼和独孤信两位开府"各率骑五千出武关"（《周书》卷二《文帝纪下》）。如此说，以每一开府督二仪同为率，每一仪同当"率骑"二千五百。若领步兵，数当更多。其兵额并不固定，于此可见。

③ 按北齐及周隋之际，仪同、都督、开府行参军等品阶，如下附表所示：（据《周书》卷二四《卢辩传》、《隋书·百官志中、下》、《通典》卷三八、卷三九《职官》。）

附表　　　　　　　　北齐北周隋初部分官阶比较表

品命数\官职\时期	仪同	柱国长史	三公长史	都督	总管长史	别将	直荡正都督	开府参军	开府行参军
北齐	二品		从三品				从四品		从七品下
北周隋初	九命五品	正七命		七命七品	七命七品	正六命八品	七品	三命	从九品

北周赵仁惠，以三命（相当于从七品）或三命以下的"开府行参军"，在亳州募人为"营主"。其"营主"品阶之低，不言而喻。他后来晋升"直荡正都督治仪同大将军，募人正团"，当在建德四年（475）十月"仪同"改称之后。周制"直荡正都督"，品命不详。若比之于北齐"直荡正都督"，为从四品。何得与九命之"仪同"等量齐观？其《造像记》末有"部内五百人"云云，似为后来"正团"所募之数。至于《刘珍墓志》的志盖称珍为"大营主行军长史"，其实是将前后两次不同的职任连置一处，即先"授千人营主"，尔后积功"又为行军长史"。后者若系总管府行军长史，似为正七命或从三品。但此前之"千人营主"的品阶，则必在此之下，即在都督之下；更在仪同之下可也。又，《刘珍墓志并阴》，系于大业二年十月廿八日。菊池英夫误为大业二年正月六日，即与《汉魏南北朝墓志集释》卷八邻近《刘珍墓志并阴》的另一篇《鞠遵璧妻董氏墓志》的月日相混。此外，据该《集释》编者校阅《刘珍墓志》原文，所谓"武□□戎授千人营主"，其"武"下之"□□"，"隐约有笔画可寻，似是'平从'二字"。若然，"武平以戎，授千人营主"，乃是北齐末武平年间（577—582）事。亦即本文前面所述官滥到"开府千余，仪同无数"之际，"帝遣募人，重加官赏"情况下的"千人营主"。是为北齐之官，而不是北周之职。

即令《算书》作者不囿现实而臆拟子虚——如每军仪同领兵四万；其于当世通行的官阶高低，终不致颠倒如此。至少该有高于都督的"营主"存在——就像十六国以来邵续和邵缉那样的"营主"。

综上所述，可否这样认为：《算书》第十题的设计，在很大程度上反映了北朝的军制，尤其是北魏末至西魏时期的军制，或许也包括北周前期的军制。

三　步里制度　实属古法

不同的时代和地域，往往有不同的度量衡及步里制度。《算书》第六题和第九题中的步里制度，便很有些特色。其第六题称：

> 今有城周回七里廿五步，欲竖鹿角……术曰：城七里，以三百步乘之，内廿五，得二千一百廿五，以六尺因之，得积尺，得一万二千七百五十尺……

题中"术曰"，无非是先将"七里"化为"积步"，再加"廿五步"（$7 \times 300 + 25 = 2125$）。"七里"而以"三百步乘之"，表明每一里，为三百步。其"积步"化"积尺"，"以六尺因之"；表明每一步，为六尺。

又如第九题称：

> 今有城周回十八里……术曰……次张城十八里，以三百步乘之，得积步五千四百。

显然也是以三百步为里。

六尺为步，在《司马法》、《史记》、《汉书》中早有载录。[①] 以三百步

[①] 《史记》卷六《秦始皇本纪》；《汉书》卷二四上《食货》。《司马法》六尺为步，见《论语注疏解经》卷七《述而》、《通典》卷一《食货·田制》及《九章算法音义》等引录。另见《仪礼》卷一一《乡射礼》等。

为里，亦见于《穀梁传》、《洛阳伽蓝记》等书。① 史称步里"古法"。而五尺为步和三百六十步为里，则主要著录于唐宋以来的史籍——如《唐六典》、《旧唐书》、李翱《平赋书》、《宋史》、《金史》及稍后时期的数学典籍。②

反映在数学典籍中的里步古法，如《周髀算经》所谓"步满三百成一里"，"以三百乘里为步"，"以三百约之为里"等。③《九章算术》虽未明载其制，却在"方田"章"里田"法中以三百步为里进行运算；④ 又在"商功"章中暗用六尺为步之制。⑤《孙子算经》、《张丘建算经》、《五经算术》等书，或明载"六尺为一步"，"三百步为一里"；或称"里法三百步"，"以六尺除之为步"；或引述"司马法六尺为步"，或云"十里，以三百步乘之得三千步"；如此等等。⑥

与上述诸书反映里步"古法"迥异，《谢察微算经》和《数书九章》则屡称"里法三百六十步"，"步法五尺"；里"三百六十步"，步"方五尺也"。⑦《田亩比类乘除捷法》，亦仅云"一步长五准尺"。⑧

饶有意味的是，在《夏侯阳算经》中，我们可以看到两种不同的步里制度。该书一方面称"里之求步，三百之；步之求尺，六之"，并反复引述"田曹，以六尺为步，三百步为一里"；且注明说："此古法"，或"以上古法"。而另一方面，却又引"杂令：诸度地，以五尺为一步，三百六

---

① 《春秋穀梁传注疏》卷一二，宣公十五年条；杨衒之：《洛阳伽蓝记》卷五《城北》，据该书自叙，写于东魏武定五年，即西魏大统十三年（547）。

② 《大唐六典》卷三《尚书户部郎中员外郎》；《旧唐书》卷四三《职官志》，卷四八《食货志》；《李文公集》卷三《平赋书》，前引《四库全书》影印本第 1078 册。《宋史》卷一四九《舆服志》；《金史》卷四七《食货志》。关于唐代里步制度，可参阅陈梦家：《亩制与里制》，胡戟：《唐代度量衡与亩里制度》；闻人军：《中国古代里亩制度概述》等文，分别见《考古》1966 年第 1 期；《西北大学学报》1980 年第 4 期；《杭州大学学报》1989 年第 3 期。

③ 《周髀算经》卷上，"七衡图"注。上海图书馆藏南宋嘉定六年刻本及其影印本，第 33 页；《周髀算经》卷下，第 9 页。

④ 《九章算术》第一卷"方田"第三题："今有田广一里，纵一里，问为田几何？答曰，三顷七十五亩。"其算法显然是：300 步 × 300 步 ÷ 240 步 = 375 亩。又如第四题下，径以 375 亩作为"里田"法"术"之常数："纵广里数相乘得积里，以三百七十五乘之，即亩数。"

⑤ 参阅刘大俊主编：《〈九章算术〉与刘徽》，北京师范大学出版社 1982 年版，第 309 页。

⑥ 《孙子算经》卷上，度之所起；《张丘建算经》卷上，第八题草；《五经算术》卷上《论语千乘之国》。

⑦ 秦九韶：《数书九章》卷八，望敌远近，望敌圆营，表望方城；卷一〇，筑硬均劳；卷一四，计作清台等。谢察微：《算经》，见《说郛》宛委山堂本第 108 卷。

⑧ 杨辉：《田亩比类乘除捷法》卷上，"五准尺"，疑为"准五尺"之误。

十步为一里";且注明说:"此今用之。"①《算学启蒙》中,也并及两制:"其里法,三百步为里者,当自方六尺为步;若三百六十步为里者,当以自方五尺为步也。"该书在另一处又指出:六尺一步及三百步一里,为"古法"。②

众所周知,周髀、九章、孙子、张丘建、五经等算经,大抵分别反映秦汉、魏晋及北朝时期的情况。《谢察微算经》、《数书九章》等书,则主要反映唐宋以来的情况。③ 至于《夏侯阳算经》,其原书二卷本曾著录于《隋书·经籍志》。通常认为在《张丘建算经》以前,即北魏孝文帝太和八年(484)以前成书。④ 而传世之三卷本,又添入隋唐时期的内容。可见该书引述六尺为步、三百步为里,当反映晋以后、隋以前的"田曹""古法"。其引述"杂令"中"五尺为一步,三百六十步为一里",乃指隋唐"今用之制"。这一点,正与《唐六典》、《旧唐书》等载录一致。

《算书》第六、九两题用步里古法,既与北朝时期其他算书一致,又与《洛阳伽蓝记》所说的东西魏时期里法相同;而与唐世"今用"之制迥异。所以,该题反映的时代,亦当为唐代以前。

四 米粟计量 古升古斗

《算书》第一、二题,是关于口粮和马料的计算。第七题,涉及造袍用绵的斤两轻重。两题都与升斗权衡有关。

1. 口粮标准,以古升计

第一、二题的计量单位,原为"斛"、"斗"、"升",分别相当于通常的斛、斗、升。第一题,原曾给出黄男、小男等五男各男人数,及各男每

---

① 《夏侯阳算经》卷上,《明乘除法》、《辨度量衡》、《论步数不等》。
② 朱世杰:《算学启蒙》总括《田亩起率》;卷中《商功修筑门》第四题。
③ 参阅郭正忠:《秦九韶与米斛籴粜——〈数书九章〉社会经济资料考辨(之一)》,见《庆祝邓广铭教授九十华诞论文集》,河北教育出版社1997年版,第373—385页,及 Cuo Zhengzhong, "Qin Jiushao et le commerce public des céréales sous les Song", *Histoire & Mesure*, 1998, XIII—3/4, pp. 347—375. (Traduction de Christian Lamouroux.)
④ 参阅钱宝琮:《〈夏侯阳算经〉提要》,载前引《中国科学技术典籍通汇》数学卷第一册,第375页。另见其主编的《中国数学史》,科学出版社1964年版、1992年重印本,第79—80页。

人每日食米量。可惜残缺模糊。经李俨折算校补，已能略窥全豹。李俨所补出的五男日食口粮标准，是丁男8升，老男7升，中男6升，小男5升，黄男4升。①

李俨当年的校补，系据王重民的"影摄"件。其中关键性的两个数字，漫漶不清。因而，其原文每口"黄男"日食米"二升"，被误补作"四升（升）"。全体"黄男"一日所食米"二百卅一斛四升四升"，被误为"二百卅五斛四升四升"。② 与此关联的其他一些校补数字，亦不免致误而有待修改。至少黄男日食四升，当改为二升。

关于历代口粮标准，史籍和出土文献都不乏载录。以当时的计量单位大略而言，汉代丁男兵卒日食米6至8升。③ 东晋前期"兵食七升"。④ 东晋后期，"国用虚竭"，甚至"自司徒已下，日廪七升"，即仅口粮而已。⑤ 北凉敦煌人阚骃"多食，一饭至三升乃饱"。⑥ 南朝宋明帝泰始四年（468）豫州刺史刘勔论兵食称"二万人岁食米四十八万斛"，人均日食米6.6升多。⑦ 另一位江革因受北魏虐待，"日给脱粟三升，仅余性命"。⑧ 以上汉至南北朝成年男子一般日食米，约为7升左右。⑨ 而唐代公粮供应标准，则是"丁男日给米二升"。⑩ 唐代口粮升数仅当前朝1/3。

数学著作的口粮题材，也与上述情况相仿。兹将几种算经的有关资料拈出，与《算书》第一题口粮标准的重校数字放在一起，列表如下：

---

① 前引《中国算学史论丛》，第34页；《中国算学史》第52页；《中国古代数学史料》，第23页；《李俨钱宝琮科学史全集》第1卷，第405页。
② 参阅《算书》原件开头第3残行，及郭正忠《〈北朝敦煌算书〉的释补与校勘》。
③ 《汉书》卷六九《赵充国传》等。参阅吴慧：《中国历代粮食亩产研究》，农业出版社1985年版，第56—59页；林甘泉主编：《中国经济通史·秦汉经济卷》下册，经济日报出版社1999年版，第938—939页。
④ 《宋书》卷一九《乐志》。
⑤ 《晋书》卷六四《简文三子·会稽文孝王道子》。
⑥ 《魏书》卷五二《阚骃传》。
⑦ 《宋书》卷八六《刘勔传》。清人王鸣盛在《十七史商榷》中议及此事，计为"每人一日食米三升三合有零"。似以六朝二升当清代之一升而折算。见该书卷六一《南史合宋齐梁陈书·二万人食米数》，中国书店1987年据文瑞楼版影印本下册。
⑧ 《梁书》卷三六《江革传》。
⑨ 参阅周一良：《魏晋南北朝史札记》，中华书局1985年版，第125页。
⑩ 《大唐六典》卷十九《太仓署》。

表 5　　部分数学典籍中每口日食米量表

《孙子算经》卷下第23题	《张丘建算经》卷中第14题	卷下第27、28题	《五曹算经》卷2第3题	《甲种敦煌算书》第1题	《夏侯阳算经（传世本）》卷中第10题
上口　9升 中口　7升 下口　5升	粝米　粺米　糳米 （10）　（9）　8升 （7.8）7升（6.24） 6升（5.4）（4.8）	米 兵　7升 廪人6升	丁男　8升 老男　7升 小男　5升 黄男　2升	米 兵　2升 中男　6升	米

附注　① 古升1升约为唐宋大升容量的1/3，唐宋1升容量约为古升3倍。
　　　② （　）内为同等米量折计其他米种的升数。

表中前三种算经的中等日食标准，为6—7升。恰与《算书》第一题的标准大略一致。而传世三卷本《夏侯阳算经》的日食口粮标准2升，亦仅当前者1/3。前面说过，传世三卷本《夏侯阳算经》，添入不少唐代"今用之"制。其卷中第十题"今有兵"，"人给米二升"，正与唐代公粮供应标准相符。

汉唐间口粮标准递降，主要是由容量器制增大所致。笼统些说，隋唐行用的大升容量，约"三倍于古"。① 无论在南北朝与隋唐史籍之间，抑或是在前三种算经与传世本《夏侯阳算经》之间，《算书》第一题的口粮标准，都归属于前列。足见该题之计量，系用隋唐以前的古升，而不是隋唐的大升。

2. 马料计量，系用古斗

《算书》第二题说：

> 上马日给粟五斗，中马日给粟四斗，下马日给粟三斗。三等马平均日给粟四斗。

---

① 参阅郭正忠：《三至十四世纪中国的权衡度量》第四章《魏晋隋唐宋元时期的容量器制》，中国社会科学出版社1993年版，第320—412页。

《唐六典》载"秣马给料"，通常是每匹马春冬日"藁一围"，"粟一斗"，夏秋日"青刍一围"，"粟减半"。① 平均日给粟 0.75 斗，刍藁一围。西北"长行马"帐历载录的情况，尚低于这一标准。② 《五曹算经》设列的饲马算题，是"匹给粟五升三合"。③ 《夏侯阳算经》的同类算题，是"匹日给料五升"或"每匹五升"粟。④ 假如我们把这两种算经中的马料供应，当作是夏秋日"粟减半"之数，那么，其春冬日该"给粟"一斗六合或一斗。

这就是说，《算书》第二题"中马"或三等马平均日给粟数，相当于《五曹算经》、《夏侯阳算经》及《唐六典》春冬日马料供应的 3.7 至 4 倍。造成这种差异的因素固然复杂，但主要因素，只能是马料计量用斗的容积不同：《算书》之斗，该是比唐斗更小的古斗——正如其第一题中的古升那样。

值得注意的是，近年江陵张家山出土的汉简《算数书》，恰有一则"传马日"给饲料题：一马日"予刍四斗，稿二斗泰半斗"。这与本文《算书》之马料供给标准，正相呼应。

李俨早已指出，甲种及丙、丁种敦煌算书（P.2667，P.3349，S.19）关于量制单位的书写方法，是用"斛"、"升"、"升"代替常见的"斛"、"斗"、"升"。⑤ 近人亦指出：《敦煌算书》的写法，"是为当时地方成法"。⑥ 指出这一点，十分必要。尤其是《算书》中的"升"（斗），几乎与常见的"升"无从分辨。然而，在伦敦收藏的另一种编号为 S.663 的敦煌《失名算经》中，却可以看到量制单位"石"、"升"、"升"的写法。⑦ 由此可见，前引几种《算经》中的量制单位"升"，其实是"斗"字的草体或俗写。即将"斗"字几笔连写，其第二个点与一横的连接处，又稍作低圈状。这样一来，草体"斗"字就近乎于"升"。而草体"斗"与常见"升"字的区别，就仅在于右下方有无那一点而已。

---

① 《大唐六典》卷一一，《殿中省尚乘局》。
② 参阅李锦绣：《唐代财政史稿》上卷第 3 分册，北京大学出版社 1995 年版，第 983—1024 页。
③ 《五曹算经》卷二《兵曹》第 12 题。
④ 《夏侯阳算经》卷中，第 11、12 题。
⑤ 见前引《中算史论丛》第 5 集，第 23 页。
⑥ 见前引《中国科学技术典籍通汇》数学卷第 1 册，第 402 页。
⑦ 见前引《英藏敦煌文献（汉文佛经以外部分）》第 2 卷，第 112 页。

或许正是因为《算书》中量制单位的特殊书写方法，前人易于将"上马日给粟'五升（斗）'"，误当作通常的"五升"；以至忽略了《算书》马料标准远高于唐制，及其中隐含的量器大小差异。

3. 袍绵斤两，似用古秤

《算书》第七题称：

今有绵七千二百廿六斤，欲造袍。领别用绵八斤……

袍袄絮绵，或有厚薄轻重。但大体斤两，不至过于离谱。今询于北方衣铺，一领长袍用绵，约1.5至2市斤。折为唐秤，亦不超过2斤。① 即令从高估算，以一袍用绵2.5唐斤为率；其《算书》"用绵八斤"，足当其三倍以上。可见《算书》"用绵"，必是以唐前古秤计量。

以上讨论《算书》中涉及的度量衡与步里制度，以便为判定其成书年代而提供某种参照和依据。为清楚起见，这里不妨就度量衡制的变迁的概况，略加说明。

一般认为，秦汉以来的度量衡器制，以南北朝至隋唐间的变化最为显著。诸如"大斗大两始于隋开皇间，唐初沿而不改"；② "隋人以三两为两"；③ "隋制：前代三升当今一升，三两当今一两，一尺二寸当今一尺"；④ 唐代"一尺二寸为大尺""三斗为大斗""三两为大两"⑤，除"调钟律、测晷景、合汤药及冠冕制用小升小两，自余公私用大升大两"⑥，等等；都已是众所周知的常识。

然而，顾炎武和钱大昕关于"权量之制自隋文帝一变"、"大斗大两始于隋开皇间"的论断，并不完全可信。⑦ 隋初包括赋役、丁中制及六品以上将领的十一等官秩在内的措置，大都"采后周之制"、"仍依周制"，或"遵后齐之制"。⑧ 其度量衡制，也不例外。这一点，唐人早已指出。譬如

---

① 唐秤一斤，通常重640克左右。参阅郭正忠：《三至十四世纪中国的权衡度量》，第201页。
② 《日知录集释》卷一一《大斗大两》（钱氏曰）。
③ 参阅郭正忠：《三至十四世纪中国的权衡度量》，第36、45页。
④ 《通典》卷一四四《乐·权量》。
⑤ 《大唐六典》卷三《尚书户部·金部郎中、员外郎》。
⑥ 《通典》卷六《食货·赋税》。
⑦ 参阅郭正忠：《三至十四世纪中国的权衡度量》，第7—9、36、45、47页。
⑧ 《隋书》卷二四《食货志》；《隋书》卷二八《百官志下》。

孔颖达论及隋制，即将周隋并称，谓"周隋斗秤于古三而为一"。① 李淳风的《隋书·律历志》，则考辨愈细。如云隋文帝"开皇初著令以为官尺"者，其实就是"后周市尺"。开皇九年（589年）平陈后颁行的律尺，则是"后周铁尺"——只不过是取代更早的"后周玉尺"。其铁尺之一尺二寸，为北周市尺之一尺。又如"齐以古斗（一斗）五升为一斗"，而北周武帝保定元年（561年）颁行"玉升"，相当北周原"官斗"1.34升。即令北周原"官斗"之一升与齐升等量——以1.5升当一升计，其北周"玉斗"，亦在"古斗"二倍以上。②

《敦煌算书》诸题所涉及的度量衡制，不仅是唐以前之制；而且，也是隋初乃至北周以前的古制。其第十题中的"仪同"领兵制既见于北魏至北周；那么，将第一题、第二题、第七题以及第六、九两题所采用的古升斗秤、六尺为步、三百步为里等"古法"考虑在内，该《算书》当主要反映北魏至西魏时代的情况；或许也包括北周前期的某些情况在内。

历代数学著作，并不乏沿用前朝制度及题材之事。但在通常的情况下，会有适当的说明——如前引传世本《夏侯阳算经》及朱世杰的《算学启蒙》，均注出"古法"或"今用"等语。③ 被李俨列为"丁"种的《敦煌算经一卷并序》，也有"今云"之类说明。④ 程大位的《算法统宗》、《算法纂要》，亦同样没有忽略"古"、"今"或"原"、"今"等时代标识。⑤ 而《甲种敦煌算书》这一系列算题的计量，既无"古""今"之类说明，又不见隋唐乃至可能更早通行的大斗秤与新步里规制之踪迹——除非今后发现了这类踪迹；若不然，它便该是北朝当时人的作品。

五　兵戎岁月　边地华风

纵观《算书》诸题，至少有三个特点：其一，是有偏重军事题材的倾向；其二，是算法比较简易；其三，是带有敦煌一带的地域特征。

---

① 参阅前引郭正忠：《三至十四世纪中国的权衡度量》，第5页。
② 《隋书》卷一六《律历志上》。
③ 《夏侯阳算经》卷上，《明乘除法》、《辨度量衡》、《论步数不等》；《算学启蒙》总括，《田亩起率》；同书卷中《商功修筑门》第四题。
④ 原件藏伦敦英国国家图书馆，编号为S.19；另见《英藏敦煌文献（汉文佛经以外部分）》第1卷，第16页。
⑤ 《算法统宗》卷一《度、量、衡、亩》；《算法纂要》卷一《度、量、衡、亩》。

全书现存13题，军事题材几乎占62%。如第二题，七万余匹马一年供粟1173万余斛；第十题145万余兵出征；第六题城周竖鹿角为障；第九题一城筑72座敌楼、置270张弩、1080钩、135方梁、90辆石车，一万余战士戍守。① 此外，第三题堑，第四题堤，从题中广深高下的丈尺来看，也像是障碍性设施。第七题7226斤绵，造903领袍；第八题3311匹紫、帛，造1892领袍；亦当属于大宗军服。

东晋末至隋统一前，正是诸族争战，戎马倥偬的年代。各家势力纷纷招募兵马，于诸镇及"要害之地""筑城置戍"，"多备器械"。② 诸如南燕慕容超及北魏拓跋氏诸城，往往外设长围堤墙和堑壕。尤其是外堑、里堑和子堑，或东西南北"三重堑"，严为防御。③ 或"城置万人，给强弩十二床，武卫三百乘"，"多造马枪及诸器械"。④ 沈括盛赞其固之"赫连城"，也筑于十六国末期至北魏初年。⑤

"诸器械"中的"强弩"，或称"神弩"。其威力至大者，亦称"万钧神弩"。⑥ 曹操和陶侃擅用的"石车"，这时已成为盛行的重兵器。唐人则多称为"抛车"。⑦ 当时聚兵之多，或称"锐师百万"、"众号百万"。⑧ 前燕慕容儁，曾拟征步兵150万攻取洛阳。⑨ 北魏拓跋焘于太平真君三年（442）出师，称"十道并进，连营五千，步骑百万"。⑩ 北魏孝文帝元宏太和十七年（493）南征，亦"步骑百余万"。⑪ 北齐聚兵，通常亦称"六军百万众"云云。⑫ 唐代养马，多时仅70余万匹。⑬ 而北魏河西牧场，曾

---

① 第九题中的"弩"，原文有时误作"努"。
② 《魏书》卷四一《源贺传》并附《源怀传》。
③ 《宋书》卷一《武帝纪上》；同书卷九五《索虏传》。
④ 《魏书》卷四一《源贺传》并附《源怀传》。
⑤ 沈括：《梦溪笔谈》卷十一《官政》，中华书局1962年胡道静校证本上册，第409页；《考古》1981年第3期《统万城城址勘测记》，参阅前引朱大渭：《六朝史论》，第95—97页。
⑥ 《宋书》卷一《武帝纪上》；同书卷九五《索虏传》。
⑦ 《后汉书》卷七四上《袁绍刘表列传》及其李贤等人注文；《晋书》卷六六《陶侃传》；《旧唐书》卷一九九上《东夷·高丽传》；参阅周一良：《魏晋南北朝史札记》，第64—65页。
⑧ 《周书》卷一《文帝纪上》；《资治通鉴》卷一二五《宋纪》元嘉二十七年条。
⑨ 《晋书》卷一一〇《慕容儁载记》。
⑩ 《宋书》卷九五《索虏传》。
⑪ 《魏书》卷七下《高祖纪下》。
⑫ 《北齐书》卷十四《平秦王归彦传》。
⑬ 《唐会要》卷七二《马》。

麇集 200 万匹。①

由此可见,《算书》设题的特色之一——偏重军戎题材,并侈言城防武备、马多兵众,恰反映了北朝时代的特点。即令其中不免虚拟或夸饰成分,但总体上大致相近。

在北朝时期的几种算经中,也能看到与《算书》类似的某些题材——如口粮、马料、城防鹿角和方枕等。兹将它们列表比较如下:

表 6　　　　　　　　几种算书同类设题比较

题材类型	不同算书类似设题的卷次和题序				
	孙子算经	张丘建算经	五曹算经	甲种敦煌算经	夏侯阳算经
日食口粮	卷下,23	卷中,14 卷下,27,28	卷二,3	1	卷中,10
匹马日给粟			卷二,11	2	卷中,11,12
城	卷中,22	卷上,15,19 卷中,7 卷下,24, (卷下,24: 三尺安一枚)	卷二,8	6,9	卷下,43,44
(鹿角)				(6:三尺立一根)	
方枕	卷中,15	卷下,32		11,13	
军将编制			卷二,7	10	

《张丘建算经》"鹿角"一题的"三尺安一枚",与《算书》的"三尺立一根",如出一辙。而该算经正写于北魏天安初年(466)至太和八年(484)间。②《孙子算经》中的"方枕"题,亦与《算书》方枕题极为相似。③一个明显的区别,则如《张丘建算经》——不仅有"方枕"等题;而且还有在算法上更进一步的"方泥为丸"、"圆材为方"、"立方为立圆"、"立圆为立方"等题。《算书》与之比较,倒像是某种初级简易的

---

① 《魏书》卷一一〇《食货志》。"二百万匹",《玉海》卷一四八《兵制·马政上》误作"三百万匹"。

② 见前引《中国数学史》,第 80 页。

③ 这一点,许康《敦煌算书透露的科学与社会信息》一文已经指出。见《敦煌研究》1989 年第 1 期,第 101 页。又,原文"枕"字,李俨校补本误释作"杭"。

教材。①

《算书》与敦煌地域之缘,并不是偶然的。至少那里的书法和科学教育传统,颇有些来历。② 永嘉之乱,迫使一部分中土士人"避地河西"。他们带去了中原的某些生活方式,也带去"能书会计"的文化教育风尚。拓跋焘曾说:"国人本着羊皮袴,何用绵帛?"③《算书》第七、八题讨论用绵和紫、帛造袍,显然与这种漠北游牧生活不符;而更像鲜卑族入主中原之后,以及敦煌一带汉化的服饰。④ 第十二题中的燃蜡之风,也是如此。⑤

敦煌曾是西凉的都城。北魏初改设敦煌镇,后来又改称瓜州。西凉李暠和北凉沮渠牧健父子,比较懂得礼遇士人。敦煌的著名学者阚骃、张湛、刘昞(延明)、索敞等人,或被尊为"国师",或受征为祭酒。校经著书,聚徒讲学;"子孙相承","数世传习"。僻居戎地的凉州,竟"号为多士"或"号有华风"。⑥ 北凉末年,沮渠牧健曾向北魏"献杂书及敦煌赵𢾺所撰甲寅元历"。⑦ 拓跋焘灭凉后,部分学者仍留敦煌一带。另外许多人,则被聘入魏都。赵𢾺之历,也一度颁行;取代原来的景初历。⑧ 东晋北魏以来的这种传统,对后世颇有影响。北周、隋、唐时代的"算法生"、"算学博士"、"书生"等,大抵都与这种传统有关。《算书》中大量采用行草字体,也值得玩味。

《算书》的最初介绍,被称为"西陲中算史料的发现";稍后又称为"唐代边境算法"⑨——按此"唐代",当改作"北朝"。《算书》"对研

---

① 这一点,可参阅前引 U. J. Libbrecht, *Mathematical Manuscripts from the Tunhuang Caves*,《中国科技史探索》,第 205 页。
② 参阅沃兴华《敦煌书法艺术》,上海人民出版社 1994 年版;王进玉:《漫步敦煌艺术科技画廊》及《敦煌石窟探秘》,分别为科学普及出版社 1989 年版,及四川教育出版社 1994 年版。
③ 《资治通鉴》卷一二五《宋纪》文帝元嘉二十七年条。
④ 按拓跋焘此言,系指该族入主中原以前情况。实际上,从他以后,北魏户调即多收帛絮绵绢,并以袄袍被褥赐赠周边部族。参阅《魏书》卷一一〇《食货志》及《魏书》卷一〇三《蠕蠕传》。
⑤ 《魏书》卷四一《源贺传》;《魏书》卷八三下《外戚·胡国珍传》;分别载述赐蜡三百斤、千斤等事。另见《晋书》卷七九《谢安传》、同书卷九八《桓温传》等。参阅前引周一良:《魏晋南北朝史札记》,第 138 页。
⑥ 《魏书》卷五二《胡叟传》、《张湛传》、《阚骃传》、《刘昞传》、《索敞传》;《资治通鉴》卷一二三,《宋纪》,文帝元嘉十六年条。
⑦ 《资治通鉴》卷一二三《宋纪》,文帝元嘉十四年条。
⑧ 《魏书》卷一〇七《律历志上》。
⑨ 前引《西京日报》1935 年 9 月 8 日,李俨文;《中国算学史》,第 51 页。

究我国西北边境军事史颇有参考价值",也早已成为一种共识。① 尤其值得注意的,是前面提到的许康那篇论文——譬如他认为《算书》第十题中的"混乱编制,可能出自北周以前某个汉化程度较高的割据政权;极有可能是北凉";并"估计该算书大约是赵㪍遗著,或以赵书为蓝本"者。

应该说,这一估计具有很高的学术价值,值得今后继续思考。然而,就目前情况而言,其以为是北凉赵㪍遗书,论据尚嫌不足。前面说过,《算书》第十题"仪同"领兵之制,约初见于北魏后期——譬如太和廿三年(499)"高祖复次职令,及帝崩,世宗初(500)班行之"后;② 并以大统三年至十六年(537—550)行府兵制编制为典型。《算书》第一题中反映的丁黄之制,其现存最早资料,是大统十三年(547)"瓜州帐籍"。而赵㪍撰写其《算经》及《河西甲寅元历》等书,则在北凉初建(397)至沮渠牧犍于姑臧城降魏(439)之间。③ 四五世纪写的《算经》,怎么会提供6世纪以来的历史信息呢?此其一。

赵㪍及其《算经》,后来不知所终。而当时敦煌地区的一种户籍,却侥幸保留至今。那就是前面提到过的《西凉建初十二年敦煌郡敦煌县西宕乡高昌里户籍残卷》。该户籍残卷著录37人,其年龄在1—74岁间。除一名僧徒和十七名"女口"外,其余十九名男子被分列三个等次:"丁男"、"次男"和"小男"。其中包括两名二岁小男。建初十二年(416),即北凉攻灭西凉前四年,下距拓跋焘平北凉,仅13年。这时敦煌户籍尚仅列"小男"而无"黄男"的等次。差不多同时的赵㪍《算经》,亦必不可能载有"黄男"名目的算题。此其二。

赵㪍既是天文数学家,著有《七曜历数算经》;④ 其《算经》中恐有天文历法类题材——如《孙子算经》竿表度影之类;而今《算书》并无这类算题。此其三。

看来,《算书》不像是北凉时期的《赵㪍算经》。以敦煌地区之"多士"而富于书法科学教育传统,即令在赵㪍之后,别人也会编写出这类

---

① 前引《中国科学技术典籍通汇》数学卷,第1册,王渝生:《敦煌算书提要》。
② 《魏书》卷一一三《官氏志》。
③ 《魏书》卷四上《世祖纪上》;同书卷九九《沮渠蒙逊传附其子牧犍传》;前引《资治通鉴》卷一二三,《宋纪》,文帝元嘉十六年条。
④ 《隋书》卷三四《经籍志》。

的《算书》。根据本文的考订，该书的编撰完成，当不早于西魏或北魏后期；亦不会晚至隋唐，甚或不晚至北周后期。也就是说，这部曾被当作"唐代作品"的写本算书，其实是亡佚更久而流失海外的北朝敦煌算书。[①]

[①] 本文所论，限于《甲种敦煌算书》（P.2667算书）的编撰成书年代。至于它被人抄写的年代和具体情况，暂不列入本文的讨论范围。

后　　记

　　本书承中国社会科学出版社有关诸君鼎力支持，于今才得以付梓。这一点，是应该郑重致谢的！本书又蒙中国科学院图书馆、中国社会科学院图书馆、考古所图书馆、历史所图书馆、北京图书馆，以及苏州、南通、运城、扬州、杭州、泰州、镇江、无锡、绵阳、自贡、烟台、襄樊、呼和浩特、临潼、永济、芮城等文博界友人，慷慨提供图书和文物资料。在此，谨向他们致意！此外，张政烺先生以其八十一岁之高龄而挥笔题签，足令我缥帙生辉，巾箱凝馨。

　　李白在《上清宝鼎诗》中，曾经这样吟哦："我居清空表，君处红埃中。仙人持玉尺，度君多少才。玉尺不可尽，君才无时休。"冥冥之中是否绝无仙家飘然来去？谁也说不清楚。尘寰中奔忙的历代士人，似乎更看重"衣服者身之文章，尺寸者王之律度"。然而，实际上，人类精神文明的客观尺度，既不持于仙人之手，也不握诸王者之掌；而是摆在有一定文化素养的民众心头。举凡一个人，一番事业，乃至于一种势力；其成败与功过，是非与短长，终须由后世作出裁判。在历史的标尺面前，任何虚荣和显耀，无不只是过眼烟云。

　　言及于此，我不禁自问：在社会经济史和计量史领域中，这本小书究竟有多大分量呢？它或许提供了一些新的东西，但肯定会容留不少疏失和缺憾。期待读者诸君的批评指正。

著者
一九九二年八月廿五日
夜于北京广渠河畔